化学工程系列丛书

化工设计

娄爱娟　吴志泉　吴叙美　编著

华东理工大学出版社
EAST CHINA UNIVERSITY OF SCIENCE AND TECHNOLOGY PRESS
·上海·

内 容 提 要

本书系统地介绍了化工设计的基本原理、设计程序、设计规范以及设计计算方法,以帮助读者将所学的化工基础知识与实际工业生产装置的设计相结合,建立工程概念和培养设计能力。同时书中还列举了工艺流程的设计,物料衡算与能量衡算的基本方法,运用化学工程知识进行设备的工艺设计及运用计算机软件进行设计计算和绘图的方法,以提高读者的设计水平。

本书可作为高校化学工程与工艺专业的教材,也可供从事化工设计、开发研究和化工生产的工程技术人员参考。

前　言

　　化工设计是以化工厂或化工生产装置的建设为目的的。在确保技术、经济、环境和安全可靠性的前提下,设计最佳的原料和工艺技术路线,通过工艺软件的模拟分析,确定优化的工艺流程、工艺条件、设备选型及其他非工艺专业等内容。它需要设计工程师以科学的精神借鉴相关领域的最新科研成果,结合化工设计的原理和经验,使新建的化工生产装置达到技术先进,生产安全可靠,经济效益和环境效益优良的目标。

　　近年来,化工设计课程在高等院校的化学工程与工艺专业中逐渐受到重视,被列为一门重要的专业必修课程。它是建立在物理化学、化工原理、分离工程、化工热力学和化学反应工程等专业课程基础上的一门综合性的、内容广泛和工程实用性强的课程,也是一门可以学以致用的课程。该课程的讲授和学习,将有助于培养学生综合分析化工基础和工程问题的能力,有助于增强学生的工程概念和解决实际工程问题的能力,使学生具备化学工程师的基本理论素质。学好本课程,今后无论在科研院所、工程设计院还是工厂企业工作,对学生都将是大有裨益的。

　　本书是以教学用书的要求而编著的,着重于传授化工设计的基本原理、标准、规范、技巧和经验。本书内容是根据编者多年从事化工设计、化学工程与工艺研究,以及化工设计教学工作的经验,以常规工程设计的工作程序为顺序编排的,在全面介绍化工设计的基础知识上,重点阐述工艺流程设计、物料和能量衡算、车间布置等内容,并结合工艺计算、工程经济和通用计算机软件,力求体现当今化工设计的水平。书中各章节有较多工艺计算示例、计算图表及各种图纸示例,可供学生及工程技术人员参考。

　　本书在编写过程中得到华东理工大学化工学院周永传副教授的帮助,李伟教授的指导。华东理工大学化工设计研究院的胡鸣院长对本书的编写给予了大力的支持,在此表示衷心感谢。

　　由于编者自身的知识水平和认识水平有限,书中错误与不妥之处,恳请读者批评指正。

编　者

2002 年 3 月

于华东理工大学

目　录

1 绪 论

一个新的化工工程项目,从立项、建设、完成施工并投入生产,整个工作可分为设计、制造、安装和试车等几个阶段,其中设计是最基础和最重要的工作之一。为了从特定的原料得到所需的产品,化工设计采用相关的单元过程及单元操作,设计出优化的工艺流程,并根据工艺条件选择合适的设备,设计合理的工厂布局以满足生产的要求,同时进行有关非工艺类和工程经济的设计事项。

化工设计是科学与艺术相结合的一项工程,是将实验室的研究成果转化为工业生产的一项具有创造性的劳动。所谓科学即设计人员运用化学工程与工艺的基础知识,解决工程中的有关问题。化工设计还必须考虑技术与经济的结合,例如,在反应器优化设计中,反应器的设备费用并不一定是最低的。如果一种设计,其反应器的设备费用最低,而离开反应器后的物料处理所需的费用比反应器的设备费用更高时,寻求反应器设备费用最低的设计方案显然是不合适的,因此在设计中应考虑总过程的经济性。所谓艺术,是当遇到化学工程与工艺的基础知识不能解决的问题时,需要通过实验或凭借经验来正确决策,利用所获得的资料及数据解决工程问题。所以化工设计需要有创造性的劳动,才能使工程更完善、更有效,并达到一次开车成功。

在化工设计中,应努力做到:

(1) 符合国家的经济政策和技术政策,合理运用国家的财富和资源;

(2) 工艺上可靠,经济上合理;

(3) 尽可能吸收最新科技成果,力求技术先进,经济效益更大;

(4) 不造成环境污染;

(5) 符合国家工业安全与卫生要求。

化工设计是由各个专业许多设计人员共同创造的集体成果,它需要设计人员在外部约束条件的制约下,以化工工艺专业为龙头,设计人员紧密配合、精心设计,具有高度的责任心,构思各种可能的方案,经过反复比较,选择其中优化的方案。

做好化工设计不是一件容易的事,设计人员应当具备各个方面的知识,例如熟悉化工生产的特性及产品的工艺流程,了解先进的生产技术,掌握各种化工设备的性能及计算方法,对设计中所涉及的规范标准了如指掌,会作经济分析,遵循设计管理的规章制度等等。

工艺设计人员还要通过调查、参观、查资料、作计算等工作,逐渐掌握新产品新工艺的流程及设备。在设计中切不可一知半解,否则会走弯路,甚至返工,延误设计时间,造成经济损失,这些都对工程建设不利。

所以高度的责任心是一个设计工作者应具备的最重要的素质。此外,经常接触实际,积累经验也是非常重要的。

1.1　化工厂概况

1.1.1　化工厂分类

化工行业范围很广,主要有:化学肥料工业、无机化学工业、有机化工原料、石油化工、合成橡胶工业、合成纤维工业、合成树脂和塑料、染料涂料工业、农药工业、医药工业、精细化工等。化工厂是生产这些化工产品的场所。化工产品涉及到各行各业,与人们的吃、穿、用有着密切的关系。我国的化学工业为工业、农业、医药和国防等各部门和各行业生产了数以万计的化工原料和化工产品。

A. 化工生产的特点

(1) 工艺流程复杂。化工生产从特定的原料出发,一般通过化学反应生产某种产品,大多数反应都不是一次完成的,而是经过几个甚至十几个反应才能完成,除了反应外还需经过产品提纯、精制、贮存等过程。例如以硫铁矿为原料生产硫酸,则需经过焙烧、气体净化、转化、吸收等过程才能完成;又如以苯磺化法生产苯酚,则需经过苯的磺化、中和、碱熔、酸化、粗馏、精馏等过程才能完成。与此同时还需伴随着大量的辅助工程和公用工程,使得化工生产的流程更具复杂性。

(2) 操作状态变化大。任何产品的生产都是在一定的状态条件下进行的,诸如温度、压力、流速等。化工产品生产操作状态有些是在高温高压、低温高压条件下进行的,而这个条件是其他行业一般不需要的。我国设计的合成氨,操作压力达 30MPa,温度达 500℃;而操作压力在 10MPa 以上,温度在 105℃ 以上的化工工艺流程应用也较多。此外,在乙烯深冷分离流程中压力在 3.5MPa 以上,温度在 −170℃ 以下者也有之。

(3) 流体输送多。与其他行业不同,化工生产绝大多数流程是流体流程,因此化工装置管道最多(约占安装工程用工的 40% 左右),与之相应的输送设备如泵、压缩机、风机在工程中所占比例也很高。

(4) 具有腐蚀性。化工生产过程的介质很多,pH 值常大于或小于 7,如强酸和强碱,它们对金属有着强烈的腐蚀性。此外,农药、医药等的生产同样也具有腐蚀性,如尿素、一氯醋酸、卤化物等。因此,除了对设备、管道的材质有特殊要求外,还要求对化工厂的建、构筑物采取衬里、防腐涂料等防腐蚀措施。

(5) 具有毒性。在化工生产中,很多化工产品都是有毒的,国家《职业性接触毒物危害程度分级》中绝大部分都是化工产品。这些都对化工生产装置操作的安全卫生等方面提出了特殊要求。

(6) 易燃、易爆性。在化工生产中原料及产品有些是易燃易爆的。如一氧化碳、氢气、烷烃、烯烃、炔烃类及其衍生物,特别是苯、甲苯的硝化物是属于炸药一类的物质。

生产这些产品的装置建设对防爆要求很高,尤其是对电气工程、自动化仪表工程的要求更高。

(7) 非标设备多。化工生产过程的各个单元大部分是在静止设备如反应器、换热器、蒸馏塔、结晶器、蒸发器、容器中进行的,另外由于化工生产大多数物料是流体,故原料、半成品、成品的贮存多采用贮罐、球罐、油罐、气柜一类的大型容器,使化工生产的非标设备非常多。

B. 化工厂分类

(1) 按产品分类,可分为日用化工厂、石油化工厂、农药化工厂、橡胶厂、塑料厂等种类繁多的化工厂。

(2) 按生产规模分类,可分为大型化工厂(一般年生产能力在100kt以上的),例如扬子乙烯、安庆石油化工总厂等;中型化工厂(年生产能力在10kt~100kt),例如合肥化工厂、合肥化肥厂等;小型化工厂(年生产能力在10kt以下的),例如乡镇企业的生产规模。各类规模的划分标准见表1-1。

表1-1 化学工业基本建设大、中、小型建设项目划分标准

名 称	计算单位	大 型	中 型	小 型	备 注
硫铁矿	年产硫铁矿(kt)	1 000 以上	200~1000	200 以下	
磷矿	年产磷矿(kt)	1 000 以上	300~1000	300 以下	
石灰石矿	年产石灰石矿(kt)	1 000 以上	500~1000	500 以下	
合成氨厂	年产合成氨(kt)	150 以上	45~150	45 以下	
硫酸厂	年产硫酸(kt)	160 以上	80~160	80 以下	
烧碱厂	年产烧碱(kt)	30 以上	7.5~30	7.5 以下	
纯碱厂	年产纯碱(kt)	400 以上	40~400	40 以下	
磷肥厂	年产磷肥(kt)	500 以上	200~500	200 以下	
乙烯厂	年产乙烯(kt)	40 以上	20~40	20 以下	
化学纤维单体	年产化学纤维单体(kt)	40 以上	5~40	5 以下	
合成橡胶厂	年产合成橡胶(kt)	30 以上	5~30	5 以下	
塑料厂	年产塑料(kt)	30 以上	10~30	10 以下	
农药厂	年产化学农药(kt)	30 以上	3~30	3 以下	
橡胶轮胎加工厂	年产橡胶轮胎(万套)	100 以上	20~100	20 以下	
化工联合企业	3 个品种都达到中型标准即为大型				根据国发 [1987]23 号 文规定
其他化学工业	总投资(万元)	5 000 以上		5 000 以下	
机械厂	年产化工设备(kt)	20 以上	5~20	5 以下	
炼油厂	年加工原油(kt)	2 500 以上	500~2 500	500 以下	

(3) 按生产方式分类,可分为连续操作和间歇操作。

生产连续与否由生产规模和产品的特性而定。一般大、中型化工厂多数是连续生产的,而小型企业以间歇生产方式居多。

(4) 按生产技术的先进程度分类,可分为现代化及技术水平一般的化工厂。现代化的化工厂生产技术采用微机控制,自动化程度较高;技术水平一般的化工厂,少有或没有微机控制,大部分生产环节靠常规的仪表或人工控制。

1.1.2 化工厂组成

各式各样的化工厂,不论其产品的种类、规模、生产方式或生产技术的先进程度不同,企业的结构基本上是类同的。

A. 化工厂结构

（1）人：化工厂的人员配置，有机关人员、工程技术人员（如总工程师、工程师、技术员等），操作人员及后勤行政人员（如财务等）。

（2）财：化工厂的资金，分为固定资产及流动资金两大类。

（3）物：化工厂的物资包括各种机器设备、材料及各种仪表等。

（4）产：上述的人、财、物都是为生产服务的，而生产需要依靠科学技术，科学技术先进，企业的经济效益上升。

（5）供：为了使生产能顺利地进行，应当及时向生产部门提供所有的原材料及必要的机器设备，提供检修所需的一切物资，以利检修顺利进行，完成维修任务。

（6）销：化工厂生产出来的合格产品，在满足用户要求的前提下，应尽快地销售出去，避免压库，使流动资金受阻，妨碍生产。销售渠道畅通与否，直接影响产量，也影响企业的经济效益。

B. 专业技术人员

化工厂中的专业技术人员主要包括以下五个专业：

（1）工艺：它的任务是管理从原料到半成品或成品的加工过程。

（2）设备：设备人员应当对化工设备的作用、构造、材料、性能、制造工艺、操作条件、安装、检修等有深刻的了解。生产正常时，应保证设备的完好率；提高生产能力时，应充分挖掘设备的潜力，保证设备运行可靠、安全、高效。

（3）自动控制：化工生产通过各种仪表显示操作参数，通过微机来控制生产，使工艺过程沿着给定的技术路线顺利进行。

（4）给排水：负责全厂的供水与排水。

（5）电气：负责化工厂的电缆、电网、各车间的动力用电负荷、照明负荷、电表、控制及维修等。

此外化工厂还有土建、热工等专业的技术人员。

C. 化工厂组成

一般化工厂是由生产部门以及辅助生产部门等组成的：

（1）生产部门：一般根据不同产品分成不同生产车间，在每个生产车间中又按工艺流程设置原料工段、生产工段、成品工段、回收工段等。

（2）辅助部门：原料及产品罐区或仓库、锅炉房、压缩空气站、冷冻站、循环水站、真空泵房、变电配电室、三废处理车间、机修车间、消防站等。

（3）行政、生活部门：行政办公楼、更衣室、浴室、食堂、医务室、门卫等。

1.2 立项过程

1.2.1 立项

建设单位在建设一个项目之前，首先要经过详细的调查，并报主管部门审批立项后，才能委托设计单位进行设计。立项情况一般根据项目的大小可分为三类：

（1）国家级大型项目。如上海宝山钢铁厂、300kt/a① 或更大的乙烯装置，这类项目要经过部委或国务院批准后才能立项，主要考虑此类重大项目在全国布局的合理及资金筹措，因为此类大型项目需投资几十亿至几百亿，需要积极的资金筹措方案。

（2）中型项目。由地方政府主管部门批准，这类项目主要考虑此地区的需求合理，由于资金相对较少，所以较易解决。

（3）小型项目。通常由化工厂本身发展需要而建设，只需报本地区主管部门批准即可立项，进行建设。

1.2.2　招标

为了使投资项目较好地建设，立项后，建设单位目前均采用招标方式，从投标的设计单位中选择设计方案优秀的单位委托设计。

在招投标中，要由有关专家严格审查并确定标的，超过与低于标的的设计方案都不是优化的方案，因此要严格把关，防止不正当的方式进行竞标。在设计与建设中还要防止多次转包，以保证工程质量。

经招标后，中标的设计单位以建设单位上级主管部门的批文为依据，同时根据建设单位提供的设计要求及设计参数开展工作。

1.2.3　项目建议书的编制

项目建议书(Item Suggestion)是基本建设程序中最初阶段的工作，是建设项目的轮廓设想和立项的先导，是为建设项目取得资格而提出的建议。设计单位接受有关部门的委托编制项目建议书，首先确定项目负责人，了解有关部门的意见，进行基础资料的调查和收集，综合分析，确定生产路线，进行厂址踏勘，了解建厂条件，提出总图(Assembly Drawing)设想，估算投资费用。项目负责人汇总资料编制成项目建议书。再发送至有关单位，由上级部门审批立项。在有些情况下，与建设单位或上级部门讨论项目意向时就须写出项目建议书，这就要求设计人员经验丰富，知识面广，对非工艺专业的内容也要熟悉。它应包括以下内容：

（1）项目建设的目的和意义，即项目提出的背景和依据，投资的必要性及经济意义；

（2）产品需求初步预测；

（3）产品方案和拟建规模；

（4）工艺技术初步方案（原料路线、生产方法和技术来源）；

（5）主要原材料、燃料和动力的供应；

（6）建厂条件和厂址初步方案；

（7）公用工程及辅助设施初步方案；

（8）环境保护；

（9）工厂组织和劳动定员估算；

（10）项目实施初步规划；

---

① a＝年，下同。

（11）投资估算和资金筹措方案；

（12）经济效益和社会效益的初步估算；

（13）结论与建议。

1.3 设计要求

要了解化工设计，必须首先从设计要求入手，本节介绍设计程序、设计管理、设计内容等，这些知识是从事化工设计的人员必须掌握的，也是从事化工科研及教学人员应了解的。

1.3.1 设计原则

A. 设计要求

化工装置是由各种单元设备以系统的、合理的方式组合起来的整体。它根据现有的原料和公用工程条件，通过经济合理的途径，生产出符合一定质量要求的产品。化工装置设计必须同时满足下列要求。

（1）产品的数量和质量指标。

（2）经济性：除了个别情况的生产装置是从产品的社会效益出发外，其余的装置不仅应该有利润，而且其技术经济指标应该有竞争性，即要求经济地使用资金、原材料、公用工程和人力。

（3）安全：化工生产中大量物质是易燃、易爆或有毒性的。因此，设计必须充分考虑各种明显的和潜在的危险，保证生产人员的健康和安全。

（4）符合国家和各级地方政府制订的环境保护法规，对排放的三废进行处理。

（5）整个系统必须可操作和可控制，可操作是指设计不仅能满足常规操作的要求，而且也能满足开停车等非常规操作的要求；可控制是指能抑制外部扰动的影响，系统可调节且稳定。

由此可见，设计是一个多目标的优化问题，不同于常规的数学问题，不是只有唯一正确的答案，设计人员在作出选择和判断时要考虑各种经常是相互矛盾的因素，即技术、经济和环境保护等的要求。在允许的条件范围内选择一个兼顾各方面要求的方案，这种选择或决策贯穿了整个设计过程。

B. 约束条件

设计是一种创造性的劳动，它是工程师所从事的工作中最有新意、最能使人感到满足的工作之一。当一项设计任务提出时，设计人员从接受任务之时开始就要根据设计要求构思各种可能的方案，经过反复比较，选择其中优化的方案。在酝酿各种方案时必须广开思路，寻找各种可能性，然后根据一系列内部和外部约束条件，排除一些不合理或不可能的方案，使需要进一步开展工作的方案数减少。

对每一个不同的设计任务其外部和内部约束条件是不相同的，外部约束条件是指不随项目具体情况变化的，通常是指下列几项：

（1）政府制定的各种法律、规定和要求；%

（2）各种自然规律；

（3）安全要求；

（4）资源情况；

（5）各种必须遵循的标准和规范；

（6）经济要求，如投资限额和投资回收期。

设计人员在外部约束条件的制约下，制订若干个可能的方案，若对这些可能的方案不加筛选就进行下一步工作，必然要浪费大量的人力和时间。因此，要根据一些原则或称为内部约束条件，排除一些不符要求的方案，这些内部约束条件是：

（1）生产技术，技术软件的来源，技术成熟程度，价格和使用条件；

（2）材料，原材料、建筑材料、关键设备等供应的难易；

（3）时间，允许和需要的设计时间；

（4）人员，素质和数量；

（5）产品规格；

（6）建设单位的具体要求；

（7）建厂地区的具体情况。

经过内部约束条件的筛选，最后只得到一个可行方案的情况是很少的。因此，还要对保留的少数方案进行深入的分析研究，再根据设计要求进行筛选，不断优化工艺参数和结构，得到唯一的优化流程。若此流程经过安全和操作性能分析符合要求，此流程即为最终的工艺流程，可据此进行工程设计。

由于化工装置是一个由各种单元设备以系统的、合理的方式组合起来的整体，因此在进行过程合成与分析时必须从全系统出发，而不是从单元设备的角度出发，否则会得出从单元设备来看也许是正确的，但从全局来看却是不正确的结论。这一点正是化工装置设计与单元设备设计的差别，前者不仅要求设计人员掌握各单元设备的设计方法，而且还要求掌握化工系统工程的基本概念。

1.3.2 设计种类

从一个新产品或一个新技术的试验研究开始到进行工厂或装置的建设，整个阶段一般需要进行两大类的设计。第一类是新技术开发过程中的几个重要环节，即概念设计（Conceptual Design），中试设计（Pilot-plant Design）和基础设计（Foundation Design）等，这一类设计由研究单位的工程开发部门负责进行。若研究单位设计力量不足，可以委托设计单位或与设计单位合作进行。第二类是工程设计（Engineering Design），包括可行性研究（Feasibility Study），初步设计（Preliminary Design），施工图设计（Detailed Design）等，这类设计是由设计单位负责进行。

另外设计单位所作的通用设计（复用设计）是为了在某些地区推广较成熟并已经通过生产实践考验的化工装置而编制的设计。还有"因地制宜"设计是在采用通用设计时，根据建厂地区的具体情况对通用设计修改补充后所编制的设计。也可根据项目性质分为新建项目设计、技术改造项目的设计。一般情况下设计的工作重点都是工程设计，所以以后各章节讲的都是工程设计的内容，在此之前先简单介绍一下第一类的设计。

A. 概念设计

概念设计是工程研究的一个环节,它是在应用研究进行到一定阶段后,按未来的工业生产装置所进行的假想设计。它的工作内容是根据研究提供的概念和数据,确定流程和工艺条件及主要设备的形式和材质,三废处理措施等,最终得出基建投资和产品成本等主要技术经济指标。概念设计是设计与研究的早期结合,是一般工程经验与研究对象的特性相结合的一种好方式。通过概念设计,可以及早暴露研究工作中存在的问题和不足之处,从而能及时解决问题,缩短开发周期。

B. 中试装置设计

当某些开发项目不能采用数学模型法放大,或其中有若干研究课题无法在小试中进行,一定要通过相当规模的装置才能取得数据时,需进行中试,中试的目的是验证基础研究得到的规律,考察从小试到中试的放大效应,研究一些由于各种因素没有条件在实验室进行研究的课题,进行新设备、新材料、新仪器、新控制方案的试验。中试装置的设计在流程和设备结构的形式上不一定要与工业装置完全相同,但必须在实质上反映工业装置的特性和规律,能得到基础设计所需的全部数据,使得工业装置投产时不会出现没有预计到的问题。中试装置设计的内容基本上和工程设计相同,但规模小,若施工安装力量较强,可以不出管道、仪表、管架等安装图。

C. 基础设计

基础设计是一个完整的技术软件,是整个技术开发阶段的研究成果。一般情况下,应在研究内容全部完成并通过鉴定后进行。基础设计的内容包括将要建设的生产装置的一切技术要点。它将作为工程设计的依据,合格的工程设计技术人员应能根据基础设计完成一个能顺利投产、达到一定产量和质量指标的生产装置。基础设计须详细说明工业生产过程、主要工艺特点、反应原理及工艺参数和操作条件。提出管道流程和控制方案,并对特殊管道的等级公称直径提出要求。确定流程中主要控制方案的原则、控制要求、控制点数据表、主要仪表选型及特殊仪表技术条件。说明装置危险区的划分,列出所处理介质的特性和允许浓度,安全生产、事故处理及劳动保护设置应用的特殊措施。

1.3.3　设计程序

本节所述设计程序是针对工程设计而言的。根据原化学工业部《化工设计管理标准》(1992)关于"设计工作基本程序"的规定,化工设计单位在化工基本建设过程中根据建设单位的委托,进行以下工作:

(1) 接受委托,参加编制项目建议书;

(2) 参加厂址选择,编制厂址选择报告;

(3) 进行技术考察;

(4) 编制预可行性研究报告;

(5) 编制可行性研究报告;

(6) 进行厂址复查;

(7) 提出建厂区域地质初勘要求;

(8) 开展初步设计;

（10）进行设备及主要材料的采购；

（11）提出详勘要求；

（12）开展施工图设计；

（13）配合现场施工；

（14）参加试车、考核；

（15）参加竣工验收；

（16）工程总结，设计回访；

（17）参加项目后评价。

将工程设计的基本程序用图表示则更加直观，见图1-1。

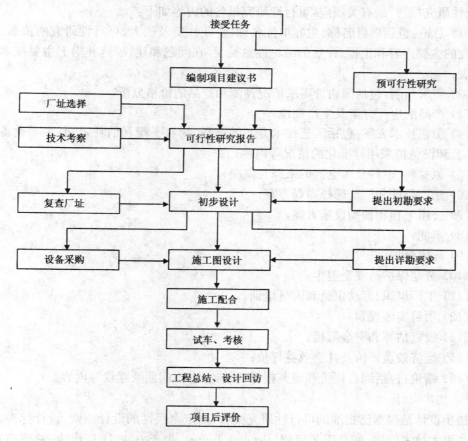

图1-1 工程设计的基本程序

设计人员按照设计工作的基本程序开展工作，小型建设项目的设计或特殊情况可按本程序合理简化。下面针对设计程序中的几个关键步骤进行说明。

A. 可行性研究报告的编制

可行性研究报告是基本建设前期工作的重要内容，是对基本建设项目的必要性和可行性分析预测的一种科学方法，是为建设项目正确决策，保证投入的资金能发挥最大效益所提供的科学依据。可行性研究报告必须对建设项目在技术上和经济上的先进性、合理性进行全面分析论证,通过多方案比较,提出优化方案,给出评价意见。

可行性研究报告的编制必须有批准的项目建议书为依据,与委托单位签订合同。在主管部门的组织下,由主管部门、建设单位、设计单位组成建厂小组进行产品的国内外需求情况分析;市场预测、产品方案、生产规模、工艺技术路线的比较和确定;对几个可供选择的厂址从建厂条件方面进行分析论证,提出推荐厂址的意见和理由。

对建厂的经济效益和社会效益进行较深度的评价,综述项目实施方案的企业经济效益和社会效益的情况及不确定性因素对项目经济效益的影响与风险程度,对三废治理方案、安全生产、环境保护设施的投资估计及环境质量作出评价,最终由项目负责人汇总资料编制成可行性研究报告。再发送至有关单位、上级部门审批。根据原化学工业部对"可行性研究报告"的有关规定,可行性研究报告的内容如下:

(1) 总论:包括项目名称、主办单位名称、企业性质及法人、可行性研究的依据、可行性研究的主要内容和论据、评价的结论性意见、存在问题和建议等,并附上主要技术经济指标表;

(2) 需求预测:包括国内外需求情况预测和产品的价格分析;

(3) 产品的生产方案及生产规模;

(4) 工艺技术方案:包括工艺技术方案的选择、物料平衡和消耗定额、主要设备的选择、工艺和设备拟采用标准化的情况等内容;

(5) 原材料、燃料及水电汽的来源与供应;

(6) 建厂条件和厂址选择布局方案;

(7) 公用工程和辅助设施方案;

(8) 节能;

(9) 环境保护;

(10) 劳动保护与安全卫生;

(11) 工厂组织、劳动定员和人员培训;

(12) 项目实施规划;

(13) 投资估算和资金筹措;

(14) 经济效益评价及社会效益评价;

(15) 结论:包括综合评价和研究报告的结论、存在问题及建议等内容。

B. 初步设计

初步设计是根据已批准的可行性研究报告,确定全厂性的设计原则、设计标准、设计方案和重大技术问题,如总工艺流程(Process Flow)、生产方法、工厂组成、总图布置、水电汽的供应方式和用量、关键设备及仪表选型、全厂的贮运方案、消防、职业安全、工业卫生、环境保护和综合利用等。编制出初步设计文件及概算文件。初步设计是确定建设项目的投资额、征用土地、组织主要设备及材料的采购以及编制施工图设计的依据,也是签订建设总承包合同,银行贷款及实行投资包干和控制建设工程拨款的依据。根据原化学工业部对"初步设计说明书"的规定内容如下。

(1) 总论;

(2) 技术经济:基础经济数据,经济分析,附表;

(3) 总图运输:厂址选择,总平面布置,竖向布置,工厂运输,工厂防护设施,排渣场,防护,绿化;

(4) 化工工艺:原材料及产品的主要技术规格,装置危险性物料表,生产流程叙述,原材料、动力(水电气汽)消耗定额及消耗量,成本估算,车间定员,管道材料等;(表格:设备一览表,综合材料表;图纸:带控制点的工艺流程图,物料流程图,设备布置图)

(5) 空压站,氮氧站,冷冻站;

(6) 外部工艺,供热管线;

(7) 设备(含工业炉):设备技术特征,主要设备总图;

(8) 自动控制全厂自动化水平、信号及联锁,环境特征及仪表选型,复杂控制系统,动力供应等;

(9) 供电:电源状况、负荷等级及供电要求,主要用电设备材料选择,总变电所及高压配电所,照明、接地、接零及防静电、车间配电、防雷等;

(10) 电信;

(11) 土建:气象、地质、地震等自然条件资料、地方材料、施工安装条件等,建筑设计、结构设计、对地区性特殊问题的设计考虑,对施工的特殊要求、对建筑物内高、大、重的设备安装要求的说明等;

(12) 给水排水:自然条件资料(气象资料、水文地质资料等),给水水源及输水管道,给水处理,厂区给水、厂区排水、污水处理场、定员等;

(13) 供热;

(14) 采暖通风及空气调节;

(15) 维修(机修、仪修、电修、建修);

(16) 中央化验室;

(17) 消防;

(18) 环境保护及综合利用:设计采用的环保标准,主要污染源及主要污染物,设计中采取的环保措施及简要处理工艺流程,绿化概况、其他环保措施、环境监测体制、环保投资概算、环保管理机构及定员等;

(19) 劳动安全与工业卫生:生产过程中职业危险因素分析及控制措施,劳动安全及工业卫生设施,预期效果及防范评价,劳动安全与工业卫生专业投资情况;

(20) 节能:主要耗能装置能耗状况,主要节能措施、节能效益等;

(21) 概算。

C. 施工图设计

施工图设计是把初步设计中确定的设计原则和设计方案,根据建筑施工、设备制造及安装工程的需要进一步具体化。满足建筑工程施工,设备及管道安装,设备的制作及自动控制工程等建设造价的要求。建设单位必须与设计单位签订设计合同以及其他外部条件的协议文件。本阶段的设计成品是详细的施工图纸,施工文字说明,主要材料汇总表及工程量。有条件的设计单位根据基建单位的要求还可以提供工艺管道施工模型。

该阶段工艺专业的设计内容主要包括:工艺图纸目录、带控制点的工艺流程图、公用工程系统图、设备布置图、设备一览表、管道布置图、管架管件图、设备管口方位图、设备和管路保温及防腐设计；设备专业有非定型设备制造图、设备安装图等；非工艺专业方面有土建施工图，供电、给排水、自控仪表线路安装图等等。除施工图外，还应附有各部分施工说明以及各部分安装材料表，便于设备订货与制造及安装材料的选购。

1.3.4　原始资料收集

接受设计任务后，设计人员必须认真周密地研究设计内容，构思设计对象的轮廓，考虑如何收集为设计所需的一切数据及资料。设计对象的情况是不同的，有些产品已经大规模生产；有些产品尚属试验阶段，只能向技术开发方收集基础设计的内容，查文献资料。但不论属于何种情况，为顺利开展设计工作，都必须收集有关资料。

1.3.4.1　原始数据及资料

A. 基础资料

包括厂址区域的地形、气象、工程地质、水文地质等资料，人文及地理情况，矿产资源、技术经济条件，原材料、燃料及其他动力供应、交通运输及施工条件等情况。

B. 生产方法及工艺流程资料

（1）各种生产方法及其工艺流程。包括主要原料路线、操作规程、控制指标、主要设备及防腐措施、综合利用情况、生产安全可靠性情况、每个工序的主要参数等。

（2）各种生产方法的技术经济比较。包括产品成本，原材料的用量及供应的可能性，水、电、汽的用量及供应，副产品的利用，三废处理，生产自动化水平，基本建设投资，占地面积，主要基建材料的用量，设备制作的复杂程度等。

掌握了这些生产方法的资料后，就可以着手进行分析。必须对该种产品的现有生产方法所提出的新方法，以及尚未实现的方法作出全面分析。反复考虑主观和客观的条件，最后找出技术上最先进、经济上最合理，符合我国国情，切实可行的生产方法。选择生产方法及其工艺流程是极为重要的，因为它决定整个生产在技术上是否先进、经济上是否合理，是决定设计好坏的关键性因素。

C. 工艺资料

（1）物料衡算：包括生产步骤和化学反应，各步骤所需原料、中间体的规格和物理化学性质；产品的规格和物理化学性质；各反应步骤的转化率、收率；每批加料量等。

（2）热量衡算及设备计算：包括原料、中间体、产品的比热容、生成热、燃烧热、导热系数、传热系数等与传热计算有关的热力学数据；各种温度、压力、流量、液面等生产控制参数；设备的容积、结构、材质、主要设备图；设备材料对介质的化学稳定性。

（3）车间布置：包括平面、立面布置情况；防火、防爆措施；设备的检修和吊装要求；控制室和配电室的布置。

D. 其他资料

包括非工艺专业如自控、土建、电力、采暖通风、给排水、供热、废水处理等资料；概算资料；原材料供应，总图运输资料；劳动保护，安全卫生资料；三废排放及处理方法等。

1.3.4.2　资料的来源

（1）设计单位的资料。包括可行性研究报告、设计前期工作报告、初步设计说明书、施工图及施工说明书、概（预）算书、标准设计图集、复用设计、标准与规范等。

（2）向科学研究单位收集有关资料。包括小试研究报告、中试研究报告及鉴定报告、中试试验生产工艺操作规程、中试装置设计资料、基础设计资料、有关产品或技术的国外文献。

（3）向有关生产单位收集资料。包括车间原始记录，各种生产报表，工艺操作规程，设备岗位操作法，设备维护检修规程，劳动保护及安全技术规程，车间化验分析研究资料，工厂中心试验室的试验研究报告，供销科的产品目录和样本及有关设备的价格，全厂职工的劳动及福利资料等。

（4）向建设单位收集资料。包括厂址选择的原始资料，设计的基础资料如人文、地理、气象、水文、地质等资料，基本建设决算书，施工技术汇总，试车总结及原始记录。

（5）在设计过程中为设计的开展而进行的试验研究的有关资料。

（6）有关产品、目录、样本销售价格等资料

（7）有关手册、工具书、杂志等书籍

文献和专利，各类化工过程与工艺设备计算书籍、各类生产调查报告、各类生产工艺流程汇集、各类化工设计书籍。

由于技术的保密以及专利的限制，在生产装置所需数据中最重要的工艺数据及化学工程数据，应该由建设单位及相关的研究单位提供，部分查阅的数据主要提供设计时参考。

1.3.5 项目组织及设计机构

1.3.5.1 项目组织

工程设计将基础设计转化成工业装置建设所需的施工图纸，这需要众多的专业技术人员协助工作，解决一系列问题。因此，要有合理的项目组织，但其具体结构应根据项目的范围和复杂程度而异。大型工程项目设计需要的专业有：工艺（Chemical Process）、管道工程（Piping）、自动控制（Automatic Control）、设备（Mechanic）、安装（Installment）、土建（Civil）、电气（Electricity）、给排水（Water Supply and Sewage）、环境工程（Environment Engineering）、热力（Thermodynamic）、贮运（Store and Transport）、总图（Assembly Drawing）、采暖通风（Heating and Ventilate）、技术经济（Technological Economy）等专业。

每个项目设立一位项目负责人负责项目的进度，控制投资和各专业之间的协调。各专业设立分项负责人，负责本专业的技术问题和项木进度，对中小型项目，在多数情况下，项目负责人由工艺分项负责人兼任。对于大型项目则需设立专职的项目负责人。为了保证质量，每个专业有各专业技术负责人，负责对各个项目的重要设计内容进行审核，重大技术问题还需由设计院的总工程师审定。

A. 组织设计班子，安排阶段设计计划

可行性研究报告经批准后，计划管理部门与建设单位签订设计合同；由院长任命设计总负责人或设计项目负责人（以下简称总负责人），计划管理部门同总负责人与各设计室商定落实专业负责人和主项负责人，组成工程设计组；计划管理部门与总负责人安排阶段设计计划，并下达给各设计室。

B. 了解主管部门意见，进一步落实设计条件

总负责人组织工程设计组成员,研究可行性研究报告内容及上级审批意见,并提出工程的设计指导思想;总负责人组织有关专业,进行技术经济比较,若发现可行性研究报告有重大不合理的问题,应及时向主管部门反映并提出建议;总负责人根据建设单位提供的正式设计基础资料,组织有关专业人员进行复核,以保证设计质量。

C. 确定全厂工艺生产总流程和全厂性的设计方案

工艺专业负责人组织有关人员设计全厂工艺总流程方案,经物料衡算、热量衡算,提出推荐方案,与总负责人研究后初步确定;总负责人根据全厂工艺流程方案,组织有关专业研究确定原材料和副产品的综合利用,废水、废气、废渣的处理原则,提出工厂的组成和全厂单项工程的名称、规模以及技术要求;总负责人组织有关专业,编制设计方案,进行方案审核。根据审核意见与建设单位研究讨论修改后报院,由技术管理部门会同计划管理部门组织院级审查。

D. 确定车间设计方案和各专业重大技术方案及设计标准

由主项负责人按工艺流程的要求,进行车间工艺流程方案的比较,经物料平衡、热量平衡和主要设备计算后,作出车间布置方案。组织有关专业互相研究协调,并经专业负责人认可,提出推荐方案;各专业根据总负责人和工艺专业的要求,提出本专业的重大技术方案、设计原则和设计标准,经专业组讨论补充后,提交总负责人审查。

E. 估算工作量、安排工程进度

总负责人组织各专业按主项或专业估算设计工作量;各专业负责人配合总负责人编制设计开工报告;总负责人编制工程进度表;主管院长或总工程师批准开工报告;计划管理部门协助总负责人落实各专业人员配备。

F. 开工报告

由主管院长或计划管理部门负责人主持开工报告会,总负责人向参加本工程设计的全体人员和有关人员做开工报告。专业负责人组织本专业人员讨论开工报告,并做好签订协作表的准备。

1.3.5.2　设计机构

A. 机构分支

承接设计任务的单位是设计院,它是一个企业单位,院长为法人代表,全面负责设计院的生产经营、技术进步和行政管理工作。总工程师协助院长负责全院的技术工作。总经济师协助院长负责全院经营管理、财务审计工作。下设计划管理部门和技术管理部门。计划管理部门负责经营计划工程设计的管理工作;技术管理部门负责设计质量、基础工作、技术开发等管理工作。化工行业的设计院设立有:工艺、安装、配管、设备、土建、结构、概算、总图、给排水、电气、仪表、采暖通风、电算等专业室作为生产部门。此外,非生产部门有完成、文印、资料、财务等。

B. 质量保证体系

对于设计质量,设计院有一套庞大又完整的质量保证体系。工程成品的文件和图纸都需设计、校对、审核三级签字,特别重要的文件和图纸还需审定。各专业之间相关的文件和图纸需会签。项目完成还需作质量评定卡。与国际标准化组织质量保证体系相对应,我国工程设计行业现行的版本为 GB/T19001－2000－ISO9001:2000 质量保证体系。

C. 硬件、软件配备

设计院必须配备计算机并用局域网互联,配置各专业的计算及绘图软件,并要有打印机、绘图仪、晒图机、传真机等基本工作装备。

1.3.6 设计内容

以下从工艺工程师的角度出发,说明在项目和厂址确定后化工装置设计的内容和应考虑的问题,以便对设计工作的全貌有个总体的、概括的了解。

1.3.6.1 设计原则

设计方案的选择是多种因素综合的结果,常不取决于某个单一的目标,而且有很多要求是相互矛盾的,如何决定取舍,常因建厂具体情况的不同而异。例如基建费用的大小与操作方便、生产稳定,究竟哪一个是矛盾的主要方面? 前者可以通过一个合适的经济评价判据来决定,后者则取决于设计人员或用户的主观判断,无法用定量的指标来表达。从这个意义上来讲,设计不仅是一种科学技术,也是一种艺术。为了使整个设计有统一的判别策略,不因人而异,在设计开始前应确定一些设计原则。

(1) 技术经济评价指标的种类和数值:这是具体方案比较的依据,例如投资回收期小于六年、投资利润率大于 15% 等。

(2) 要求生产的可靠程度:例如最低的生产能力不低于公称设计能力的 95% 等,由此决定设计裕量。

(3) 生产能力波动的适应范围:例如要求最低操作负荷为正常操作负荷的 50%,根据这个要求决定透平压缩机的防喘振措施、塔板流体力学等计算的下限。

(4) 材质使用原则:以耐腐蚀材料为例,在通常情况下耐腐蚀性能愈好的材料价格愈高。因此,究竟采用什么材质应有统一的规定。

(5) 自动化水平:自动化水平的高低取决于装置的安全要求、生产要求以及控制的投资和得益。如果建厂条件是劳动力富裕而资金短缺,则不应盲目追求高自动化水平。

(6) 传动设备和易磨损、易腐蚀或易结焦设备的备用原则:设备是否备用可根据设备的平均故障工作时间,平均修复时间,装置的连续运转时间和利润等数据,用可靠性理论得出定量的结论。当没有可靠的数据时,应根据经验对装置的动设备作出统一的规定。

(7) 考虑发展规划:有的设计项目因投资、市场需求和各配套装置的建设进度等原因需分期建设,若分期建设的间隔时间不长,则在第一期设计时应考虑后期建设的需要,例如在设备平面布置、设备的能力和主要管道的管径等方面应留有余地,以节省总投资和减少改造工作量。

以上内容不一定全部用文字写在设计文件上,但必须在设计开始前由项目负责人制订完毕,在设计单位内部各专业间统一执行。

1.3.6.2 设计基础

A. 年操作时间

年操作时间是指每年的自然日扣除大、中、小修和非正常停车时间后的实际生产时间,其数值随装置而异,要考虑下列因素:

(1) 工艺介质的腐蚀性强弱;

(2) 生产过程中有无结焦、聚合现象;

(3) 设备备用系数的高低;

(4) 建厂地区管理和操作水平;

(5) 工艺成熟程度。

对于腐蚀性强或易聚合结焦而设备备用系数较低的装置,或第一次工业化的装置,采用较小的年操作小时,一般取 7 200 h;对于工艺成熟、工况稳定、工人操作水平高的连续化生产过程一般可取 8 000 h。

B. 原材料规格

化学品的浓度和纯度高时价格也高,因此应根据工艺过程情况,提出恰如其分的要求。对于原料的浓度和纯度要考虑如下因素。

(1) 杂质对反应的影响,有的杂质在一定条件下会与反应物产生副反应,使收率降低和增加产品提纯的困难。

(2) 杂质对催化剂的影响,是否会引起催化剂中毒或结焦。

(3) 对于惰性杂质,考虑原料浓度降低后对主反应绝对速率和主副反应相对速率的影响。

(4) 原料浓度对反应产物提纯系统的影响。

(5) 提高原料浓度和纯度所需付出的代价。

(6) 提高原料浓度,分离出的其他副产品的价值。

有时生产上需较高的纯度,而原料纯度尚不能满足时,设计应考虑设置相应的净化装置以达到工业生产所需的纯度。

C. 产品规格

产品规格应符合国家标准,当生产新产品时,也应根据研究制订的标准执行。由于一个装置的产品即为另一个装置的原料,因此在决定产品规格时,需要考虑的因素与决定原料规格需要考虑的因素相同。

D. 原材料消耗

对于绝大多数产品而言,占成本因素第一位的是原材料消耗。因此,原材料消耗应作为设计指标在设计开始前规定,然后通过合理组织流程和设定设计变量来实现这一指标。

若在确定原材料消耗定额后,经过系统物料和热量衡算得到的消耗定额与原设定值不符,在流程一定的条件下,应判断原定工艺参数是否合适,若参数不合适则修改设定值,重新进行计算。若不能找到适宜的工艺参数则修改原定消耗定额,结束计算。若系统物料、热量衡算结果符合原定消耗定额,则继续进行单元设备计算,根据计算结果检查原定工艺参数是否合理。若不合理,修改原定消耗定额和工艺参数重新计算。整个设计过程是个反复分析计算,修改设定值,作出一系列判断的过程。

E. 界区(Battery Limits)交接条件

生产装置占地面积的范围称为界区,界区交接条件指用管道输送的原料、产品和公用工程在界区边缘(界区线)交接处的温度、压力和状态。公用工程交接条件由公用工程的规格决定。

F. 公用工程规格

(1)电气:应规定对输入的动力电源的要求;回路数;电压;电气设备(包括一般用电)使用的电压电量;电源配备;照明情况等。

(2)冷却水:应规定供水温度(根据气象条件决定最高供水温度,例如上海地区可取32℃);供水压力(根据要求的回水压力加上热交换器阻力和管道系统阻力决定,一般为0.45MPa～0.50MPa);回水温度(根据进水温度加5℃～15℃温差作为回水温度,一般回水温度不超过45℃);回水压力(对于循环冷却水通常要求回水能直接流到冷却塔塔顶,不另设接力泵,一般要求不低于0.2～0.25MPa);污垢系数(由水质处理费用和热交换器费用决定,大多数工程设计取污垢系数为0.000143 $m^2 \cdot ℃/W$);

(3)蒸汽:根据生产需要决定蒸汽压力和温度,常用的蒸汽压力为:

超高压　　　11.5MPa(绝压)

高压　　　　10MPa(绝压)

中压　　　　2.5、4MPa(绝压)

低压　　　　0.4,0.5,0.6,1.3,1.6MPa(绝压)

(4)仪表用空气:规定仪表用空气的规格、压力,正常:0.7MPa(绝);最高:0.9MPa(绝);最低:0.4MPa(绝)。

(5)压缩空气:规定压缩空气的规格、压力。无特殊要求时,一般为:0.7MPa(绝)。

(6)冷冻。

G. 公用工程消耗

根据系统物料、能量衡算结果,汇总公用工程消耗,列出单位时间和单位产品的消耗量。

H. 催化剂、干燥剂、助剂及其他各种化学品用量

根据反应器、干燥器等单元过程计算结果和工艺要求决定。

I. 三废的来源、数量、组成和建议的处理方法

三废是指废气、废水和废渣。三废处理是为了保护大气、水源和土壤。废气的来源有反应器、吸收塔、分离器等工艺设备的排放气、安全阀起跳或泄漏的排放气、火炬废气和各种加热炉及锅炉的烟道气。废水是指生产过程排放的有害液体,如酸性或碱性废水、含油污水、高温排水和有毒废水。废渣指废催化剂、废干燥剂、煤渣、结焦聚合物质等各种废固体物。

1.3.6.3 工艺专业的主要设计内容

A. 物料衡算和能量衡算

物料衡算意味着设计工作由定性转为定量。它是质量守恒定律的一种表现形式。进入过程或设备的物料质量等于操作后所得产物的质量加上损失物料的质量。据此即可求出物料的质量、体积和成分等数据,在此基础上可以正确地进行能量衡算、设备选择与设计、生产工艺流程设计。

能量衡算进入过程或设备的能量等于操作结束后所获得的能量加上损失的能量,即能量的收入等于能量的支出。根据能量衡算的结果,可以确定输入或输出设备的热量,加热剂和冷却剂的消耗量,同时结合设备设计,可算出设备传热面积。

物料衡算和能量衡算是工艺设计的基础内容。

B. 物料流程图

物料流程图表示为 PFD(Process Flow Diagram)，是系统合成和过程分析的结果。它表示了流程、主要操作条件、物流组成、主要设备特性和主要控制要求，是所有成品中最重要、最本质、最基础的图纸。

C. 工艺管道及仪表流程图

工艺管道及仪表流程图，也可称为带控制点的工艺流程图，表示为 PID(Piping and Instrumentation Diagram)，它是在 PFD 的基础上，确定工艺管道流程和控制方案，补充所有的开停车和正常操作所需的管道、检测、控制等。

在 PID 设计中管道直径的确定也是很重要的任务之一，管道直径的确定需根据一定的运算和经验来取得，若管径取得过大，将显著增加投资；但管径过小，又将使动力费用增加。要取一个管径使生产成本最低，这个管径称为经济管径(Economical Pipe Diameter)。

D. 工艺设备设计

设备的设计与选择主要是通过工艺计算确定设备技术指标。化工设备有标准设备和非标准设备之分，标准设备的设计是通过工艺计算，算出机、泵等类型设备的工作能力及技术特性，从而选择相应的制作该设备的厂家及设备型号。非标准设备的设计是通过工艺计算，算出设备的能力、外形尺寸、安装尺寸等，将这些要求提交给设备专业作为非标设备设计的依据。

工艺设备设计的最终结果是"设备一览表"和"非标设备条件图"。

E. 设备布置图

设备布置的任务是在节约用地，安全和便于生产操作的前提下，确定生产过程中使用的各种机器、设备的平面和空间位置，以满足安装、生产、维修的需要和物料与人员流动路线。设备布置必须遵守防火规范，按工艺流程的次序布置工艺设备，避免不必要的交叉和迂回。采用分区集中同类设备的方法，以便于操作、维修和安装，在设备的立面布置标高上应满足工艺要求。由于生产技术水平的提高或市场需要，工厂可能变化产品品种或工艺流程，设备有可能需要更新或增添，因此，工厂布置应留有发展余地。

F. 管道布置图

化工管道设计大部分工作量都在施工图阶段进行，管道设计的内容有包括各种介质的管道材质、等级、阀门选择、管道布置、保温设计、管架敷设等。

G. 材料统计

材料统计工作一般在施工图设计的最终阶段进行，它是将在管道布置图中管道上所出现的所有材料品种和数量进行统计，列成表，以供施工单位订货备料。

1.4　质量管理体系

化工厂建设的施工安装过程是按设计图纸施工的过程，设计的质量是化工项目建设质量的最直接反应。设计过程中任何粗心和疏忽都会对工程建设质量及化工生产造成损失。所以设计质量管理是极其重要的。目前化工设计行业中实施的质量管理体系为国际标准化组织的 ISO9000 质量体系。

ISO 是国际标准化组织的简称(International Organization for Standardization)。它的主要任务是制订国际标准,协调世界范围内的标准化工作。国际标准化组织的众多委员之一的"质量管理和质量保证技术委员会"(简称 ISO/TC176)其重大成果是制订了 ISO9000 系列国际标准及相关的配套标准,这套系列标准为各国开展质量保证和企业建立健全质量体系提供了有效的指导。为了使产品与技术在国际市场的竞争中不败,我国结合自己的管理情况制订了与国际接轨、通用性强、又适合国情的对照标准系列,以下为设计单位常用的质量标准:

(1) GB/T19000—2000(ISO9000:2000):质量管理体系基础和术语;

(2) GB/T19001—2000(ISO9001:2000):质量管理体系要求;

(3) GB/T19004—2000(ISO9004:2000):质量管理业绩改进指南。

在该体系中,设计成品被定义为设计输出,即设计文件、图纸、说明书及其他文件。从该定义划分定义域,可行性研究、方案设计、初步设计、施工图设计、阶段设计或某项设备设计,都可以是设计成品。以设计成品为对象把工程设计成品质量形成的全过程分为设计市场调研、合同评审、设计准备、设计和设计评审、文件印制和归档、外部评审、后期服务、回访与总结等 8 个阶段,有关各阶段的质量职能,概括如下:

(1) 设计市场调研职能:预测或确定设计市场对设计或服务的需求;预测或确定设计市场对工程建设项目的宏观需要;针对调研结果向单位最高管理层提出制订对策的建议——调研报告;建立和实施用户信息反馈系统。

(2) 合同评审职能:准确地了解用户的需要,并形成文件;使单位内部有关方面均理解合同规定的"要求",并确认"要求"的合理性以及本单位有能力满足所有的要求;"要求"以书面方式传达至该项目合同的执行人员。

(3) 设计准备职能:合理配置设计项目的人力和其他资源;组织制订项目设计进度计划;搜集、分析、鉴定设计原始资料。

(4) 设计及评审:将合同规定的要求以及社会要求转化为设计输入;通过方案构思和表述被确定的设计方案的各种作业技术和活动,使设计输入转化为设计输出;通过自校,评审设计输出是否满足了规定的要求;根据设计评审结果,修正设计输出。

(5) 文件印制和归档职能:通过打字、印刷、复制、装订等作业活动,将设计输出转化为规格化的出版物;确保设计成品按规定计划完整完好地交付给用户;按质量体系文件要求及档案管理法规,将有关设计文件编目归档。

(6) 设计单位在外部设计评审中的职能:选派合适的人员参加评审活动,接受评审,解释设计,解答质疑;了解评审意见,确定用户的补充要求;按照评审意见更改设计。

(7) 后期服务职能:某阶段设计成品对下一阶段设计的服务,如:施工工地服务,投产、竣工、验收活动。

(8) 回访总结职能:通过回访活动,搜集质量信息,为用户解决设计缺陷问题,满足用户的合理要求;通过总结,反馈信息,为质量改进提供依据。

1.5　设计部门与其他部门关系

设计工作不是闭门造车,它必须与社会上的许多部门发生关系。设计人员与设计部门只有正确处理好方方面面的关系,才能把设计工作做得更好。

A. 建设单位

建设单位是设计院为之服务的单位,设计院称之为业主。从建设单位将设计项目委托给设计院,与设计院签订了合同开始,直到一个化工厂或一套装置建成,被验证达到设计指标。在这段时间内,设计人员一直要与建设单位保持密切的联系。一般建设单位会成立一个项目筹备组,也设有一些分支机构和相应的专业。设计单位与建设单位的密切关系体现在以下几个阶段:

(1)投标:对于较大工程项目,建设单位目前都采用招标方式从众多设计单位中挑选设计方案优秀的设计单位。建设单位发出标书后,设计单位要努力地理解他们的指导思想和意图,精心设计方案,争取中标。

(2)收集工程资料:设计人员在项目的前期准备阶段,认真听取建设单位对项目从整体规划布局到具体细节的要求。了解建设单位各方面的工程条件。组织设计人员到建设单位实地考察,勘察现场,掌握第一手资料。

(3)介绍设计方案:在项目设计进行之中,更应与建设单位加强联系,与项目筹备组的同志一起讨论,让他们了解设计方案,设计思路。建设单位也可组织人员到设计院,参与到设计中来,与设计人员一起讨论研究,及早发现一些失误与不妥,避免造成经济损失与生产操作上的不便。

(4)设计能力标定:在项目设计完成后,设计院把设计成品交给建设单位,同时把设计思想,设计内容交代清楚,直到协助建设单位开车成功。一些大项目,在正常生产后,还需对建设项目的设计能力和设计指标进行标定。

B. 技术研究单位

一套生产新成品装置的设计就是技术研究单位开发的产品或技术转化成生产力的体现。技术研究单位与设计院没有合同关系,但业务上有着紧密的联系。设计院把技术研究单位称为技术方,他们必须在设计院进行设计工作之前,向设计院提交完整的基础设计资料。在设计工作中,设计方与技术方要经常讨论互相交换意见,设计方需在工程方面对技术进行把关。装置建成后,设计方要协助技术方开车,调试。

C. 项目审批部门

项目审批部门有基本建设项目所属地区的经济委员会、计划委员会、建设委员会等。设计院需协助建设单位向这些部门报批项目,为建设单位提供报批项目所需的的文件及图纸。

D. 管理部门

规划局、消防局、环保局、劳动安全局、标准办、压力容器监测站、卫生防疫站等部门对项目进行各方面管理。设计院的设计文件及图纸内容须由这些管理部门审查,必须符合国家有关的规定。不妥之处应遵照这些管理部门的意见进行修改。

E. 施工单位

一般在设计工作完成之后,设计院才与施工单位发生关系。设计人员需对施工单位进行一次设计思想和设计内容的交底。施工单位的专业设置与设计院基本一致,两单位专业对口的人员互相交流一下,以便施工单位能更好地实现设计院的设计思想。在项目的施工阶段,设计院需派遣人员去现场进行施工配合。施工结束后,设计院与建设单位一起参与对施工质量进行验收及签字。

F. 工程建设监理部门

工程建设监理可算是较新的行业,它是针对工程项目建设而设置的,社会化、专业化的工程建设监理单位须接受业主的委托和授权,根据国家批准的工程建设项目文件、有关工程建设的法律、法规和工程建设监理合同以及其他工程建设合同进行,旨在实现项目投资目的的微观监督管理活动。这种监督活动主要针对项目建设的设计阶段(含设计准备)、招标阶段、施工阶段以及竣工验收和保养阶段。

工程建设设计阶段是工程项目建设进入实施阶段的开始。在进行工程设计之前还要进行勘察(地质勘察、水文勘察等),所以,这一阶段又叫做勘察设计阶段。在工程建设监理过程中,一般是把勘察和设计分开来签订合同,但也有把勘察工作交由设计单位委托,业主与设计单位签订工程勘察设计合同。为了叙述简便起见,把勘察和设计的监理工作合并叙述,勘察设计阶段工程监理的主要工作包括:

(1) 编制工程勘察设计招标文件;

(2) 协助业主审查和评选工程勘察设计方案;

(3) 协助业主选择勘察设计单位;

(4) 协助业主签订工程勘察设计合同书;

(5) 监督管理勘察设计合同的实施;

(6) 核查工程设计概算和施工图预算,验收工程设计文件。

工程建设勘察设计阶段监理的主要工作是对勘察设计进度、质量和投资进行监督管理。总的内容是依据勘察设计任务批准书编制勘察设计资金使用计划、勘察设计进度计划和设计质量标准要求,并与勘察设计单位协商一致,圆满地贯彻业主的建设意图。对勘察设计工作进行跟踪检查、阶段性审查,设计完成后工程监理要进行全面审查。审查的主要内容有以下几项。

(1) 设计文件的规范性、工艺的先进性和科学性、结构的安全性、施工的可行性以及设计标准的适宜性等。

(2) 设计概算或施工图预算的合理性以及业主投资的许可性。若超过投资限额,除非业主许可,否则要修改设计。

(3) 在审查上述两项的基础上,全面审查勘察设计合同的执行情况,最后核定勘察设计费用。

2 工 艺 路 线

2.1　概况

　　建设单位根据本地区或国家的需要建设一个项目时,首先需要对此项目进行调研,了解需建项目目前的研究动态、国内外生产概况、生产工艺路线以及市场需求量等方面的情况。在此资料分析基础上,可委托设计单位进行可行性研究报告,并报上级部门批准后,投资兴建。

　　从建设情况看,大致可分为以下一些类型:

　　(1) 引进国外技术新建工厂,如 300 kt/a 合成氨、300 kt/a 乙烯、深冷分离法工艺流程等,目前上海已引进 900 kt/a 乙烯装置。此外,还包括一些独资及合资企业所建的装置。

　　(2) 大型生产装置扩建,如炼油厂生产能力扩建,300 kt/a 乙烯扩建至 450kt/a 或 600kt/a,这类均属于国家规划的项目。

　　(3) 选用国内开发成功的技术建厂,这类是一种新技术,建厂有一定的风险。

　　(4) 国内成熟工艺技术扩建、搬迁或改变生产技术路线,对于一般搬迁扩建的厂,采用原来的工艺路线,但自动化程度有所提高,而且由于新建,布局可以更加合理。有些产品还可采用更先进的生产技术,如天原化工厂搬迁时,将原先的电石乙炔路线生产聚氯乙烯改为乙烯氧氯化法生产聚氯乙烯。

　　因此,建设单位要调查研究,决定化工产品生产的技术方案的工艺路线。设计单位参与研究技术路线是从项目投标开始的,为了项目中标,设计单位在投标书中就会涉及技术方案,随着进一步开展设计工作,技术方案是必须首先确定的。

2.2　工艺路线的确定

　　化工产品生产的技术方案或工艺路线的确定,主要考虑的因素有:

　　(1) 技术上可行;

　　(2) 经济上合理;

　　(3) 原料的纯度及来源;

　　(4) 公用工程中的水源及电力供应;

　　(5) 环境保护;

　　(6) 安全生产;

　　(7) 国家有关的政策及法规。

　　若以上各因素中任意一项未达规定要求,均可以否决此项目的建设,因此对每一因素均要仔细进行评审,以免造成重大损失,这是建设单位及设计单位必须慎重考虑的。

技术上可行是指建设投资后,能生产出产品,且质量指标、产量、运转的可靠性及安全性等既先进又符合国家标准,这对实验室研究项目成果的工程化尤为重要。

经济上合理是指生产的产品具有经济效益,这样工厂才可能正常运转,对有些特殊的产品,为了国家需要和人民的利益,主要考虑社会效益或环境效益,而经济效益相对较少,这种项目也是需要建设的,但其只能占工厂建设的一定的比例,是工厂可以承受的,不影响工厂整个生产。

原料纯度对生产有很大的影响,尤其是以矿物为原料,由于长期开采,矿的品位下降,结果将影响工厂的生产成本及效益。因此对这类产品应了解我国的矿产资源情况。此外随着我国改革开放及加入WTO,我国化工产品的原料,如硫酸已采用进口硫磺生产,这种情况还会有进一步的变化,所以原料来源既可能是国内的,也可能是进口的。

水源与电源是建厂的必备条件,在西北有些缺水地区建设化工厂时,尤其应加以注意,以避免建厂后不能正常生产的情况发生。

环境保护是建设化工厂必须重点审查的一项内容,化工厂容易产生三废,我国目前对环境保护已十分重视,设计时应防止新建的化工厂对周围环境产生严重污染,给国家和人民产生重大的经济损失,并影响人民的身体健康,为此对三废污染严重的工艺路线应避免采用。新建工厂的排放物必须达到国家规定的排放标准,符合环境保护法的规定。

安全生产是化工厂生产管理的重要内容。化学工业是一个易发生火灾和爆炸的行业,因此从设备上、技术上、管理上对安全予以保证,严格制订规章制度、对工作人员进行安全培训是安全生产的重要措施。同样,对有毒化工产品或化工生产中产生的有毒气体、液体或固体,应采用相应的措施避免外溢,达到安全生产的目的。

根据以上原则确立工艺路线,再进行工艺流程设计。工艺流程设计是逐步深化的过程,先由框图,逐步完成工业生产的实际流程图。在确立了工艺路线之后,就可以委托设计部门进行设计。

2.3 工艺流程

2.3.1 一般化工工艺流程

工艺流程设计是化工设计中极其重要的环节,它通过工艺流程图的形式,形象地反映了化工生产由原料输入到产品输出的过程,其中包括物料和能量的变化,物料的流向以及生产中所经历的工艺过程和使用的设备仪表等。工艺流程图集中地概括了整个生产过程的全貌。工艺流程设计也是工艺设计的核心,在整个设计中,设备选型、工艺计算、设备布置等工作都与工艺流程有直接关系。只有流程确定后,其他各项工作才能开展,工艺流程设计涉及各个专业方面,根据各方面的反馈信息修改原先的工艺流程。因此流程要在设计中不断修改完善,尽可能使过程在优化条件下操作。所以在化工设计中工艺流程的设计总是最早开始,最晚结束。

一个典型的化工工艺流程一般可由六个单元组成,如图2—1所示。

图 2—1　一般化工工艺流程

图中所示的各种单元在化工生产过程中，由于产品不同会有较大的变化，因此以下说明各单元诅用时仅是常规的，并没有指出哪一种产品。

（1）原料贮存：原料贮存是指保证原料的供应与生产的需求相适应。在化工生产中，贮存量主要根据原料的来源、运输方法（如空运、海运、铁路运输及公路运输）、原料的物理化学性质（如液体、固体、易燃易爆等）以及运输所需的时间决定，一般要求贮存量为几天至三个月。对本厂可以供应的，通常仅在生产产品处有贮存量外，在车间也要有一定贮存量作缓冲之用。

（2）进料的准备：为了向反应阶段进料，由于原料不符合要求，需要进行处理。有的原料纯度不高，通常经过分离提纯，有些原料需溶解或熔融后进料，固体原料往往需要破碎、磨粉及筛分。

（3）反应：反应是化工生产过程的心脏。将原料放至反应器中，按照一定的工艺操作条件，得到合格的产品。在此过程中，也难免生成一些副产物或不希望获得的化合物（杂质）。

（4）产品的分离：反应结束之后，需要将产品、副产品与未反应的物料分离。如果转化率低，经分离后未反应物料再循环返回反应器进一步转化以提高收率。在此阶段，可得到副产品。

（5）精制：一般产品需要经过精制使之成为合格产品，以满足用户的要求。如果所得到的副产品具有经济价值，也可以经精制后出售。

（6）包装和运输设施：液体一般用桶或散装槽类（如汽车槽车、火车槽车或槽船）装运。固体可用袋型包装（纸袋、塑料袋）、纸桶、金属桶等装运。产品贮存量取决于产品的性质和市场情况。

一个工艺过程除了上述的各单元外，还需要有公用工程（水、电、气）及其他附属设施（消防设施、辅助生产设施、办公室及化验室等）的配合。

工艺流程表示由原料到成品过程中物料和能量的流向及其变化。工艺流程的设计直接影响产品的质量、产量、成本、生产能力、操作条件等。流程图是工艺设计的关键文件，它表示工艺过程选用设备的排列情况、物流的连接、物流的流量和组成、操作条件、公用工程以及生产过程中的控制方法。流程图是管道、仪表、设备设计和装置布置等专业的设计基础。流程图也用于拟订操作规程和培训工人。在装置开车及以后的运转过程中，流程图也是操作性能与设计进行比较的基础。

2.3.2　工艺路线论证

化学工业生产的产品有成千上万，由于采用原料的不同，同一种产品又有多种生产方法，因此工艺流程的形式是多种多样的。

在化工设计中，工艺流程设计的任务主要有两个。

（1）确定生产流程中各单元过程和单元操作的组合方式。

（2）绘制工艺流程图。即以流程图的形式表达生产过程中物料在各单元中的流向，以及物料和能量在这些设备中发生的变化，同时表示设备的大致形式以及管路和自控方式。

为了完成上述任务，在正式开始工艺流程设计前设计人员必须进行工艺路线论证，选定生产方法，收集资料并考虑生产流程，以达到设计要求。

在设计中，对建设单位提出的工艺路线，设计人员应予以论证；如果建设单位未提出某产品的生产方法，则需先对生产的技术方案进行选择。目前大多数设计项目的工艺路线已确定，因此以下主要叙述工艺路线的论证。

2.3.2.1　工艺路线论证原则

A.　先进性

工艺技术路线首要条件是技术上可行和经济上合理，为了能有较高的经济效益，技术上要尽可能先进，体现当代化工水平的企业，才可能有较大的竞争能力。技术上先进主要考虑技术经济指标优良，原材料及能源消耗少，成本低，此外生产工厂环境优良，生产安全，产品质量好。在评价时，应在同一规模情况下进行比较，以避免规模效应的影响。

B.　可靠性

可靠性是指所选择的工艺路线是否成熟可靠。如果采用的技术不成熟，就会影响工厂正常生产，甚至不能投产，造成极大的浪费。因此，对尚处于试验阶段的新技术、新工艺、新设备应慎重对待，要防止只考虑先进性，而忽视装置运行的可靠性。

因此应避免将新建厂设计成试验工厂；对将实验室成果转化为工业化的新建厂，应坚持要求提供较完整的基础设计，另一方面，如果实验数据完整可靠，设计人员要以创新的劳动使装置能可靠地运转。

C.　是否符合国情

我国是一个发展中的社会主义国家。在设计中，不能单纯只从技术观点，而应从我国的具体情况出发考虑各种具体问题。根据以往设计工作的经验，化工工艺流程设计考虑的问题如下：

（1）消费水平及消费趋势；

（2）化工机械设备及电气仪表的制造能力；

（3）化工原材料及设备用金属材料的供应情况；

（4）环境保护的有关规定和化工生产中三废排放情况；

（5）劳动就业与化工生产自动化水平的关系；

（6）资金筹措和外汇储备情况。

上述三项原则必须在技术路线和工艺流程论证或选择中全面衡量，综合考虑。设计人员采取分析对比的方法，根据建设项目的具体要求，选择先进可靠的工艺技术，竭力发挥有利的一面，设法减少不利的因素。在论证时要仔细研究设计任务书中提出的各项原则要求，对收集到的资料进行加工整理，提炼出能够反映本质的、突出主要优缺点的数据材料，作为比较的依据。从而使新建的化工厂的产品质量、生产成本以及建厂难易等主要指标达到比较理想的水平。

2.3.2.2　工艺路线确定的步骤

确定工艺路线一般要经过三个阶段。

A. 搜集资料,调查研究

这是确定工艺路线的准备阶段。在此阶段中,要根据建设项目的产品方案及生产规模,有计划、有目的地搜集国内外同类型生产厂的有关资料,包括技术路线特点。工艺参数、原材料和公用工程单耗、产品质量、三废治理以及各种技术路线的发展情况与动向等技术经济资料。掌握国内外化工技术经济的资料,仅靠设计人员自己搜集是不够的,还应取得技术信息部门的配合,有时还要向咨询部门提出咨询。具体收集的内容主要有以下几个方面:

(1) 国内外生产情况,各种生产方法及工艺流程;

(2) 原料来源及产品应用情况;

(3) 试验研究报告;

(4) 安全技术及劳动保护措施;

(5) 综合利用及三废处理;

(6) 生产技术是否先进,生产连续化、自动化程度;

(7) 设备的大型化及制造、运输情况;

(8) 基本建设投资、产品成本、占地面积;

(9) 水、电、气、燃料的用量及供应,主要基建材料的用量及供应;

(10) 厂址、地质、水文、气象等资料;

(11) 车间(装置)环境与周围的情况。

B. 落实设备

设备是完成生产过程的重要条件,是确定工艺路线时必然会涉及到的因素。在搜集资料过程中,必须对设备予以足够重视。对各种生产方法中所用的设备,分清国内已有定型产品的、需要进口的及国内需重新设计制造的三种类型,并对设计制造单位的技术力量、加工条件、材料供应及设计、制造的进度加以了解。

C. 全面分析对比

全面分析对比的内容很多,主要比较下列几项:

(1) 几种技术路线在国内外采用的情况及发展趋势;

(2) 产品的质量情况;

(3) 生产能力及产品规格;

(4) 原材料、能量消耗情况;

(5) 建设费用及产品成本;

(6) 三废的产生及治理情况;

(7) 其他特殊情况。

2.3.3　流程设计程序

生产工艺流程设计涉及面大,设计周期长,因此一般需分阶段进行,才能把这项工作做好。

2.3.3.1 设计程序

流程设计一般由浅入深,由定性到定量进行,根据先后程序大体上可分为四种流程图:

A. 流程框图

在做项目前期规划及初步方案确定时,一般采用流程框图来说明工业生产中所采用的技术路线,图中所用的方框表示生产过程中的各种单元过程或单元操作,同时表示生产中各物流的流向,如果过程确立后,框图还可表达各物流的流量,此图变为设计中的物流图。所以流程框图看似简单,但能反映产品生产的技术路线及主要设备。

B. 流程示意图

在流程框图的基础上,进一步以设备形式定性地表示出各个过程的单元生产路线以及各物流的流向,流程示意图中应表示出设备示意图(以标准图例表示)、设备流程号、主要物料及主要动力(水、蒸汽、压缩空气、真空)的流程管线及流向箭头以及必要的文字注解。

C. 流程草图

在流程示意图的基础上表示生产过程中的物流,各单元过程和单元操作的设备特征、自动控制方案、工艺操作参数的情况等。此外流程草图在流程示意图的基础上,进一步表示全部物料及全部动力(水、蒸汽、压缩空气、真空)的流程管线及流向箭头以及必要的文字注解。在工程设计的正规文件中可以有流程草图。

D. 工艺流程图

在流程草图的基础上表示出物流及其流向,每一个过程的设备特征,物流组成变化,显示仪表及自动控制方案、工艺操作参数、管道工程、经济管径、辅助生产流程等,工艺流程图还要求表示出设备示意图(以标准图例表示)、设备流程号、全部物料及全部动力(水、蒸汽、压缩空气、真空)的流程管线及流向箭头、必要的文字注解。工艺流程图要求能表示出生产路线的原则流程、各个过程的设备特征、物料组成变化、自动控制原则、工艺操作参数的情况、管道工程、经济管径、开停车设备及管路、安全生产设施、非正常生产情况及事故处理有关装置及管路等。工艺流程图可以用于工程施工和化工厂生产管理。

一般情况下,化工设计的流程图主要绘制下列两种图纸。

(1)物料流程图(PFD图);

(2)带控制点的工艺流程图(PID图)。

此外,在设计计算时会经常用流程框图表示,物料衡算后的物流量及组成以物流图(或框图)表示,全厂(或车间)总体及各设备的能量消耗以能流图表示。所以工艺流程图是设计工作者必须熟悉并掌握的。

2.3.3.2 工程建设进展

化工基本建设项目从规划到建成要经过各项程序,因此工艺流程根据建设程序也可分为五个阶段。

A. 项目建议书阶段

项目建议书是基本建设程序中最初阶段的工作,这时对流程设计的深度要求不高,只要表示出生产路线的原则流程。因此可采用流程示意图,有时甚至可以用简化的流程框图。这时的流程图版本可称为流程的项目建议书版本。

B. 可行性研究阶段

可行性研究报告是基本建设前期工作的重要内容,这时对流程设计的深度要求稍高,可以流程草图表示。这时的流程图版本可称为流程的可行性研究版本。

C. 初步设计阶段

初步设计是确定全厂性的设计原则、设计标准、设计方案和重大技术问题的阶段,这时对流程设计的深度要求高,可以带控制点的工艺流程图表示。这时的流程图版本可称为流程的初步设计版本。

D. 施工图设计阶段

施工图设计是把初步设计中确定的设计原则和设计方案,根据建筑安装工程、管道电气仪表安装、设备制造的需要进一步具体化。故以详细的带控制点的工艺流程图表示。这时的流程图版本可称为流程的施工图版本。这时对流程设计的深度要求更高。

E. 竣工图设计阶段

竣工图设计阶段是在化工制造现场施工安装完成后,完全按照现场的真实情况为了作建设项目的投资决算所作的设计。流程设计要完全按照现场情况绘制,这时的流程图版本可称为流程的竣工图版本。

3　物料衡算与能量衡算

运用质量守恒定律,对生产过程或设备进行研究,计算输入或输出的物流量及组分等,称之为物料衡算。

物料衡算是工艺设计的基础,根据所需设计项目的年产量,通过对全过程或单元过程的物料衡算,可以计算出原料的消耗量、副产品量以及输出过程物料的损耗量及三废生成量;并在此基础上作能量衡算,计算出蒸汽、水、电、煤或其他燃料的消耗定额;最终可以根据这些计算确定所生成产品的技术经济指标。同时根据衡算所得的各单元设备的物流量及其组成、能量负荷及其等级,对生产设备和辅助设备进行选型或设计,从而对过程所需设备的投资及其项目可行性进行估价。

3.1　物料衡算

3.1.1　基本原理

A. 物料衡算的目的

通过物料衡算可以确定:

(1) 原材料消耗定额,判断是否达到设计要求。

(2) 各设备的输入及输出的物流量,摩尔分率组成及其他组成表示方法。并列表,在此基础上进行设备的选型及设计,并确定三废排放位置、数量及组成,有利于进一步提出三废治理的方法。

(3) 作为热量计算的依据。

(4) 根据计算结果绘出物流图,可进行管路设计及材质选择,仪表及自控设计等。

B. 物料衡算的依据

(1) 设计任务书中确定的技术方案、产品生产能力、年工作时及操作方法。

(2) 建设单位或研究单位所提供的要求、设计参数及实验室试验或中试等数据,主要有:

a) 化工单元过程的主要化学反应方程式、反应物配比、转化率、选择性、总收率、催化剂状态及加入配比量、催化剂是否回收使用、安全性能(爆炸上下限)等。

b) 原料及产品的分离方式,各步的回收率,采用物料分离剂时,加入分离剂的配比。

c) 特殊化学品的物性,如沸点、熔点、饱和蒸汽压、闪点等。

(3) 工艺流程示意图

C. 物料衡算基准

在物料、能量衡算过程中,恰当地选择计算基准可以使计算简化,同时也可以缩小计算误差。在一般的化工工艺计算中,根据过程特点选择的基准大致有如下几种:

（1）时间基准：对于连续生产，以 1 段时间间隔，如 1 秒、1 小时、1 天等的投料量或生产产品量作为计算基准。这种基准可直接联系到生产规模和设备设计计算，如年产 300kt 乙烯装置，年操作时间为 8 000h，每小时的平均产量为 37.5t。对间歇生产，一般可以一釜或一批料的生产周期作为基准。

（2）质量基准：当系统介质为液、固相时，选择一定质量的原料或产品作为计算基准是合适的。如以煤、石油、矿石为原料的化工过程采用一定量的原料，例如：1kg、1 000kg 等作基准。如果所用原料或产品系单一化合物，或者由已知组成百分数和组分分子量的多组分组成，那么用物质的量（摩尔）作基准更为方便。

（3）体积基准：对气体物料进行衡算时选用体积基准。这时应将实际情况下的体积换算为标准状态下的体积，即标准体积，用 m^3（STP）表示。这样不仅排除了因温度、压力变化带来的影响，而且可直接换算为摩尔。气体混合物中组分的体积分率同其摩尔分率在数值上是相同的。

（4）干湿基准：生产中的物料，不论是气态、液态和固态，均含有一定量的水分，因而在选用基准时就有算不算水分在内的问题。不计算水分在内的称为干基，否则为湿基。例如，空气组成通常取含氧 21%，含氮 79%（体积），这是以干基计算的；如果把水分（水蒸气）计算在内，氧气、氮气的百分含量就变了。又如，甲烷水蒸气催化转化制取氢气，转化炉的进料量，以干基计为 $7×10^3 m^3$（STP）/h。而以湿基计则可达到 $3×10^4 m^3$（STP）/h。通常的化工产品，如化肥、农药均是指湿基。例如年产尿素 480kt，年产甲醛 5kt 等均为湿基；而年产硝酸 50kt，则为干基。

D. 物料衡算程序

在进行物料衡算时，特别是那些复杂的物料衡算，为了避免错误，便于检查核对，建议遵循下面的计算步骤，使之做到条理清晰，计算迅速，结果准确。

（1）确定衡算的对象、体系与环境，并画出计算对象的草图。对于整个生产流程，要画出物料流程示意图（或流程框图）。绘制物料流程图时，要着重考虑物料的种类和走向，输入和输出要明确。

输入物料 → | 体 系 | → 输出物料

图中方框表示过程的体系，它可以是一个单元操作，也可以是过程的一部分或整体。例如，一个热交换器、一个化学反应器、一个工段或单元过程甚至整个车间、工厂。

（2）确定计算任务，明确哪些是已知项，哪些是待求项，选择适当的数学公式，力求计算方法简便。

（3）确定过程所涉及的组分。

（4）对物流流股进行编号，并标注物流变量。

（5）收集数据资料，数据资料包括两类：一类为设计任务所规定的已知条件；另一类为与过程有关的物理化学参数。具体地说应包括以下内容：

a）生产规模和生产时间。生产规模为设计任务中所规定，生产时间指全年的有效生产天数，生产时间应根据全厂检修、车间检修、生产过程和设备的特殊性、生产管理水平等因素考虑。

b) 有关的定额和技术指标。这类数据通常指产品单耗、配料比、循环比、固液比、气液比、回流比、利用率、转化率、选择性、单程收率、总收率等。有些数据由经验确定。

c) 原辅材料、产品、中间产品的规格,包括原料的有效成分和杂质含量,气体或液体混合物的组成等。

d) 与过程有关的物理化学参数。如临界参数、密度或比体积、状态方程参数、蒸气压、气液平衡常数或平衡关系等。

在收集有关数据时,应注意其可靠性、准确性和适用范围。一些特殊物质的物化数据难以获得或查找不全时,可根据物理化学的基本定律进行计算。

(6) 列出物料衡算方程。物料衡算的理论依据是质量守恒定律。据此物料衡算方程可表示为:

$$\boxed{\substack{\text{进入过程单元}\\\text{的物料量 } F_i}}-\boxed{\substack{\text{流出过程单元}\\\text{的物料量 } F_o}}+\boxed{\substack{\text{在过程单元内生}\\\text{成的物料量 } D_p}}-\boxed{\substack{\text{在过程单元内消}\\\text{耗的物料量 } D_r}}=\boxed{\substack{\text{过程单元内积}\\\text{累的物料量 } W}}$$

即:
$$(F_i-F_o)+(D_p-D_r)=W \tag{3-1}$$

物料衡算方程在下列情况下可简化:

a) 稳定操作过程
$$(F_i-F_o)+(D_p-D_r)=0 \tag{3-2}$$

b) 系统内无化学反应
$$(F_i-F_o)=W \tag{3-3}$$

c) 系统内无化学反应的稳定操作过程
$$(F_i-F_o)=0 \tag{3-4}$$

(7) 列出过程的全部独立物料平衡方程式及其他相关约束式,对于有化学反应发生的,要写出其化学反应方程式,明确反应前后的物料组成和各个组分之间的定量关系,必要时还应指出其转化率和选择性,为计算作准备。约束式有:归一化方程、恒沸组成、相平衡数据、化学平衡方程、回流比、相比等。

(8) 选择计算基准。

(9) 统计变量个数与方程个数,确定设计变量的个数及全部设计变量。

在统计变量个数时,如果在一个过程单元的每一股物流中,都含有全部组分 N_C 个,则对其中任一股物流 i 有 N_C 个摩尔分数(或质量分数)x_{ij}($j=1,2,\cdots,N_C$)还有流量 F_i,即 N_C+1 个物流变量。若共有 N_S 股物流,并有 N_P 个设备参数,则该过程共有变量个数为:

$$N_V=N_S(N_C+1)+N_P \tag{3-5}$$

式中:N_V——系统的总变量数;

　　　N_C——物流中的组分数;

　　　N_S——物流的股数;

　　　N_P——设备参数。

实际上,过程中各股物流的组分数不一定相同,所以变量数要根据具体情况加以计算。

在进行物料衡算之前,必须由设计者赋值的变量,称为设计变量,即通常所说的给予变量以定值。如果系统变量总数为 N_v,独立方程数为 N_e,则设计变量数 N_d 为:

$$N_d = N_v - N_e \tag{3-6}$$

式中：N_d——设计变量数；

　　　N_e——独立方程数。

在求解物料衡算方程式时,应该使所给定的设计变量数恰好等于需要给定的个数,否则就会有无解或矛盾解的情况出现。

当设计变量的数目不够时,由于方程式的数目比未知数少,所以方程式无解。同时,当设计变量的数目过多时,方程式也无解。

当指定太多的设计变量,由方程式计算所得之值就会与设计变量中的值不一致,而产生矛盾解。

当设计变量的数值不合理时,会导致计算所得的物流流量为负值,在物理上无意义。

为了克服以上情况,应使指定设计变量之后,物料衡算式中未知数的数目与独立方程式的数目相等。

(10)整理计算结果,将计算的结果整理并根据所需的换算基准列成原材料消耗表。现以三聚氰胺装置物料衡算结果为例说明原材料消耗表的格式,如表3—1所示。

(11)绘制物料流程图。物料流程图是物料衡算计算结果的一种表示方法,它最大的优点是简单清楚,查阅方便,并能表示出各物料在流程中的位置和相互关系,物料流程图作为设计成果编入设计文件。物料衡算结果也以物流表形式来表示。

至此,物料衡算工作告一段落,可以着手进行下一步的能量衡算和设备设计等项工作。通常在计算工作完毕之后,应当充分运用计算结果,从技术经济的角度对全流程或单元过程及设备进行分析评价,判别它的生产能力、效率是否符合预期的要求,物料损耗是否合理以及分析确定的工艺条件是否合适等等。借助物料衡算的结果,使我们可以发现流程设计中存在的问题,从而使工艺流程设计得更趋完善。事实上,为了获得最佳流程设计方案,往往要进行多次物料衡算。

表 3—1　原材料消耗一览表

序号	原料名称	单位	规格	成品消耗定额(单耗[②])	每小时消耗量	每年消耗量	备注
1	尿素	t	含氨量≥46.3%	2.3	1.75	10 800	
2	液氨	t	99.5%	0.2	0.147	1 070	
3	催化剂	t		0.01		60	
4	道生[①]	kg	工业级	0.225		1.35	
5	氮气	m³(STP)	99.5%	36	30m³/h	21.6×10⁴	≥0.4MPa
6	熔盐	kg	工业级	0.32		1.9	
7	燃料油	t		0.815	0.66	4 910	
8	包装袋	套	450×800	40	33.3	240×10³	

①道生:联苯与二苯醚的混合物,作为冷却介质,下同。

②单耗:生产每吨产品需消耗的原材料的量。

3.1.2 物料衡算举例

A. 无反应过程的物料衡算

在系统中,物料没有发生化学反应的过程,称为无反应过程,这类过程通常又称为化工单元操作,诸如流体输送、粉碎、换热、混合、分离(吸收、精馏、萃取、结晶、过滤、干燥)等。

[例3-1] 某化工厂要求设计一套从气体中回收丙酮的装置系统,并计算回收丙酮的费用。系统的流程框图如图3-1所示,要求由已知的资料,列出各物流的流率(kg/h),以便能确定设备的大小,并计算蒸馏塔的进料组分。

解: 本系统包括三个单元,即吸收塔、蒸馏塔和冷凝器。由于除空气进料外的其余组成均是以质量百分数表示的,所以将空气-丙酮混合气进料的摩尔百分数换算为质量百分数。基准:100kmol气体进料。

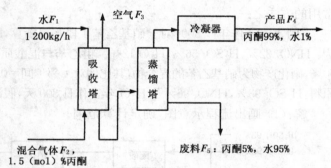

组成	kmol	kg	质量,(mol)%
丙酮	1.5	87	2.95
空气	98.5	2 860	97.05
总计	100	2 947	100.00

图3-1 [例3-1]流程框图

进入系统的物流为两个,离开系统的物流为三个,其中已知一个物流量,因此有四个物流是未知的。

可列出总物料平衡式:

$$1\,200 + F_2 = F_3 + F_4 + F_5$$

各组分平衡式:

丙酮
$$0.029\,5F_2 = 0.99F_4 + 0.05F_5$$

水
$$1\,200 = 0.01F_4 + 0.95F_5$$

空气
$$0.970\,5F_2 = F_3$$

以上4个方程式,实际上独立方程式数为3个,因此本方案求解尚缺少数据,其补充的数据可以是:

(1)每小时进入系统的气体混合物,离开系统的产品或废液的物流量;

(2)进入蒸馏塔的组分。

这样才可能得出完整的解,否则只能部分解。此例体现了物料衡算式中未知变量数与独立方程式数目不相等时,无法进行衡算。

B. 有反应的物料衡算

化学反应过程的物料衡算,与无化学反应过程的物料衡算相比要复杂些。这是由于化学反应,原子与分子重新形成了完全不同的新的物质,因此每一化学物质的输入与输出的摩尔或质量流率是不平衡的。此外,在化学反应中,还涉及化学反应速率、转化率、产物的收率等因素。为了有利于反应的进行,往往某一反应物需要过量,因此在进行反应过程的物料衡算时,应考虑以上这些因素。化学反应过程物料衡算的方法有:

(1) 直接计算法;

(2) 利用反应速率进行物料衡算;

(3) 元素平衡;

(4) 以化学平衡进行衡算;

(5) 以结点进行衡算;

(6) 利用联系组分进行衡算。

其中直接计算法是根据化学反应方程式,运用化学计量系数进行计算的方法,也是常用的方法之一。

[例3-2] 作年产300t对一硝基乙苯工段物料衡算,原料乙苯纯度95%,硝化混酸组成为:HNO_3 32%,H_2SO_4 56%,H_2O 12%。粗乙苯与混酸质量比1:1.885。对硝基乙苯收率50%,硝化产物为硝基乙苯的混合物,其比例对:邻:间=0.5:0.44:0.06。配制混酸所用的原料:H_2SO_4 93%,HNO_3 96%及H_2O,年工作日300天,假设转化率为100%,间歇生产。

解:(1) 画出流程示意图,确定计算范围。

H_2SO_4, 93% →
HNO_3, 96% →
H_2O →
配酸 → 硝化 → 分离 → 硝化物
乙苯, 95% →
废酸

图3-2　[例3-2]流程框图

(2) 原料乙苯量。

基准:间歇生产,以每天生产的 kg 为基准。

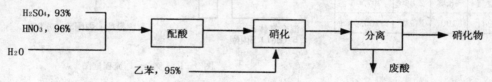

$$G_1 \qquad G_2 \qquad\qquad\qquad G_3 \qquad\qquad G_4 \qquad\qquad\qquad G_5$$

M:106.17　63　　　　　　　　151.17　　　　　　　18.02

对一硝基乙苯:

$$G_3 = \frac{300 \times 1\,000}{300} = 1\,000\text{kg}$$

乙苯量:

$$G_1 = \frac{1\,000 \times 106.17}{151.17 \times 0.5} = 1\,404.6\text{kg}$$

原料乙苯量:　　　　　　　$1\,404.6/0.95 = 1\,478.6$ kg

杂质量：　　　　　　　　　　$1\,478.6-1\,404.6=74$ kg

（3）配酸酸量。

混酸量：　　　　　　　　　　$1\,478.6\times1.855=2\,742.8$ kg

纯 HNO_3 量：　　　　　　　　$2\,742.8\times0.32=877.7$ kg

$96\%HNO_3$ 量：　　　　　　　$877.7/0.96=914.3$ kg

纯 H_2SO_4 量：　　　　　　　$2\,742.8\times0.56=1\,536$ kg

$93\%H_2SO_4$ 量：　　　　　　$1\,563/0.93=1\,651.6$ kg

加水量：　　　　　　　　　　$2\,742.8-914.3-1\,651.6=176.9$ kg

（4）硝化。

已知转化率为100%，$G_3:G_4:G_5=0.5:0.44:0.06$

硝化物产量：

$$\frac{1\,404.6\times151.17}{106.17}=1\,999.7\text{kg}$$

其中硝基乙苯：

对位：　　　　　　　　　　　$1\,999.9\times0.5=1\,000$ kg

邻位：　　　　　　　　　　　$1\,999.9\times0.44=880$ kg

间位：　　　　　　　　　　　$1\,999.7-1\,000-880=119.7$ kg

废酸量：

HNO_3 消耗量：　　　　　$\dfrac{1\,404.6}{106.17}\times63=833.5$kg

H_2O 生成量：　　　　　　$\dfrac{1\,404.6}{106.17}\times18.02=238.4$kg

废酸中HNO_3 量：　　　　　$877.7-833.5=44.2$ kg

　　　　H_2SO_4 量：　　　　　　　$1\,536$kg

　　　　H_2O 量：　　　　　$329.1+238.4=567.5$ kg

废酸总量：　　　　　　$44.2+1\,536+567.5=2\,147.7$ kg

废酸组成：HNO_3 2.06%，H_2SO_4 71.52%，H_2O 26.42%

以硝化过程为例，列出物料衡算表，如表3—2所示：

表3—2　硝化过程的物料衡算表

输　　入		输　　出	
组分	质量，kg/d	组分	质量，kg/d
HNO_3	877.7	HNO_3	44.2
H_2SO_4	1 536	H_2SO_4	1 536
H_2O	329.1	H_2O	567.5
$C_6H_5-C_2H_5$	1 404.6	$C_6H_5-C_2H_5$	
		硝基乙苯 对位 邻位 间位	1 000 880 119.7
杂质	74	杂质	74
合计	4 221.4	合计	4 221.4

应用反应速率进行的衡算通常较少,但有时应用此法可以简化计算,如[例3—3]所示。

[**例3—3**] 工业上,合成氨原料气中的CO通过变换反应器而除去,如图3—3所示。在反应器1中大部分转化,反应器2中完全脱去。原料气是由发生炉煤气(78%N_2,20%CO,2%CO_2)和水煤气(50%H_2,50%CO)混合而成的半水煤气。在反应器中与水蒸气发生反应:

$$CO + H_2O \rightleftharpoons CO_2 + H_2$$

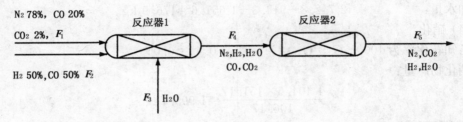

图3—3　[例3—3]流程框图

最后得到物流中 H_2 与 N_3 之比为 3:1,假定水蒸气流率是原料气总量(干基)的两倍,同时反应器1中CO的转化率为80%,试计算中间物流(4)的组成。

解:基准:物流1为100mol/h;正反应的反应速率为r(mol/h)

(1)过程先由总单元过程摩尔衡算式进行计算,总衡算式为:

N_2 平衡　　　　$F_{5,N_2} = 0.78 \times 100 = 78$ mol/h

CO 平衡　　　　$0 = 0.2 \times 100 + 0.5F_2 - r$

H_2O 平衡　　　$F_{5,H_2O} = F_3 - r$

CO_2 平衡　　　$F_{5,CO_2} = 0.02 \times 100 + r$

H_2 平衡　　　　$F_{5,H_2} = 0.5F_2 + r$

已知 H_2 与 N_2 之比为 3:1

$$F_{5,H_2} = 3F_{5,N_2} = 3 \times 78 = 234 \text{ mol/h}$$

原料气(干基)与水蒸气之比为 1:2

$$F_3 = 2(F_1 + F_2)$$

将 H_2 和 CO 平衡式相加,消去 r,得:

$$F_2 = 234 - 20 = 214 \text{ mol/h}$$

将 F_2 值代入CO平衡式中,得:

$$r = 20 + 107 = 127 \text{ mol/h}$$

$$F_3 = 2 \times (100 + 214) = 628 \text{ mol/h}$$

最后,由 CO_2 和 H_2O 平衡得:

$$F_{5,CO_2} = 129 \text{mol/h}; F_{5,H_2O} = 628 - 127 = 501 \text{mol/h}$$

(2)计算反应器1的反应速率,然后计算物流4的组成,由反应速率的定义式得:

$$r = (F_{i,输出} - F_{i,输入})/\sigma_i = -F_{i,输入} \chi_i/\sigma_i$$

式中 χ_i 为 i 物质的转化率。

已知反应器 1 中 CO 的转化率为 0.80,由此得反应器 1 的反应速率:

$$r = -F_{CO,输入}\,\chi_{CO}/\sigma_{CO} = 0.8[0.2 \times 100 + 0.5 \times 214] = 101.6 \text{ mol/h}$$

已知 r 后,物流 4 中每一物质的流率可以用物料衡算求得,即:

N$_2$ 平衡:　　$F_{4,N_2} = 0.78 \times 100 = 78 \text{ mol/h}$

CO 平衡:　　$F_{4,CO} = 127 - r = 25.4 \text{ mol/h}$

H$_2$O 平衡:　$F_{4,H_2O} = 628 - r = 526.4 \text{ mol/h}$

CO$_2$ 平衡:　$F_{4,CO_2} = 2 + r = 103.6 \text{ mol/h}$

H$_2$ 平衡:　　$F_{4,H_2} = 107 + r = 208.6 \text{ mol/h}$

于是,物流 4 的组成(摩尔分率)为:

N$_2$:0.083;CO:0.027;H$_2$O:0.559;CO$_2$:0.110;H$_2$:0.221。

C. 带循环和旁路过程的物料衡算

在过程中常会遇到流体返回(循环)至前一级的情况。尤其在反应过程中,由于反应物的转化率低于 100%,有些反应物投料过量,为了充分利用原料,降低原料消耗定额,在工厂生产中一般将未反应的原料与产品先进行分离,然后循环返回原料进料处,与新鲜原料一起再进入反应器反应。在无化学反应过程中,精馏塔塔顶的回流、过滤结晶过程滤液的返回都是循环过程的例子。

在没有循环时,一系列单元步骤的物料平衡可按顺序依次进行,每次可取一个单元。但是,如果有循环物流的话,由于循环返回处的流量尚未计算,因此循环量并不知道。所以,在不知道循环流量时,逐次计算并不能计算出循环量。这类问题通常可采用两种解法。

(1)试差法。估计循环流量,并继续计算至循环回流的那一点。将估计值与计算值进行比较,并重新假定一个估计值,一直计算到估计值与计算值之差在一定的误差范围内。

(2)代数解法。在循环存在时,列出物料平衡方程式,并求解。一般方程式中以循环流量作为未知数,应用联立方程的方法进行求解。

在只有一个或两个循环物流的简单情况,只要计算基准及系统边界选择适当,计算常可简化。一般在衡算时,先进行总的过程衡算,再对循环系统,列出方程式求解。对于这类物料衡算,计算系统选取得好坏是关键的解题技巧。

[例3—4] K$_2$CrO$_4$ 从水溶液重结晶处理工艺是将每小时 4 500 mol 含 33.33%(mol)的 K$_2$CrO$_4$ 新鲜溶液和另一股含 36.36%(mol)K$_2$CrO$_4$ 的循环液合并加入至一台蒸发器中,蒸发温度为 120℃,用 0.3 MPa 的蒸汽加热。从蒸发器放出的浓缩料液含 49.4%(mol)K$_2$CrO$_4$ 进入结晶槽,在结晶槽被冷却,冷至 40℃,用冷却水冷却(冷却水进出口温差 5℃)。然后过滤,获得含 K$_2$CrO$_4$ 结晶的滤饼和含 36.36%(mol)K$_2$CrO$_4$ 的滤液(这部分滤液即为循环液),滤饼中的 K$_2$CrO$_4$ 占滤饼总物质的量的 95%。K$_2$CrO$_4$ 的分子量为 195。试计算:

（1）蒸发器蒸发出水的量；

（2）K_2CrO_4 结晶的产率；

（3）循环液（mol）/ 新鲜液（mol）的比率；

（4）蒸发器和结晶器的投料比（mol）。

解： 为了明确理解该重结晶处理工艺，先画出流程框图，如图 3—4 所示。将每一流股编号且分析系统：

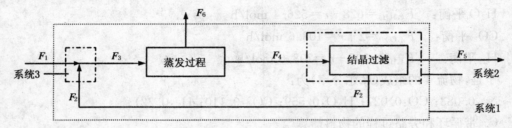

图 3—4 ［例 3—4］流程框图

基准：4 500mol/h 新鲜原料，以 K 表示 K_2CrO_4，W 表示 H_2O。

设：F_1——进入蒸发器的新鲜物料量（mol/h）；

F_2——进入蒸发器的循环物料量即滤液量（mol/h）；

F_3——新鲜液和循环液混合后的物料量（mol/h）；

F_4——出蒸发器的物料量（mol/h）；

F_5——结晶过滤后滤饼总量（mol/h）；

F_6——蒸发器蒸出的水量（mol/h）；

P_C——结晶过滤后滤饼中 K 的物质量（mol/h）；

P_S——结晶过滤后滤饼中滤液的物质量（mol/h）；

x_3——新鲜液和循环液混合后的 K_2CrO_4 组成（mol/h）。

从已知条件可看出，滤饼里的溶液和结晶固体之间存在如下的关系（mol）：

$$P_S = 0.05(P_C + P_S)$$

$$P_S = 0.052\ 63 P_C$$

对系统 1 物质 K 平衡：

$$0.3\ 333 \times F_1 = P_C + 0.363\ 6 \times P_S$$

联立上述得：$P_C = 1\ 472$mol K_2CrO_4/h，$P_S = 77.5$mol 溶液/h

H_2O 物料平衡：

$$F_1(1 - 0.333\ 3) = F_6 + F_5 \times 0.05 \times (1 - 0.363\ 6)$$

得：$F_6 = 2\ 950.8$ mol/h

为了求解其他的未知数，选择分体系建立物料衡算，在新鲜物料和循环物料的混合点上系统 3，建立平衡方程式则有 F_2，F_3 和 x_3 三个未知数。蒸发器单元也涉及 F_3，x_3 和 F_4 三个未知数。但结晶过滤单元只有 F_2 和 F_4 两个未知数。所以选择系统 2 作物料平衡求解较为方便。

结晶过滤的总物料平衡：　　　　　$F_4 = P_C + P_S + F_2$

$$F_4 = F_2 + 1\ 549.5$$

结晶器水的平衡：$F_4(1-0.494) = (F_2 + 1\ 549.5 \times 0.05) \times (1 - 0.363\ 6)$

联立上述求解得：　　$F_2 = 5\ 634.6\ \text{mol/h}$；$F_4 = 7\ 184\ \text{mol/h}$

则：循环液/新鲜料液 $= 5\ 634.6/7\ 184 = 1.25$

最后，通过混合点系统 3 的物料平衡或蒸发器的物料平衡求出 F_3。

混合点的物料平衡：$(F_1 + F_2) = F_3$　　　得：$F_3 = 10\ 134.6\text{mol/h}$

由蒸发器的物料平衡可校核 F_3 的计算是否正确：$F_3 = F_4 + F_6$ 因此，设计的蒸发器与结晶槽的投料比为：$F_3/F_4 = 10\ 134.6/7\ 184 = 1.41$

3.2　热量衡算

3.2.1　基本原理

化工生产过程往往伴随着能量的变化，尤其是反应过程，为维持在一定温度下进行反应，常有热量的加入或放出。因此能量衡算也是化工设计中极其重要的组成部分，能量衡算是以热力学第一定律为依据，能量是热能、电能、化学能、动能、辐射能的总称。化工生产中最常用的能量形式为热能，故化工设计中经常把能量计算称为热量计算。通过热量衡算可确定传热设备的热负荷，以此为设计传热型设备的形式、尺寸、传热面积等并为反应器、结晶器、塔式设备、输送设备、压缩系统、分离及各种控制仪表等提供参数，以确定单位产品的能耗指标；同时也为非工艺专业（热工、电、给水、冷暖）设计提供设计条件作准备。

热量计算与设备计算的关系非常密切，因此经常将热量放在设备工艺计算内同时进行。一般在物料计算后先粗算一个过程的设备台数大小，设定一个基本形式和传热形式，然后进行该设备的热量计算，如热量计算的结果与设备形式、大小有矛盾，则必须重新设计设备的大小和形式或加上适当附件，以使设备既能满足物料衡算的要求又能满足热量衡算的要求。

热量衡算的一般步骤与物料衡算相同，亦包括划分系统、画出流程简图、列写方程式与约束式，求解方程组及结果整理等若干步骤。

A. 能量衡算的基本方程式

根据热力学第一定律，能量衡算方程式的一般形式为：

$$\Delta E = Q + W \tag{3-7}$$

式中，ΔE——体系总能量变化；

　　　Q——体系从环境中吸收的能量；

　　　W——环境对体系所作的功。

在热量衡算中，如果无轴功条件下，进入系统加热量与离开系统的热量应平衡，即在实际中对传热设备的热量衡算可表示为：

$$\sum Q_\text{进} = \sum Q_\text{出} \tag{3-8}$$

$$Q_1 + Q_2 + Q_3 = Q_4 + Q_5 + Q_6 \tag{3-9}$$

式中：Q_1——所处理的物料带到设备中去的热量(kJ)；

Q_2——由加热剂(或冷却剂)传给设备的热量或加热与冷却物料所需的热量(kJ)；符号规定，输入(加热)为"＋"，输出(冷却)为"－"。

Q_3——过程的热效应(kJ)；符号规定，放热为"－"，吸热为"＋"，应注意 $Q = -\Delta H$。

Q_4——反应产物由设备中带出的热量(kJ)；

Q_5——消耗在加热设备各个部件上的热量(kJ)；

Q_6——设备向四周散失的热量(kJ)。

B. 热量计算中各种热量的说明

(1) 计算基准，可取任何温度，对有反应的过程，一般取 25℃ 作为计算基准。

(2) 物料的显热可用焓值或比热容进行计算，在化工计算中常用恒压热容 C_p，由于比热容是温度的函数，常用幂次方程式表示，因此其计算式可表示为：

$$Q = n\int_{T_1}^{T_2} C_p \mathrm{d}T \tag{3-10}$$

式中：n——物料量(mol)；

C_p——物料比热容(kJ/mol·℃)，$C_p = a + bT + cT^2 + dT^3 + eT^4$

T——温度(℃)，T_2 为物料温度，T_1 为基准温度。

(3) 关于 Q_2 热负荷的计算，Q_2 等于正值为需要加热，Q_2 等于负值为需要冷却。对于间歇操作，各段时间操作情况不一样，则应分段做热量平衡，求出各不同时间的 Q_2，然后得到最大需要量。

(4) Q_3 为过程的热效应，包括过程的状态热(相变化产生的热)和化学反应热。相变化一般可由手册查阅，对无法查阅的汽化热可由特鲁顿法则估算，反应热由生成热和燃烧热计算。

(5) 设备加热所需热量 Q_5 在稳定操作过程中不出现，在间歇操作的升温降温阶段也有设备的升温降温热产生，可用下式计算：

$$Q_5 = \sum G C_p (t_2 - t_1) \tag{3-11}$$

式中：G——设备各部件重量(kg)；

C_p——各部件热容(kJ/kg·℃)；

t_2——设备各部件加热后温度；

t_1——设备各部件加热前温度。

设备加热前的温度 t_2 可取为室温，加热终了时的温度取加热剂一侧(高温 t_h)与被处理物料一侧(低温 t_e)温度的算术平均值：$t_2 = (t_h + t_e)/2$

(6) 设备向四周散失的热量 Q_6 可由下式算得：

$$Q_6 = \sum F\alpha_T (t_w - t)\tau \times 10^{-3} \tag{3-12}$$

其中：F——设备散热表面积 m²；

α_T——散热表面向四周围介质的联合给热系数。W/m$^2 \cdot$℃；

t_W——散热表面的温度(有隔热层时应为绝热层外表)，℃；

t——周围介质温度，℃；

τ——散热持续的时间，s。

联合给热系数 α_T 是对流和辐射两种给热系数的综合，可由经验公式求取。一般绝热层外表温度取 50℃。

a) 绝热层外空气自然对流

当 $t_W < 150$℃时：

平壁隔热层外 $\qquad\qquad \alpha_T = 3.4 + 0.06(t_W - t) \qquad\qquad$ (3—13)

管或圆筒壁隔热层外 $\quad \alpha_T = 8.1 - 0.045(t_W - t) \qquad\qquad$ (3—14)

b) 空气沿粗糙面强制对流

$\qquad\qquad\qquad u \leqslant 5\text{m/s}$ 时，$\alpha_T = 5.3 + 3.6u \qquad\qquad$ (3—15)

$\qquad\qquad\qquad u > 5\text{m/s}$ 时，$\alpha_T = 6.7u^{0.78} \qquad\qquad$ (3—16)

3.2.2　加热剂与冷却剂

由于化工生产中的主要能量计算都是热量计算，所以加热过程的能源选择主要为热源的选择，冷却或移走热量过程主要为冷源的选择。常用热源有热水、蒸汽(低压、高压、过热)，导热油、道生(联苯与二苯醚的混合物)液体、道生蒸汽、烟道气、电、熔盐等。冷源有冷冻盐水、液氨等。由于化工生产过程要求不同的温度等级，而加热剂和冷却剂又有不同的适用温度，所以要根据不同工艺要求，选择不同的加热剂或冷却剂，同时在选用中还要考虑加热剂或冷却剂的安全性、可靠性及价格费用等因素。

A. 加热剂的选择要求

(1) 在较低压力下可达到较高温度；

(2) 化学稳定性高；

(3) 没有腐蚀作用；

(4) 热容量大；

(5) 冷凝热大；

(6) 无火灾或爆炸危险性；

(7) 无毒性；

(8) 价廉；

(9) 温度易于调节。

对于一种加热剂同时要满足这些要求是不可能的，往往会产生矛盾，这时应根据具体情况进行分析，选取合适的加热剂。

B. 加热剂和冷却剂

常用加热剂与冷却剂及其性能如表 3—3 所示，以此可选择工艺过程所需的加热剂与冷却剂。

表 3—3　常用加热剂和冷却剂性能

序号	加热剂冷却剂	使用温度范围℃	给热系数 W/(m²·℃)	优缺点及使用场合
1	热水	40~100	50~1 400	对于热敏性的物料用热水加热较为保险,但传热情况不及蒸汽好,且本身易冷却,不易调节
2	饱和蒸汽	100~180	300~3 200	冷凝潜热大,热利用率高,温度易于控制调节,如用中压或高压蒸汽,使用温度还可提高
3	过热蒸汽	180~300		可用于需要较高温度的场合,但传热效果比蒸汽低得多,且不易调节,较少使用
4	导热油	180~250	58~175	不需加压即可得到较高温度,使用方便,加热均匀
5	道生液	180~250	110~450	为 C_6H_5—C_6H_5 26.5％与 C_6H_5—O—C_6H_5 73.5％的混合物,加热均匀,温度范围广,易于调节,蒸汽冷凝潜热大,热效率较高,需道生炉及循环装置
6	道生蒸汽	250~350	340~680	
7	烟道气	500~1 000	12~50	可用煤、煤气或燃油燃烧得到,可得到较高温度,特别使用于直接加热空气的场合
8	电加热	500		设备简单、干净、加热快,温度高,易于调节。但成本高,适用于用量不太大,要求高的场合
9	熔盐	400~540		$NaNO_2$ 40％;KNO_3 53％及 $NaNO_3$ 7％的混合物。可用于需高温的工业生产。但本身熔点高,管道及换热器都需蒸汽保温。传热系数高,蒸汽压低,稳定
10	冷却水	30~20		是最普遍的冷却剂,使用设备简单,控制方便,廉价
11	冰	0~30		大多用于染料工业中直接放于反应锅内调节反应,稳定效果较好,但会使反应液冲淡,并使反应锅体积增大
12	冷冻盐水	−15~30		使用方便,冷却效果好,但需冷冻系统,投资大,一般用于冷却水无法达到的低温冷却

C. 加热剂和冷却剂的用量计算

热量衡算的结果,可以确定输入或移走的热量,从而求出加热剂或冷却剂的消耗量。并可以求出传热面积的大小。热量衡算可以确定传入设备或从设备中移走的热量 Q_2,在不同情况下对 Q_2 的计算说明如下。

(1) 直接蒸汽加热时的蒸汽用量:

$$G = Q_2/(\Delta H - C_p t_K) \qquad (3-17)$$

式中:G——蒸汽消耗量(kg);

　　Q_2——由加热剂传给设备或物料加热所需的热量(kJ);

　　ΔH——蒸汽热焓量(kJ/kg);

　　t_K——被加热液体的最终温度(℃);

　　C_p——被加热液体的比热容(kJ/kg·℃)。

为简化起见,通常蒸汽加热时的蒸汽用量计算仅考虑蒸汽放出的冷凝热。

(2) 间接蒸汽加热时蒸汽的用量:

$$G = Q_2/(\Delta H - C_p t_n) \qquad (3-18)$$

式中:G——蒸汽消耗量(kg);

　　Q_2——由加热剂传给设备或物料的热量(kJ);

　　ΔH——蒸汽热焓量(kJ/kg);

t_n——冷凝水的最终温度(℃);

C_p——被加热液体的比热容(kJ/kg・℃)。

(3) 燃料消耗量:

$$M=Q_2/\eta_T Q_p \qquad (3-19)$$

式中:M——燃料消耗量(kg);

Q_2——由加热剂传给设备或物料加热所需的热量(kJ);

η_T——炉子的热效率;

Q_p——燃料的热值(kJ/kg)。

(4) 冷却剂消耗量:

$$W=Q_2/C_p(t_K-t_H) \qquad (3-20)$$

式中:W——冷却剂消耗量(kg);

Q_2——由加热剂传给设备或物料冷却所需的热量(kJ);

C_p——冷却剂的比热容(kJ/kg℃);

t_K——放出的冷却剂的平均温度(℃);

t_H——冷却剂的最初温度(℃)。

(5) 电能消耗量

$$E=Q_2/860\eta \qquad (3-21)$$

式中:E——电能消耗量(kWh);

Q_2——由加热剂传给设备或物料所需的热量(kJ);

η——电热装置的电工效率,一般取 0.85~0.95。

D. 热量衡算结果整理

通过热量衡算,以及加热剂、冷却剂等的用量计算,再结合设备计算与设备操作时间安排(在间歇操作中此项显得特别重要)等工作,即可求出生成某产品的整个装置的动力消耗及每吨产品的动力消耗定额,由此可得动力消耗的每小时最大用量,每昼夜用量和年消耗量,并列表将计算结果汇总。以三聚氰氨生成装置为例,其能量计算结果如表3—4所示。

表 3—4 动力消耗一览表

序号	动力名称	单位	规格	成品消耗定额(单耗/t)	每小时消耗量	每年消耗量	使用情况
1	蒸汽	t	0.2MPa	0.04	0.064	302.4	采暖(150d/a)
2	蒸汽	t	≥0.8MPa	2.14	0.75	6 840	连续
3	电	kWh	380V	690	940	4.33×10^6	连续
4	电	kWh	6 000V	580	420	3.60×10^6	连续
5	循环水	m³	5℃温差	852.6	677	2.12×10^4	连续
6	软水	m³	工业级	5	2.5	15 600	连续
7	空气	m³	0.7~0.8MPa	46.8	1 536(m³/d)	3.61×10^5	连续

3.2.3 热量衡算中的几个问题

热量衡算的主要方法可参阅化工原理中所学的基础知识,这里不再赘述,以下仅将几个工程设计中经常遇到的、容易出错的问题介绍一下。

A. 有效平均温差

有效平均温差是传热的平均推动力。它是换热器计算中的一个重要参数。应注意有效平均温差不一定等于对数平均温差,只是在一个特定的条件下才等于对数平均温差。

(1) 列管式换热器两换热介质纯逆流流向时,有效平均温差等于对数平均温差。如图3—5(a)所示。

$$\Delta t_{m,\text{有效}} = \Delta t_m = \frac{(T_1 - t_2) - (T_2 - t_1)}{\ln \dfrac{(T_1 - t_2)}{(T_2 - t_1)}} \qquad (3-22)$$

(2) 列管式换热器两换热介质纯并流流向时,有效平均温差等于对数平均温差。如图3—5(b)所示。

$$\Delta t_{m,\text{有效}} = \Delta t_m = \frac{(T_1 - t_1) - (T_2 - t_2)}{\ln \dfrac{(T_1 - t_1)}{(T_2 - t_2)}} \qquad (3-23)$$

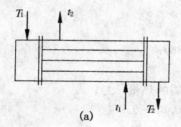 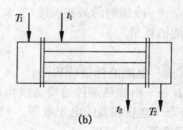

图3—5 单壳程换热器流体流向

(3) 其他流向,如图3—6所示的二管程换热器,有效平均温差为:

$$\Delta t_{m,\text{有效}} = \phi \Delta t_m = \phi \times \frac{(T_1 - t_1) - (T_2 - t_2)}{\ln \dfrac{(T_1 - t_1)}{(T_2 - t_2)}} \qquad (3-24)$$

其中:ϕ 为校正系数,校正系数<1,应尽量控制在0.8以上。

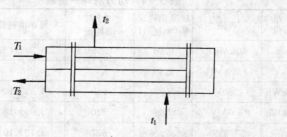

图3—6 二管程流程换热器

(4) 反应锅间歇冷却过程

如图3—7所示,反应锅中热流体经过一段时间后,温度由 T_1 降低至 T_2,冷却剂进口温度不变,始终为 t_1,而冷却剂出口温度却从 t_2' 升温至 t_2。这种间歇过程的有效平均温差和冷却剂的最终温度从过程开始到结束在不断变化,因此既不能用起始状态的有效

平均温差,也不能用终止状态的有效平均温差来代表整个过程的有效平均温差。这时可用一个经验公式求得较为合理的有效平均温差:

$$\Delta t_{m,有效} = \frac{(T_1 - T_2)}{\ln \dfrac{(T_1 - t_1)}{(T_2 - t_1)}} \times \frac{A - 1}{A \ln A} \qquad (3-25)$$

$$A = \frac{T_1 - t_1}{T_1 - t_2'} = \frac{T_2 - t_1}{T_2 - t_2} \qquad (3-26)$$

冷却剂的平均最终温度: $t_{2cp} = t_1 + \Delta t_{m,有效} \ln A$

(5) 反应锅间歇加热过程

如图 3—8 所示(无相变情况),反应锅中冷流体经过一段时间后,温度由 t_1 升温至 t_2,加热剂进口温度不变始终为 T_1,而加热剂出口温度却从 T_2' 降低至 T_2。

这种间歇过程的有效平均温差和加热剂的最终温度从过程开始到结束在不断变化,因此既不能用起始状态的有效平均温差,也不能用终止状态的有效平均温差来代表整个过程的有效平均温差。这时可用一个经验公式求得较为合理的有效平均温差。

$$\Delta t_{m,有效} = \frac{(t_2 - t_1)}{\ln \dfrac{(T_1 - t_1)}{(T_1 - t_2)}} \times \frac{A - 1}{A \ln A} \qquad (3-27)$$

$$A = \frac{T_1 - t_1}{T_2' - t_1} = \frac{T_1 - t_2}{T_2 - t_2} \qquad (3-28)$$

加热剂的平均最终温度:$T_{2cp} = T_1 - \Delta t_{m,有效} \ln A$

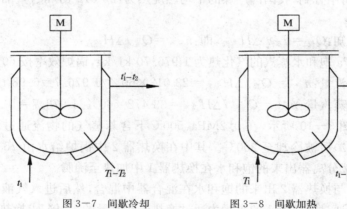

图 3—7 间歇冷却   图 3—8 间歇加热

B. 壁温的确定

在换热设备的设计计算时,壁温的确定是很重要的。在计算总的传热系数和计算散热时需要确定壁温。在高温设备中计算壁温有助于选用较适宜的材料。有时传热壁(管子)和器壁(壳体)温差较大时需考虑安装膨胀节。壁温示意见图 3—9。

热流体侧壁温:

$$t_{w1} = t_1 - K(t_1 - t_2)/\alpha_1 \qquad (3-29)$$

冷流体侧壁温:

$$t_{w2} = t_2 + K(t_1 - t_2)/\alpha_2 \qquad (3-30)$$

式中：K——总传热系数，$W/(m^2 \cdot ℃)$；

　　　α_1——热流体到器壁的给热系数，$W/(m^2 \cdot ℃)$；

　　　α_2——冷流体到器壁的给热系数，$W/(m^2 \cdot ℃)$；

　　　t_1——热流体温度，$℃$；

　　　t_2——冷流体温度，$℃$。

器壁平均温度 $t_w = (t_{w1} + t_{w2})/2$

一般金属薄壁 $t_w = t_{w1} = t_{w2}$

当：$\alpha_1 = \alpha_2$ 时 $t_w = (t_1 + t_2)/2$

　　$\alpha_1 \gg \alpha_2$ 时 $t_w = t_1$，$K \approx \alpha_2$

　　$\alpha_1 \ll \alpha_2$ 时 $t_w = t_2$，$K \approx \alpha_1$

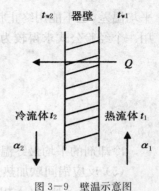

图 3-9　壁温示意图

故壁温接近于 α 值较大侧流体的温度。粗估壁温为：

$$t_w = (\alpha_1 t_1 + \alpha_2 t_2)/(\alpha_1 + \alpha_2) \tag{3-31}$$

3.2.4　热量衡算举例

[例 3-5] 化工生产中常以煤或重油为燃料，在锅炉内燃烧产生蒸汽。试计算锅炉中：

(1) 燃煤锅炉中，每吨煤燃烧产生的蒸汽量；

(2) 燃油锅炉中，每吨重油燃烧产生的蒸汽量。

解：从锅炉手册中查到，我国国产煤的平均燃烧热为：23 012 kJ/kg；重油的平均燃烧热为：33 472 kJ/kg

由热量平衡可知：$Q_煤 = n_{蒸汽} \Delta H_{蒸汽}$，即：$n_{蒸汽} = Q_煤/\Delta H_{蒸汽}$

压力为 1.3MPa 饱和水蒸汽的汽化热为 1 976.70 kJ/kg，锅炉效率按 60% 计。

每吨煤的产蒸汽量：$n_{蒸汽} = Q_煤/\Delta H_{蒸汽} = 23\ 012 \times 60\%/1\ 976.7 = 6.98$ t/t 煤

每吨重油的产蒸汽量：$n_{蒸汽} = Q_{重油}/\Delta H_{蒸汽} = 33\ 472 \times 60\%/1\ 976.7 = 10.16$ t/t 重油

[例 3-6] 如图 3-10 所示，在 0.2MPa、500℃ 下含苯蒸气的物流通过两个换热器（换热器 1、换热器 2）后被冷却至 200℃。其中在换热器 2 中锅炉给水由 75℃、5MPa 被加热至饱和，由气液分离器出来的饱和水在换热器 1 中加热至沸腾。

该气液混合物与换热器 2 出来的饱和水在混合器中混合，然后进入气液分离器分离出饱和蒸汽。如果通过换热器 1 的水量为通过换热器 2 水量的 12 倍，求换热器 1 所产生的蒸汽量和每摩尔工艺物流所产生的蒸汽量。

解：这是一个无化学反应的多单元系统，每股物流中仅含有一种物质。因为苯的沸点为 80℃，所以含苯工艺物流是以气相通过。已知物流 1、2 和 6 是液相，5 是气相，3 和 4 是气液混合物。

根据对本过程分析，其计算顺序为：

总过程————→热交换器 2 ————→热交换器 1 ————→气液分离器

能量衡算　　　能量衡算　　　　能量衡算　　　　物料、能量衡算

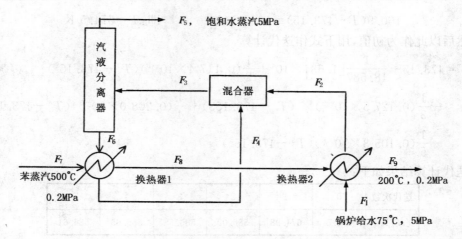

图 3—10 [例 3—6]流程框图

（1）物料衡算方程

总平衡 $\qquad F_1 = F_5$

分离器平衡 $\qquad F_3 = F_5 + F_6$

混合器平衡 $\qquad F_3 = F_4 + F_2 = F_6 + F_1$

实际上总平衡式为分离器与混合器平衡式的总和。

基准，选物流 F_7 为 100mol/h

（2）热量衡算方程

a）总平衡

$$F_1[h_v(饱和,5MPa)-h_L(75℃,5MPa)]=F_7[h_v(500℃,0.2MPa)-h_v(200℃,0.2MPa)]$$

$$C_{pv}(苯)=18.587-1.174\times10^{-2}T+1.275\times10^{-3}T^2-2.080\times10^{-6}T^3+1.053\times10^{-9}T^4$$

$$F_1=\frac{F_7[h_v(500℃,0.2MPa)-h_v(200℃,0.2MPa)]}{[h_v(饱和,5MPa)-h_L(75℃,5MPa)]}$$

$$=\frac{100\int_{473.15}^{773.15}C_{pv}dT}{(2\ 794.2-317.9)\times10^3}=\frac{100\times4.827\times10^4}{2.476\times10^6}=1.945kg/h$$

b）换热器 2 的平衡

$$F_1[h_v(饱和,5MPa)-h_L(75℃,5MPa)]$$

$$=F_7[h_v(500℃,0.2MPa)-h_v(200℃,0.2MPa)]$$

$$=F_7\int_{473.15}^{T}C_{pv}dT$$

$$\int_{473.15}^{T}C_{pv}dT=\frac{1.945(1\ 154.5-317.9)}{100}=16.31kJmol$$

先用 $\overline{C}_{pv}$ 值估计 T，即：

$$\overline{C}_{pv}=\frac{\int_{473.15}^{773.15}C_{pv}dT}{773.15-473.15}=\frac{4.83\times10^4}{300}=160.9J\cdot mol/K$$

$$160.9(T-473.15)=16.31\times10^3 \qquad\qquad 即：T=574.5\text{ K}$$

然后以此作为初值，用下式作迭代计算。

$$T=473.15+\frac{1}{18.587}\Big[1.631\times10^4+\frac{1}{2}(0.117\,4\times10^{-1})(T^2-473.15^2)$$

$$-\frac{1}{3}(0.127\,5\times10^{-2})\times(T^3-473.15^3)+\frac{1}{4}(0.208\,0\times10^{-5})(T^4-473.15^4)$$

$$-\frac{1}{5}(0.105\,3\times10^{-8})(T^5-473.15^5)$$

迭代计算结果如下：

迭代次数	0	1	2	3	4	5
T/K	574.5	674.98	586.02	586.58	586.65	586.61

因此得到换热器 1 和换热器 2 间（即 F_8 处）苯物流的温度为 586.61K（313.46℃）。

c) 换热器 1 的平衡

$$F_7\big[h_v(500℃，0.2\text{MPa})-h_v(313.46℃，0.2\text{MPa})\big]$$

$$=12F_1\big[h_混(饱和，5\text{MPa})-h_L(饱和，5\text{MPa})\big]$$

$$h_混(饱和，5\text{MPa})=h_L(饱和，5\text{MPa})+\frac{100\displaystyle\int_{586.61}^{773.15}C_{pv}\text{d}T}{12\times1.95}$$

$$=1\,154.5+\frac{100\times31.96}{12\times1.95}=12.91\text{kJ/kg}$$

设水蒸气质量百分比为 w，则：

$$1\,291.15=2794.2w+1\,154.5(1-w) \qquad 即：w=0.083\,34$$

d) 气液分离器的物料平衡核算

$$F_3=F_6+F_5=12F_1+F_1=13\times1.95=25.337\text{ kg/h}$$

$$F_5h_v(饱和，5\text{MPa})+F_6h_L(饱和，5\text{MPa})=F_3h_{混,3}(饱和，5\text{MPa})$$

$$13\times1.95h_{混,3}=1.95h_v(饱和，5\text{MPa})+12\times1.95h_L(饱和，5\text{MPa})$$

$$h_{混,3}=\frac{1}{13}h_v+\frac{12}{13}h_L=wh_v+(1-w)h_L \qquad\qquad w=0.076\,92$$

F_5 中蒸汽量为：$w\times F_3=0.076\,92\times25.377=1.95\text{ kg/h}=0.019\,5\text{ kg/(mol 工艺气)}$

3.3　运用计算软件进行化工工艺计算

3.3.1　概述

计算机技术的迅速发展使原来复杂、繁琐、费时的化工工艺计算变得简便快捷，许多原来无法直接进行，只能简化近似的计算变得可能和精确，通过对模拟计算中模块的正确选择，可同时完成物料衡算和能量衡算。因此，作为设计的工具和必要手段，学习和掌握应用计算软件进行工艺计算的技能是十分必要的。

计算机用于化工设计主要有：物性数据检索、化工过程模拟设计（CAPD）、计算机辅助绘图设计(CAD)、计算机辅助工程(CAE)等。

A. 流程模拟软件

目前,常用商业化工模拟计算软件有 ASPEN PLUS、PRO/II、FLOWTRAN、ESIGN 和 HYSYS。

(1) ASPEN PLUS(Advanced System for Process Engineering)模拟系统是 1976 年美国麻省理工学院(MIT)设计的。它可用于计算稳态过程的物料平衡、能量平衡和设备尺寸,并对过程投资进行经济成本分析。

(2) PRO/II 系列软件是美国 Simulation Sciences Inc. 开发的流程模拟应用软件。它广泛应用于炼油、石油化工、化学工业等各个领域的工艺设计、流程模拟、系统优化、单元过程设计等。它具有很广泛的功能:设计新工艺;估算新工厂的投资;旧厂挖潜改造;环境评估;工厂事故诊断;工厂收率与利润的优化与提高等。

PRO/II 采用最优化方法自动排序的序贯模块法,迭代过程选用 Wegstein 加速和 Broyden 加速,整个过程收敛加快。它含有丰富的单元操作模型,有前馈、反馈和多变量控制等多种控制方法。它的热力学模型包括状态方程、密度模型、气液平衡常数和活度系数等。物性数据齐全,包括组分数据库、混合数据、二元参数数据及系统对数据的准备、确认和回归等。另外,PRO/II 的输入/输出系统清晰明确,操作简便。

(3) FLOWTRAN 是由美国孟山都公司开发的一套流程模拟软件,它采用序贯模块法设计,含有设备规格及费用设计子程序,实际应用性强。

B. 单元过程计算软件

由北京石油化工学院开发的"化工过程计算软件"、青岛化工学院开发的工程化学模拟系统——"化工之星"等。

C. 绘图设计软件

详细介绍见 8.5 节。

3.3.2 化工过程模拟软件的应用

现以 PRO/II 软件为例,说明化工过程的模拟计算即物料衡算和热量衡算的基本过程和步骤,并简要介绍一些单元操作过程的模拟计算。

A. 基本步骤

(1) 确定过程计算所涉及的物质,由物质输入窗口从数据库中选取所需物质或自定义库中缺损物质。

(2) 如有自定义物质,由物质结构窗口选择构造自定义物质。

(3) 通过单位尺度窗口,确定用户所需的各物理量的单位。

(4) 选择适当的热力学估算方法。

(5) 分析实际过程,选择适当的模拟计算单元,连接各物流,构造模拟计算流程。根据各单元模块的特点,拟计算流程有时与实际流程不完全相同。

(6) 对各输入、输出物流进行命名,以方便对输出结果的阅读。

(7) 输入物流参数。

(8) 输入各单元操作参数。

（9）对复杂流程（带回路的）确定合理的切断流，给出初值。

（10）进行模拟计算，产生输出文件。

（11）查看输出文件得到模拟计算结果。若计算不收敛，查找原因，进行调整。

在以下的计算示例中，例 3—7 详细说明操作步骤，以使读者掌握软件的基本使用方法，后面的一些示例将简化。

B. 计算示例

（1）平衡闪蒸计算

[例 3—7] 合成氨过程中，反应器出来的产品为氨、未反应的 N_2 和 H_2 以及原料物流带入的并通过反应器的少量氩、甲烷等杂质。反应器出来的产品在 $-33.3℃$ 和 $13.3MPa$ 下进入分凝器中进行冷却和分离。进料流率为 $100kmol/h$，计算分凝器出来的各物流流率和组成。进料组成如表 3—5 所示。

表 3—5 合成氨反应器出来的物料组成

组分	编号	进料摩尔分率
N_2	1	0.220
H_2	2	0.660
NH_3	3	0.114
Ar	4	0.002
CH_4	5	0.004

解：实际过程为一分凝器，模拟计算时只需选择一个闪蒸器计算模块，将给定的温度、压力值输入即可完成计算。具体操作如下：

（1）打开 PRO/II，给定文件名，建立新文件 Flash。在未按模拟计算要求将所需数据输入之前，或输入数据不足时，工具栏中有些窗口呈红色，这时无法进行计算，只有当全部工具栏窗口呈蓝色时，方可进行模拟计算。

（2）点开工具栏中的物质窗口（左起第五，呈苯环标志），从数据库中选取计算所涉及物质输入本文件。

（3）点开工具栏中的单位标尺窗口（左起第四，呈尺标志），选择适当的单位。

（4）点开工具栏中的热力学计算窗口（左起第七，呈坐标曲线标志），选择适当的计算方法。该过程压力较高，选用 S—R—K 状态方程。

（5）选择闪蒸器计算模块。在右面计算模块工具栏上点一下 FLASH，然后将鼠标移到中间再点一下。

（6）连接物流。在右面计算模块工具栏上点一下 STRAM，按需要在闪蒸器上连接 S_1、S_2 和 S_3，并对各物流进行定义说明。此时，计算机显示如图 3—11。

（7）输入物流参数。双击 S_1，输入物流参数。

（8）双击闪蒸器，输入闪蒸器参数值（温度和压力）。

（9）此时工具栏及模拟计算流程中均无提示缺乏数据的红色显示，可点工具栏自己的运算窗口（箭头标志）进行计算。当计算正常并收敛时流程呈蓝色，若计算未收敛呈红色。

（10）点开主菜单栏中的 Output 产生输出文件，查看计算结果，打印所需数据。若不收敛，从输出文件中查找问题，修改参数，再进行计算。

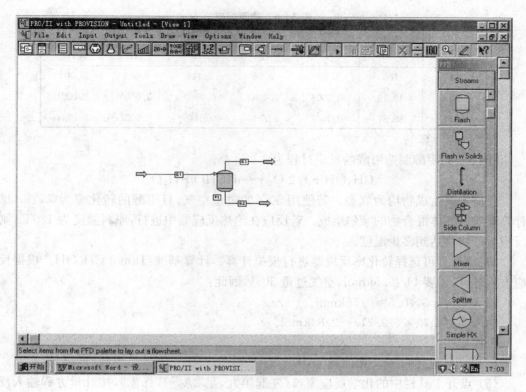

图 3—11 ［例 3—7］的计算屏幕显示

例 3—7 的计算结果如下：

STREAM ID		S1	S2	S3
	NAME	Feed		
	PHASE	MIXED	LIQUID	VAPOR
FLUID RATES，KG—MOL/HR				
1	N_2	22.000 0	8.1209E—03	21.991 9
2	H_2	66.000 0	0.0315	65.968 5
3	NH_3	11.400 0	10.087 6	1.312 4
4	AR	0.200 0	2.1807E—05	0.200 0
5	METHANE	0.400 0	8.1092E—04	0.399 2
TOTAL RATE，KG—MOL/HR		100.000 0	10.128 1	89.871 9
TEMPERATURE，K		240.000 0	240.000 0	240.000 0
PRESSURE，KPA		13 300.000 0	13 300.000 0	13 300.000 0
ENTHALPY，M ∗ KJ/HR		1.8162E—03	—0.031 5	0.033 3
MOLECULAR WEIGHT		9.579 0	16.993 0	8.743 5
MOLE FRAC VAPOR		0.101 3	1.000 0	0.000 0

由输出物流的摩尔流率，可以很快地算出物流组成（摩尔分率）。计算结果如表 3—6 所示。

表 3－6　物流组成

物流号	流率 kmol/h	物流组成/摩尔分率				
		N_2	H_2	NH_3	Ar	CH_4
S1	100	0.22	0.66	0.114	0.002	0.004
S2	10.13	0.0008	0.0031	0.9960	0.0000	0.0001
S3	89.87	0.2447	0.7340	0.0146	0.0022	0.0044

（2）反应计算

[例3－8]甲醇制造甲醛的反应过程为：

$$CH_3OH + 1/2\ O_2 \Longrightarrow HCHO + H_2O$$

反应物及生成物均为气态。若使用50%的过量空气，且甲醇的转化率为75%。试计算反应后气体混合物的摩尔组成。若反应在绝热反应器中进行，原料温度为120℃，则反应后产物将达到多少温度。

解：该过程可选择转化率反应器进行模拟计算。计算基准：1kmol CH_3OH。根据反应方程计算，需要 O_2：0.5kmol，空气过量50%，因此：

输入 O_2：1.5×0.5＝0.75kmol。

输入 N_2：0.75×(79/21)＝2.82kmol。

操作步骤：

（1）～（4）与[例3－7]相似。

（5）点开工具栏中的化学反应窗口（左起第九，呈 2A－B 标志），按计量方程输入反应式 R1。

（6）从计算模块工具栏中选择转化率反应器，并连接进出物流 S1、S2 和 S3，对各物流进行定义说明。

（7）双击反应器，打开反应器的输入窗口，输入计算参数：点开 Extent of Reaction 窗口，反应转化率；由 Reaction Set Name 选择输入反应式；由 Thermal Specification 选择绝热操作条件以及选择适当的热力学计算方法，此时计算机屏幕如图 3－12 所示。

（8）双击 S1 和 S2 输入物流参数。

（9）和（10）两步与[例3－7]相似。

[例3－8]计算结果如下。由输出物流的物流量可算出反应后气体混合物的组成，计算结果附在数据表右侧一列。从输出物流数据可知，反应后温度升至613℃。

STREAM ID	S1	S2	S3	
NAME	Feed Methanol	Air	Product	
PHASE	VAPOR	VAPOR	VAPOR mol%	
FLUID RATES, KG－MOL/HR				
1　METHANOL	1.000 0	0.000 0	0.250 0	5.0
2　FORMALD	0.000 0	0.000 0	0.750 0	15.2
3　H_2O	0.000 0	0.000 0	0.750 0	15.2
4　O_2	0.000 0	0.750 0	0.375 0	7.6

5　N_2	0.000 0	2.820 0	2.820 0	57.0

TOTAL RATE, KG－MOL/HR

	1.000 0	3.570 0	4.945 0	100
TEMPERATURE, K	393.150 0	393.150 0	886.770 3	
PRESSURE, KPA	101.300 0	101.300 0	101.300 0	
ENTHALPY, M * KJ/HR	0.041 8	0.023 2	0.203 9	
MOLECULAR WEIGHT	32.042 0	28.850 4	27.307 9	
MOLE FRAC VAPOR	1.000 0	1.000 0	1.000 0	
MOLE FRAC LIQUID	0.000 0	0.000 0	0.000 0	

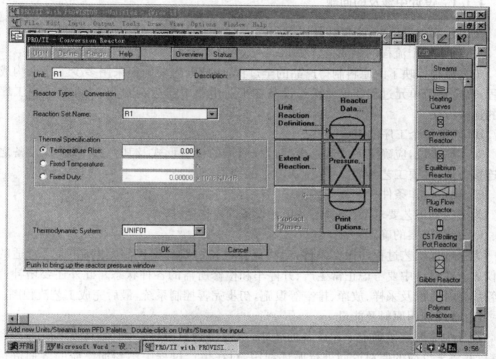

图 3-12　转化率反应器计算实例屏幕

　　由输出物流的摩尔流率,可以很快地算出反应后混合气体中各物质的摩尔流率及各流股总的流率。计算结果如表 3-7 所示。

表 3-7　物流组成

物流号	流率 kmol/h	物流组成/(kmol/h)				
		N_2	H_2O	O_2	CH_3OH	HCOH
S1	1.000	0.000	0.000	0.000	1.000	0.000
S2	3.570	2.820	0.000	0.750	0.000	0.000
S3	4.945	2.820	0.750	0.375	0.250	0.750

4　工艺流程设计

4.1　设计方法

4.1.1　设计中涉及的问题

在工艺流程设计中,主要涉及以下问题。

A. 确定整个流程的组成

工艺流程反映了由原料制得产品的全过程,因此首先要确定采用多少工序来构成全流程,确定每个单元过程和单元操作设备在工业生成中需达到的要求,并考虑各工序之间的连接方法。

B. 确定每个工序的组成

对工序来说,应确定完成这一生产过程所需的设备形式及其台数,以及各设备之间的连接方法,主要工艺参数。

C. 确定操作条件

为了达到工艺要求,应当确定各单元设备的操作条件。

D. 控制方案的确定

为了确保工艺过程的操作条件,对物流及设备需要确定控制方案,并选用合适的控制仪表。在设计中要考虑正常生产、开停车和检修所需的各种状态。此外还要增补遗漏的管线、阀门,以及采样、放净、排空等设施,初步完善控制系统,最后完成工艺流程图。

E. 合理利用原料及能量

设计中应合理地确定单元设备的效率,由此得到总收率,为了提高收率应合理利用原料,并将未反应的原料返回进行循环利用,对在生产过程中不参加反应的溶剂进行回收。同时还要合理地进行能量回收和综合利用,如回收工艺废热等,以降低能耗及生产成本。

F. 确定公用工程的配套设施

在生产工艺流程中必须使用的工艺用水(包括作为原料的软水、冷却水、溶剂用水以及洗涤用水等)、蒸汽(原料用汽、加热用汽、动力用汽及其他用汽等)、压缩空气、氮气等以及冷冻、真空都是流程中要考虑的配套设施。至于生产用电、给排水、采暖通风都是应与其他专业密切配合的,据此应确定水、电、蒸汽和燃料的消耗。

G. 确定三废治理方法及三废数量

除了产品和副产品外,对全流程中所排出的三废需要进行综合治理,以达到国家的排放标准,如果三废中的某些物质具有回收价值,可考虑选择回收利用的治理方案。为了使治理装置能长期运转,除装置要选择有效可靠外,治理的总费用也是选择方案必须考虑的。

H. 制定安全生产措施

对所设计的化工装置在运转以及开、停车和检修中,可能存在的不安全因素应进行认真仔细的分析,并遵循国家有关规定,结合以往的经验教训,制订出切实可靠的安全措施,例如设置事故槽、安全阀、放空管、安全水封、防爆膜、阻火器以及防静电(接地)等。

流程设计中应考虑的问题较多,如流程设计的弹性、各工段之间的匹配等等,设计人员必须在设计过程中"因地制宜"地加以解决,达到既快又好地完成设计任务的目的。

4.1.2　从工艺角度进行流程设计

A. 反应过程

根据反应过程的特点、物性和工艺条件决定反应器类型及操作方式,根据产品特点选择连续或间歇生产方式。另外,在反应过程中是外供能量还是移出热量,对反应器的结构设计非常重要,相应的辅助设施也完全不同。如果反应需要在催化剂存在下进行,应从催化反应的装置形式进行考虑,同时选择相应的催化剂。一般来说,主反应过程的反应装置的选择或设计,是工业生产过程中的核心部分,也是工艺是否成功的关键所在。因此在设计中除可参考借鉴有关的数据外,建设单位必须提供反应装置的完整设计数据。

B. 原料预处理过程

在主反应装置已经确定之后,根据反应特点,必然对原料提出要求,如纯度、温度、压力以及加料方式等。因此原料预处理可能需要采取预热(冷)、汽化、粉碎、筛分、提纯精制、混合、配制、压缩等措施。这些操作过程就需要相应的化工单元操作加以组合。通常不是一台或两台设备、或者是简单过程所能完成的。原料预处理的化工操作过程主要根据原料性质及处理方法而选取不同的装置,因而可能有不同的流程。

C. 产物的后处理

根据反应原料的特性和产品的质量要求,以及反应过程的特点,产物的后处理有多种方式。

(1) 反应过程除了获得目的产物外,由于存在副反应,还生成了副产物。例如烃类裂解制取乙烯的裂解炉出口,产物是非常复杂的多组分的混合物,因此乙烯产品的分离有多种方法及流程。

(2) 由于反应时间等条件的限制或受反应平衡的限制,反应物未完全转化,因而产物中还会有未反应的反应物。例如在用氢和氮合成氨的过程中,通过合成塔后,会有80%以上的氮气和氢气未参与反应。又如氨和二氧化碳合成尿素的过程,加入的氨是过量的,而且反应后对二氧化碳来说其转化率也不过60%~70%。因此,必然有未反应的反应物与产物混在一起,需要进行分离,获得合格的产品,同时未反应的反应物返回循环利用。

(3) 原料中含有的杂质往往不是反应需要的,如果原料的预处理中并未除净,则在反应后将会带入产物中,或者杂质参与反应而生成无用且有害的物质。例如在合成氨的原料气制造中,如采用煤的蒸汽转化制取,由于煤中含有硫化物,在制酸的原料气中将会有硫化氢等有害气体存在,因此合成氨之前应设置脱硫工序。

（4）产物中有固体的产品,例如氨碱法制造纯碱过程,主要反应是在碳化塔中进行,过程是气、液、固三相反应。从碳化塔取出的产物是固液混合物,为获取固体产物,须有过滤分离装置。又如前述尿素生产中,从尿素合成塔取出产物为混合溶液,为获取固体尿素,需经一系列分解、蒸发浓缩和喷雾造粒等过程。

由此可见,产物的纯化精制,制取合格的产品,要根据反应物的具体情况,应用分离工程原理,选择和设计相应的分离装置以满足工业生产的需要。

D. 产品包装

制取的产品除本厂直接运用于其他产品生产外,一般均需包装进行销售,根据产品聚集状态即气、液、固的不同情况,对气体进行计量罐装,对液体可以桶装或槽车运输,对固体则包装堆放。因此根据产品状态设置相应的贮存包装及运输方法。

E. 原料的循环利用

由于反应转化率的限制,未反应的原料经分离后,一般循环返回主反应器,以提高产品的收率。

4.2　流程图绘制方法

4.2.1　基本要求

A. 流程框图

采用方框及文字表示主要的工艺设备及过程,用箭头表示物流方向。

B. 流程示意图

用图例表示出主要工艺设备,用箭头表示物流方向,标注主要工艺设备的位号和名称。

C. 流程简图

用图例表示出主要工艺设备及部分关键的辅助设备,用箭头表示物流方向,标注工艺设备的位号和名称。以图例表示出主要控制回路仪表的参数、功能、控制方法。

D. 物料流程图

用图例表示出主要工艺设备及部分关键的辅助设备,用箭头表示物流方向,标注工艺设备的位号和名称。用表格形式表示出各流股的温度、压力、流量、组分含量百分比;在有热量变化的过程或设备旁,标出热量计算值。

E. 公用工程系统图

用方框、文字表示使用公用工程的工艺设备及过程,用箭头表示物流方向。

F. 带控制点的工艺流程图

（1）用图例表示出全部工艺设备。

（2）表示工艺物料和辅助管道的流向及工艺物料管道上的阀门（用图例表示）,异径管等有关附件,但不必绘出法兰、弯头、三通等一般管件,流程图管道的连接位置应与配管图基本一致。

　　(3) 以图例表示出控制回路、仪表的参数、功能、仪表位号和控制方法。

　　(4) 标注全部设备的位号和名称。

　　(5) 表示全部管道的管道代号、管径、材料、保温等。

4.2.2　图面绘制要求

　　A.　图纸尺寸及线条要求

　　(1) 按工艺车间或工段,原则上一个主项画一张图,其幅面一般采用 1 号或 2 号图纸,如流程复杂,可分成几部分进行绘制。

　　(2) 一般各种设备图例按相对比例进行绘制,如设备过高(如蒸馏塔)、过大(如大型贮槽)或过小(如泵),则设备外形可以适当缩小或放大,使图面视觉美观。

　　(3) 线条要求。主要物料管道用粗实线(0.9mm)表示,辅助物料管道用中粗实线(0.6mm)表示。设备轮廓和管道上的各种附件以及局部地坪线用细实线(0.3mm)表示。一般情况下流程图上不标尺寸,但有特殊需要注明尺寸时,其尺寸线用细实线表示。仪表引出线及连接线用细实线表示。

　　B.　设备绘制方法

　　(1) 常用设备的外形画法可参照图例绘制,如附录 2 表 2—1 所示。有些设备外形在设计规定中没有图例的,可绘出其象征性的简单外形,以表明该设备的特征即可。

　　(2) 在流程图上一律不表示设备的支脚、支架、基础和平台。

　　(3) 设备的布置,原则上按流程图自左至右,要求图面饱满匀称,清晰整齐。

　　(4) 流程中若有几台相同设备并联,可以只画一台设备,其余几台用细实线方框表示,在方框内注明位号,并画出通往该设备的支管。若流程中有几套相同设备并联,每套设备内部管道连接均相同,则可只画一套,其他的几套设备位号、名称均写在这一套的设备上如:

$$\frac{R\times\times\times A、B、C}{反应器}$$

　　(5) 设备位号编制为:

位号应标注在设备内或附近空白处(如能表示清楚,则可不加引出线),位号和名称用粗实线分开,位号写在上面如:

$$\frac{R101}{\times\times 反应器}$$

　　(6) 设备位号应与初步设计一致,若施工图设计中设备有所增加,则位号应按顺序增补,如有取消,原有设备位号不再使用。

　　C.　物料管道和辅助管道绘制方法

　　(1) 管道、管件及管道附件图例及常用阀门图例,如附录 2 附表 2—2 和附表 2—3。

　　(2) 固体物料除用粗虚线表示外,还要写出物料名称。

（3）当工艺流程比较复杂，为使主流程表示清楚，流程图与辅助系统图应分开绘制。在辅助系统流程中，辅助管道只绘制与设备相连的进出口一段支管，并注明代号、编号及管道规格，而辅助管道总管与分管相连的部分由辅助系统图来表示。如果该项目主流程比较简单，则可不另画辅助系统图，辅助管道总管要在流程图画出来，并画出辅助管道上的附件、仪表，并将图名改为工艺管道和辅助管道及仪表流程图。

（4）控制仪表与主流程设备管道及辅助管道有联系时应分别在流程图和辅助管道上适当表示。

（5）各种管道的标注方法。

在工艺管道及仪表流程图、辅助管道及仪表系统图、管道布置图上的全部管道及有关表格均需分段标注流体代号、管道代号、管径、管道等级及隔热代号。管道上直接排入大气的放空短管以及就地排放的短管，阀后直排大气无出气管的安全阀前入口管等，此时的管道和短管，连同它门的阀门、管件等均编入其所在的主管道。

管道代号应分段编定，管道的分段可按设备到设备之间为一段，亦可取设备到管道分支点为一段。流程图、系统图和管道布置图上相应的管道代号必须一致。

管道代号由设备位号及管道的顺序号组成。管径一般标注公称直径。流程图、系统图及管道布置图上的管道代号标注方法如下：

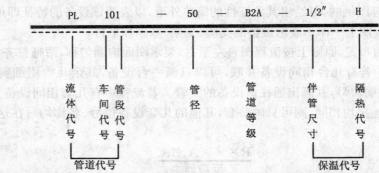

按图面，管道为水平方向时，管道代号标注在管线上；管道为垂直方向时，标注在管道左侧。

（6）绘在同一张流程图上的两个设备相距较远时，其物料管道仍要连通，不能用文字表示。对于进出车间的管道或接至另一张流程图上的管道，可在管道断开处用箭头注明至某设备或管道的图号，如排水或排污管必须用文字说明排入何处。

D. 图纸名称

在图纸的主标题栏中图纸的名称，其书写方法如：

×××吨/年×××车间（界区）XX 工段
工艺管道及仪表流程图

E. 辅助管道及仪表系统图

（1）辅助管道及仪表系统图用来表示在流程图上未曾画出的辅助管道系统全貌，辅助管道包括蒸汽、冷凝水、给排水、压缩空气、真空等系统,每一种辅助管道系统绘制一张系统图。蒸汽和冷凝水应合并绘制,各种专业有不同的辅助管道,如蒸汽和冷凝水对热力专业就不是辅助管道。

(2)辅助管道系统图上的设备一般以细实线画的矩形框表示,框内标注设备位号及设备名称或管道代号。

(3)辅助管道系统图上必须表示该辅助管道总管和支管上的全部阀门,异径管及控制点等。主标题栏中图纸名称可写为:

×××吨/年×××车间(界区)××工段

蒸汽管道及仪表流程图

F. 物料代号

(1)按国家标准《管路系统的图形符号,管路(GB6567.2—86)》作出的规定,以介质(物料)英语名称的第一字母大写表示;如空气(air)为"A',蒸汽(steam)为"S",油(oil)为"O",水(water)为"W";

(2)以分子式为代号,如硫酸为"H₂SO₄";

(3)采用国际通用代号,如聚氯乙烯为"PVC"等表示。

此外也可以在类别代号的右下角注以阿拉伯数字,以区别该类物料的不同状态和性质。化工系统有关部门根据化工专业特点,还作了一些具体规定,如表4—1所示。在工程设计中遇到本规定以外的物料时,可予以补充代号,但不得与表4—1中的代号相同。

表4—1 常用物料代号规定

物料代号	物料名称	物料代号	物料名称	物料代号	物料名称	物料代号	物料名称
AR	空气	DW	饮用水,生活用水	LŌ	润滑油	R	冷冻剂
AM	氨	F	火炬排放	LS	低压蒸汽	RŌ	原料油
BD	排污	FG	燃料气	MS	中压蒸汽	RW	原水
BW	锅炉给水	FŌ	燃料油	NG	天然气	SC	蒸汽冷凝水
BR	冷冻盐水(回)	FS	熔盐	NG	氮	SL	泥浆
BS	冷冻盐水(供)	GŌ	填料油	Ō	氧	SŌ	密封油
CA	压缩空气	HM	载热体	PS	工艺固体	SW	软水
CS	化学污水	HWR	热水(回)	PA	工艺空气	TS	伴热蒸汽
CWS	循环冷却水(供)	HWS	热水(供)	PG	工艺气体	V	放空气
CWR	循环冷却水(回)	HS	高庄蒸汽	PL	工艺液体	VA	真空排放气
DR	排液、排水	IA	仪表空气	PW	工艺水		

注:为避免与数字0的混淆,规定物料代号中如遇到英文字母"O"应写成"Ō"。

G. 自控及仪表表示

工艺生产流程中的仪表及控制点应该在有关管道上,并大致按安装位置用代号、符号给以表示。根据国家标准"过程检测和控制流程图图形符号和文字代号",化工有关部门制订了适应化工等行业的具体规定。

仪表、调节机构、执行机构等图例如附录2表2—4所示,将仪表图形符号和字母代号组合起来,可以表示工业仪表所处理的被测变量和功能,或表示仪表、设备、元件、管线的名称;字母代号和阿拉伯数字编号组合起来,就组成了仪表的位号。

　　在检测控制系统中,一个回路中的每一个仪表(或元件)都应标注仪表位号。仪表位号由字母组合和阿拉伯数字编号组成。第一个字母表示被测变量,后继字母表示仪表的功能。数字编号表示仪表的顺序号,数字编号可按车间或工段进行编制。

$$P I - 8\ 01$$

被测变量字母代号————————————————————序号(一般用二位数字表示)
功能字母代号————————————————————工段号

　　在管道及仪表流程图中,标注仪表位号的方法是将字母代号填写在圆圈的上半部分,数字编号填写在圆圈的下半部分,表4—2表示被测量变量和仪表功能的字母代号。

4.3　带控制点的工艺流程

　　带控制点的工艺流程设计是根据工艺过程对控制和检测的要求,控制和检测对象的特征及其与其他工艺参数间的关系而确定的。随着工业技术的不断发展,化工厂装置对自动化的要求越来越高。在设计工作中一般重要的自控方案必须由工艺、自控专业联合提出,工艺和仪表在流程设计中是不可分的。

4.3.1　单元设备的自控流程

　　自控设计是流程图设计中的一个重要环节。化工生产过程中,任何单元设备对流程设计都有一定的要求,有着一定的共性。以下对化工中典型的仪表流程作介绍。

表4—2　表示被测量变量和仪表功能的字母代号

字母	第一字母		后续字母	字母	第一字母		后续字母
	被测变量或初始变量	修饰词	功能		被测变量或初始变量	修饰词	功能
A	分析		报警	N	供选用		供选用
B	喷嘴火焰		供选用	O	供选用		节流孔
C	电导率		控制	P	压力或真空		试验点
D	密度	差		Q	数量或件数	积分、积算	积分、积酸
E	电压		检出元件	R	放射性		记录或打印
F	流量	比(分数)		S	速度或频率	安全	开关或联锁
G	尺度		玻璃	T	温度		传达(变送)
H	手动			U	多变量		多功能
I	电流		指示	V	粘度		阀、挡板
J	功率	扫描		W	重量或力		套管
K	时间或时间程序		自动、手动操作器	X	未分类		未分类
L	物位		指示灯	Y	供选用		计算器
M	水分或湿度			Z	位置		驱动、执行的执行器

4.3.1.1　输送设备的自控流程设计

A. 离心泵

离心泵流程设计一般包括：

（1）泵的入口和出口均需设置切断阀；

（2）为了防止离心泵未启动时物料的倒流，在其出口处应安装止回阀；

（3）在泵的出口处应安装压力表，以便观察其工作压力；

（4）泵出口管线的管径一般与泵的管口一致或放大一档，以减少阻力；

（5）泵体与泵的切断阀前后的管线都应设置放净阀，并将排出物送往合适的排放系统。

一般离心泵工作时，要对其出口流量进行控制，可以采用直接节流法、旁路调节法和改变泵的转速法。直接节流法是在泵的出口管线上设置调节阀，利用阀的开度变化而调节流量，见图 4-1 所示。这种方法简单易行得到普遍的采用。但不适宜于介质正常流量低于泵的额定流量的 30% 以下的场合。

旁路调节法是在泵的进出口旁路管道上设置调节阀，使一部分液体从出口返回到进口管线以调节出口流量，如图 4-2 所示。这种方法会使泵的总效率降低，它的优点是调节阀直径较小，可用于介质流量偏低的场合。

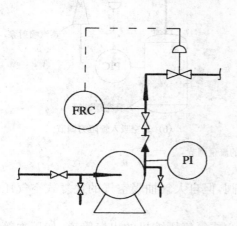 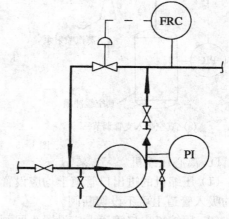

图 4-1　离心泵的直接节流原理图　　　　　图 4-2　离心泵的旁路调节原理图

当泵的驱动机选用汽轮机或可调速电机时，就可以采用调节汽轮机或电机的转速以调节泵的转速，从而达到调节流量的目的。这种方法的优点是节约能量，但驱动机及其调速设施的投资较高，一般只适用于较大功率的机泵。

当离心泵设有分支路时，即一台离心泵要分送几路并联管路时，可采用图 4-3 所示的调节方法。

B. 容积式泵（往复泵、齿轮泵、螺杆泵和旋涡泵）

当流量减小时容积式泵的压力急剧上升，因此不能在容积式泵的出口管道上直接安装节流装置来调节流量，通常采用旁路调节或改变转速，改变冲程大小来调节的流程。图 4-4 是旋涡泵的流量调节流程，此流程亦适用于其他容积式泵。

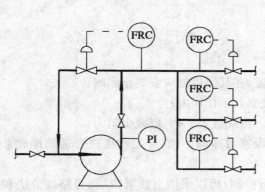

图4-3　设有分支路的离心泵调节方法

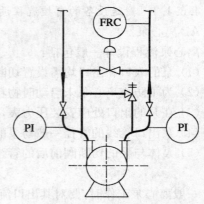

图4-4　容积泵的旁路调节原理图

C. 真空泵

真空泵可采用吸入管阻力调节和吸入支管调节的方案,如图4-5(a)和图4-5(b)所示。蒸汽喷射泵的真空度可以用调节蒸汽的方法来调节,如图4-6所示。

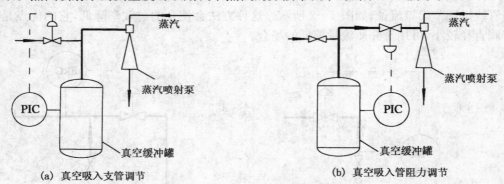

（a）真空吸入支管调节　　　　　　　　　　　　（b）真空吸入管阻力调节

图4-5　真空泵的流量调节

D. 离心压缩机

（1）压缩机的进出口管道上均应设置切断阀,但自大气抽吸空气的往复式空气压缩机的吸入管道上可不设切断阀。

（2）压缩机出口管道上应设置止回阀。离心式氢气压缩机的出口管道,如压力等级大于或等于4MPa,可设置串联的双止回阀。

（3）氢气压缩机进出口管道上应设置双切断阀。多级往复式氢气压缩机各级间进出口管道上均应设置双切断阀。在两个切断阀之间的管段上应设置带有切断阀的排向火炬系统的放空管道。

（4）压缩机吸入气体中,如经常夹带机械杂质,应在进口管嘴与切断阀之间设置过滤器。

（5）往复式压缩机各级吸入端均应设置气液分离罐,当凝液为可燃或有害物质时,凝液应排入相应的密闭系统。

（6）离心式压缩机应设置反飞动放空管线。空气压缩机的反飞动线可接至安全处排入大气,有毒、有腐蚀性、可燃气体压缩机的反飞动线应接至工艺流程中设置的冷却器或专门设置的循环冷却器,将压缩气体冷却后返回压缩机入口切断阀上游的管道中。

（7）可燃、易爆或有毒介质的压缩机应设置带三阀组盲板的惰性气体置换管道,三阀组应尽量靠近管道成 8 字型的连接点处,置换气应排入火炬系统或其他相应系统。

为了使离心式压缩机正常稳定操作,防止喘震现象的产生,对单级叶轮压缩机的流量一般不能小于其额定流量的 50%,对多级叶轮(例如 7~8 级)的高压压缩机的流量不能小于其额定流量的 75~80%。常用的流量调节方法有入口流量调节旁路法、改变进口导向叶片的角度和改变压缩机的转速等。改变转速法是一种最为节能的方法,应用比较广泛。由于调节转速有一定的限度,因此需要设置放空设施。

压缩机的进口压力调节一般可采用在压缩机进口前设置一缓冲罐,从出口端引出一部分介质返回缓冲罐以调节缓冲罐的压力,见图 4—7。

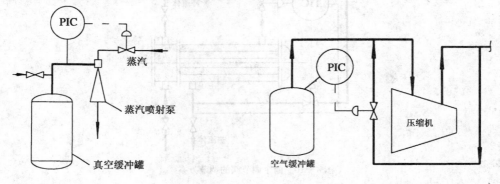

图 4—6　蒸汽喷射泵的蒸汽调节图　　　　　4—7　压缩机进口压力调节原理图

4.3.1.2　管壳式换热设备的自控流程

管壳式换热设备管壳程流体的选择,应能满足提高总传热系数,合理利用压力降、便于维护检修等要求。为了提高换热效率,应尽量采用逆流换热流程。一般情况下,高压流体,有腐蚀性、有毒性、易结焦、易结垢、含固体物、粘度较小的流体以及普通冷却水等应走管程,要求压力降较小的流体一般可走壳体;进入并联的换热设备的流体应采用对称形式的流程,换热器冷、热流体进出口管道上及冷却器、冷凝器热流体进出口管道上均不宜设置切断阀,但需要调节温度或不停工检修的换热设备可设置旁路和旁路切断阀。两种流体的膜传热系数相差很大时,膜传热系数较小者可走壳程,以便选用螺纹管、翅片管或折流管等冷换设备。

A. 无相变的管壳式换热器流程情况

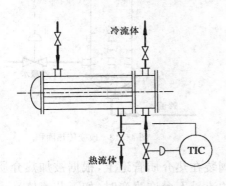
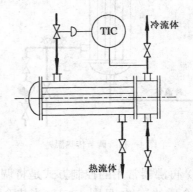

图 4—8　调节冷流体的方案　　　　　　　　　图 4—9　调节热流体的方案

（1）当热流温差（T_1-T_2）小于冷流温差（t_2-t_1）时，冷流体流量的变化将会引起热流体出口温度 T_2 的显著变化，调节冷流体效果较好，见图 4－8。

（2）当热流温差（T_1-T_2）大于冷流温差（t_2-t_1）时，热流体流量的变化将会引起冷流体出口温度 t_2 的显著变化，调节热流体效果较好，见图 4－9。

（3）当热流体进出口温差大于 150℃时，不宜采用三通调节阀，可采用两个两通调节阀，一个气开，一个气关，见图 4－10。

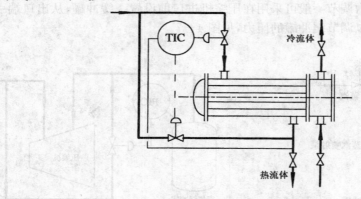

图 4－10　两个调节阀的调节方案

B. 一侧有相变的管壳式换热器

（1）蒸汽冷凝供热的加热器，一般采用调节蒸汽的压力来改变其冷凝温度，从而调节加热器的温度差，达到控制被加热介质的温度，见图 4－11。另一种方式是改变传热面积以控制冷介质的出口温度，这种方式是利用调节换热器中的冷凝水量达到改变传热面积的，所以设计需增加一定的传热面积，见图 4－12。

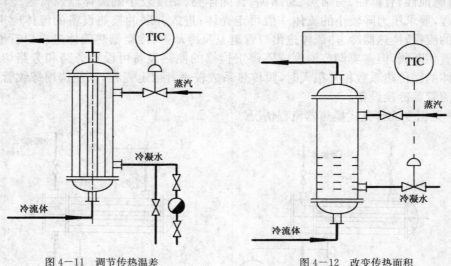

图 4－11　调节传热温差　　　　　　　　　　　图 4－12　改变传热面积

（2）再沸器常用的控制方式是将调节阀装在热介质管道上，根据被加热介质的温度调节热介质的流量，见图 4－13，当热介质的流量不允许改变时（如工艺流体），可在冷介质管道上设置三通调节阀以保持其流量不变，见图 4－14。

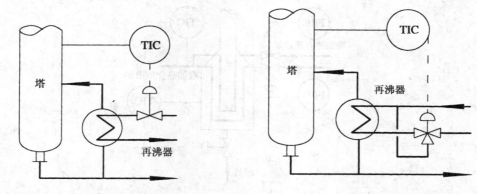

图 4-13 调节阀装在热介质管上　　　　图 4-14 三通阀装在冷介质管上

C. 两侧有相变的管壳式换热器

两侧有相变的热交换器有用蒸汽加热的再沸器及蒸发器等，与一侧有相变的热交换器相类似，其控制方法是改变蒸汽冷凝温度，即改变其传热温差（调节阀装在蒸汽管道上）的方法；或是改变热交换器的传热面积方法（调节阀装在冷凝水管道上），其取温点设在精馏塔下部或其他相应位置上。

4.3.1.3 加热炉

加热炉是一种供给物流热量的设备，被加热介质的出炉温度是工艺过程的一个重要参数，直接影响到产品的收率、质量和装置的正常操作。另外，加热炉进料的流量也是一个重要的工艺参数。

对多管程加热炉，其管程数宜为偶数。当炉管入口处的工艺介质为两相流流体时，其进出口工艺管道应分别采用对称形式的流程；当工艺介质为单相流流体时，其进出口工艺管道除可采用对称形式的流程外，也可采用非对称形式流程，但需在各管程入口管道上设置流量调节阀和流量指示仪表，并在多管程出口管道上设置温度指示仪表。

炉管内需要注水或蒸汽时，应在水或蒸汽管道上设置切断阀、检查阀和止回阀。炉出口过热蒸汽放空管道上应设置消声器，烘炉时炉管内一般要通入防护蒸汽，应设置相应的设施。

（1）出炉温度控制，根据被加热介质的出炉温度直接调节燃料量。在此情况下，由于传热元件及测温元件的滞后较大，当燃料的压力或热值稍有波动时，就会引起被加热介质出炉温度的显著变化。因此，这种单参数的控制方法只适用于对出炉温度要求不严格的场合。如果采用被加热介质出炉温度与炉膛烟气温度串级调节，见图 4-15，就可克服被加热介质出口温度的滞后，可显著地改善调节效果，因而得到了较广泛的应用。

（2）进料的流量控制，进料在炉管中产生汽化或分解时，通过炉管的压力降随物料汽化的百分率或分解深度而变化，在这种情况下，应在进料前装设流量调节器。如果为多路进料，则需在每路进料管道上装设流量调节器。当进料来自上游的分馏塔底时，工艺要求既要保证塔底液位平衡，又要保证进料恒定。此时可采用均匀控制系统，用塔底液位给定流量调节器。

4.3.1.4 精馏塔的自控流程

精馏塔是用来实现分离混合物的传质过程设备，在化工、炼油厂中出现得较多。精

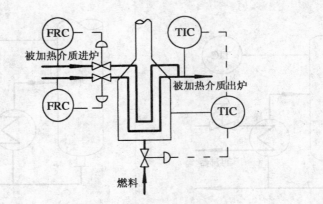

图 4—15　加热炉温度、流量控制

馏塔的自控流程设计中应注意如下问题。

（1）当塔顶产品量少，回流罐内液位需要较长时间才能建立时，为缩短开工时间，宜在开工前预先装入部分塔顶物料，为此需考虑设置相应的装料管道。

（2）塔顶应设置供开停车、吹扫放空用的排气阀，阀门宜直接连接在塔顶开口处。

（3）塔底应设置供开停车的排液阀，阀门宜直接连接在塔底开口处。

（4）设有多个进料口的塔，其每条进料管道上均应设置切断阀。

（5）对于同一产品有多个抽出口的塔，其每条抽出管道上均应设置切断阀。

（6）根据工艺过程要求向塔顶馏出线注入其他介质（如氨、缓蚀剂等）时，其接管上应设置止回阀和切断阀。

精馏塔的自动控制比较复杂，控制变量多、控制方案多，这里仅介绍压力、温度、进料量及液位的几种控制方法。

A. 塔顶的压力控制

精馏塔塔顶压力稳定是平稳操作的重要因素。塔顶压力的变化必将引起塔内气相流量和塔板上汽-液平衡条件的变化，结果会使操作条件改变，最终将影响到产品的质量。因此，一般精馏塔都要设置控制系统，以维持塔顶压力的恒定。

塔顶气体不冷凝时，塔顶压力用塔顶线上调节阀调节，见图 4—16。例如气体吸收塔。

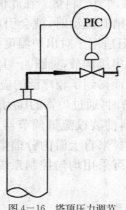

图 4—16　塔顶压力调节
（调节阀装在塔顶线上）

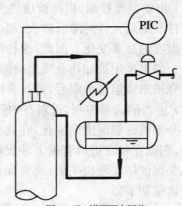

图 4—17　塔顶压力调节
（调节阀装在回流罐出口不凝气线上）

塔顶气体部分冷凝时,压力调节阀装在回流罐出口不凝气线上,见图 4-17。

塔顶全部冷凝时,塔顶压力调节可采用以下方法。

a. 常压塔

在常压塔精馏过程中,一般对塔顶压力的要求都不高,因此不必设置压力控制系统,可在冷凝器或回流罐上设置一段连通大气的管道来平衡压力,以保持塔内压力接近于环境压力。只有在对压力稳定的要求非常高的情况下才采用一定的控制。

b. 减压塔

减压塔真空度的获得一般都依靠蒸汽喷射泵或电动真空泵,因此减压塔真空度的控制涉及到真空泵的控制。其控制方法有:

(1) 改变不凝性气体的抽吸量。图 4-18 所示,如果真空抽吸装置为蒸汽喷射泵,那么在真空度控制的同时,应在蒸汽管路上设置蒸汽压力控制系统,如图 4-19 所示,由于真空度与蒸汽压力之间有着严重的非线性,不宜用蒸汽压力或流量来直接控制真空度。如果真空抽吸装置采用的是电动真空泵,通常把调节阀安装在真空泵返回吸入口的旁路管线上,如图 4-20 所示。

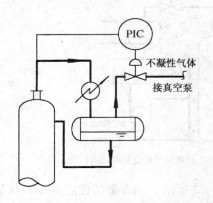

图 4-18　改变不凝性气体的抽吸量控制塔压

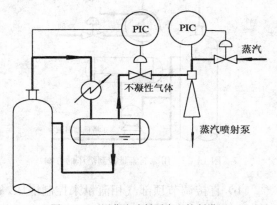

图 4-19　用蒸汽喷射泵真空控制塔压

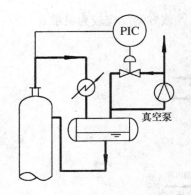

图 4-20　用电动真空泵控制真空的塔压控制

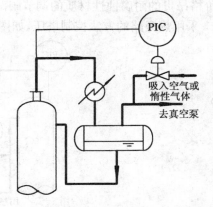

图 4-21　改变旁路吸入空气或惰性气体用量控制塔压

(2) 改变旁路吸入空气或惰性气体量。在回流罐至真空泵的吸入管上,连接一根通大气或某种惰性气体旁路,并在该旁路上安装一调节阀,通过改变经旁路管吸入的空气量或惰性气体量,即可控制塔的真空度,如图4—21所示。

c. 加压塔

加压塔操作过程中,压力控制非常重要,它不仅会影响到产品质量还关系到设备和生产的安全。加压塔控制方案的确定,不仅与塔顶馏出物的状态是气相还是液相密切相关,而且还和塔顶馏出物中不凝性气体量的多少有关。下面仅讨论塔顶馏出物的状态是液相,即塔顶全凝,液相采出的情况。

(1) 在馏出物中不含或仅含微量不凝性气体。

当冷凝器位于回流罐上方时,可以采用以下各种方案来控制塔压。

a) 用冷凝器的冷剂量来控制塔压,如图4—22所示。该方案的优点是所用的调节阀口径较小,节约投资,且可节约冷却水;缺点是冷凝速率与冷却水量之间为非线性关系。在冷却流量波动较大时,可设置塔压与冷却水量串级控制,以克服冷却水量波动对塔压的影响。

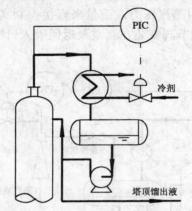 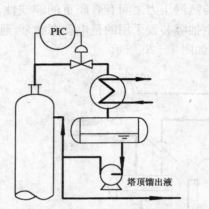

图4—22　用冷剂流量控制塔压的方案　　　图4—23　用塔顶气相流量控制塔压的方案

b) 直接调节顶部气相流量来控制塔压,如图4—23所示。该方案的优点是压力调节快捷、灵敏,可调范围也大;缺点是所需调节阀的口径较大,而且在气相介质有腐蚀性时,需用价格昂贵的耐腐蚀性材质的调节阀。

c) 采用热旁路的方法控制塔压,如图4—24所示。该方案反应较为灵敏。

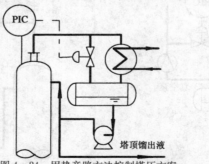

图4—24　用热旁路方法控制塔压方案

d) 用冷凝器排液量与热旁路相结合的方法控制塔压,如图4—25所示。这时压力调节器的输出控制两只调节阀而构成分程控制,这样可以扩大调节阀的可调范围,缺点是需采用两个调节阀,增加了投资。

　　e）当冷凝器位于回流罐下方时，可采用浸没式冷凝器塔压控制方案，如图4—26所示。这时调节阀安装在通回流罐的气相管路上。这种控制方法，一般希望进入冷凝器的冷剂量大，保持过冷，用改变压差的方法使传热面积发生变化，以改变气相的冷凝量，从而达到控制塔压的目的。

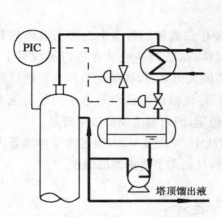

图4—25　冷凝器排出液与热旁路相结合

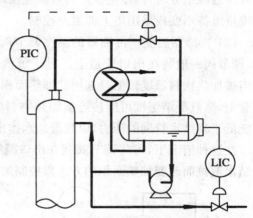

图4—26　浸没式冷凝器塔压控制方案

　　（2）馏出物中含有少量不凝性气体。

　　当塔顶气相中不凝性气体的含量小于塔顶气相总量的2%时，或者在塔的操作中预计只在部分时间里产生不凝性气体时，就不能采用将不凝性气体放空的方法控制塔压。因为这样做损失太大，会有大量未被冷凝下来的产品被排放掉。此时可采用如图4—27所示的分程控制方案对塔压进行控制。首先用冷却水调节阀控制塔压，如冷却水阀全开塔压还降不下来时，再打开放空阀，以维持塔压的恒定。

　　（3）馏出物中有较多不凝性气体。

　　当塔顶馏出物中含有不凝性气体比较多时，塔压可以通过改变回流罐的气相排放量来实现，如图4—28所示。该方案适用于进料流量、组分、塔釜加热蒸汽压力波动不大，且塔顶蒸汽流经冷凝器的阻力变化也不大的条件下。因为只有这样，回流罐上的压力才可以代替塔顶的压力。如果冷凝器阻力变化值可能接近或超过塔压波动的最大值，此时回流罐上的压力就不能代表塔顶压力。

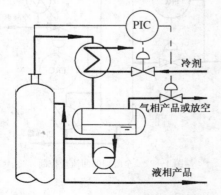

图4—27　用分程控制方案控制塔压的方案

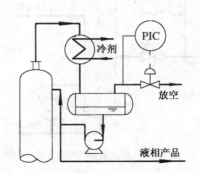

图4—28　用回流罐气相排放量控制塔压的方案

B. 精馏塔的温度控制

（1）分馏塔塔顶温度。一般是用调节塔上段取出的热量进行控制，最常用的方法是调节塔顶冷凝液的回流量（见图4—29）或塔顶循环回流的流量。当塔顶产品纯度要求较高或接近纯组分时，回流量变化对塔顶温度影响较小，一般不直接控制塔顶温度，而使回流流量维持不变或采用塔上部温差控制。

（2）再沸器温度。再沸器的温度调节阀一般装在热载体的管道上。对于液体热载体，调节阀一般装在出口管道上。对于蒸汽作热载体，调节阀一般装在进口蒸汽管上。但当被加热物料温度较低且选用的加热面积比需要的大得多时，如果调节阀装在进口蒸汽管上，蒸汽凝结温度可能接近被加热物料的温度，在该温度下蒸汽凝结水的平衡压力可能低于凝结水管网的压力，以致凝结水排出量不稳定，因而温度调节效果较差。

在这种情况下，可将调节阀装在出口凝结水管线上，见图4—30，通过改变再沸器内凝结水液位而改变加热面积的方法以控制加入热量，从而调节再沸器的温度。

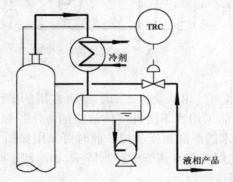

图4—29　塔顶温度调节示意图

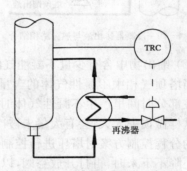

图4—30　再沸器温度调节示意图

C. 精馏塔流量的控制

精馏塔操作中的流量参数，也即塔的进料量、回流量等均对塔的稳定操作直接相关，控制方法见图4—31和图4—32。

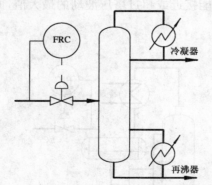

图4—31　塔进料量的控制方案

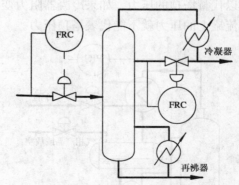

图4—32　全凝器的回流量控制

D. 精馏塔的液位控制

在精馏塔的操作中,塔釜、回流罐、塔侧抽出斗、进料贮槽、成品贮槽等的液位必须设置相应的检测和控制系统。其中塔釜、回流罐的液位控制更加重要,见图4-33和图4-34。

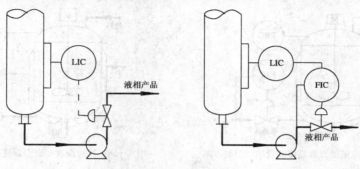

图4-33　塔釜液位定值控制　　　　　　　图4-34　塔釜液位均匀控制

4.3.1.5　反应器的自控流程

化学反应是化工生产中一个比较复杂的单元,由于反应物料、反应的条件、反应速度及反应过程的热效应等不同,因此,各工艺过程的反应器是不同的,反应器的控制方案也就不会相同。但是,通过对各类反应器控制方案的分析归纳,可以找到它们的一些共同的规律。根据对化学反应器控制的要求,在设计反应器的控制方案时应满足质量指标、物料平衡和能量平衡等要求,以及约束条件的要求。

A. 釜式反应器的温度控制

(1) 单回路温度控制方案。图4-35及图4-36所示为两个单回路温度控制方案,

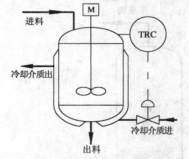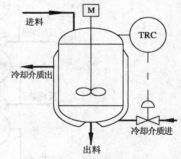

图4-35　冷剂强制循环的单回路温度控制方案　　　图4-36　单回路温度控制方案

反应所产生的热量由冷却介质带走。图4-35方案的特点是通过冷却介质的温度变化来稳定反应温度。冷却介质采用强制循环式,流量大,传热效果好。但釜温与冷却介质温差比较小,能耗大。图4-36方案特点是通过控制冷却介质的流量变化,稳定反应温度。冷却介质流量相对较小,釜温与冷却介质温差比较大,当内部温度不均匀时,易造成局部过热或局部过冷。

(2) 串级温度控制方案。图4-37和图4-38是两种串级温度控制方案。图4-37为反应温度与载热体流量串级,副参数选择的是载热体的流量,它对克服载热体流量和

压力的干扰较及时有效,但对载热体温度变化的干扰却得不到反映。图4-38方案副参数选为夹套温度,它对载热体方面来的干扰具有综合反映的效果,而且对来自反应器内的干扰也有一定的反映。

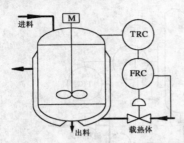
图4-37　反应温度与载热体流量串级控制方案

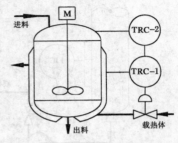
图4-38　反应温度与夹套温度串级控制方案

B. 反应器进料流量的控制

反应器进料流量稳定不仅能保持物料平衡,而且还能保持反应所需的停留时间,避免由于流量变化而使反应物带入的热量和放出的热量发生变化,从而影响到反应温度的变化。因此,对进料流量控制是十分必要的。

C. 多种物料流量恒定控制方案

当反应器为多种原料各自进入时,可采用如图4-39所示控制方案。图中对每一物料都设置一个单回路控制系统,以保证各进入量的稳定,同时也保证了各反应物之间的静态关系。当参加反应的物料均为气相,且反应器压力变化不大时,一般也保证了反应时间。如果反应物有液相参与时,为保证反应时间,可增加反应器的液位控制。

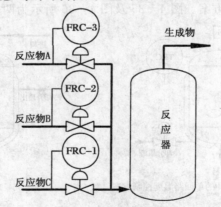
图4-39　多种物料流量恒定控制方案

D. 多种物料流量比值控制方案

图4-40所示为物料比值控制方案。其中图4-40(a)为两种物料流量比值控制方案,图4-40(b)为多种物料流量比值控制方案。在这两种方案中A物料为主物料,B、C为从动物料(亦称副物料),图中KK、KK-1、KK-2均为比值系数,根据具体的比值要求通过计算而设置。

一般选择比较贵重的反应物或是对反应起主导作用的反应物作为主物料,除主物料之外的其他反应物则为副物料。副物料一般都允许适当过量,以便主物料得到充分的利用。图4-40(a)、(b)所示比值控制方案是以各反应物的成分、压力、温度不变为前提的。如果这些量变化较大时,要保证实际的比值关系,必须引入成分、压力和温度校正。

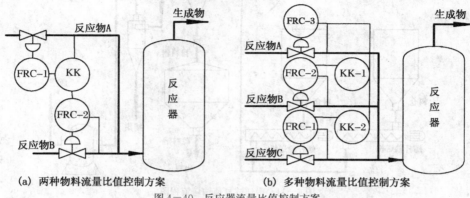

(a) 两种物料流量比值控制方案　　　　　(b) 多种物料流量比值控制方案

图4-40　反应器流量比值控制方案

4.3.2　特定过程及管路的流程

除了化工单元设备在流程设计上有典型的要求外,一些由若干单元设备组成的特定的过程(如气流输送过程、真空过程等)及特定的管路系统在流程设计上也有一定的共性和要求。

4.3.2.1　气流输送

气力输送属流体输送,它是以空气或其他惰性气体作为工作介质,通过气体的流动将粉粒状物料输送到指定地点,或者可以把气力输送定义为借助正压或负压气流通过管道输送物料的技术。气力输送系统由以下部分组成:供料装置;输送管道;分离设备;空气动力源。

气力输送系统可分为吸送和压送两大类。根据气力输送系统的特征,所需风量和压力等的不同,又可分为多种不同的形式,但用于输送散装粉粒状物料的气力输送系统主要是以下三种类型。

A. 吸送式

通常以 20~40m/s 的气流速度在管路系统内悬浮输送物料,最高真空度可达60kPa。该系统在许多行业中应用,其流程如图4-41所示,该系统的特点如下。

(1) 保证物料和灰尘不会飞逸外扬;

(2) 适宜于物料从几处向一处集中输送;

(3) 适用于堆积面广或存放在深处的物料输送;

(4) 进料方式比压送系统中的供料器简单;

(5) 对卸料口、除尘器的严密性要求高,致使这两种设备构造较复杂;

(6) 输送量、输送距离受到限制,且动力消耗较高。

B. 压送式

压送式气力输送系统是靠压气机械产生的正压气流化输送管道中的物料而进行输

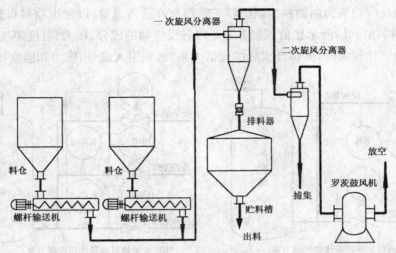

图 4－41　吸送式气流输送流程图

送的。其流程如图 4－42 所示,该系统的特点如下:

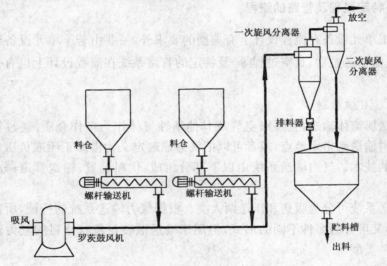

图 4－42　压送式气流输送流程图

(1) 适合于物料的大流量、长距离输送;

(2) 卸料器结构简单;

(3) 系统能够防止杂质、油和水的侵入;

(4) 容易造成粉尘外扬。

压送式气力输送可分为低压压送式、中压压送式和高压压送式三类。低压压送式用中速气流在管路系统中悬浮输送物料,操作表压一般为 82kPa 以下,最高约达 100kPa。中压压送采用低速气流,操作表压可达 310kPa。高压压送也采用低速气流,操作表压可达 860kPa。

C. 混合式

混合式气力输送是吸送和压送两种方式组合在一起而构成的,该系统具有两者的共同特点,比较适宜于长距离输送物料。

除了以上三种气力输送系统外,还有一些特殊类型的气力输送系统,如脉冲栓流式、文丘里供料式低压压送系统、循环输送式、空气槽等。

4.3.2.2　真空流程

真空技术在化工生产中有着广泛的应用,如真空蒸馏、真空浓缩、真空调湿等。由于压强降低,物料中各组分的沸点降低,因此真空蒸馏及真空浓缩广泛地应用于石油、化工、化纤、医药、食品工业中。采用真空浓缩工艺,产品质量好,生产效率高。真空调湿是在真空条件下,调节某些产品含水量,使之恒定均匀,主要用于人造纤维、丝产品、烟草等工业。此外还有真空结晶、真空干燥、真空过滤、真空制冷等工艺过程。

A. 真空区域的划分

真空技术中,使用的压强范围很宽,从 1.01×10^5 Pa 直到 1.33×10^{-11} Pa,按原机械工业部制定的标准可把它划分为低真空、中真空、高真空、超高真空等,各区域的压强范围如下:

低真空:$10^5 \sim 100$ Pa(即 $750 \sim 7.5 \times 10^{-1}$ mmHg);

中真空:$100 \sim 10^{-1}$ Pa(即 $7.5 \times 10^{-1} \sim 7.5 \times 10^{-4}$ mmHg);

高真空:$10^{-1} \sim 10^{-5}$ Pa(即 $7.5 \times 10^{-4} \sim 7.5 \times 10^{-8}$ mmHg);

超高真空:10^{-5} Pa 以下(即 7.5×10^{-8} mmHg 以下)。

B. 真空管路设计原则

造成真空的有各种类型的机械真空泵、水喷射泵和蒸汽喷射泵等。在实际生产中能否达到预期的真空度,除设备设计是否合理外,真空管路设计和操作就显得更加重要。

(1) 气体管路。

气相管道应根据气体物料的性质、操作压力、温度来确定管道材料,可采用碳钢、不锈钢或非金属材料。管道直径应根据气体的排气量来决定。管道采用无缝钢管时,管道壁厚应按照受外压的计算公式来计算决定,同时还要考虑腐蚀裕量和加工裕量。管道中介质若是空气或蒸汽,温度≤100℃时,公称压力一般为 1.6MPa;气体是有毒或是石油气体,操作温度>100℃时,公称压力则应为 2.5MPa。同时应根据公称压力和介质的温度来决定管路附件的形式。碳钢衬胶管只适用于真空度小于 40kPa 的情况,否则衬胶易松脱而被腐蚀。为了减少管道中物料的压降损失,要求配管设计时管道应尽力缩短,并减少阀门及管道附件。管道周围环境温度要求在 20℃左右,当温度低时,可能引起气体管道内小气体冷凝,因此必要时可采取保温。

(2) 蒸汽管路。

在蒸汽喷射泵的管路设计时,工作蒸汽管道应独立进入各喷射泵,不得与其他用汽点相连,以免互相影响,造成蒸汽压力波动。进入蒸汽喷射泵的工作蒸汽管道上应设置汽水分离器及过滤器。

(3) 排空、冷凝液排除管。

如果单级喷射泵或多级喷射泵的最后一级的气体直接排入大气,则放空管道一定要短。放空管道的直径应大于喷射泵扩散器的气体排出口直径。从喷射泵排出的部分蒸汽有可能在排出管道中冷凝,因此水平的排出管道应向排出端倾斜。凡机械真空泵或蒸汽喷射泵向外排出的气体,若是可燃性气体应排至低压燃料气管网或单独排至烧嘴,若是有毒气体应集中排放,并经处理后方可排至室外最高处。多级蒸汽喷射泵的中间冷凝器的冷凝液排出管(俗称大气腿)不宜共用,而应该每级喷射泵有各自的大气腿,这些大气腿最好能垂直插入水封池中,尽量避免弯曲段和水平段,如果各级喷射泵的大气腿共用一个水封池时,而某根大气腿又不能垂直插入水封池时,可以采用小于45°煨弯,不用90°弯头,如图4—43所示。

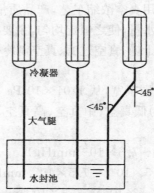

图4—43　蒸汽喷射泵的大气腿

4.3.2.3　导热油加热系统

导热油属于有机高温热载体,主要品种有:(1)由许多芳香烃化合物组成或长碳链饱和烃的 YD 系列高温热载体;(2)牌号为 SD 系列的高温热载体;(3)道生油系列,它是一种以联苯和联苯衍生物组成的有机化合物的统称。

导热油具有高温下热稳定性好、操作压力低、温度控制范围大的特点,能够为生产装置提供长期、稳定的热源,广泛用作加热、伴热、冷却等传热过程的热载体。导热油系统典型的流程主要有以下三种类型:

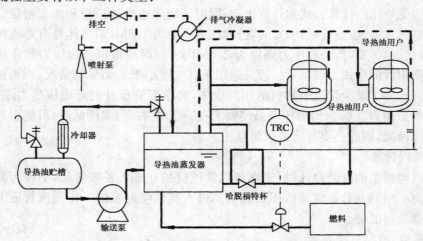

图4—44　气相自然循环式导热油系统流程示意图

(1)气相自然循环式(见图4—44)　这是较简单的气相加热系统。由于使用点的冷凝液完全靠自流返回蒸发器,所以,使用点与蒸发器液面之间的位差(图中的 H)须大于导热油循环系统压力降。哈脱福特杯是为了防止循环系统的压降过大,使用点液面上升,使蒸发器内液面下降而设的安全措施。喷射器是为开工时抽走管道系统的空气而设置的。

(2)气相强制循环式(见图4—45) 用于较复杂系统的温度控制。强制循环式的温度控制,根据各使用点的不同要求,在使用点入口处调节。根据加热条件的不同,有蒸发器加热和加热炉加热两种形式,图4—45为蒸发器加热。

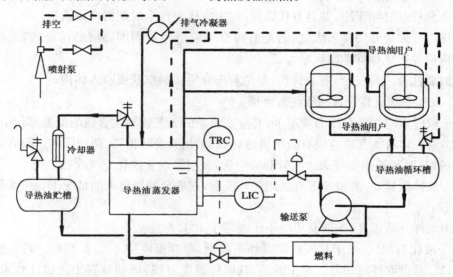

图4—45 气相强制循环式导热油系统流程示意图

(3)液相强制循环式(见图4—46) 由于导热油液体受热膨胀,体积增大,须有一个平衡液体的膨胀槽。各使用点的温度可根据进口的流量来调节。

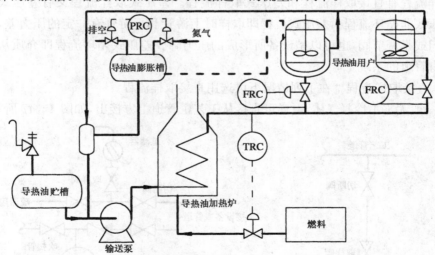

图4—46 液相强制循环式导热油系统流程示意图

为了有效地利用热能,实际的导热油循环系统还有其他辅助设备。气相或液相系统的选择,主要是从经济性、可操作性、日常维修量和温度控制精度等来考虑。液相加热循环系统较简单、投资费用较低、日常的导热油补充量很小、不易泄漏,但温度控制精度不高。气相循环系统主要应用于温度控制要求严格、传热要求均匀的生产装置。同时,气相系统使用的导热油一次投入量要比液相系统少得多,管道系统虽较复杂,但操作控制方便。因此两种系统各有利弊,可以根据生产装置的实际情况进行选择。

4.3.2.4　取样系统

取样时需注意以下几点:

所取的样品必须干净,并且有代表性,因为它代表这个时期的产品质量;

取样时应避免介质排入大气,若是有毒介质应避免对周围环境的污染,若是爆炸危险物质应避免形成爆炸危险区域;

同时要注意人身安全,避免烫伤,避免有毒介质接触皮肤或吸入体内。

A.　取样系统流程设计一般注意事项

(1) 取样点应选择在压力管道上,并应在流动的工艺物料主管道的低温部位引出。

(2) 对人体有害介质应设有防护措施,例如采用人身防护箱、防护服等。设有人身防护箱系统时,防护箱内需设灭火水管和放空管,放空管设非净化空气吹扫。

(3) 流体取样,一般情况下宜选用循环流程,在满足取样要求的情况下也可采用直接取样流程。

(4) 取样介质温度,一般介质应小于或等于 40℃ 为宜。

对于液化石油气,由于其闪点和爆炸下限低,取样温度应不高于 40℃。若介质温度高于 40℃,需设取样冷却器。对于油品,其取样温度可按《炼油装置工艺设计技术规定》(SHJ1076—86)选取。

B.　取样流程

取样流程有直接取样流程和差压式取样流程。差压式取样流程又有差压式循环流程和差压式非循环流程。差压式流程即取样时上游管和下游管有一定的压力差,压差可以是阀门或是调节阀,也可以是设备所形成的压力降。差压式循环流程即介质从下游管回到自身管道的系统。

(1) 直接取样流程。在下列情况下可选用直接取样流程。

a) 一般无害不冷凝气体,取样可直接从工艺主管道上方接出,如图 4—47 所示。

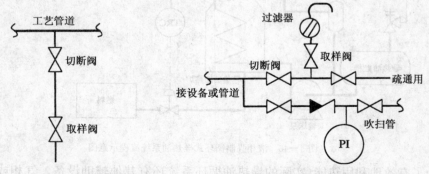

图 4—47　直接取样流程示意图　　　图 4—48　含有固体粉尘的气体取样流程示意图

b) 含有固体粉尘的气体,如催化裂化装置的再生烟气,其取样系统需设置过滤器,以滤掉气体携带出来的催化剂粉尘。取样管可以从设备或管道直接引出,切断阀紧靠设备或工艺主管道。切断阀前短管可能因长时间不取样积存粉尘而堵塞,可在切断阀前设吹扫管,以便疏通管道。吹扫介质根据工艺需要决定,过滤器设在取样阀后,以便及时拆卸清理,如图 4-48 所示。

c) 无害的液体和油品,但含蜡油选用直接取样时,置换取样管内的滞留油不得排入地漏,应排入桶内。如图 4-49 所示,有(a)、(b)、(c)三种情况。

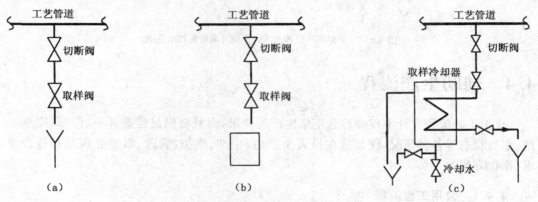

图 4-49　无害液体取样流程示意图

(2) 差压式取样流程。下列介质可选用压差式取样流程:

a) 对人体有害的气体或油气,宜采用差压式循环流程,如图 4-50 中(a)(b)所示,人身防护箱视需要而定。

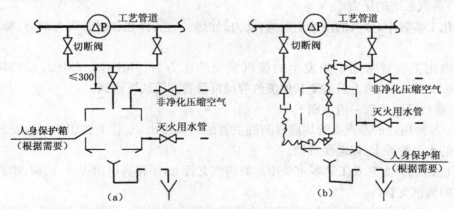

图 4-50　有害气体差压式循环取样流程示意图

b) 高温高压气体,如加氢精制装置的再生烟气,宜采用差压式非循环流程,如图 4-51 所示,其取样系统需增设取样冷却器以及降压孔板或降压阀门。如果气体中还含有催化剂粉尘,尚需设过滤器。若含有少量可凝油气,应在取样冷却器内设伸入其底部的低压蒸汽管,以便调节水温,防止重油因低温凝固;放空管一般可接大气,若气体中含有油气,则放空管宜接至火炬。

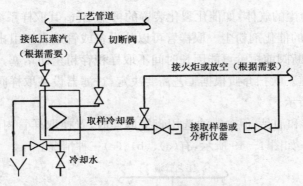

图 4—51　高温高压气体差压式非循环取样流程示意图

4.4　辅助生产流程

化工工艺流程设计不仅要符合正常生产的要求,而且要满足装置开车、停车、安全生产、事故状态等各种情况,使装置在投入生产后,生产、维护、管理、事故处理等都符合要求,操作方便。

4.4.1　公用工程流程

化工厂大量用水、蒸汽、压缩空气、氮气等公用工程,这些辅助生产设施设计是否合理,对化工装置的运行有着很大的影响。

4.4.1.1　蒸汽系统流程

A. 蒸汽系统的压力

在化工装置中,蒸汽的用途主要为:动力、加热、工艺、伴热、吹扫、灭火消防、稀释、事故等。

国内化工装置常用锅炉发生的蒸汽系统的压力为:4MPa,2.5MPa,1.6MPa,1.3MPa,0.8MPa。工艺上若需要其他蒸汽等级可设置减压装置得到。

B. 蒸汽系统流程一般原则

(1) 各种用途的蒸汽支管均应自蒸汽主管的顶部接出,支管上的切断阀应安装在靠近主管的水平管段上,以避免存液。

(2) 在动力、加热及工艺等重要用途的蒸汽支管上,不得再引出灭火、消防、吹扫等其他用途的蒸汽支管。

(3) 一般从蒸汽主管上引出的蒸汽支管均应采用二阀组。而从蒸汽主管或支管引出接至工艺设备或工艺管道的蒸汽管上,必须设三阀组,即两切断阀之间设一常开的 DN20 检查阀,以便随时发现泄漏。

(4) 凡饱和蒸汽主管进入装置,在装置侧的边界附近应设蒸汽分水器,在分水器下部设疏水器。过热蒸汽主管进入装置,一般可不设分水器。

(5) 在蒸汽管道的 U 形补偿器上,不得引出支管。在靠近 U 形补偿器两侧的直管上引出支管时,支管不应妨碍主管的变形或位移。因主管热膨胀而产生的支管引出点的位移,不应使支管承受过大的应力或过多的位移。

(6) 直接排至大气的蒸汽放空管,应在该管下端的弯头附近开一个 $\phi 6mm$ 的排液孔,并接 DN15 的管子引至边沟、漏斗等合适的地方。如果放空管上装有消声器,则消声器底部应设 DN15 的排液管并与放空管相接。

(7) 连续排放或经常排放的乏汽管道,应引至非主要操作区和操作人员不多的地方。

4.4.1.2 冷凝水系统流程

由于散热损失,蒸汽管道内产生凝结水,若不及时排除,传热效果急剧下降,另外在管道改变走向处可能产生水击,造成振动、噪声甚至管道破裂。因此,蒸汽管道需要疏水。一般有两种疏水方式:

(1) 经常疏水:在运行过程中所产生的凝结水通过疏水阀自动阻汽排水。

(2) 启动疏水:在启动暖管过程中所产生的凝结水通过手动阀门排去。

下列蒸汽管道的各处应设经常疏水:

(1) 饱和蒸汽管的末端、最低点、立管下端以及长距离管道的每隔一定距离;

(2) 蒸汽分管道下部;

(3) 蒸汽管道减压阀、调节阀前;

(4) 蒸汽伴热管末端。

下列蒸汽管道的各处应设启动疏水:

(1) 蒸汽管道启动时有可能积水的最低点;

(2) 分段暖管的管道末端;

(3) 水平管道流量孔板前,但在允许最小直管长度范围内不得设疏水点;

(4) 过热蒸汽不经常疏通的管道切断阀前,入塔汽提管切断阀前等。

为了降低能耗,对蒸汽用量较大的凝结水设回收系统。一般在装置内设凝结水罐和泵,将凝结水送往动力站。有时也设扩容器,回收 0.3MPa 闪蒸蒸汽,并入 0.3MPa 蒸汽主管内,大部分 0.3MPa 凝结水送往动力站。没有回收价值或可能混入油品或其他腐蚀介质的凝结水经处理后排入污水管网。蒸汽凝结水在流动过程中,因压降而产生二次蒸汽,形成汽液混相流,当流速增加或改变流向时会引起水击,导致管道发生振动甚至破裂。所以,在确定凝结水管径时,应充分估计汽液相的混相率,并应留有充分的裕量。同时,在布置凝结水管道时应防止产生水击。

从不同压力的蒸汽疏水阀出来的凝结水应分别接至各自的凝结水回收总管,例如从使用 1MPa 蒸汽加热或伴热的疏水阀出来的凝结水与使用 0.3MPa 蒸汽加热或伴热的疏水阀出来的凝结水,由于压差较大,不应接至同一凝结水回收总管。但是,蒸汽压力虽不同、而疏水阀后的背压较小且不影响低压疏水阀的排水时,可合用一个凝结水回收总管。此时,各疏水阀出来的凝结水支管与凝结水回收总管相接处应设止回阀以防止压力波动的相互影响。

4.4.1.3 压缩空气系统流程

化工装置内一般都设有压缩空气系统,压力一般为 0.35~0.8MPa,通常由工厂压缩空气站供给,也可由装置内自行解决。

A. 工艺用压缩空气

（1）压缩空气可用于吹扫、反吹等，一般在化工装置内的软管站设丝扣软管接头，支管由总管上部引出。当支管长度超过 15m 时，在总管引出处需设切断阀。

（2）对于塔、反应器以及多层冷换设备框架，为了便于检修时使用风动扳手，应在有人孔和设备头盖法兰的平台上设置非净化压缩空气螺纹软管接头。

（3）空气压缩机（或鼓风机）等吸气管道顶部应设防雨罩，并用铜丝网保护。安装空气压缩机的吸、排气管道时，应考虑管道振动对建筑物的影响，应在进出口管道设置单独基础的支架。空气压缩机的放空管和吸气管应尽量考虑降低噪声。

（4）管道气压试验用压缩空气管，一般作为施工时临时管道，也有作为永久性管道敷设在管廊上，此时应在装置内以适当的间隔距离靠近主管设几个阀门，可在建成后保留供检修时用。

（5）压缩空气进入装置后，可根据工艺需要设非净化空气罐；罐底设放水阀，罐顶设安全阀，在压缩空气罐入口管上设置止回阀。装置内的压缩空气总管的低点要考虑放水。

B. 仪表用净化压缩空气

（1）仪表的讯号风和动力风要求用净化压缩空气，又称净化风或仪表风。

（2）净化风管道必须与非净化风管道分开设置。

（3）净化风用无油压缩机加压，经干燥、过滤后进入净化风贮罐，然后送往各个装置。为了保证在事故条件下净化风的供应，进装置的净化风一般先进入净化风罐，经脱尘脱水器，进入净化风总管，供给装置内气动仪表用。净化风罐的容量要根据事故时需要保证供风时间而定。净化风罐底设放水阀，罐顶设安全阀，在净化风罐入口管道上应装止回阀，流程见图 4—52。

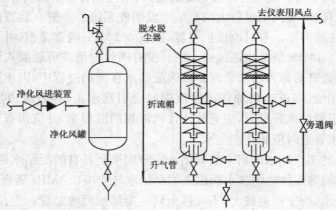

图 4—52　仪表风净化流程示意图

4.4.1.4　氮气系统流程

氮气一般用于设备、管道内物料或空气的置换，也可作为贮罐隔离密封和安全物料等。

（1）装置中吹扫用氮气，一般同装置内的软管站一起设置螺纹软管接头。大量的氮气泄漏会使人缺氧而窒息，为了安全操作要求设置双阀。

（2）由工厂系统的高压氮气进装置后需经减压供给装置使用，可用角式截止阀和减压阀减压,如图4-53所示。

（3）氮气管道的设计要求与压缩空气管道,高压氮气管道一样,应根据压力等级择定材质。

（4）催化剂系统需要的高纯度氮气,应从总管上单独接出,不应与其他氮气系统相混。

（5）气封系统管道的设计

在化工厂中,通常用氮气作为气封系统的气源。气封系统可以使贮罐内部维持一定的压力,防止外界气体进入后污染贮罐内贮存的介质或产生化学反应。常规的气封系统如图4-54所示。

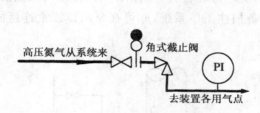
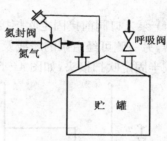

图4-53　高压氮气减压流程示意图　　　　图4-54　氮封系统流程示意图

高压氮气由系统经多级减压后送入贮罐,维持罐内一定压力;当罐内贮存的介质被泵抽出,同时由于温度降低罐内的气体冷凝或收缩时,要补充气封氮气,以杜绝罐外空气的进入;当向罐内进料及气温升高导致罐内压力升高时,装在罐顶的泄压真空阀自动打开,将超压的气体排入大气;为了保证贮罐不被抽成真空,当罐内压力低于大气压,而气封系统由于故障不能保证罐内的正压时,真空阀打开,保护贮罐不被破坏。贮罐气封系统的供气量必须大于或等于由于泵抽出贮罐内贮存液体所需的补充气量与由于气温变化而产生的罐内气体冷凝和收缩所需气体量总和。

4.4.2　开停车流程

不同的化工装置,其开、停车在流程中要考虑的因素是不同的,为此所增加的开、停车设施、管路系统也不同,这里仅介绍在工艺流程设计中要考虑开、停车的有关概念。

4.4.2.1　设备与管道的吹扫

吹扫是用特定的吹扫介质在开车前对设备与管道进行清洗排渣,在停车时将设备和管道的某些物料的积料排除出系统。吹扫介质一般为低压蒸汽、压缩空气、工业水、惰性气体。

A. 吹扫方式

（1）反应器、塔和容器底部开停工蒸汽吹扫管道小于或等于$DN25$时,可采用半固定式吹扫接头,在吹扫阀和快速接头之间加8字盲板,如图4-55（a）所示;吹扫管径大于$DN25$时,应采用固定式吹扫,在靠近塔或容器吹扫阀前加8字盲板,如图4-55（b）所示。

（2）反应器、塔和容器底部经常性操作的蒸汽管道（如塔底汽提蒸汽）也可作为开停工蒸汽吹扫,应采用固定式吹扫,在吹扫管道两个切断阀之间应设止回阀,如图4-55（c）所示。

（3）在开工前，需要水洗的设备可根据需要设固定或半固定接头。固定接头一般在塔顶回流泵、中段回流泵入口管上接固定水管，切断阀后加盲板，如图4－56所示。

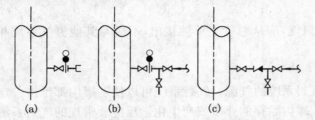
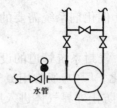

图4－55　反应器、塔和容器底部的吹扫示意图　　　　图4－56　设备水洗固定接头示意图

（4）泵入口阀前接固定吹扫接头可向两个方向吹扫，一侧扫往与泵连接的反应器、塔或容器，另一侧可经由泵的跨线及冷换设备扫往工厂系统，亦可在泵出口线上连接固定吹扫或半固定吹扫接头，如图4－57。

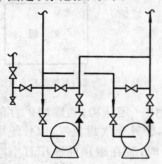

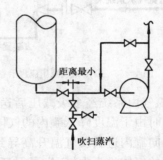

图4－57　泵入口接固定吹扫管示意图　　　　图4－58　反应器、塔或容器底抽出管的吹扫示意图

（5）反应器、塔或容器底部抽出管道吹扫接头，停工后先用塔底泵退料后再吹扫，积料经泵入出口连通线扫出装置，如图4－58所示。如被吹扫管道过长，宜设接力吹扫接头。

（6）加热炉入口切断阀后设吹扫蒸汽管道，宜与烘炉用蒸汽管道合用，因此需适当加大吹扫管道直径。

（7）由工厂系统送入装置的燃料油、酸、碱、化学药剂等管道和由装置送出的中间液体产品、不合格液体产品等管道，通常在装置边界线处设切断阀，同时加固定吹扫接头，向装置内或外扫线。

（8）输送固体物料的管道，为防止物料堵塞，应连接必要的吹气管道进行松动、疏通、反吹或清扫。例如流化床反应器的催化剂输送管、U型管、提升管等的松动、反吹等，如图4－59所示。

4.4.2.2　设备与管道排液

A. 设备的排液

（1）装置内各种设备均应在其低点或与其连接的管道的最低点设排液管。一般容器的排液管安装在容器底部，而反应器、塔类、冷换设备、加热炉等一般设在与其底部相连接的管道的最低点，且在出口切断阀前。泵体下部的排液口一般为自带的丝堵，宜安装闸阀和接管并引至地漏或泵前的排污沟，机泵底盘上的排液口也宜接管并引至地漏或泵

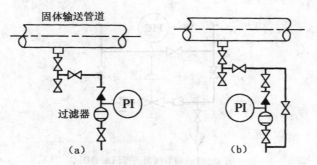

图 4-59 输送固体物料管道的吹扫示意图

前的排污沟。

反应器、塔及容器的排液管尺寸,一般根据设备的直径确定,但也有根据设备的容积确定的,同时还有根据立式容器的直径或卧式容器的容积确定的。

(2) 反应器、塔和容器开、停工经水冲洗后,污水经底部排液管排至污水系统,排液管阀后加盲板。如果排液管作为正常操作用其排液管应加双阀,如图 4-60 所示。

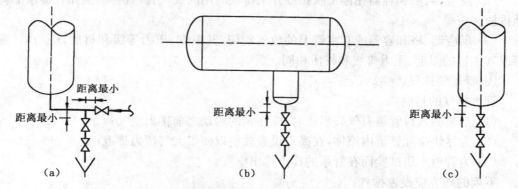

图 4-60 反应器、塔和容器的排液

(3) 凡输送含有毒性、腐蚀性的液体,应设置回收或特殊处理设施,使之达到国家有关排放标准的规定后,方可排放。

(4) 泵体内积料,一般在装置全部停工时,利用泵出入口吹扫蒸汽短时间通过泵体,将其扫净。

B. 管道的排液

管道排液的目的有:为排除管道内液体,水压试验后排液,停工检修前的排液。一般水压试验时用作流体的注入管可以作为管系的空气和蒸汽吹扫出口使用。

下列的地方需设置排液:

(1) 呈液袋管路的地方;

(2) 主管的末端,例如加热炉的燃料油、燃料气管道的末端;

(3) 管桥上蒸汽管、低压可燃气体管等的末端;

(4) 仪表调节阀前与切断阀之间应加排液管,如图 4-61 所示。

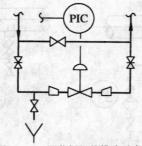

图 4－61　调节阀组的排液示意图

4.4.2.3　设备与管道排气

A. 设备的排气

(1)反应器、塔,立、卧式容器都应设置排气管,供停工时吹扫排气及开工排气。排气管的大小,也有不同的标准。根据经验,排气管直径宜选较大值,尽可能少用 DN20、DN25。

(2)反应器、塔和容器在停工吹扫或开工排气时用的放气管,宜在塔顶和容器顶部就地排放。

(3)反应器、塔和容器或其主管上的放气阀门,其温度、压力等级和材质,应与塔、容器或其主管的温度、压力等级和材质相同。

B. 管道的排气

管道排气的目的:

(1)当泵的入口管道有气袋形成时,应在泵的启动之前排出空气;

(2)为尽快排除管道内流体,在高点设置放空以便借大气压力排液;

(3)为管道水压试验而在管系的高点排出空气。

下列的地方应设置排气:

(1)液体管道呈气袋的地方,例如泵的入口管道,在不可避免出现 Ω 形的上部;

(2)在管桥上的燃料气管道末端上部应设排气管,作开停工吹扫用;液化石油气或燃料气管道在无法避免 Ω 形时,应在 Ω 形管高处设排气管。

4.4.3　安全生产流程

安全生产的概念贯穿于整个化工装置建设中,除了安装、施工、操作中要考虑外,设计过程中的周密考虑能消除安全隐患,使事故损失降低到最小。

在设计中,流程上要考虑的安全因素主要是避免设备和管道内介质的压力超过允许的操作压力而造成灾难性事故的发生。一般利用安全泄压装置来及时排放管道内的介质,使管道内介质的压力迅速下降。设备及管道中采用的安全泄压装置主要有爆破片和安全阀,或在管道上加安全水封和安全放空管。

A. 安全阀的设置

(1)安全阀是一种自动阀门,它不借助任何外力而是利用介质本身的力来排出一定数量的流体,以防止系统内压力超过预定的安全值。当压力恢复正常后,阀门再自行关闭阻止介质继续流出。

（2）按国家有关标准的规定，在不正常条件下，可能超压的下列设备应设安全阀。

a）顶部操作压力大于 0.07MPa 的压力容器；

b）顶部操作压力大于 0.03MPa 的蒸馏塔、蒸发塔和汽提塔（汽提塔顶蒸汽通入另一蒸馏塔者除外）；

c）往复式压缩机各段出口或电动往复泵、齿轮泵、螺杆泵等容积式泵的出口（设备本身已有安全阀者除外）；

d）凡与鼓风机、离心式压缩机、离心泵或蒸汽往复泵出口连接的设备不能承受其最高压力时，上述机泵的出口；

e）可燃的气体或液体受热膨胀，可能超过设计压力的设备。

（3）下列工艺设备不宜设安全阀。

a）加热炉炉管；

b）在同一压力系统中，压力来源处已有安全阀，则其余设备可不设安全阀。对扫线蒸汽不宜作为压力来源。

（4）有可能被物料堵塞或腐蚀的安全阀应在其入口前设爆破片或在其出入口管道上采取吹扫、加热或保温等防堵措施。

（5）有突然超压或发生瞬时分解爆炸危险物料的反应设备，如安全阀不能满足要求时，应装爆破片或爆破片和导爆管。

（6）因物料爆聚、分解而造成超温、超压，可能引起火灾、爆炸的反应设备，应设报警信号和泄压排放设施，以及自动或手动遥控的紧急切断进料设施。

B. 爆破片的设置

爆破片可在容器或管道压力突然升高而尚未引起爆炸前先行破裂，排出设备或管道内的高压介质，从而防止设备或管道破裂的一种安全泄压装置。爆破片是由爆破片、夹持器、真空托架等零件装配组成的一种压力泄放安全装置，当爆破片两侧压力差达到预定温度下的预定值时，爆破片即会破裂，泄放出压力介质。

（1）爆破片的特点。爆破片与安全阀相比较，具有结构简单、灵敏、可靠、经济、无泄漏、适应性强等优越性，但也有其局限性，主要有以下特点。

a）密封性能好，在设备正常工作压力下能保持严密不漏。

b）泄压反应迅速，爆破片的动作一般在 2～10ms 内完成，而安全阀则因为机械滞后作用，全部动作时间要高 1～2 个数量级。

c）对粘稠性或粉末状污物不敏感。即使气体中含有一定量的污物也不致影响它的正常动作，不像安全阀那样，容易粘结或堵塞。

d）爆破元件（膜片）动作后不能复位，不但设备内介质全部流失，设备也要中止运行。

e）动作压力不太稳定，爆破片的爆破压力允许偏差一般都比安全阀的稳定压力允差大。

f）爆破片的使用寿命较短，常因疲劳而早期失效。

（2）爆破片适用场所。

a）化学反应将使压力急剧升高的设备。

b）高压、超高压容器优先使用。

c）昂贵或剧毒介质的设备。

d）介质对安全阀有较强的腐蚀性。

e）介质中含有较多的粘稠性或粉末状、浆状物料的设备。

f）由于爆破片为一次性使用的安全设施，动作后（爆破后）该设备必须停止运行，因此一般广泛应用于间断生产过程。

g）爆破片不宜用于液化气体贮罐、也不宜用于经常超压的场所。

C. 高压管路

一般以 $PN10.0 \sim PN100.0$ MPa 为高压，高压等级以 $PN16.0，PN20.0，PN22.0，PN32.0$ 为多见，如合成氨、尿素、甲醇等装置。高压管路在设计时要注意管道材料的选择，管道与管道之间的连接形式，仪表的安装，双阀的设置，以及中、低压管道系统的连接等。

在高压管道系统设计中，常常会有与中低压管道系统相连接的情况如放空，排液或转到中、低压系统例如从压力为 32.0MPa 或 22.0MPa 的高压管道系统，过渡到 2.5MPa 以下的低压管道系统中，其过渡形式为高低压异径管，异径管材料一般为 20 号钢，高压端法兰为 35 号钢。

在高压管道设计中，当必须设置阀门时，无论其管径大小，一般均需设置双阀，以防止介质泄漏；双阀的安装宜紧密相连，以减少管件又便于操作。

4.5 设计示例

为了使流程设计更为直观、容易理解，以国内化肥厂生产较多的有机化工产品三聚氰胺生产为例，说明不同阶段的流程设计。

三聚氰胺是用途十分广泛的有机化工产品，具有无毒、阻燃、耐温、绝缘、着色优异、便于加工等性能，广泛应用于涂料、模塑料、层压板、粘合剂、纺织处理剂、造纸交换剂和添加剂等方面。化肥厂生产三聚氰胺也有较大的优势，一是原料能自给；二是副产品可以生产硫铵化肥。

A. 生产工艺路线选择

以尿素为原料生产三聚氰胺，国内有几种工艺路线，而气相淬冷法三聚氰胺工艺是较新工艺，以氨作为流化床的载气，熔融尿素在流化床反应器内，在 $Al_2O_3 - SiO_2$ 催化剂作用下，反应生成三聚氰胺，反应所需热量由熔盐系统供给。反应后的气体经道生冷却，过滤以除去少量固体杂质后，再与温度较低的氨和二氧化碳接触，三聚氰胺经淬冷由气相直接凝结成固体，经旋风分离，即得成品三聚氰胺。分离后的气体由热气风机送至液尿洗涤塔降温，一部分作为淬冷气循环使用，另一部分送至尾气吸收塔，塔顶得到纯净的氨，再经冷冻、压缩作载气循环使用，塔底碳化铵水，送至硫铵车间。

硫铵生产过程是先将碳化铵水蒸发，使其分解成 $NH_3，CO_2$ 气体后，通入饱和器中用硫酸中和，得到硫铵，再进行离心分离，沸腾干燥，得到成品硫铵。

本方案的技术特点为：

（1）采用流化床反应器，使传质、传热效率提高，由于熔融尿素的雾化加料方式，使反应器的温度稳定，因而达到较高的转化率。

（2）采用调温系统，严格控制温度，采用高温过滤器除去副产物和夹带的催化剂，可取消老工艺的水溶液精制工序，因此实现气相淬冷，经分离后可直接获得产品。

（3）采用气相淬冷法，使温度严格控制在三聚氰胺凝固点以下，并高于碳氨的结晶点，因而新工艺实现连续自动出料，全装置效率提高。

（4）增设液尿洗涤塔，使捕集效率提高，有效地降低了原料尿素的消耗量。

（5）吸收塔采用新结构，避免了堵塞现象。

（6）本装置设置尾气吸收塔，可制成碳化氨水，送至硫铵车间加以利用，使三聚氰胺装置更为经济合理。

B. 流程框图设计

整个生产的主要过程有：反应、反应气冷却、热反应气过滤、气相淬冷、液尿洗涤、尾气吸收。生产过程内包括 7 个系统：熔盐系统、熔融尿素系统、反应系统、热气过滤系统、反应气体的淬冷与捕集系统、尾气吸收系统和硫铵系统。流程框图设计如图 4—62 所示。

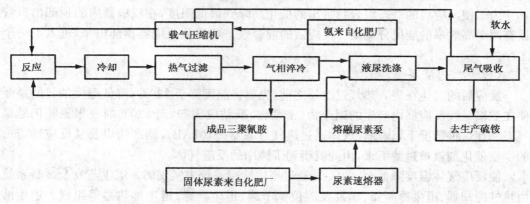

图 4—62　三聚氰胺生产流程框图

C. 流程简图设计

三聚氰胺生产的 7 个系统，其流程设计构思如下，由此可设计三聚氰胺生产流程简图，如图 4—63 所示。

（1）熔盐系统。

在三聚氰胺反应器内，尿素生成三聚氰胺所需要的热量由熔盐系统供给。在生产状态下，熔盐由熔盐泵送至熔盐加热炉（F101）的盘管内。由燃料燃烧将其加热到 445℃，然后进入到三聚氰胺反应器。反应器内设有熔盐加热管，熔盐从盘管内流过时给管外的催化剂供热，提供了尿素生成三聚氰胺所需的热量。从反应器出来的熔盐，再分别进入载气加热器和循环气加热器，进行换热后，熔盐的温度约为 405℃，此时熔盐流回到熔盐槽，再由熔盐泵循环返回至熔盐加热炉。

（2）尿素熔融系统。

固体原料颗粒尿素用挡边皮带机（W102）输送至尿素速融器（E110），尿素被快速加热熔化，然后通过泵将一部分尿素送至反应器（R101），作为反应原料，另一部分送至液尿素洗涤塔 T101、T102，进行循环洗涤。

（3）反应系统。

尿素速熔器内设有蒸汽加热盘管,所用蒸汽压为 0.8MPa。

尿素生成三聚氰胺的反应方程式为:

$$6CO(NH_2)_2 \Longleftrightarrow C_3N_3(NH_2)_3 + 6NH_3 + 3CO_2$$

反应为吸热反应。三聚氰胺反应器的操作条件:

温度:385±5℃

压力:0.265MPa(绝压)

尿素是通过设在三聚氰胺反应器内的喷嘴喷射到流化床内。尿素喷嘴是由中心管和夹套管构成的。尿素由中心管喷出,而夹套管则通入雾化气体。雾化气体的作用是尽量使进入反应器内的液尿雾化,从而提高生成三聚氰胺的反应效率。

流化床反应器内的催化剂为 $SiO_2 - Al_2O_3$,组成 SiO_2 86%,Al_2O_3 13%,催化剂粒径 $40 \sim 50\mu m$。流化床反应器的载气为氨气,来自尾气吸收系统,经载气压缩机(C101)加压到 0.3MPa(绝),经载气加热器 E101 加热至 150℃进入反应器。

为了使反应后的气态混合物带出的催化剂降到最低限度,在反应器内的顶部出口管设有两个高效率的旋风分离器。反应后的混合气态物质从反应器顶部出来,进入下一个工序。

(4) 热气过滤系统。

反应后的气体在进入热气过滤器之前,先要将温度降至 320℃,降低温度的目的是要使在三聚氰胺反应器内产生的副产物(密勒胺)凝结成固态,而 320℃时三聚氰胺仍然呈气态。在这种情况下,让混合气体通过热气过滤器(S101AB),副产物以及从反应器带出的少量催化剂就被过滤下来,由此就得到了纯净的反应气体。

使反应气体温度降低至 320℃是通过道生冷凝系统来实现的。道生蒸发及冷凝系统由热气冷却器、道生冷凝器、蒸发及液位调节罐、道生贮罐、道生加热器等组成。道生液在热气冷却器的管间汽化吸热,移走管内反应气相的热量,然后回到道生冷凝器中被冷却水冷凝后流入道生贮罐,再由贮罐送到热气冷却器,由此自然循环。在液位调节罐内将副产 $1.8 \sim 2.1MPa$ 水蒸气(约 0.35t/h),减压后进入蒸汽管网。

(5) 反应气体的淬冷和捕集。

从热气过滤器出来的纯净反应气体进入到气体淬冷器(E106)顶部,在此设备中与 140℃的氨和二氧化碳混合气体接触,反应气体温度迅速降到 210℃,三聚氰胺由气相直接凝结成固体,然后随混合气体一起从气体淬冷器底部出来,再进入到旋风分离器(S102)。

通过旋风分离器的分离,210℃的混合气体从旋风分离器顶部出来,由热气风机打到液尿素洗涤塔。从旋风分离器分离出来的固体,在底部由出料器排出,经气流输送至成品贮斗,再进入成品包装。

(6) 尾气吸收系统。

旋风分离器的气相用热气风机送到液尿素洗涤塔(T101,T102)中洗涤降温至 140℃,一部分作为冷流体送至气体淬冷器(E106)循环使用,另一部分则送至尾气吸收塔(T103,T104),用水吸收气相中的二氧化碳和氨,被吸收下来的二氧化碳和氨在塔底部成为碳化铵液,用泵输送到硫铵装置。而在尾气吸收塔的顶部得到纯净氨,其中的一部分进入缓冲罐,再由载气压缩机(C101)升压至 0.3MPa 送入三聚氰胺反应器流化床底部作为流化床的流化气体。尾气的另一部分,经过冷冻压缩机(P109AB)后冷却成液氨,通入尾气吸收塔顶部填料段蒸发,控制塔顶温度在－15℃左右,以降低去三聚氰胺反应器流化气中的含水量。

(7) 硫铵系统。

碳化铵水为原料制取硫铵时,如直接将碳化铵水通入饱和器与硫酸进行中和反应,则由于反应热不足以将母液中的水分蒸出,为此还必须用蒸汽浓缩母液得硫铵产品,这样将增加能耗,并使设备结构及材料的选择带来困难,同时也不利于硫铵结晶的生长。为此本工艺选择先将碳化母液蒸发,将其分解成 NH_3,CO_2 后,再通入饱和器与硫酸中和的工艺路线。

由于篇幅限制,硫铵生产工艺部分简略。

D. 物料流程图

在流程简图设计的基础上,将物料衡算和能量衡算的计算数据以表格形式加进图中,绘制得物料流程图。图 4－64 表示三聚氰胺生产的物料流程图。三聚氰胺生产能力为 6kt/a,年生产时间为 300d,每天 3 班,连续生产。

E. 带控制点的工艺流程图

带控制点的工艺流程图设计在流程简图的基础上进一步设计仪表、自动控制、管道管径、材质及管路附件等,并按顺序标注管道及仪表编号。

带控制点的工艺流程图设计在初步设计阶段与施工图设计阶段的要求是不同的。施工图阶段带控制点的工艺流程图的设计是在初步设计的基础上,进一步考虑开停车设施、安全生产、操作维修、生产管理等因素设计而成的。如本工艺设计中应考虑熔盐系统的管线应有倾斜坡度,管线上的阀门装有限位器,这样使熔盐在停车、故障等情况下,能自动流回熔盐槽,避免管道堵塞,以减少给恢复生产过程带来不必要的麻烦。

三聚氰胺生产的施工图阶段的带控制点的工艺流程图,可分为反应工段、过滤淬冷工段和吸收捕集尾气处理工段。

反应工段的带控制点的工艺流程图如图 4－65 所示。对生产过程要求较高的工艺参数采用集中检测和控制,由计算机统一管理。反应工段的显示仪表主要有各泵出口及反应器底部顶部的压力显示、反应器各段温度显示与记录(包括现场指示及控制室计算机集中显示)、氨气与燃料油流量显示记录、换热器冷热介质出口温度、燃料油罐液位记录等。控制回路有:熔盐加热炉熔盐出口温度采用燃料油与空气流量的比值控制、熔融尿素流量定值控制、输送催化剂用氨气的氨蒸发器与氨预热器的温度压力控制回路等。

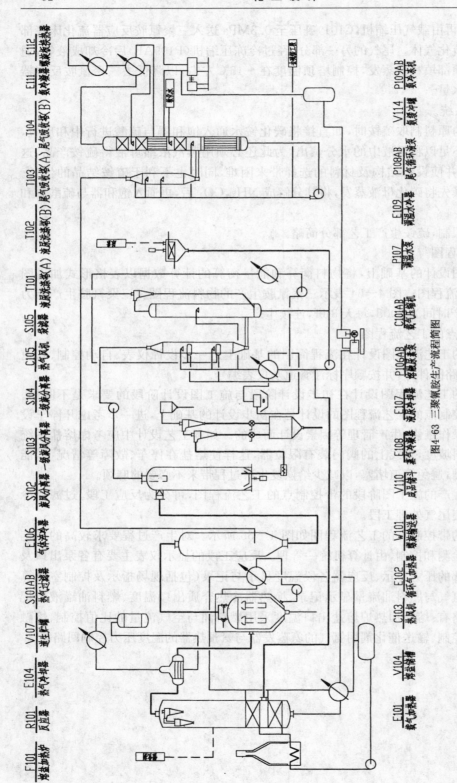

图4-63　三聚氰胺生产流程简图

E101　R101　E104　V107　S101AB　E106　S102　S103　S104　C105　S105　T101　T102　T103　T104　E111　E112
熔盐加热炉　反应器　急冷冷却器　逆生产罐　热气过滤器　气体冷却器　旋风分离器　一级旋风分离器　二级旋风分离器　热气风机　聚器　凝聚洗涤器(A)　凝聚洗涤器(B)　尾气吸收塔(A)　尾气吸收塔(B)　氨冷凝器　氨冷凝器凝板式换热器

E101　V104　C103　E102　W101　V110　E108　E107　P106AB　C101AB　P107　P109　P108AB　V114　P109AB
氧气加热器　熔盐储罐　热风机　循环气加热器　氨蒸馏塔器　成品储斗　素气冷凝器　凝聚冷却器　熔融胶素泵　氧气压缩机　测温水泵　测温水泵　尾气循环泵　氨缓冲罐　氨冷泵机

5 化工设备的选型和设计计算

化工设备是组成化工装置的基本单元,也是工程设计的基础。化学工程师应对化工单元设备了如指掌。本章主要介绍各种化工设备的概况及技术指标等,从工程角度了解并掌握化工设备的计算及选型。

化工设备从设计角度可分为两类:一类称标准设备或定型设备,是成批成系列生产的设备,并可以从设备生产厂家买到,并可以从产品目录或样本手册中查阅其规格及牌号;另一类称非标准设备或非定型设备,是化工过程中需要专门设计的特殊设备,是根据工艺要求,通过工艺计算及机械计算而设计,然后提供给有关工厂制造。

在确定了标准设备与非标设备的设计参数后,需汇总成工艺设备一览表,其格式见表5—1所示,设备一览表在各设计阶段都要编制,它是设计成品之一。

表 5—1 工艺设备一览表

序号	设备位号	设备名称及规格	型号	材质	操作参数		单位	数量	重量	来源	备注
					温度	压力					

5.1 物料输送设备

化工厂或化工装置在工艺流程上的各种物料、公用工程(水、气、汽等)都需要输送装置。这些物料输送设备品种多而且复杂。从化工设计角度来看输送设备可分为:

(1) 液体物料输送设备——常规的设备为各种泵;

(2) 气体物料输送、压缩、制冷设备——常规的设备为风机、压缩机、真空泵、制冷机等;

(3) 固体物料输送设备——常规的设备为各种给料机械设备、气流输送设备。

此外,还可以用惰性气体压送或用真空吸送液体物料以及气流输送固体物料等。

5.1.1 液体输送设备

A. 概况

化工厂中液体输送较多采用的是泵,按泵作用于液体的原理可分为叶片式和容积式两大类。叶片式泵是由泵内的叶片在旋转时产生的离心力作用将液体吸入和压出,容积式泵是由泵的活塞或转子在往复或旋转运动中产生挤压作用将液体吸入和压出。叶片式泵又因泵内叶片结构形式不同分为离心泵(屏蔽泵、管道泵、自吸泵、无堵塞泵)、轴流泵和旋涡泵。容积式泵分为往复泵(活入泵、柱塞泵、隔膜泵、计量泵)和转子泵(齿轮泵、螺杆泵、滑片泵、罗茨泵、蠕动泵、液环泵)。

泵也常按泵的用途命名,如水泵、油泵、泥浆泵、砂泵、耐腐蚀泵、冷凝液泵等,或附以结构特点命名,如悬臂水泵、齿轮油泵、螺杆泵、液下泵、立式泵、卧式泵等。

液体输送泵的结构可分为三个主要部分:泵头(主要工作部件)、电动机(提供动力部件)和底板(安装部件)。以单级单吸卧式离心泵为例(外形见图5—1),离心泵是由泵体、叶轮、密封环、叶轮螺母、泵盖、密封部件、中间支架、轴和悬架部件等构成。

图5—1　单级单吸卧式离心泵外形

B. 技术指标

(1)型号　以 IH 型单级单吸离心泵为例说明泵的型号标志如下:

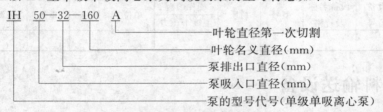

IH　50—32—160　A

叶轮直径第一次切割
叶轮名义直径(mm)
泵排出口直径(mm)
泵吸入口直径(mm)
泵的型号代号(单级单吸离心泵)

离心泵适用于流量大,扬程低的液体输送,液体的粘度小于 $650cm^2/s$,液体中气体体积百分率低于 5%,固体颗粒含量 3% 以下。一些 IH 型离心泵的技术性能参数如表5—2所示。

表5—2　IH型离心泵性能参数指标

型号	流量 Q (m^3/h)	扬程 H (m)	转速 n (r/min)	效率 η (%)	汽蚀余量 $NPSH_r$ (m)	轴功率 Pa (kW)	配带电机型号	电机功率 (kW)	重量 (kg)	参考价格 (万元)
IH50—32—125	12.5	20	2 900	51	2.0	1.33	Y90L—2	2.2	42	0.16
IH80—65—125	50.0	20	2 900	69	3.0	3.95	Y132S₁—2	5.5	52	0.27
IH100—80—125	100	50	2 900	72	3.9	18.9	Y180M—2	22	82	0.52
IH80—50—315	25	32	1 450	46	2.0	4.74	Y132M—4	7.5	119	0.42
IH100—65—315	50	32	1 450	58	2.0	7.5	Y160M—4	11	127	0.46

(2)扬程:泵在输送单位液体量时,泵出口能量的增加值,包括液体静压头、速度头及几何位能等能量增加值总和,以 m 液柱表示。由于泵可以输送多种液体,各种液体的密度和粘度不同,为了使扬程有一个统一的衡量标准,泵的生产厂家在泵的技术指标中所指明的一般都是清水扬程,即介质为清水,密度 1 000kg/m³,粘度 1mPa·s,无固体杂质。此外少数专用泵如硫酸泵、熔盐泵等,扬程注明为 m 酸柱或 m 熔盐柱。

（3）流量：泵在单位时间内抽吸或排送液体的体积数称为流量，以 m³/h 或 L/s 表示。叶片式泵如离心泵，流量与扬程有关，这种关系是离心泵的一个重要特性，称之为离心泵的特性曲线。泵的操作流量指泵的扬程流量特性曲线与管网系统所需的扬程、流量曲线相交处的流量值，容积式泵流量与扬程无关，几乎为常数。

（4）必需汽蚀余量（$NPSH_r$）：为使泵在工作时不产生汽蚀现象，泵进口处必需具有超过输送温度下液体的汽化压力的能量，使泵在工作时不产生汽蚀现象所必需具有的富余能量称为必需汽蚀余量。必需汽蚀余量，国际上普遍称为必需的净正吸入压头（Required Net Positive Suction Head），单位为 m。

（5）功率与效率：有效功率指单位时间内泵对液体所作的功；轴功率指原动机传给泵的功率；效率指泵的有效功率与轴功率之比。泵样本中所给出的功率与效率都为清水试验所得。

C. 其他形式的泵

（1）油泵　输送石油产品的泵称为油泵。由于油品易燃易爆，因此油泵应具有良好的密封性能，热油泵在轴承和轴封处设置冷却装置，运转时可通冷水冷却。

（2）耐腐蚀泵　当输送酸碱和浓氨水等腐蚀性液体时，与腐蚀性液体接触的泵的部件都须用耐腐蚀材料制造。如 FV 型离心泵适用于一般的酸碱盐类物质的输送，FS 型玻璃钢耐腐蚀泵适用于各种腐蚀性液体的输送。

（3）液下泵　如图 5－2 所示，液下泵经常安装在液体贮槽内，对轴封要求不高，适于输送化工过程中各种腐蚀性液体，泄漏的液体仍流入贮槽内，既节省了空间又改善了操作环境，其缺点是效率不高。高效产品 DHY 系列液下泵是一种新型泵，适宜于输送各种温度和浓度的硫酸、硝酸、盐酸和磷酸等无机酸和有机酸，也能输送氢氧化钠等碱性溶液和有机化合物。

图 5－2　YF 型耐腐蚀液下泵外形

（4）屏蔽泵　屏蔽泵是一种无泄漏泵，它的叶轮和电机联为一个整体并密封在同一泵壳内，不需要轴封，所以称为无密封泵。在化工生产中常输送易燃、易爆、剧毒及具有放射性的液体，其缺点也是效率较低。

（5）隔膜泵　隔膜泵系借弹性薄膜将活柱与被输送的液体隔开，当输送腐蚀性液体或悬浮液时，可不使活柱和缸体受到损伤。隔膜系采用耐腐蚀橡皮或弹性金属薄片制成。当活柱作往复运动时，迫使隔膜交替地向两边弯曲，将液体吸入和排出。

（6）计量泵　在化工生产中，计量泵能够输送流量恒定的液体或按比例输送几种液体。计量泵的基本构造与往复泵相同，但设有一套可以准确而方便地调节活塞行程的机构。隔膜式计量泵可用来定量输送剧毒、易燃、易爆和腐蚀性液体。

（7）齿轮泵　这是一种正位移泵，泵壳中有一对相互啮合的齿轮，将泵内空间分成互不相通的吸入腔和排出腔。齿轮旋转时，封闭在齿穴和泵壳间的液体被强行压出。齿轮泵的流量较小，但可产生较高的压头。化工厂中大多用来输送粘稠液体甚至膏糊状物料，但不宜输送含有固体颗粒的悬浮液，如 2CY、KCB 型齿轮油泵。

（8）螺杆泵　属于内啮合的密闭式泵，为转子式容积泵。按螺杆的数目，可分为单螺杆、双螺杆、三螺杆、五螺杆泵。单螺杆是靠螺杆在具有内螺纹泵壳中偏心转动,将液体沿轴向推进,最后由排出口排出,多螺杆泵则依靠螺杆间相互啮合的容积变化来输送液体。螺杆泵输送扬程高,效率较齿轮泵高,运转时无噪音、无振动、流量均匀,特别适用于高粘度液体的输送,例如 G 型单螺杆泵广泛应用于原油、污油、矿浆、泥浆等的输送。

(9) 旋涡泵　是一种叶片式泵(也称涡流泵),是由星形叶轮和有环形流道的泵壳组成,依靠离心力作用输送液体,但与离心泵的工作原理不同。适用于功率小,扬程高(5~250m),流量小(0.1~11L/s),夹带气体大于 5%(体积)的场合。

(10) 轴流泵　是利用高速旋转螺旋浆将液体推进而达到输送目的。适用于大流量,低扬程。

5.1.2　气体输送、压缩设备

气体输送、压缩设备按出口压力的大小可分为四类。

(1) 通风机　简称为风机,压力 0.115MPa 以下,它又可分为轴流风机和离心风机。用于通风、干燥等过程,使用较普遍。压缩比为 1~1.15。

(2) 鼓风机　压力在 0.115MPa~0.4MPa,它又可分为罗茨鼓风机和离心鼓风机。一般用于生产中要求相当压力的原料气的压缩、液体物料的压送、固体物料的气流输送。压缩比小于 4。

(3) 压缩机　压力在 0.4MPa 以上,又可分为离心式、螺杆式和往复式压缩机。可用于工艺气体、气动仪表用气,压料过滤,吹扫管道等。压缩比大于 4。

(4) 真空泵　用于减压,出口极限压力接近 0MPa,其压缩比由真空度决定。

5.1.2.1　通风机

工业上常用的通风机有轴流式和离心式两类。轴流式通风机排送量大,但所产生的风压甚小,一般只用来通风换气,而不用来输送气体。化工生产中,在空冷器和冷却水塔的通风方面,轴流式通风机的应用还是很广的。

离心式通风机的结构与离心泵相似包括蜗壳叶轮、电机和底座三部分,如图 5−3。离心式通风机根据所产生的压头大小可分为:

(1) 低压离心通风机　风压≤1kPa;

(2) 中压离心通风机　风压为 1kPa~3kPa;

(3) 高压离心通风机　风压为 3kPa~15kPa。

离心式通风机的主要参数和离心泵差不多,主要包括风量、风压、功率和效率。通风机在出厂前,必须通过试验测定其特征曲线,试验介质压强为 101.3kPa、温度为 20℃ 的空气(密度 $\rho=1.2kg/m^3$)。因此选用通风机时,如所输送的气体密度与试验介质相差较大时,应将实际所需风压换算成试验状况下的风压。

图 5−3　离心通风机外形

通风机型号表示如下:

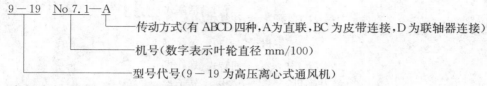

9-19　No 7.1-A
　　　　　　　　——传动方式(有 ABCD 四种,A 为直联,BC 为皮带连接,D 为联轴器连接)
　　　　　——机号(数字表示叶轮直径 mm/100)
　——型号代号(9-19 为高压离心式通风机)

高压离心通风机的技术指标,如表 5-3 所示。

表 5-3　高压离心通风机技术指标表

机号型号	传动方式	流量 (m³/h)	全压 (Pa)	转速 (r/min)	内效率 (%)	内功率 (kW)	所需功率 (kW)	配带电机型号	电机功率 (kW)	重量 (kg)	参考价格 (万元)
9-19 No6.3	A	3 220	9 149	2 900	72.7	10.91	12.5	Y160L-2	18.5	411	0.51
9-19 No16	D	26 377	15 425	1 450	76.5	140.31	164.6	Y355M3-4	315	2 785	4.5
9-26 No6.3	A	8 588	9 698	2 900	77.2	28.99	33.3	Y225M-2	45	478	0.85
9-26 No12.5	D	33 540	9 713	1 450	80.4	108.91	127.8	Y315L1-4	160	1250	3.8

5.1.2.2　鼓风机

化工厂中常用的鼓风机有旋转式和离心式两类,罗茨鼓风机是旋转式鼓风机中应用最广的一种,外形如图 5-4 所示,罗茨鼓风机的工作原理与齿轮泵极为相似。因转子端部与机壳、转子与转子之间缝隙很小,当转子作旋转运动时,可将机壳与转子之间的气体强行排出,两转子的旋转方向相反,可将气体从一侧吸入,从另一侧排出。罗茨鼓风机的风量与速度成正比,而与出口压强无关。罗茨鼓风机的

图 5-4　罗茨鼓风机外形

风量为 2~500m³/min,出口压强不超过 81kPa(表压)。出口压强太高,则泄漏量增加,效率降低。罗茨鼓风机工作时,温度不能超过 85℃,否则易因转子受热膨胀而发生卡住现象。

离心鼓风机与离心通风机的工作原理相同,由于单级通风机不可能产生很高的风压(一般不超过 50kPa 表压),故压头较高的离心鼓风机都是多级的,与多级离心泵类似。离心鼓风机的出口压强一般不超过 0.3MPa(表压),因压缩比不大,不需要冷却装置,各级叶轮尺寸基本相等。

5.1.2.3　压缩机

A. 分类

如图 5-5 所示,按工作原理压缩机可分为两类:容积式压缩机和速度式压缩机。在容积式压缩机中,气体压力的提高是由于压缩机中气体体积被缩小,使单位体积内空气分子的密度增加而形成的。在速度式压缩机中,空气的压力是由空气分子的速度转化而来,即先使空气分子得到一个很高的速度,然后在固定元件中使一部分速度能进一步转化为气体的压力能。按结构形式还可以分为:

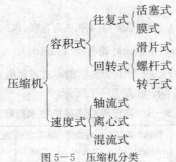

图 5—5　压缩机分类

用作压缩空气的压缩机,在中小流量时,使用最广泛的是活塞式空气压缩机,在大流量时,则采用离心式空气压缩机。选型时要对压缩机进行工艺计算。下面介绍几种常用的压缩机。

B. 活塞式空气压缩机

(1) 中小型活塞式压缩机的类型。中小型活塞式空气压缩机根据其结构形式,一般常用的有:

a) L 型、V 型、W 型及卧式、立式、对称平衡式等;

b) 水冷式(用水冷却)和空冷式(用空气冷却),单级、两级或多级。

(2) 工作原理。如图 5—6 所示,活塞式空气压缩机包括:空压机、电动机、空气过滤器、中间冷却器、电控设备等部件。在活塞式空气压缩机中,空气是依靠在气缸内做往复运动的活塞来进行压缩的。当活塞向右移动时,气缸左端的压力略低于吸入空气的压力,此时吸气阀被打开,空气在大气压力的作用下进入气缸内,这个过程称为吸气过程;当活塞返行时,吸入的空气在气缸内被活塞压缩,这个过程称为压缩过程;当气缸内空气压力增加到略高于排气管内压力后,排气阀即被打开,压缩空气排入排气管内,这个过程称为排气过程。至此,完成了一个工作循环。活塞继续运动,上述工作循环也周而复始地进行,以完成压缩空气的任务。

图 5—6　V-6/8-1 型活塞式空气压缩机外形

(3) 技术指标

压缩机的一般技术性能有:排气量、排气压力、进出口气体温度、冷却水用量、功率等,见表5—4所示。

表5—4 活塞式空气压缩机技术指标

型 号	V—6/8—1	3L—10/8	L8—60/7
排气量(m³/min)	6	10	60
排气压力(MPa)	0.8	0.8	0.7
排气温度(℃)	≤160	≤160	160
转速(r/min)	980	480	428
轴功率(kW)	≤37	60	303
冷却水耗量(m³/h)	≤1.8	2.4	14.4
润滑油耗量(g/h)	≤70	70	195
压缩机重量(kg)	1 380	1 700	7 500
压缩机整机外形(mm)	1 850×1 140×1 310	1 890×875×1 813	2 485×1 800×2 400
电机型号	Y250M—6	J92—6	TDK116/34—14
电机功率(kW)	37	75	350
电机重量(kg)	530	680	3 500
贮器罐容积(m³)	1.0	1.2	8.5
参考价格(万元)	3.0	5.9	54.7

a) 型号:以活塞式空气压缩机 V—6/8—1 为例说明型号含义。

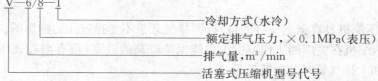

b) 排气量:压缩机的排气量是指单位时间内压缩机最后一级排出的空气换算到第一级进气条件时的气体容积值,排气量常用的单位为 m³/min。压缩机的理论排气量为压缩机在单位时间内的活塞行程容积。由于压缩机的进气条件不同,使压缩机实际供气量发生变化,工艺设计者常需要计算出压缩机在指定操作状况下,即标准状况下(进气压力为 0.1MPa,温度为 0℃)的干基空气(扣除空气中水分含量)的供气能力。

c) 轴功率:空气压缩机的轴功率(不包括因冷却所需的水泵或风扇的功率),一般可由产品样本或说明书直接查得,并按制造厂配用的原动机选取。

d) 排气温度:油润滑空气压缩机的排气温度一般规定不超过 160℃,移动式空气压缩机不超过 180℃。无油润滑空气压缩机排气温度一般限在 180℃以下。压缩机的排气温度取决于进气温度、压缩比以及压缩过程指数。

C. 离心式空气压缩机

离心式压缩机工作时,主轴带动叶轮旋转,空气自轴向进入,并以很高的速度被离心力甩出叶轮,进入流通面积逐渐扩大的扩压器中,使气体的速度降低而压力提高。接着又被第二级吸入,通过第二级进一步提供压力,依此类推,一直达到额定压力。

D. 螺杆式空气压缩机

如图 5-7 所示,螺杆式压缩机是依靠两个螺旋形转子相互啮合而进行气体压缩的。在∞形的气缸中平行放置两个高速回转、按一定传动比相互啮合的螺旋形转子,形成进气、压缩和排气过程。

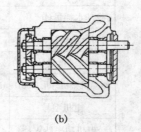

(a)　　　　　　　　　　　　　(b)

图 5-7　DA-2(D)AA 型螺杆压缩机

螺杆压缩机与往复式压缩机一样,同属于容积型压缩机,就其运动形式而言,压缩机的转子与离心式压缩机一样作高速运动。所以螺杆压缩机兼有活塞式压缩机与离心式压缩机的特点。

a) 螺杆压缩机没有往复运动部件,不存在不平衡惯性力,所以螺杆压缩机的设备基础要求低。

b) 螺杆压缩机具有强制输气的特点,即排气几乎不受排气压力的影响。

c) 螺杆压缩机在宽广的工作范围内仍能保持较高的效率,没有离心式压缩机在小排气量时喘振和大排气量时的扼流现象。

螺杆压缩机适用于中低压及中小排气量,如干式螺杆压缩机,排气量范围为 3～500m³/min;排气压力<1.0MPa;喷油螺杆压缩机,排气量范围为 5～100m³/min;排气压力<1.7MPa。

5.1.2.4　制冷机

A. 概况

制冷机主要有活塞式、离心式、螺杆式、溴化锂吸收式及氨吸收式等几种。各种制冷机的特点如下。

(1) 活塞式制冷机。活塞式制冷机压力范围广,能够适应较宽的能量范围,有高速、多缸、能量可调、热效率高等优点。缺点是结构复杂,运行平稳性差。这种制冷机在国内应用广泛,较成熟,但目前应用范围有缩小趋势。

(2) 离心式制冷机。离心式与活塞式制冷机相比,具有转速高、制冷量大、运行平稳、经济等特点,可在 30%～100% 的范围内无级调节的优点,其缺点是效率稍低于活塞式制冷机。

(3) 螺杆式制冷机。

螺杆式与活塞式制冷机相比,具有结构简单,体积小,单机压缩比大,制冷量可在 10%～100%范围内无级调节,可连续运行 2 万～5 万小时。由于它的优点突出,近年来得到迅速发展。

(4)溴化锂吸收式制冷机。

溴化锂吸收式制冷机主要用于空气调节制冷,它可以利用锅炉蒸汽、燃油、天然气等热源,故运行费用低。溴化锂吸收式制冷机结构简单,运行平稳安全,制冷量可在 10%—100%范围内无级调节,易于实现自动化。

(5)氨吸收式制冷机。

氨吸收式制冷机是以消耗热能而获得 0℃以下温度的制冷机。它适用于有余热或廉价燃料而且要求冷却水温度低,水源充足的地区。

制冷剂是制冷系统中的制冷介质。在低温下,由于蒸发而吸收热量,在高温下,经过压缩冷凝而放出热量。由于这个作用,它能使热量从低温处转移至高温处而产生低温。目前制冷剂的品种已达七八十种,但绝大部分用于化工低温和特殊场合。用于一般空调和冷藏制冷的仅十多种。在压缩式制冷机中广泛使用的制冷剂是氨、氟利昂—12、氟利昂—22 等。

氨是广泛使用的一种制冷剂。它的优点是标准沸腾温度低,单位容积制冷量大,价格低廉。缺点是有轻度毒性,有刺激性味道,有腐蚀性,与空气混合成一定比例后有爆炸危险。

氟利昂—12 和氟利昂—22 是无毒的,没有气味。在制冷技术的温度范围内搏燃烧,没有爆炸危险,热稳定性好。其缺点是单位容积制冷量略小,易泄漏且不易发现,价格昂贵,同时含氯氟里昂对大气层中臭氧层有破坏作用。

B. 化工生产中常用的制冷机

(1)活塞式氨压缩制冷机。活塞式氨压缩制冷机的工作原理与活塞式空气压缩机相似。它的技术性能指标有:标准工况产冷量、汽缸直径、汽缸个数、活塞行程等。活塞式氨压缩制冷机还包括许多辅助设备,如:氨冷凝器、氨液分离器、油分离器、贮氨器、蒸发器、中间冷却器、集油器、空气分离器、过冷器等。图5—8 为活塞式液氨制冷机外形。

图5—8 活塞式液氨制冷机外形

(2)离心式制冷机。离心式制冷机具有制冷能力大、体积小、便于实现多级蒸发温度运行的特点,近年来在石油化工、大型空调工程中得到了推广和应用。

表 5—5　19XL 系列离心式冷水机组技术指标表

型　　号		19XL300	19XL400	19XL500
蒸发器面积(m²)		43	52	53
冷凝器面积(m²)		43	52	53
压缩机型号		333	353	363
电机型号		CE	CN	CQ
名义制冷量(kW)		1 046	1 395	1 744
冷水	进出口温度(℃)	12/7	12/7	12/7
	流量(m³/h)	181	242	302
	进、出口口径(mm)	DN200	DN200	DN200
	压头损失(kPa)	47	48	62
	污垢系数(m²·℃/kW)	0.086	0.086	0.086
冷却水	进、出口温度(℃)	32/37	32/37	32/37
	流量(m³/h)	220	291	363
	进、出口口径(mm)	DN200	DN00	DN200
	压头损失(kPa)	52	54	70
	污垢系数(m²℃/kW)	0.086	0.086	0.086
电机功率(kW)		209	266	330
机组重量(kg)		8 299	10 215	10 530
外形尺寸(长宽高)(mm)		4 160×1 670×2 200	4 170×1 840×2 340	4 170×1 840×2 340

以氟利昂—11 为制冷剂的单级离心式制冷机组的机组由下列部分组成:封闭式单级离心式压缩机(包括增速器和电动机)、冷凝器、蒸发器(附浮球阀装置)、抽气回收装置、自动安全保护装置、自动温度调节装置、仪表及开关柜。表 5—5 为 19XL 系列离心式制冷机组的技术指标。

(3)螺杆式制冷机。螺杆式制冷压缩机是广泛使用的一种制冷压缩机,螺杆式制冷压缩机机组系统包括制冷剂系统及润滑油系统两部分。它与活塞式制冷压缩机均属于容积型压缩机,从压缩气体的原理来看,它们共同的特点都是靠容积的变化而使气体压缩,螺杆式制冷压缩机的基本工作过程是,由一对相互啮合的转子在转动过程中产生的周期性的容积变化实现吸气、压缩和排气过程。与活塞式压缩机比较,螺杆式制冷压缩机有下列优点。

a)机器结构紧凑,体积小,重量轻。

b)机器易损件少,运行安全可靠,操作维护简单。

c)气体没有脉动,运转平稳,机组对基础要求不高,不需专门基础。

d)运行中向转子腔喷油,因此排气温度低,氨制冷剂一般不超过 90℃。

e)对湿行程不敏感,湿蒸汽或少量液体进入机内,没有液击危险。

f)可在较高压缩比下运行,单级压缩时,氨蒸发温度可达—40℃。

g)可借助滑阀改变压缩有效行程,可进行 10%～100% 的无级冷量调节。

其缺点是需要复杂的油处理设备,要求分离效果很好的油分离器及油冷却器等设备,噪声较大,需要一些专门的隔音措施。图 5—9 是螺杆式液氨制冷机外形。

5.1.2.5 真空泵

真空泵是用来维持工艺系统要求的真空状态。

(1) 真空度:一般有以下几种表示方法。

以绝对压力 p 表示,单位 kPa;以真空度 p_v 表示,单位 kPa,mmHg

图 5—9 螺杆式液氨制冷机外形

$$p_v(\text{kPa}) = 101.325 - p(\text{kPa})$$
$$p_v(\text{mmHg}) = 760 - p(\text{Torr})$$
$$1\text{Torr} = 1\text{mmHg} = 133.322\text{Pa}$$

(2) 抽气速率:抽气速率 S 指单位时间内,真空泵吸入的气体体积(指吸入压力和温度下的体积流量)。单位是 m^3/h,m^3/min。真空泵的抽气速率与吸入压力有关。吸入压力愈高,抽气速率愈大。

(3) 极限真空:极限真空指真空泵抽气时能达到的稳定最低压力值。极限真空也称最大真空度。

(4) 抽气时间 t:指真空泵将需抽真空的系统容积,按抽气速率 S 从初始压力抽到终了压力所耗费的时间(min)。

A. 往复式真空泵

往复真空泵的构造和原理与往复式压缩机基本相同,但真空泵的压缩比较高,例如,95% 的真空度时,压缩比约为 20 左右,所抽吸气体的压强很小,故真空泵的余隙容积必须更小。排出和吸入阀门必须更加轻巧灵活。

往复式真空泵所排送的气体不应含有液体,如气体中含有大量蒸汽,必须把可凝性气体设法除掉(一般采用冷凝)之后再进入泵内,即它属于干式真空泵。W 型往复真空泵的技术特性如表 5—6 所示。

表 5—6 W 型往复式真空泵的技术指标

型 号	W—30	W—70	W—150	W—300
抽气速率(L/s)	30	70	150	300
极限真空(Pa)	2 000	2 000	2 000	2 000
气体进出口直径(mm)	50	100	125	180
冷却水进出口直径(mm)	10	10	20	20
转速(r/min)	300	360	300	285
电机型号功率(kW)	Y132—M1—6/4	Y132M—4/7.5	Y180L—4/15	Y225M—6/30
缸径/行程(mm)	220×130	250×150	350×200	455×250
外形尺寸(mm)	1 237×447×640	1 573×503×720	1 946×654×812	2 475×756×1 138
重量(kg)	400	600	1 100	3 000
参考价格(万元)	0.55	0.73	1.3	2.6

B. 水环真空泵

如图 5—10 所示。水环泵工作时,由于叶轮旋转产生的离心力的作用,将泵内水甩至壳壁形成水环。此水环具有密封作用,使叶片间的空隙形成许多大小不同的密封室,叶轮的旋转使密封室由小变大形成真空,将气体从吸入口吸入,然后密封室由大变小,气体由压出口排出。水环真空泵最高真空度可达 85%。为维持泵内液封,水环泵运转时要不断地充水。

图 5—10　水环式(皮带传动)真空泵泵头外形

C. 液环真空泵

液环泵又称纳氏泵,外壳呈椭圆形,其内装有叶轮,当叶轮旋转时,液体在离心力作用下被甩向四周,沿壁成一椭圆形液环。和水环泵一样,工作腔也是由一些大小不同的密封室组成的,液环泵的工作腔有两个,是由于泵壳的椭圆形状所形成。由于叶轮的旋转运动,每个工作腔内的密封室逐渐由小变大,从吸入口吸进气体,然后由大变小,将气体强行排出。此外所输送的气体不与泵壳直接接触,所以,只要叶轮采用耐腐蚀材料制造,液环泵也可用于腐蚀性气体。

D. 旋片真空泵

旋转式真空泵,当带有两个旋片的偏心转子旋转时,旋片在弹簧及离心力的作用下,紧贴泵体内壁滑动。吸气工作室扩大,被抽气体通过吸气口进入吸气工作室,当旋片转至垂直位置时,吸气完毕,此时吸入的气体被隔离。转子继续旋转,被隔离的气体被压缩后压强升高,当压强超过排气阀的压强时,气体从泵排气口排出。因此转子每旋转一周,有两次吸气、排气过程。

旋片泵的主要部分浸没于真空油中,为的是密封各部件间隙,充填有害的余隙和得到润滑。旋片泵适用于抽除干燥或含有少量可凝性蒸汽的气体。不适宜用于抽除含尘和对润滑油起化学作用的气体。

E. 喷射真空泵

喷射泵是利用高速流体射流时压强能向动能转换所造成的真空,将气体吸入泵内,并在混合室通过碰撞、混合以提高吸入气体的机械能,气体和工作流体一并排出泵外。喷射泵的工作流体可以是水蒸气也可以是水,前者称为蒸汽喷射泵、后者称为水喷射泵。

单级蒸汽喷射泵仅能达到 90% 的真空度。为获得更高的真空度可采用多级蒸汽喷射泵。喷射泵的优点是工作压强范围广,抽气量大,结构简单、适应性强(可抽吸含有灰尘以及腐蚀性、易燃、易爆的气体等),其缺点是效率很低。

图 5—11 为水喷射真空泵机组，①IH 型离心水泵，②水箱，③液位计，④尾管，⑤泵架，⑥喷射泵，⑦水管，⑧气管，⑨溢流口，⑩真空表，⑪真空吸入口，⑫贮气筒。

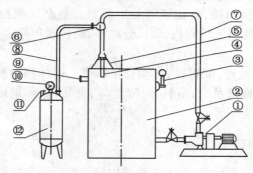

图 5—11　水喷射真空泵机组

5.1.3　固体搬运及粉碎设备

在化工生产中，常有固体的原料或产品，为了减轻劳动强度，一般都用机械设备来起重、搬运、输送、计量、包装这些固体物料。下面介绍几种常见的机械设备。

A. 起重设备

起重设备有吊钩、手拉葫芦、电动葫芦、电动单梁起重机、桥式起重机等。它的技术指标有：跨度（m）、最大起重重量（t）、运行速度（m/min）、起重机自重等。

B. 仓储设备

仓储设备有：叉式装卸车、手动液压装卸车、圆筒搬运车、无轨巷道堆垛机、桥式堆垛机、桥式联合堆包机、液压升降台、装载机等。技术指标有：起重重量（t）、升起高度（mm）、空载行走速度（km/h）等。

C. 运输设备

固体物料运输设备有：移动式皮带输送机（适用于矿山、工厂、建筑工地、车站、码头输送散状或成件物体物品）、气垫带式输送机（特点：运行平稳、安全可靠。适用于堆积密度为 $0.5\sim2.5$ t/m^3 的各种块状、粒状、粉状等散状固体物料，也可输送成件物品）、带倾角的挡边带式输送机、斗式提升机（用于垂直或倾斜时输送粉状、颗粒状及小块状物料）、螺旋输送机（用于输送粉状、颗粒状及小块状物料，对易变质、粘性大和易结块的物料不宜采用）、载货电梯。

D. 给料设备

固体物料经过输送后，加入到反应器或干燥机之前要使用给料设备。给料设备要求具有以下性能：定量供料，不漏料和不漏气，不破坏物料形状；结构简单可靠，功耗低，外形小，加料方便，计量精确，并有防止粉料成拱不能下落和喷粉的措施等。给料设备主要有：各种电磁振动给料机、振动料斗等。技术指标为：料斗尺寸（进料口直径、出料口直径、锥高）、激振电动机型号与功率（kW）、激振力（kg）等。

E. 破碎设备

破碎设备有：粗碎颚式破碎机、环锤式破碎机、锤式破碎机等。技术指标为：最大进料粒度（目）、排料粒度（目）、公称排料口的处理能力（m^3/h）、配用电机型号与功率（kW）。生产厂家有：上海建设机器厂、湖北长阳发电设备厂、上海建设路桥机械设备有限公司等。

另外还有气流粉碎,它适用于聚乙烯、醋酸纤维塑料、环氧树脂、石灰石、碳酸钙、硫磺、活性炭、石墨、橡胶、钛白粉、氧化铁等化工原料。整套气流粉碎设备一般要包括料斗、电磁振动供料机、高速涡流粉碎机、旋风分离器、旋转阀和除尘器。

F. 计量包装设备

计量设备有:台秤、地磅、配料秤、自动称量机等。固体物料整套自动计量包装设备包括:自动给料机、自动称量系统、落料斗、吸尘口、夹袋机、称量控制器、皮带输送机、缝包卷边机、电控仪表箱、支架等。

5.1.4　输送设备选择

输送设备一般都属定型设备,在工艺设计中按物料性质和操作要求选用。

5.1.4.1　泵

A. 选择泵的方法和步骤

(1) 列出基础数据。

a) 介质的物性:介质名称、输送条件下的密度、粘度、蒸汽压、腐蚀性、毒性及易燃易爆等;介质中所含的固体颗粒直径和含量;介质中气体的含量。

b) 操作条件:温度、压力、饱和蒸汽压、环境温度、间歇或连续操作等。

c) 泵所在的位置:装置平、立面要求了解泵的送液高度、送液路程、进口和排出侧设备液面至泵中心距离及管线当量长度等。

(2) 确定流量及扬程。

a) 装置设计中,流量由物料衡算得到。如果给出正常、最大、最小流量,选泵时应按最大流量考虑;如果只给出正常流量,则应按装置及工艺过程的具体情况采用适当的安全系数。

b) 扬程或管路压降。根据泵的布置位置,所需输送液体的距离及高度,计算出管路的压降,由此确定所需的扬程,并考虑安全系数 1.05～1.10。

(3) 选择泵的型号。

a) 根据装置所需的流量和扬程,按泵的分类及适用范围初步确定泵的类型。

b) 根据输送介质的腐蚀性,选择泵的材质。

c) 根据泵厂提供的样本及有关技术资料确定泵的型号。

(4) 选择驱动机。

a) 对装置中的大型泵或需调速等特殊要求的泵,可选用汽轮机。

b) 对中小型泵可选用电机,根据输送介质的特性或车间等级选择防爆或不防爆电机。

(5) 选择泵的轴封。

(6) 确定泵的备用率和台数。

(7) 填写泵的规格表,作为泵订货的依据和选泵过程中各项数据的汇总。

B. 泵的类型选择

每一类型泵只能适用于一定的性质范围和操作条件。根据泵的流量和扬程可粗略地确定泵的类型。如图 5—12 所示。

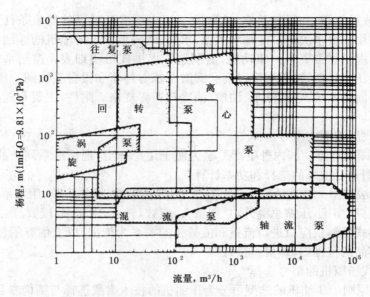

图 5-12 各泵的性能范围

C. 泵型号的确定

初步确定泵的类型后,再根据这一类的产品系列,确定泵的型号,其主要考虑下列因素进行选择。

(1) 液体介质的性质:水泵、油泵、耐腐蚀泵等。

(2) 流量:单吸泵或双吸泵。

(3) 扬程:单吸泵或双吸泵。

(4) 操作温度:一般泵、低温泵、高温泵。

(5) 化学性质:耐腐蚀泵、液下耐腐蚀泵、屏蔽泵。

D. 泵的台数及备用率确定

泵的台数及备用率主要根据工艺要求,例如大型化工、石油化工装置,为确保装置的运转,泵的备用率应提高。

5.1.4.2 压缩机的选择

一般来说,压缩机是装置中功率比较大、电耗比较高、投资比较多的设备。工艺设计者可根据操作工况所需的压力、流量和运转状态(间歇或连续)选择所需的压缩机类型。

A. 压缩机的选用原则

(1) 选择压缩机时,通常根据要求的排气量、进排气温度、压力以及流体的性质等重要参数来决定。

(2) 各种压缩机常用气量、压力范围。

活塞式空气压缩机单机容量通常 $\leqslant 100 m^3/min$,排压 $0.1 \sim 32 MPa$。

螺杆式空气压缩机单机容量通常 $50 \sim 250 m^3/min$,排压 $0.1 \sim 2.0 MPa$。

离心式空气压缩机单机容量通常 $> 100 m^3/min$,排压 $0.1 \sim 0.6 MPa$。

(3) 确定空压机时,重要因素之一是考虑空气的含湿量。确定空压机的吸气温度时,应考虑四季中最高、最低和正常温度条件,以便计算标准状态下的干空气量。

(4) 选用离心式压缩机时须考虑如下因素(其他类型压缩机也可参考)。

吸气量（或排气量）和吸气状态，这取决于用户要求及现场的气象条件。排气状态，压力、温度、由用户要求决定。冷却水水温、水压、水质要求。压缩机的详细结构，轴封及填料由制造厂提供详细资料。驱动机，由制造厂提供规格明细表。控制系统，制造厂提供超压、超速，压力过低，轴承温度过高和润滑系统等停车和报警系统图。压缩机和驱动机轴承的压力润滑系统，包括油泵、油槽，油冷却器等规格。附件，主要有随机仪表、备品备件、专用工具等。

B. 离心式压缩机的型号选择

（1）利用图表选型。国内外生产厂家为便于用户选型，把标准系列产品绘制出选型用曲线图，由图进行型号的选择和功率计算。

（2）估算法选型。估算法应计算的数据有：气体常数、绝热指数、压缩系数，进口气体的实际流量，总压缩比，压缩总温升，总能量头，级数，转速，轴功率，段数。

选择离心式压缩机应以进口流量和能量头的关系为依据，以上估算的性能参数在生产厂家定型产品的范围内，即可直接订购。

C. 活塞式压缩机的型号选择

（1）一般原则。压缩机的选型可分为压缩机的技术参数选择与结构参数选择。前者包括技术参数对所在化工工艺流程的适用性和技术参数本身的先进性，从而决定压缩机在流程中的适用性。后者包括压缩机的结构形式、使用性能以及变工况适应性等方面的比较选择，从而将影响压缩机所在流程的经济性。因此，压缩机选择应为适用、经济、安全可靠、利于维修。

a）工艺方面的要求。介质要求，可否泄漏，能否被润滑油污染，排气温度有无限制，排气量，压缩机进出口压力。

b）气体物性要求。安全，压缩的气体是否易燃易爆或有无腐蚀性。压缩过程的液化，如有液化，应注意凝液的分离和排除，同时在结构上要有一些修改。排气温度限制，对压缩的介质在较高的温度下会分解，此时应对排气温度加以限制。泄漏量限制，对有毒气体应限制其泄漏量。防腐和选材。

（2）选型基本数据如下。

a）气体性质和吸气状态，如吸气温度、吸气压力、相对湿度。

b）生产规模或流程需要的总供气量。

c）流程需要的排气压力。

d）排气温度。

（3）化工特殊介质使用压缩机的选择。对氧气、氢气、氯气、氨气、石油气、二氧化碳、一氧化碳、乙炔等气体的压缩，压缩机的要求可参阅文献[3]。

5.2　贮罐

在化工生产中，原料、中间体、产品都需要贮存。用于气体、液体的容积设备，国内已形成了系列标准。下面介绍这些系列标准。

5.2.1　贮罐系列

A. 立式贮罐

(1) 平底平盖系列(HG5－1572－85);

(2) 平底锥顶系列(HG5－1574－85);

(3) 90°无折边锥形底平盖系列(HG5－1575－85);

(4) 立式球形封头系列(HG5－1578－85);

(5) 90°折边锥形底、椭圆形盖系列(HG5－1577－85);

(6) 立式椭圆形封头系列(HG5－1579－85)。

以上系列适用于常压,贮存非易燃易爆、非剧毒的化工液体。技术参数为容积(m^3)、公称直径(mm)×筒体高度(mm)。

B. 卧式贮罐

(1) 卧式无折边球形封头系列,用于 $p \leqslant 0.07MPa$,贮存非易燃易爆、非剧毒的化工液体。

(2) 卧式有折边椭圆形封头系列(HG5－1580－85),用于 $p=0.25\sim4.0MPa$,贮存化工液体。

C. 立式圆筒形固定顶贮罐系列(HG21502.1－92)

适用于贮存石油、石油产品及化工产品。用于设计压力 2kPa～－0.5kPa,设计温度 －19～150℃,公称容积 100～30 000m^3,公称直径:5 200～44 000mm。

D. 立式圆筒形内浮顶贮罐系列(HG21502.2－92)

适用于贮存易挥发的石油、石油产品及化工产品。用于设计压力常压,设计温度 －19～80℃,公称容积 100～30 000m^3,公称直径 4 500～44 000mm。

E. 球罐系列

适用于贮存石油化工气体、石油产品、化工原料、公用气体等。占地面积小,贮存容积大。设计压力:4MPa 以下,公称容积:50～10 000m^3。结构形式有橘瓣型和混合型及三带至七带球罐。结构形式见图 5－13 及图 5－14。

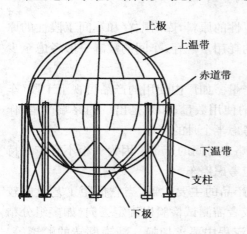

图 5－13　五带球罐示意图图

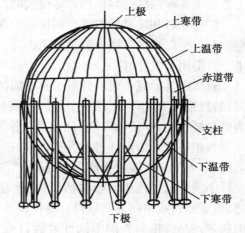

图 5－14　七带球罐示意图

F. 低压湿式气柜系列(HG21549－92)

适用于化工、石油化工气体的贮存、缓冲、稳压、混合等气柜的设计。设计压力 4 000Pa 以下,公称容积 50～10 000m^3。按导轨形式分为螺旋气柜、外导架直升式气柜、无外导架直升式气柜。按活动塔节的节数分为单塔节气柜、多塔节气柜。

5.2.2　贮罐设计

A. 设计参数

(1) 设计压力,由工艺提出;

(2) 设计温度,由工艺提出;

(3) 公称容积,通常根据贮存物料的流量及贮存时间,再乘以 20％的的安全系数算得;

(4) 公称直径,参照常规贮罐的高径比,或查阅已有贮罐系列;

(5) 腐蚀裕量,根据贮罐介质决定;

(6) 设计载荷,包括风载荷、雪载荷、罐顶附加载荷及抗震烈度等。

(7) 材质选择,根据介质物性及工艺选择碳钢、不锈钢、搪瓷、钢内衬材料或非金属等。

(8) 贮罐形式,根据介质物性、工艺条件及容积确定,如大型贮罐选择卧式贮槽或球罐。;

(9) 贮罐台数。

B. 容积

容积设计的依据为:

(1) 物料流量,m^3/h;

(2) 贮存时间　影响贮存时间的因素,主要考虑

a) 原料的来源与运输方法;

b) 贮罐使用场合:原料、产品贮罐;中间贮罐;计量罐;回流罐;缓冲罐;包装罐;根据工艺要求各种贮罐的容积相差是很大的。

贮存原料和成品的贮罐。原料的贮存有全厂性的原料,库房贮存和车间工段性的原料贮存。全厂性的贮罐一般主张至少有一个月的耗用量贮存;车间的贮罐一般考虑至少半个月的用量贮存。

液体产品贮罐一般设计至少有一周的产品产量。如厂内使用的产品可视下工段(车间)的耗量,贮存下一工段一个月以上或两个月的使用数量;如果是出厂的终端产量,作为错包装贮罐,存量可以适当小一些,最多可以考虑半个月的产量。

气柜一般可以设计得稍大些,可以达两天或略多时间的产量。因为气柜不宜旷日持久贮存,当下一工段停止使用时,前一产气工序应考虑停车。

中间贮罐的使用场合包括原料、产品、中间产品的主要贮罐,当它们距工艺设施较远,或者原料或中间体间歇供应是作调节之用,或者需测试检验以确定去向(如多组分精馏确定产品合格与否的中间性贮罐),或者工艺流程中要求切换。翻罐挪转的贮罐等。这一类贮罐考虑一昼夜的产量或发生量的贮存罐。

计量罐一般用于间歇生产,容积根据每批物料量及存放时间而定。

回流罐一般考虑 5～10min 左右的液体保存量,作冷凝器液封之用。

缓冲罐、汽化罐。缓冲罐的目的是使气体有一定数量的积累,保持压力比较稳定,从

而保证工艺流程中流量稳定。其容量通常是下游设备 5~10min 的用量,有时可以超过 15min 的用量,以备在紧急时有充裕时间处理故障,调节流程或关停机器。汽化罐(可加热可不加热)的物料汽化空间通常是贮罐总容积的一半。汽化空间的容量大小,通常根据物料汽化速度来估计,一般希望汽化空间足够下游岗位 3min 以上的使用量,至少在 2min 左右。

C. 贮罐尺寸的确定

(1) 对定型设备,根据计算的容积,可由手册查出标准化设备的有关尺寸。

(2) 对非标准设备,根据计算的容积,考虑装料系数和高径比。

a) 装料系数。装料系数 ϕ 是防止物料溢出的安全系数,所以 ϕ 与不同物料和不同操作情况有关。一般贮槽、计量槽取 $\phi = 0.8~0.9$;搅拌反应器取 $\phi = 0.7~0.85$;对于沸腾操作或易发泡的反应设备 $\phi = 0.4~0.6$。

b) 高径比 一般取 $H:D = 1~2$。

D. 管口方位确定

贮罐的管口主要有:进料、出料、温度、压力(真空)、放空、液面计、排液、放净以及人孔、手孔、吊装等,并留有一定数目的备用孔。根据贮罐的大小及进出口流量决定各管口尺寸与数量。管口方位的安排应有利于工艺管道的布置。

E. 确定容器的支承方式

F. 绘制设备草图(条件图)

标注尺寸。对非标设备,向设备设计人员提出设计条件。对定型设备,则将工艺要求的管口方位图与标准的管口方位图进行对照,如果不符,应按工艺要求的管口方位图进行定货。

5.3 换热设备

5.3.1 化工生产中的换热设备

在化工厂中传热设备占着极为重要的地位,热交换器是化工、炼油和食品等工业部门广泛应用的通用设备,对化工炼油工业尤为重要。物料的加热、冷却、蒸发、冷凝、蒸馏等都要通过传热设备进行热交换,才能达到要求。例如常减压蒸馏装置中热交换器约占总投资的 20%,催化重整及加氢脱硫装置中约占 15%。通常在化工厂的建设中,热交换器约占总投资的 11%。一般地说,热交换器约占炼油、化工装置设备总重的 40%。合理地选用和使用热交换器,可节省投资,降低能耗,由此可见,换热器在化工生产中占有很重要的地位。

5.3.1.1 分类

根据工艺用途可分为加热器、冷却器、冷凝器、蒸发器、再沸器、空冷器等。根据冷、热流体热量交换的方法,传热设备可分为:间壁式(参与换热的两流体不直接接触),直接式(适用于参与换热的两种流体不相溶混,或允许两者之间有物质扩散、机械夹带的场合)及蓄热式(多用于从高温炉气中回收热量以预热空气或将气体加热至高温)等三类。

其中间壁式换热设备是化工生产中使用最多的一类。

间壁式换热器可分为管式换热器(一般承压能力高)及板式换热器(一般承压能力低)。

A. 管式换热器

管式换热器可有以下几种形式。

(1) 蛇管式或沉浸式:用于管内液体的冷却、冷凝,或是管外流体的加热、冷却等。通常用作反应釜的传热构件。

(2) 套管式:可用作冷却器、冷凝器或预热器等。能实现严格的逆流操作。

(3) 列管式:可分为固定管板式(用于管、壳温差较小的情况,管间只能走清洁流体)。及带温差补偿式换热器(用于管、壳温差较大的场合,能降低或消除温差压力),带温差补偿式的换热器又有两种。

　　a) 带绕性构件的换热器。

　　　　带膨胀节的固定管板式:壳程只能承受较低压力。

　　　　带绕性管的固定管板式:(少用)。

　　b) 管束可以自由伸缩的换热器。

浮头式:管内外均能承受高压,可用于高温高压场合。

填料函式:管间耐压不高,填料处易漏,管间不宜处理易挥发、易燃、易爆、有毒及压力较高介质。

滑动管板式:密封性能较差,适用于管内外压差较小的场合。管束和壳体的相对伸缩量受管板厚度的限制。

U 型管式:管内外均能承受高压,多用于高温高压场合。管内不能机械清洗,只能通清洁流体。换热管难于换修。

双套管式:结构比较复杂,可用于高温高压场合,多用于固定床反应器中。

B. 板式换热器

板式换热器可分为螺旋板式、成形板式、板翅式三种。

(1) 螺旋板式:可进行严格逆流操作,有自洁作用,可用作回收低温热能。

(2) 成形板式:拆洗方便,传热面可根据需要增减。多用于温度、压力较低的液-液换热,尤其对粘性较大的液体之间换热更为合适。

(3) 板翅式:结构最紧凑,传热效果最好,流体阻力大,内部坏了不能重修,只能用于清洁流体的换热,目前主要用于制氧和低温场合。

5.3.1.2　换热设备系列

A. 固定管板式换热器(系列号:JB/T4715—92)

固定管板式换热器的公称压力 PN 0.25～6.4MPa,公称直径 DN 钢管制圆筒 159～325mm,卷制圆筒 400～1 800mm,换热管长度 $L=1\ 500～9\ 000$mm。换热管直径有 $\phi19$、$\phi25$ 两种。换热面积 1～2 100m²。管程数有单管程,2,4,6 管程。安装形式有卧式、立式、卧式重叠式。图 5—15 为卧式固定管板式换热器,表 5—7 为固定管板式换热器的技术参数。

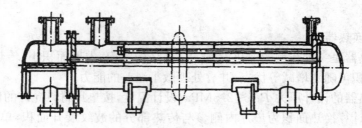

图 5—15 卧式固定管板式换热器

表 5—7 固定管板式换热器技术参数(换热管 φ25)

公称直径 DN,mm	公称压力 PN,MPa	管程数 N	管子根数 n	中心排管数	管程流通面积(m²) φ25×2	计算换热面积(m²) 换热管长度 L(mm)					
						1 500	2 000	3 000	4 500	6 000	9 000
400	0.6	2	94	11	0.016 3	10.3	14.0	21.4	32.5	43.5	—
800	1.6	4	442	23	0.038	—	—	100.6	152.7	204.7	—
1 200	2.5	1	1 115	37	0.386 2	—	—	—	385.1	516.4	779.0
1 600	1.0	1	2 023	47	0.700 7	—	—	—	—	937.0	1 413.4

B. 立式热虹吸式再沸器(JB/T4716—92)

立式热虹吸式重沸器的公称压力 PN 0.25~1.6MPa,公称直径 DN 卷制圆筒 400~1 800mm,换热管长度 L=1 500~3 000mm。换热管直径有 φ25、φ38 两种,换热面积 8~400m²,管程数为单管程。图 5—16 为立式热虹吸式再沸器。

C. 固定式薄管板换热器(HG21503—92)

固定式薄管板换热器公称压力 PN 0.6~2.5MPa(真空按1.0MPa 级),公称直径 DN150~1 000mm,设计温度—19~+350℃,公称换热面积 FN 1.0~365m²。换热管直径:碳钢 φ25×2.5,φ25×2,不锈钢 φ25×2mm。换热管长度 L1 500~6 000mm。

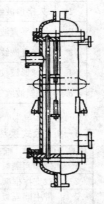

图 5—16 立式热虹吸式再沸器

(1) 主要材料包括壳体材料,碳钢 20,Q235—A,20R,16MnR,不锈钢 0Crl9Ni9,0Crl7Nil2Mo2。换热管材料,碳钢 20,不锈钢 0Crl8Ni9Ti,0Cr18Ni12Mo2Ti。

(2) 结构形式有焊入式(管板焊于法兰面下方的筒体上),贴面式(管板贴于法兰密封面下)。安装形式有立式、卧式、重叠式。

D. 浮头式换热器(JB/T4714—92)

公称压力:浮头式换热器 1.0~6.4MPa,浮头式冷凝器 1.0~4.0MPa;公称直径:内导流式换热器,卷制圆筒 400~1 800mm、钢管制圆筒 325mm~426mm;外导流式换热器,卷制圆筒 500~1 000mm;冷凝器,卷制圆筒 400~1 800mm、钢管制圆筒 426mm。换热管种类有光管及螺纹管;换热器长度 3~9m;安装形式有卧式、重叠式。

E. U 形管换热器(JB/T4717—92)

U 形管式换热器的公称压力:1.0~6.4MPa;公称直径:卷制圆筒 400~1 200mm、钢管制圆筒 325mm、426mm。换热管种类有光管及螺纹管;换热器长度 3.6m;安装形式有卧式、重叠式。

　　F. 板式换热器

　　板式换热器是一种新型的换热设备。具有结构紧凑、占地面积小、传热效率高、操作方便、换热面积可随意增减等优点,并有处理微小温差的能力。

　　板式换热器的设计压力 $PN \leqslant 2.5MPa$;设计温度,按垫片材料允许的使用温度;换热面积,按单板计算换热面积为垫片内侧参与传热部分的波纹展开面积,单板公称换热面积为圆整后的单板计算换热面积。

　　板式换热器结构从图 5-17 可见,①上导杆,②中间隔板,③滚动机构,④活动压紧板,⑤接管,⑥法兰,⑦垫片,⑧板片,⑨固定压紧板,⑩下导杆,⑪夹紧螺柱,⑫螺母,⑬支柱。

　　(1)板式换热器的结构分类。板式换热器按板片波纹形式的分类如表 5-8 所示,板式换热器按支撑框架形式分类如表 5-9 所示。图 5-18 为双支撑框架式板式换热器。

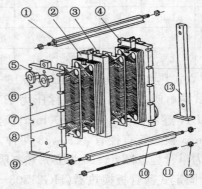

图 5-17　板式换热器结构示意图

表 5-8　板式换热器按板片波纹形式分类

序号	波纹形式	代号
1	人字形波纹	R
2	水平平直波纹	P
3	竖直波纹	Js
4	球形波纹	Q
5	斜波纹	X

表 5-9　板式换热器按支撑框架形式分类

序号	框架形式	代号
1	带中间隔板双支撑框架式	I
2	双支撑框架式	II
3	带中间隔板三支撑框架式	III
4	悬臂式	IV
5	顶杆式	V
6	带中间隔板顶杆式	VI
7	活动压紧板落地式	VII

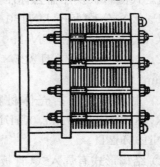

图 5-18　双支撑框架式

　　(2)型号标志说明。

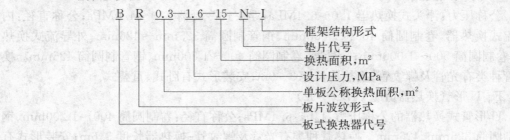

B　R　0.3-1.6-15-N-I

框架结构形式
垫片代号
换热面积,m²
设计压力,MPa
单板公称换热面积,m²
板片波纹形式
板式换热器代号

示例：

a）波纹形式为人字形 单板公称换热面积 0.3m²，设计压力 1.6MPa，换热面积 15m²，用丁腈垫片密封的双支撑框架结构的板式换热器、其型号为：BR0.3－1.6－15－N－I 或 BR0.3－1.6－15－N。

b）波纹形式为水平平直形波纹单板公称换热面积 1.0m²，设计压力 1.0MPa，换热面积 100m²，用三元乙丙垫片密封的带中间隔板双支撑框架结构的板式换热器，其型号为 BP1.0－1.0－100－E－II。

G. 螺旋板式换热器（JB/T4723－92）

螺旋板换热器是一种高效热交换器，其优点有：传热效率高，传热系数最高可达 3 838W/（m²·K），比列管式热交换的换热效果高 1～3 倍；操作简便，流体压力降小，通道具有自洁能力不易污塞；结构紧凑，具有体积小及用材料省等特点。其形式有不可拆及可拆式两种。不可拆式螺旋板热交换器其公称压力有 PN0.6、1.0、1.6MPa（指单通道能承受的最大工作压力）。材质有碳钢与不锈钢，公称换热面积碳钢为 6～120m²，不锈钢为 6～100m²，公称直径为 500～1 600mm，不锈钢制为 300～1 600mm。图 5－19 为不可拆式螺旋板换热器结构示意图。

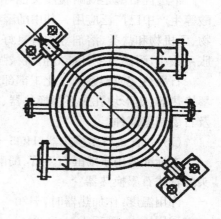

图 5－19 不可拆式螺旋板换热器结构示意图

H. 搪玻璃换热器

（1）搪玻璃碟片式冷凝器（HG/T2056－91）

搪玻璃碟片式冷凝器耐腐蚀性能优良，碟片可任意叠加，换热面积可以增减，但传热效率不高。公称压力，器内常压或 0.25MPa，夹层内 0.25MPa；冷凝面积 1～22m²，介质温度 0～200℃。冷凝器因夹套冷却水管连接形式不同，有串联式、并联式和混合式三种。图 5－20 为搪玻璃碟片式换热器结构示意图。

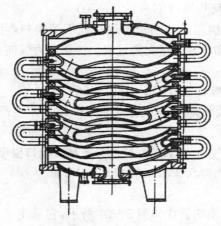

图 5－20 搪玻璃碟片式换热器结构

（2）搪玻璃套筒式换热器（HG/T2376－92）

搪玻璃套筒式换热器耐腐蚀性能优良,公称压力≤0.25MPa(内层、中层、外层),传热面积1.6~10m²,介质温度0~200℃。公称传热面积为1.6m²的搪玻璃套筒式换热器的型号标志为HT1.6 HG/T2376—92HT。

(3) 搪玻璃列管式换热器

搪玻璃列管式换热器公称压力,壳程为0.6MPa或常压,管程为0.6MPa或常压。允许温差100℃。传热系数 $K=120~400W/(m^2 \cdot ℃)$。

I. 石墨换热器

不透性石墨是既耐腐蚀又能导热的非金属材料,在化学工业,如氯碱、农药、合成盐酸等生产中已广泛应用。其中酚醛树脂浸渍石墨除强氧化性酸和强碱外,对大部分有机物、无机物和盐类、溶剂等均有良好的耐腐蚀性能,导热系数比一般碳钢大两倍多,热膨胀系数小,耐温急变性能好但机械强度较低、脆性较大。

石墨热交换器系列是化工部部颁标准,包括列管式石墨换热器,YKA型圆块孔式石墨换热器、矩形块孔式石墨换热器、列管式石墨降膜吸收器、水套式石墨氯化氢合成炉以及石墨制零部件。

(1) 列管式石墨换热器(HG5—1320—80)

本标准适用于酚醛石墨管、酚醛树脂浸渍石墨,石墨酚醛胶结剂等为材料制作的浮头列管式石墨换热器。

许用温度:作加热器时,—20~120℃,作冷却器时,—20~130℃。

许用压力:管程 $DN \leq 900mm$ 时,0.2MPa(2kgf/cm²),$DN>900$ 时,0.1MPa(1kgf/cm²)。壳程 0.3MPa(3kgf/cm²)。

公称直径 $DN300~1 100mm$,公称面积 5~260m²,有效管长:2 000~5 000mm,折流板间距 300~500mm。

(2) YKA 型圆块孔式石墨换热器(HG5—1321—80)

本标准适用于酚醛树脂浸渍石墨制造的 YKA 型圆块孔式石墨换热器。可用作再沸器、换热器、冷却器等。基本参数:许用温度—20℃~165℃,许用压力纵向 4MPa。

(3) 矩形块孔式石墨换热器(HG—1322—80)

本标准适用于以酚醛树脂浸渍的矩形块孔式石墨换热器的制造试验与验收。这种换热器可用作加热、冷却和冷凝等热交换过程。许用压力纵向 0.5MPa,横向 0.3MPa,许用温度—15~150℃。

(4) 列管式石墨降膜吸收器(HG5—1323—80)

列管式石墨降膜吸收器除主要用于吸收 HCL 气体生产盐酸外,还可用于 NH_3,SO_3,H_2S 等腐蚀性气吸收。

技术特性:许用温度 气体入口温度170℃,产品酸出口温度<50℃。

　　　　　许用压力壳程 0.3MPa,管程 0.05MPa。

J. 散热器

散热器是一种翅片式换热装置如图 5—21 所示,它采用了具有优良技术性能的钢铝复合翅片管和用以补偿热应力的浮头式结构,可制成双流程、三流程、四流程及多流程。因此,它可以用导热油、水蒸气为传热介质将空气加热,也可以用空气来冷却翅片管中的热介质,如空冷器中就有数组散热器组成。表5—10为FUL型散热器技术指标。散热器在纺织、印染、橡胶、制革、木材加工、粮油食品加工、化工等行业中已得到广泛应用。

表5—10 FUL型散热器技术指标

型号	迎风面积 m²	散热面积 m²	表面管数	排数	连接管直径,mm
FUL—10×8	0.837	36.18	15	2	50
FUL—20×12	2.54	110.95	23	2	80

图5—21 FUL型散热器外形

5.3.1.2 工业炉

工业炉在化工生产中是一种利用燃料(煤、液体燃料、天然气等)将热载体(热水、水蒸气、高温有机热载体、高温无机热载体等)加热至一定的温度,用于加热化工工艺物料的设备。

A. 分类

工业炉的分类方式很多,就锅炉本体而言可以分为火管锅炉、水管锅炉两大类。但是,有些锅炉,如某些快装锅炉又是水、火管兼有的混合形式。就燃烧方式来分,可以分为手烧和机械化燃烧两种,但是在机械化燃烧中又有链条炉、抛煤机炉、振动炉、排锅炉、往复推动炉、沸腾炉和煤粉炉等等。还可以从别的角度来分类,例如就整装形式来分,可以分为快装、半快装、散装这几种。火管锅炉中又可以分内燃和外燃等等。

如果按工业炉的形状及其加热物料的状态进行分类,见表5—11。

表5—11 工业炉的分类

1	2	3	4	5
加热流体型	熔融固体型	直接加热固体型	间接加热固体型	回转炉型
釜式炉 火管锅炉 水管锅炉 管式炉	反射炉型 平炉型 转炉型	连续加热炉 隧道式窑炉 间歇加热炉	马弗炉 直立式炉	内热式回转炉 外热式回转炉

B. 管式加热炉

管式加热炉是石油化工、炼油、化肥、有机化工厂的重要工艺设备之一,其作用一般是将炉管中通过的物料加热至所需温度,然后进入下一工艺设备进行分馏、裂解或反应等。热源来自燃烧气体、液体燃料或燃烧固体。管式加热炉一般由辐射段和对流段组成。在辐射段内,高温烟气主要以辐射的方式将热量传给辐射管。烟气上升进入对流段,在对流段中烟气主要以对流的方式将热量传给对流管。为了提高加热炉的热效率,普遍采用余热回收系统,并采用集中排烟的高烟囱以减少环境污染。

管式炉按构造形式分类,见图5—22。

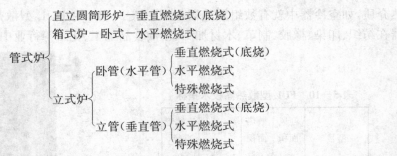

$$\text{管式炉} \begin{cases} \text{直立圆筒形炉—垂直燃烧式(底烧)} \\ \text{箱式炉—卧式—水平燃烧式} \\ \text{立式炉} \begin{cases} \text{卧管(水平管)} \begin{cases} \text{垂直燃烧式(底烧)} \\ \text{水平燃烧式} \\ \text{特殊燃烧式} \end{cases} \\ \text{立管(垂直管)} \begin{cases} \text{垂直燃烧式(底烧)} \\ \text{水平燃烧式} \\ \text{特殊燃烧式} \end{cases} \end{cases} \end{cases}$$

图 5—22 管式炉按构造形式分类

图 5—23 为 QXL60—120 型立式燃煤炉,图 5—24 为 DZL2—10—AⅢ 型箱式快装锅炉。表 5—12 为卧式快装链条炉排锅炉技术指标。

图 5—23 QXL60—120 型立式燃煤炉　　　图 5—24 DZL2—10—AⅢ 型箱式快装锅炉

表 5—12 卧式快装链条炉排锅炉技术指标

锅炉型号	DZL4—13—AⅢ	DZL2—10—AⅢ	KZL1—7—AⅢ	KZL0.5—7—AⅢ
蒸发量(t/h)	4	2	1	0.5
工作压力(MPa)	1.3	1.0	0.7	0.7
蒸汽温度(℃)	194	183	170	170
给水温度(℃)	20	20	20	20
受热锅炉面积(m²)	105.3	62.3	37	19.8
省煤器面积(m²)	34.75	18.5	/	/
热效率(%)	81.6	80.2	78.74	72.1
适用燃料	Ⅲ类烟煤	Ⅲ类烟煤	Ⅲ类烟煤	Ⅲ类烟煤
最大运输重量(t)	26	16	15	9
最大运输尺寸(mm)	6.4×2.8×3.6	5.5×2.7×3.5	5.3×2.1×2.9	4.6×1.7×2.65
鼓风机型号	G4—11 NO;4.5	G5—47—12 NO;5	G5—34 NO;5.4	G6—30—12 NO;4.5
引风机型号	GY4—12 NO;9	G5—47—12NO;8.4	GY1—11 NO;6.7	Y6—30—12 NO;5.4
炉排变速箱型号	YD90L—8/4	JDO3—90S—8/4	JCH—766	JBY600
除尘器型号	XZD/G (φ1 150)	XZZⅢ/A (φ800)	XZZⅢ/A (φ560)	XZZⅢ/A (φ460)
出渣方式	螺旋出渣	机械刮板出渣	机械刮板出渣	手动
电气操纵台型号	DZL—4T	KZL—2T	KZL—1T	KZL—0.5T

5.3.1.3　冷却塔

冷却塔,是在塔体内将热水喷散成水滴或水膜状从上向下流动,空气由下而上或水平方向在塔内流动,利用水的蒸发及空气和水的传热带走水中热量的设备或构筑物。

A. 冷却塔的分类

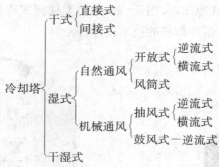

B. 冷却塔的结构组成

(1) 淋水装置,将需要冷却的水(热水)多次溅散成水滴或形成水膜,以槽加水和空气的接触面积和时间,促进水和空气的热交换。它是水的冷却过程,主要在淋水装置中进行。

(2) 配水系统,将热水均匀分布到整个淋水装置上,热水分布均匀与否,对冷却效果影响很大。如水量分配不好,不仅直接降低冷却效果,也会造成部分冷却水滴飞溅或飘逸到塔外。

(3) 通风设备,在机械通风冷却塔中利用通风机产生预计的空气流量,以保证要求的冷却效果。

(4) 空气分配装置,利用进风口,百叶窗和导风板等装置。引导空气均匀分布于冷却塔整个截面上。

(5) 通风筒,通风筒的作用是创造良好的空气动力条件,减少通风阻力,并将排出冷却塔的湿热空气送往高空,减少湿热空气回流。

机械通风冷却塔的通风筒又称出风筒。风筒式自然通风冷却塔的通风筒起通风和将湿热空气送往高空的作用。

(6) 除水器,将排出湿热空气中所携带的水滴与空气分离,减少逸出水量损失和对周围环境的影响。

(7) 塔体,冷却塔外部围护结构。机械通风冷却塔和风筒式冷却塔的塔体是封闭的,起到支承、围护和组织合适气流的功能。开放式冷却塔的塔体沿塔高作成开敞的,以便自然风进入塔内。

(8) 集水池,设于冷却塔下部,汇集淋水装置落下的冷却水。有时集水池还具有一定的贮备容积,起调节流量作用。

(9) 输水系统,进水管将热水送到配水系统。进水管上设置闸阀,以调节冷却塔的进水量。出水管将冷却后的水送往用水设备或循环水泵。在集水池还装设补充水管、排污管、放空管等。必要时还可在多台冷却塔之间设连通管。

(10) 其他设施,其他如检修门、检修梯、走道、照明灯、电气控制、避雷装量以及必要时设置的飞行障碍标志等。有时为了测试需要设置冷却塔测试部件。

上述各种部件的不同组合,构成各种形式和用途的冷却塔。如开放喷水式冷却塔,开放点滴式冷却塔,风筒式冷却塔,抽风(或鼓风)逆流式冷却塔和抽风横流式冷却塔等等。

图 5—25 为箱型点滴式冷却塔,图 5—26 为角型横流式冷却塔,图 5—27 为 WJP 型冷却塔。表 5—13 为 WJP 型冷却塔的技术指标。

图 5—25　箱型点滴式冷却塔

图 5—26　角型横流式冷却塔

表 5—13　WJP 标准型冷却塔技术指标

冷却塔型号	WJP—100	WJP—300	WJP—500
处理水量,m³/h	100	300	500
外形尺寸 $\phi D/H$	3 200/3 500	5 500/5 070	7 140/5 470
风量,m³/h	6.5	18.5	32
功率,kW	3.0	7.5	15
水压,kPa	32	45	50
重量,干/湿,kg	770/1 605	3 100/6 665	4 200/9 030

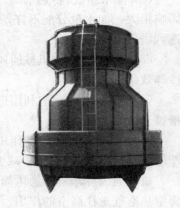

图 5—27　WJP 型冷却塔外形

5.3.1.4　空冷器

空冷器是空气冷却器的简称,它以空气作为冷却介质,对流经管内的热流体进行冷却或冷凝。在炼油、石油化工、有机化工等行业广泛使用。有些炼油厂约 60% 以上的冷却负荷是由空冷器来完成的。随着用途的日益扩大,形式也越来越多。空冷器形式按通风方式分类有送风式和抽吸式,按翅片加工方式分类,有缠绕式、镶嵌式,套接式,焊接式和整体式等,按管束安装方式分类,有斜顶式,水平式,立体及圆环式四种,按管束分类形式更多,常用的有光管束,圆形翅片管束和椭圆矩形翅片管束等,每种形式,都各有特点,可应用在不同场合。

5.3.2 管壳式换热器设计

5.3.2.1 基本原理

A. 传热方程式

传热的基本方程式为：
$$Q = KF\Delta t_{\mathrm{m}} \tag{5-1}$$

式中，Q——传热速率，W；K——总传热系数，W/m^2·℃；F——传热面积，m^2；Δt_{m}——平均温差，K；

B. 总传热系数

（1）总传热系数计算公式

管壳式换热器的换热过程，热量由一种流体经过管壁后进入另一种流体，这时热流体必须流经几个阻力层。例如，当传热面为平壁时，总阻力是由冷热流体的传热阻力、金属壁面的热阻和污垢热阻所组成，即：

$$\frac{1}{K} = \frac{1}{\alpha_0} + R_{\mathrm{do}} + \frac{\delta}{\lambda} + R_{\mathrm{di}} + \frac{1}{\alpha_{\mathrm{i}}} \tag{5-2}$$

式中，α_0，α_{i}——流体传热膜系数，W/(m^2·℃)；R_{do}，R_{di}——平壁两侧的污垢热阻，(m^2·℃)/W；λ——管壁材料的导热系数，W/(m·℃)；δ——管壁厚度，m。

当传热面为圆筒壁时，则内表面积和外表面积不同，若以外表面积为基准，则：

$$\frac{1}{K} = \frac{1}{\alpha_0} + R_{\mathrm{do}} + \frac{\delta A_0}{\lambda A_{\mathrm{m}}} + \frac{(1/\alpha_{\mathrm{i}} + R_{\mathrm{di}})A_0}{A_{\mathrm{i}}} \tag{5-3}$$

式中，A_0，A_{i}，A_{m} 分别为管壁的外表面积、内表面积和平均表面积，m^2。

若以内表面积为基准，则：

$$\frac{1}{K} = \frac{1}{\alpha_{\mathrm{i}}} + R_{\mathrm{di}} + \frac{\delta A_{\mathrm{i}}}{\lambda A_{\mathrm{m}}} + \frac{(1/\alpha_0 + R_{\mathrm{do}})A_{\mathrm{i}}}{A_0} \tag{5-4}$$

（2）总传热系数 K 值范围

设计换热器时，一般先选取大致的 K 值，初步选定合适的换热器，再根据选定的换热器计算传热系数。因此总传热系数的经验数据是初步数据的依据。表 5－14 为列管式换热器的总传热系数的大致范围，也可参阅附录表 3－3～表 3－5。

（3）污垢系数

污垢是在传热面上沉积的物质，其导致导热系数降低，成为传热过程主要的热阻。因此在换热器设计中，必须考虑污垢的影响。一般污垢系数大多采用实验数据或生产中的经验作为设计依据。表 5－15 给出管壳式换热器的总污垢系数值的在不同情况的大致范围，可供计算时作参考。

C. 热负荷

（1）流体无相变。

在换热器中，如果冷热流体没有相变，热负荷可按下式计算：

$$Q = W_{\mathrm{h}} C_{\mathrm{ph}}(T_1 - T_2) = W_{\mathrm{c}} C_{\mathrm{pc}}(t_2 - t_1) \tag{5-5}$$

表 5—14　列管式换热器总传热系数推荐值

换热器情况	高温流体	低温流体	总传热系数范围 W/(m²·℃)	备　注
用作冷却器	水	水	1 200～2 440	污垢系数 0.000 6(m²·h·℃)/W
	有机物粘度 0.5cP 以下	冷冻盐水	190～490	
	气体	水	10～240	
用作加热器	水蒸气	水	1 000～3 400	污垢系数 0.000 2(m²·h·℃)/W
	水蒸气	气体	20～240	
	热水	稀硫酸溶液	500～1 000	传热面材料为石墨
用作换热器	重油	重油	40～240	
	水	水	1 200～2 400	
	有机溶剂	有机溶剂	100～300	
	SO₃ 气体	SO₂ 气体	5～7	
用作冷凝器	有机质蒸气	水	200～800	传热面为塑料衬里
	21%盐酸蒸气	水	100～1 500	传热面为不透性石墨
	汽油蒸气	原油	100～150	
	甲醇(管内)	水	550	直立式换热器
用作蒸发器	水蒸气	液体	1 500～4 000	强制循环,管内流速 1.5～3.5m/s
	水蒸气	液体	4 000	强制循环,管内流速 2～6m/s
	水蒸气	水	1 700～3 660	

表 5—15　管壳式换热器总污垢系数推荐值

物　料	污垢系数 (m²·h·℃)/W	物　料	污垢系数 (m²·h·℃)/W
冷冻盐水	0.000 2	海水	0.000 1
有机热载体	0.000 2	蒸馏水	0.000 1
工业水,温度<50℃,流速<1m/s	0.000 2	轻质柴油	0.000 4
水蒸气	0.000 1	沥青和残渣油	0.002
空气	0.000 4	塔顶工艺物料蒸汽	0.000 2
燃料油	0.001	无水原油,温度<90℃,流速<0.6m/s	0.000 5
重油	0.001	有机溶剂	0.000 2
汽油	0.000 2	烧碱溶液	0.000 4

式中:W_h,W_c——热流体和冷流体的质量流量,kg/s;

C_{ph},C_{pc}——热流体和冷流体的比热容,J/kg·℃;

T_1,T_2——热流体进出口温度,℃;

t_1,t_2——冷流体的进出口温度,℃。

(2) 流体发生相变。

如果在换热器中的冷、热流体发生相变化,例如蒸发、冷凝,则热负荷可按下式计算:

$$Q=W\Delta H \tag{5—6}$$

式中:ΔH——汽化潜热或冷凝潜热,kJ/kg;

W——蒸发量或冷凝量,kg/s。

D. 平均温差

两流体之间的温差在换热器中可能为：

(1) 恒定，即热流体冷凝和冷流体汽化，如用水蒸汽加热蒸发某物质的过程；

(2) 逐点变化，有三种情况。

a) 热流体恒定，冷流体变化，例如用水蒸汽加热某一物质。

b) 冷流体恒定，热流体变化，例如用热流体加热沸腾某物质。

c) 热流体和冷流体温度均发生变化，这是一般换热情况。

平均温差，无论并流或逆流，均可用对数平均温差方法计算，由于逆流时的平均温差较大，所以通常选择流体的流向为逆流。

在列管式换热器中，流体的流动可以是折流或错流，这时的平均温差是将对数平均温差乘以平均温度差的校正系数 F_T，即：

$$\Delta t_m = F_T \Delta t_{ln} \tag{5-7}$$

平均温度差校正因子 F_T 是两个无因次比值 R 与 S 的函数，即：

$$F_T = f(R, S) \tag{5-8}$$

式中，

$$R = \frac{T_1 - T_2}{t_2 - t_1} = \frac{热流体的温降}{冷流体的温升} \tag{5-9}$$

$$S = \frac{t_2 - t_1}{T_1 - t_1} = \frac{冷流体的温升}{两流体的最初温差} \tag{5-10}$$

一般情况下 $F_T > 0.9$，如果不能满足，应改变换热器的流动形式。有关 F_T 可查阅附录3图3-2的中各种换热器的平均温度差校正因子图。

5.3.2.2　选择传热设备时应考虑的问题

在选择传热设备时，除了考虑基本的工艺设计参数外，还要考虑一些其他因素，如热应变、管子与壳体的厚度、挡板的形式、管间距和标准管子的长度等，此外换热器机械设计应符合规范的要求。

(1) 管子尺寸和间距。国内管壳式换热器的管子标准长度 L 有 1 500，2 000，3 000，4 500，6 000，9 000mm，管子的直径和壁厚，碳钢与合金钢为 $\phi19 \times 2$，$\phi25 \times 2.5$，不锈钢为 $\phi19 \times 2$，$\phi25 \times 2$。

在决定管子的壁厚时，要考虑压力、温度、腐蚀以及将这些管子胀入管板中去时的裕度。

(2) 管间距。相邻两根管子的中心距称为管间距，两管壁之间的最短距离称为间隙。在绝大多数管壳式换热器中管间距为管径的 1.25~1.5 倍，间隙应不小于管径的 1/4，通常 4.7mm 为最小间隙。

管子一般按正三角形或正方形的形式排列，由于采用正三角形排列可以排列较多的管子，所以选择正三角形排列较多. 在正三角形排列时，$\phi19$ 管子的管间距为 25mm，$\phi25$ 的管子的管间距为 32mm。

(3) 壳体尺寸，一般壳体直径为 300~600mm，壁厚为 10mm。

(4) 热应变

换热器金属组件的材料受热时，会发生热膨胀。例如，管壳式换热器，热膨胀能使管束和壳体伸长,由于管束和壳体的膨胀量可能不同,因此需要在结构设计上减少热应变。如将固定板式改为浮头式换热器,以消除热膨胀而产生的应力。所以,固定板式换热器只限于用在管子短,或管子与壳体温差小于 10℃ 的场合。

(5) 清理和维修,换热器需要进行清理,更换管子或进行其他维修,为能清理管子外侧,需将换热器设计成可抽出的管束。

(6) 挡板,管壳式换热器在壳侧安设挡板,虽然会增加壳侧的压力降,但可使液体增加湍动,有利于传热。一般挡板间距不大于壳体直径,不小于壳体直径的 1/5。

换热器最常用的挡板为圆缺形,一般圆缺形挡板面积的高为壳体内径的 75%。管子与挡板上管孔大小有严格的规定,一般管孔边缘之间的孔隙为管子直径的 1%～3%。

挡板可用固定杆定位,一般需要 4～6 根直径为 3.125～12.5mm 的固定杆,这些固定杆装在固定的管板上,并在固定管外套上定距短管。挡板的厚度一般为管壁厚度的两倍,为 3.125～6.25mm。管板的厚度至少应与管子外径相同,通常管板厚度大于 22mm。

(7) 流体速度及流体流动通道。换热器中两种流体流动通道的选择,主要考虑的因素有:流体的结垢和腐蚀性、流体通过装置的压降、材料费用以及流体和换热器的一般物理性质。一般,腐蚀性介质走管程,可以降低对外壳材质的要求;毒性介质走管程,泄漏少;易结垢的介质走管程,便于清洗和清扫;压力较高的介质走管程,这样可以减小对壳体的机械强度要求;温度高的介质走管程,可以改变材质,满足介质要求;粘度较大,流量小的介质走壳程,可提高传热系数。从压降考虑,雷诺数小的走壳程。

流体的流速对传热系数和压力降有极大的影响。流速高,给热系数增加,但被压力降增大的因素所抵消。如果某流体粘度大,为使粘稠液体通过,达到满意的传热速率需要有较高的流速,管侧的压力降可能过大,因此在选择时,拟应在流速和粘度之间进行权衡。

(8) 传热面积降低。在某些情况下,传热面积会减少,因此拟采取相应的措施。

a) 在液体加热时,被夹带的气体(例如空气)可能释放出来,就会在换热器中聚集,并在某些部位的换热表面形成覆盖层,降低传热效果,所以在换热器上应设置非冷凝气排放的部件。

b) 在蒸汽加热时,由于冷凝液的累积,使传热面积减少,因此换热器中应设置导流管,带有旁路的蒸汽疏水器,显示冷凝液液位的视镜等必要的辅助部件。如果是高压,则安全阀及防爆膜也是必须考虑的。

c) 换热器挡板设置不当,会使壳侧流体分布不好,致使可利于的换热面积降低了效率。

(9) 水在换热器中的使用。水广泛用于传热介质,如锅炉给水,作为加热源的蒸汽,大量用于冷却的介质等。在用水作为传热介质时,应考虑以下因素:

a) 水中溶解有氧气,因此对钢材具有相当大的腐蚀作用,在机械设计中要考虑较大的腐蚀裕量。

b) 当水中含有悬浮颗粒时,水在换热器中的流速至少要保持 1m/s 以上,最好预先过滤,除去悬浮的固体。

c) 水易于在换热器中形成矿物质结垢层,为此应避免出口水温高于 50℃,或者经化学处理使之软化。为节省费用尽可能使用循环水。

(10) 水蒸气在换热器中的使用。水蒸气有很高的冷凝潜热,因此是效果很好的加热介质。蒸汽冷凝给热系数,一般在 $1\,700\sim5\,200$ W/(m²·℃),因此,冷凝蒸汽膜往往不是换热器阻力的控制因素,所以蒸汽冷凝给热系数的近似值通常可以用于设计。通常条件下进行计算时,一般可取 $2\,600$ W/(m²·℃)。

(11) 换热器的规格。在换热器选择时,应提供的工艺条件如下:

工艺流体名称及其物性;流体流量或流速;流体进出口的温度;蒸发或冷凝量;操作压力和允许的压降;污垢系数;传热速率。

在换热器订货时,除提供工艺条件外,还应提供机械设计资料:

管子尺寸(直径、长度、壁厚);管子排列的方向和管间距;最高及最低的操作温度和压力;需要的腐蚀裕量;有关的特殊规范;建议使用的制造材料。

(12) 换热器特性的比较。表5—16为间壁式换热器特性的比较,可供选择热交换器形式时参考。

表5—16 间壁式换热器的特性

分类	名 称	特 性	相对费用	耗用金属 kg/m²
管壳式	固定管板式	使用广泛,已系列化,壳程不易清洗,管壳两物流温差>60℃时应设置膨胀节,最大使用温差不应大于120℃	1.0	30
	浮头式	壳程易清洗;管壳两物料温差>120℃,内垫片易渗漏	1.22	46
	填料函式	优缺点同浮头式,进价高,不宜制造大直径	1.28	
	U 型管式	制造、安装方便,造价较低;管程耐高压;但结构不紧凑,管子不易更换和不易机械清洗	1.01	
板式	板翅式	紧凑、效率高,可多股物料同时换热,使用温度≯150℃		16
	螺旋板式	制造简单、紧凑,可用于带颗粒物料,温位利用好,不易检修	0.6	50
	伞板式	紧凑、成本低、易清洗,使用压力≯1.2MPa,使用温度≯150℃		
	波纹板式	紧凑、效率高、易清洗,使用温度≯150℃,使用压力≯1.5MPa		16
管式	空冷器	投资和操作费一般较水冷低,维修容易,但受周围空气温度影响大	0.8~1.8	
	套管式	制造方便,不易堵塞,耗金属多,使用面积不宜大于20m²	0.8~1.4	150
	喷淋管式	制造方便,可用海水冷却,造价较套管式低,对周围环境有水雾腐蚀	0.8~1.1	60
液膜式	升降膜式	接触时间短、效率高、无内压降、浓缩比≤5		
	离心薄膜式	受热时间短、清洗方便、效率高,浓缩比≤15		
其他形式	板壳式	结构紧凑、传热好、成本低、压降小,较难制造		24
	热管	高导热性和导温性,热流密度大,制造要求高		

5.3.2.3 换热器设计方法

A. 典型设计程序

由于给热系数取决于传热过程,传热方式(传导、对流、辐射、冷凝给热及沸腾给热),流体的物理性质,流体的流速和换热器的形式等因素。因此换热器的设计是一个试差过程,典型的换热器设计程序如下。

(1)明确传热要求,传热速率、流体流动速率、温度;

(2)收集流体的物性,密度、粘度、导热系数;

(3)确定换热器的形式;

(4)选择总传热系数(试差值);

(5)计算平均温度差;

（6）由传热基本方程式计算传热面积；

（7）确定换热器结构；

（8）计算传热分系数（给热系数）；

（9）计算总传热系数，并与试差值比较，若计算值与试差值有显著差别，计算值代替试差值，返回（6），重新进行计算。

（10）计算换热器压降，若大于允许的压降，返回（7），（3），（4），重新计算，直至达到要求为止。

B. 冷凝器设计

一般换热器设计中，流体可能不发生相变，有关这方面的设计计算可参考文献[14]。冷凝器结构有四种：卧式壳程冷凝、卧式管程冷凝、立式壳程冷凝和立式管程冷凝。通常卧式壳程与立式管程是常用的冷凝器形式。

（1）管子排列，与换热器类似，管子按正三角形或正方形排列。

$$N_t = K_1 (D_b/d_o)^{n1} \tag{5-11}$$

$$D_b = d_o (N_t/K_1)^{1/n1} \tag{5-12}$$

式中：N_t——管子数；D_b——管束直径，mm；d_o——管子外径，mm；k_1，n_1——系数。

式中系数如表 5-17 所示，已知 D_b 后，由图 5-28 可查得壳体内径。

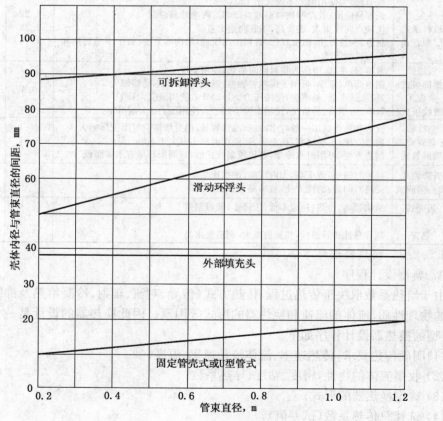

图 5-28　壳体与管束之间的距离

表 5—17　式(5—12)中的系数值

正三角形排列,$P_t = 1.25d_O$					
管程数	1	2	4	6	8
K_1	0.319	0.249	0.175	0.074 3	0.036 5
n_1	2.142	2.207	2.285	2.499	2.675
正方形排列,$P_t = 1.25d_O$					
管程数	1	2	4	6	8
K_1	0.215	0.156	0.158	0.040 2	0.033 1
n_1	2.207	2.291	2.263	2.617	2.643

（2）壳程结构,冷凝器与管壳式换热器相似,但壳程一般不设挡板,如管子过长,设置挡板时,$l_B = D_s$。

（3）管内水的给热系数,根据水的物性,水的给热系数可表示为

$$h_i = 4\ 200(1.35 + 0.02t)u_t^{0.8}/d_i^{0.2} \tag{5—13}$$

式中:h_i——管内水的给热系数,W/(m²·℃);t——水的温度,℃;u_t——水的流速,m/s;d_i——管内径,mm。

（4）压力降。

a）管子横截面积 A_s

$$A_s = \frac{(P_i - d_o)D_s l_B}{P_t} \tag{5—14}$$

式中:P_t——管子中心距,mm;d_O——管子外径,mm;D_s——壳体内径,mm;l_B——挡板间距,m。

b）壳体当量内径 d_e

正方形排列:

$$d_e = 4(P_t^2 - \pi d_o^2/4)/\pi d_o = \frac{127}{d_o}(P_t^2 - 0.785d_o^2) \tag{5—15}$$

正三角形排列:

$$d_e = 8\left(\frac{P_t}{2} \times 0.87P_t - \frac{1}{2}\pi d_o^2/4\right)/\pi d_o = \frac{1.10}{d_o}(P_t^2 - 0.917d_o^2) \tag{5—16}$$

c）Re 数

$$Re = G_s d_e/\mu = u_s d_e \rho/\mu \tag{5—17}$$

式中:G_s——壳侧质量流速,kg/(m²·s);u_s——壳侧流体流速;μ——平均温度下的流体粘度。

d）壳侧压力降。

根据 Re 数和挡板形式,由图 5—29 查得阻力因子 j_f,则壳侧压力降为

$$\Delta P_s = 8j_f \frac{D_s}{d_e} \frac{L}{l_B} \frac{\rho u_s^2}{2} \left(\frac{\mu}{\mu_w}\right)^{-0.14} \tag{5—18}$$

式中:j_f——阻力因子,无因次;Δp_s——壳层阻力降,Pa;L——管长,m;l_B——挡板间距,m;μ_w——管壁温度下的流体粘度。

e）管内压力降

$$\Delta p_t = N_P \left[8 j_f (L/d_i)(\mu/\mu_w)^{-m} + 2.5 \right] \rho u_t^2 / 2 \tag{5-19}$$

式中：Δp_t——管内压力降，Pa；N_P——管程数；u_t——管内流速，m/s；m——粘度指数；L——管长，m；d_i——管子内径，mm；j_f——管侧阻力因子，如图 5—30 所示。

f) 冷凝给热系数，应用 Kern's 法，管束的平均给热系数，可用下式表示

$$(h_c)_b = 0.95 k_L \left[\frac{\rho(\rho_L - \rho_v)g}{\mu_L \Gamma_h} \right]^{\frac{1}{3}} N_r^{-\frac{1}{b}} \tag{5-20}$$

式中：k_L——冷凝液导热系数，W/(m·℃)；ρ_L——冷凝液密度，kg/m³；ρ_v——蒸汽密度，kg/m³；μ——冷凝液粘度，Pa·s；Γ_h——管子负荷，单位管子长度冷凝液流速，kg/s·m。

$$\Gamma_h = \frac{W_c}{L N_t} \tag{5-21}$$

式中：W_C——总冷凝液流量，kg/s；L——管长，m；N_t——管束中总管数；N_r——在一排垂直管子中管子的平均数。

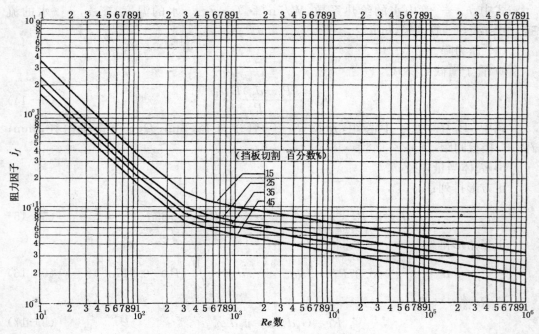

图 5—29　壳侧阻力因子 j_f（弓曲形挡板）

[例 5—1] 设计冷凝器使 45 000kg/h 轻烃混合物蒸汽冷凝。冷凝器操作压力为 1MPa，轻烃蒸汽进入为饱和温度 60℃，冷凝至 45℃。蒸汽的平均相对分子质量为 52，蒸汽的焓为 596.5kJ/kg，冷凝后为 247 kJ/kg。冷却水进口温度为 30℃，出口最多可升高 10℃，冷凝器管子外径 20mm，内径 16.8mm，管长 4.88m，用海军黄铜制造。蒸汽冷凝没有过冷现象。

解：(1) 传热面积初值计算。

混合物的物理性质取自以正丙烷（分子量 44）和正丁烷（分子量 58）的平均值。

传热量　　　　$Q = \dfrac{45\ 000}{3\ 600}(596.5 - 247.0) = 4\ 368.8 \text{kW}$

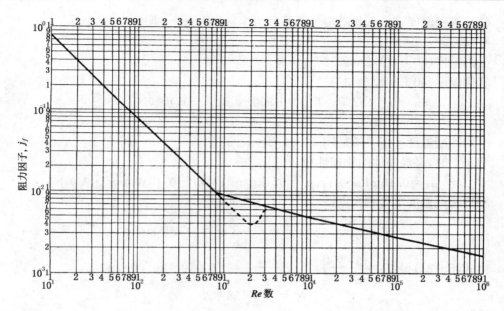

图 5-30 管侧阻力因子 j_f（弓曲形挡板）

冷却水流量
$$W_c = \frac{4\ 368.8}{(40-30)\times 4.18} = 104.5\text{kg/s}$$

取总传热系数
$$K = 900\text{W/(m}^2 \cdot \text{℃)}$$

平均温差$R = \dfrac{T_1 - T_2}{t_2 - t_1} = \dfrac{60-45}{40-30} = 1.5 \qquad S = \dfrac{t_2 - t_1}{T_1 - t_1} = \dfrac{40-30}{60-30} = 0.33$

正图 选择卧式冷凝器，冷凝在壳程，为一壳程四管程结构，由换热器的平均温差校正图（录图 3-3）查得 $F_T = 0.92$

$$\Delta T_{\ln} = \frac{(T_1 - t_2)-(T_2 - t_1)}{\ln \dfrac{(T_1 - t_2)}{(T_2 - t_1)}} = \frac{(60-40)-(45-30)}{\ln \dfrac{(60-40)}{(45-30)}} = 17.4\text{℃}$$

$\Delta T_m = 0.92 \times 17.4 = 16\text{℃}$

传热面积试差值：

$$F = \frac{4\ 368.8 \times 10^3}{900 \times 16} = 303\text{m}^2$$

一根管子的面积（忽略壁厚的影响）：
$$F_1 = \pi d_o L = \pi \times 20 \times 10^{-3} \times 4.88 = 0.305\text{m}^2$$

管子数
$$N_t = 303/0.305 = 992$$

设管子中心距
$$P_t = 1.25d = 1.25 \times 20 = 25\text{mm}$$

查表 5-16，由式（5-12）得：

$$D_b = 20 \times \left(\frac{992}{0.158}\right)^{1/2.263} = 954\text{mm}$$

中心一行管数
$$N_r = D_b/P_t = 954/25 = 38$$

（2）壳侧给热系数。

估计管壁温度 T_w；假设冷凝给热系数为 1 500W/(m²·℃)

平均温差：

壳侧温度 $(60+45)/2=52.5℃$；

管侧温度 $(40+30)/2=35℃$

$$(52.5-T_w)\times 1\ 500=(52.5-35)\times 900$$

$$T_w=42.0℃$$

平均冷凝温度 $T_{cm}=(52.5+42.0)/2=47.0℃$

47.0℃时，轻烃液体的物理性质：

$$\mu_L=0.16mPa·s;\quad \rho_L=551kg/m³;\quad k_L=0.13W/(m²·℃)$$

平均蒸汽温度下气相密度：

$$\rho_v=\frac{52}{22.4}\times\frac{273}{(273+52.5)}\times\frac{10}{1}==19.5kg/m³$$

由式(5-21)得：$\Gamma_h=\frac{45\ 000}{3\ 600}\times\frac{1}{4.88\times 992}=2.6\times 10^{-3}kg/(s·m)$

$$N_r=2/3\times 38=25$$

由式(5-20)得：

$$(h_c)_b=0.95\times 0.13\left[\frac{551\times(551-19.8)\times 9.81}{0.16\times 10^{-3}\times 2.6\times 10^{-3}}\right]^{1/3}25^{-1/6}=1\ 375\ W/(m²·℃)$$

$(h_c)_b$ 值与假设的冷凝系数接近，故不必校核 T_w。

(3) 管内给热系数。

管子横截面积　　　$F=\frac{\pi}{4}(16.7\times 10^{-3})^2\times\frac{992}{4}=0.055m²$

35℃时，水的密度 $\rho=993kg/m³$

管内流速　　　　$u=\frac{104.5}{993}\times\frac{1}{0.055}=1.91m/s$

由式(5-13)计算管内水的给热系数：

$$h_i=4\ 200(1.35+0.02\times 35)1.91^{0.8}/16.8^{0.2}=8\ 218W/(m²·℃)$$

(4) 传热面积核算及换热器参数修正。

污垢系数通常取 6 000 W/m²·℃，导热系数 $\lambda=50\ W/(m²·℃)$

$$\frac{1}{K}=\frac{1}{1\ 375}+\frac{1}{6\ 000}+\frac{20\times 10^{-3}\ln\frac{20}{16.8}}{2\times 50}+\frac{20}{16.8}\times\frac{1}{6\ 000}+\frac{20}{16.8}\times\frac{1}{8\ 218}$$

算得，$K=786W/(m²·℃)$，比假定值低。故重新假定总传热系数为 750 W/(m²·℃)，再计算。

$$F=\frac{4\ 368.8\times 10^3}{750\times 16}=364m²$$

$$N_t=364/0.305=1\ 194$$

$$D_b=20\times\left(\frac{1\ 194}{0.158}\right)^{1/2.263}=1\ 035mm$$

$$N_r=D_b/P_t=1\ 035/25=41$$

$$\Gamma_h = \frac{45\,000}{3\,600} \times \frac{1}{4.88 \times 1\,035} = 2.49 \times 10^{-3}\,\text{kg/(s} \cdot \text{m})$$

$$N_r = 2/3 \times 41 = 27$$

$$h_c = 0.95 \times 0.13 \left[\frac{551 \times (551 - 19.5) \times 9.81}{0.16 \times 10^{-3} \times 2.49 \times 10^{-3}}\right]^{1/3} \times 27^{-1/6} = 1\,378\,\text{W/(m} \cdot \text{℃})$$

$$u = 1.91 \times \frac{992}{1\,194} = 1.59\,\text{m/s}$$

(5) 壳侧压降计算。

由式(5-15)计算：$d_c = \dfrac{1.27}{20}(25^2 - 0.785 \times 20^2) = 19.8\,\text{mm}$

气相粘度 $\mu_v = 0.008\,\text{mPa} \cdot \text{s}$

$$Re = \frac{49.02 \times 19.8 \times 10^{-3}}{0.008 \times 10^{-3}} = 121\,325$$

查图5-29得：$j_f = 2.2 \times 10^{-2}$

$$u_s = \frac{G_s}{\rho_v} = \frac{49.02}{19.5} = 2.51\,\text{m/s}$$

应用进口流速，忽略粘度的影响，即 $\mu = \mu_w$，其压力降为式(5-18)的50%，则：

$$\Delta p_s = \frac{1}{2}\left[8 \times 2.2 \times 10^{-2}\left(\frac{1\,130}{19.8}\right)\left(\frac{4.88}{1.130}\right)\frac{19.5 \times 2.51^2}{2}\right] = 1\,332\,\text{Pa} = 1.3\,\text{kPa}$$

(6) 总传热系数校核。

水的粘度：$\mu_L = 0.6\,\text{mPa} \cdot \text{s}$，$Re = \dfrac{16.8 \times 10^{-3} \times 1.59 \times 993}{0.6 \times 10^{-3}} = 44\,208$

$$h_i = 4\,200(1.35 + 0.02 \times 35)1.59^{0.8}/16.8^{0.2} = 7\,097\,\text{W/(m} \cdot \text{℃})$$

$$\frac{1}{K} = \frac{1}{1\,378} + \frac{1}{6\,000} + \frac{20 \times 10^{-3}\ln\dfrac{20}{16.8}}{2 \times 50} + \frac{20}{16.8} \times \frac{1}{6\,000} + \frac{20}{16.8} \times \frac{1}{7\,097}$$

算得 $K = 773\,\text{W/(m} \cdot \text{℃})$，与假设值接近，试差结束。

(7) 管侧压力降。

选择圆缺形挡板，切割去45%壳体直径。根据浮头式换热器，由管束直径通过图5-27查得管束与壳体之间的间隙为95mm。

壳体内径 $D_s = 1\,035 + 95 = 1\,130\,\text{mm}$

应用Kern's法，设 $l_b = D_s$，由式(5-14)得：

$$A_s = \frac{(25-20)}{25} \times 1\,130 \times 1\,130 \times 10^{-6} = 0.255\,\text{m}^2$$

根据开始时的条件，质量流速为：

$$G_s = \frac{45\,000}{3\,600} \times \frac{1}{0.255} = 49.02\,\text{kg/(s} \cdot \text{m}^2)$$

由图5-30，查得 $j_f = 3.5 \times 10^{-3}$

忽略粘度的影响，即 $\mu = \mu_w$，由式(5-19)得：

$$\Delta p_t = 4\left[8 \times 3.5 \times 10^{-3}\left(\frac{4.88}{16.8 \times 10^{-3}}\right) + 2.5\right]\frac{933 \times 1.59^2}{2} = 53\,388\,\text{Pa} = 53\,\text{kPa}$$

可以达到要求。

C. 立式热虹吸式再沸器

在精馏塔的设计中,再沸器的设计是一个重要的部分,由于大量采用水蒸汽加热,因此再沸器是由水蒸汽凝(相变)供热,塔釜馏分沸腾(相变)的过程,如图5—31所示。

流体在再沸过程中进行循环,由于部分物流为两相流,过程计算比较复杂,因此采用图5—32的简化设计方法。图5—31的限制条件如下。

(1) 该图由纯组分制得,若为混合物时应选用其中最低的对比温度。

(2) 再沸器的尺寸范围,管长为2.5~3.7m(标准长度为2.44m)适合的管径为$\phi 25$mm。

(3) 工艺物流的污垢系数为0.000 2 W/(m·℃)。

(4) 加热介质水蒸汽,给热系数为6 000 W/(m·℃)。

(5) 塔釜中液面应与再沸器上管板相平。

(6) 进出再沸器的配管必须构型简单。

(7) 对比温度$T_r > 0.8$时,可用水溶液曲线。

(8) 最小操作压力为30kPa(绝压)。

(9) 曲线不可外推。

(10) 进入再沸器的工艺物料不应过冷。

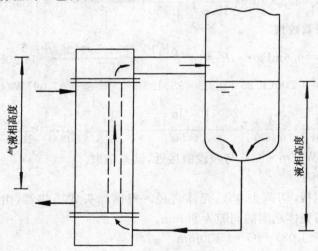

图5—31　立式热虹吸式再沸器中液体和蒸汽的流动

[例5—2]设计粗苯胺蒸馏塔的立式热虹吸再沸器,塔为常压操作,蒸发速率为6 000kg/h,加热蒸汽压力为2.2MPa,塔底部压力为0.12MPa。

解:(1) 苯胺的物理参数。

苯胺沸点,0.12MPa时为190℃;

分子量93.13,临界温度$T_c = 699$K;

蒸发潜热$\Delta H = 42\ 000$kJ/kmol;

饱和蒸汽温度为217℃。

(2) 总热负荷

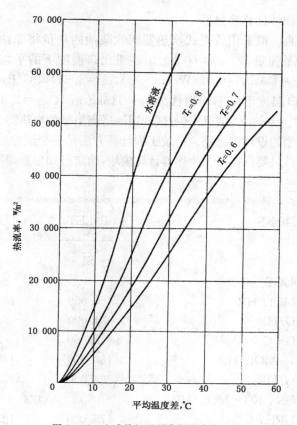

图 5-32 立式热虹吸再沸器设计关联图

$$Q = \frac{6\ 000}{3\ 600} \times \frac{42\ 000}{93.13} = 751\text{kW}$$

（3）单位面积热负荷

平均温差 $\Delta T = 217 - 190 = 27℃$；

相对温度 $T_r = (190 + 273)/699 = 0.66$；

由图 5-31 查得设计热负荷为 25 000W/m²。

（4）设计再沸器所需面积。

$$F = 751 \times 10^3 / 25\ 000 = 30\text{m}^2$$

选用 $\phi 25 \times 2.5$ 的管子，管长 2.44m，所需管数

$$N_t = \frac{30}{\pi \times 20 \times 10^{-3} \times 2.44} = 196$$

管中心距 $P_t = 1.25 \times 0.025 = 0.031\text{m}$

由式（5-12），对正方形排列，$D_b = 25 \times \left[\dfrac{196}{0.215} \right]^{1/2.207} = 548\text{mm}$

由图 5-28 查得管束与壳体间隙为 15mm，$D_s = 548 + 15 = 563\text{mm}$。

选用壳体直径为 $\phi 600$，再沸器出口直径应等于全部换热管的总截面积。

$$F_v = 196 \times \frac{\pi}{4} \times 0.020^2 = 0.061\ 6\text{m}, \qquad d_t = \sqrt{\frac{0.061\ 6}{\pi/4}} = 0.28\text{m}$$

D. 用 PRO/II 软件计算换热器

[例 5－3]某炼油厂拟采用管壳式换热器回收柴油的热量将原油从 $t_1 = 70℃$ 预热至 $t_2 = 110℃$。已知：原油流量 $W_2 = 44\ 000$kg/h，在进出口温度下的平均物性为 $\rho_2 = 815$kg/ m^3，$C_{p,2} = 2.2$kJ/(kg·℃)，$\lambda_2 = 0.128$W/(m·℃)，$\mu_2 = 6.65 \times 10^{-3}$Pa·s；柴油流量 $W_1 = 34\ 000$kg/h，在进出口温度下的平均物性为 $\rho_1 = 715$kg/m^3，$C_{p,1} = 2.48$kJ/(kg·℃)，$\lambda_1 = 0.133$W/(m·℃)，$\mu_1 = 0.64 \times 10^{-3}$Pa·s；试选用一适当型号的换热器。

解：这是一个典型的设计型命题。传统工程计算方法是一个试差过程，用 PRO/II 模拟应用软件进行计算时，只要选择一个换热器计算模块，给定已知参数即可，冷、热流体物性数据输入如下：

HOT SIDE CONDITIONS	INLET	OUTLET
Feed	S1	S2
LIQUID PRODUCT		
LIQUID, KG－MOL/HR	160.059	160.059
K*KG/HR	34.000	34.000
CP, KJ/KG－C	2.560	2.411
TOTAL, KG－MOL/HR	160.059	160.059
K*KG/HR	34.000	34.000
CONDENSATION, KG－MOL/HR	0.000	
TEMPERATURE, C	175.000	122.838
PRESSURE, KPA	200.000	200.000
COLD SIDE CONDITIONS	INLET	OUTLET
FEED	S4	S3
LIQUID PRODUCT		
LIQUID, KG－MOL/HR	309.234	309.234
K*KG/HR	44.000	44.000
CP, KJ/KG－C	2.415	2.580
TOTAL, KG－MOL/HR	309.234	309.234
K*KG/HR	44.000	44.000
CONDENSATION, KG－MOL/HR	0.000	
TEMPERATURE, C	70.000	110.000
PRESSURE, KPA	202.000	202.000

PRO/II 软件计算操作程序如第三章例 3－7 类似，数据输入的计算机屏幕显示如图 5－33 所示。

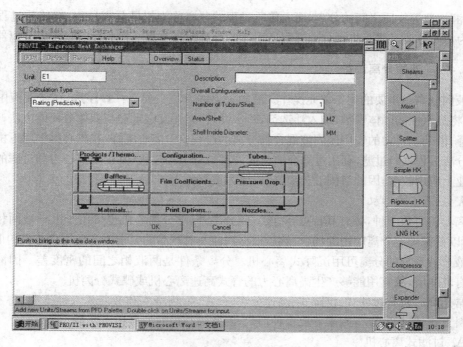

图 5-33 ［例 5-3］计算机屏幕显示

计算结果如下：

CALCULATE CONCLUSION

DUTY, M * WATT	1. 222
LMTD, C	58. 709
F FACTOR (FT)	1. 000
MTD, C	58. 709
U * A, KW/K	20. 818
U, KW/M2-K	0. 250
AREA, M2	83. 272

计算结果换热面积为 83.272m^2，可选用 F_B—600—95—16—4 型换热器。

5.3.2.4　优化设计

在换热器设计中，一般增加流体的流速可以得到较大的传热系数，因此在给定的供热速率条件下，传热面积可以较小，热交换器费用可以较小。另一方面，增大了流体流速，会使压力降增大，还会使泵的运转费用增加。因此，优化设计是使总费用为最低，即换热器及操作所需的年度可变费用总和为最小。玛克斯·皮特斯列举了换热器的优化设计方法，需要时可参考文献[15]。

5.4　分离设备

在化工生产中，为纯化原料和精制产品，需要进行物质之间的分离，通常将气－液、气一固、液一液等物质之间的分离,而无传质过程的分离称为机械分离过程;有传质过程的分离称为传质分离过程。机械分离过程所采用的分离设备有离心机、过滤机、旋风分离器等。

5.4.1　液固分离设备

液固分离是重要的化工单元操作。液固分离的方法主要有:(1)浮选,在悬浮液中鼓入空气,将疏水性的固体颗粒(加入浮选剂,疏水性)粘附在气泡上而与液体分离的方法;(2)重力沉降,借助于重力的作用使固液混合物分离的过程;(3)离心沉降,在离心力作用下机械的沉降分离过程;(4)过滤,利用过滤介质将固液进行分离的过程,其中以离心力和过滤的方法在工业上应用较多,因此对固液分离,应以此为重点。

5.4.1.1　离心机

离心机有数十种,各有其特点,除液一固分离外,部分离心机也可用于液一液两相的分离,所以首先确定分离应用的场合,然后根据物性及对产品的要求决定选用离心机的形式。

液一液系统的分离可用沉降式离心机。分离条件是两液相之间的密度差。因液体中常含有乳浊层,故宜用能够产生高离心力的管式高速离心机或碟式分离机。

常用离心机有过滤式、沉降式、高速分离、台式、生物冷冻和旁滤式六种类型,前三类又以出料方式、结构特点等因素分成多种形式,因此离心机的型号相当繁杂。

A. 过滤式离心机

按过滤离心机的卸料过程或方式分为:间歇卸料、连续卸料和活塞推料。

(1)间歇卸料式过滤离心机主要有三足式离心机、上悬式离心机和卧式刮刀卸料离心机等机型。

三足式离心机具有结构简单、运行平稳、操作方便、过滤时间可随意掌握、滤渣能充分洗涤、固体颗粒不易破坏等优点,广泛应用于化工、轻工、制药、食品、纺织等工业部门的间歇操作,分离含固相颗粒≥0.01mm 的悬浮液,如粒状、结晶状或纤维状物料的分离。

主要型号:SS 型为人工上部出料,SX 型为刮刀下部出料,如图 5—34 所示。SG 型为刮刀下部出料。SCZ 型为抽吸自动出料。ST、SD 型为提袋式。SXZ、SGZ 型为自动出料。

图 5—34　SX 型三足式下部卸料自动离心机外形

型号标志如下：

```
                              SX  800  N ──────── 附加标记
        制造厂机型代号 ────────┘        └──────── 数字表示转鼓内径,mm
```

其中,附加代号为 N(不锈钢),G(碳钢),XJ(衬橡胶),NB(防爆),H(防振机座),I(钛),NC(双速),A(改型序号)。

表 5—18 为三足式自动离心机技术指标。

表 5—18   三足式自动离心机技术指标

序号	型号	转鼓规格内径×高度 mm	转速 r/min	过滤面积 m²	有效容积 L	最大装料量 kg	分散因素	电动机型号功率 kW	外形尺寸 mm	重量 kg
1	SS1500N	1 500×500	720	2.36	400	600	436	Y160L—6/11	2 550×2 250×1 012	3 000
2	SX1000N	1 000×422	1 000	1.33	140	210	560	Y160M—4B₅/11	2 164×1 710×1 435	2 200
3	SG1000N	1 000×420	1 080	1.3	140	200	560	Y90L—4/1.5	2 250×1 700×2 160	3 500

上悬式离心机是一种按过滤循环规律间歇操作的离心机。主要型号有 XZ 型(重力卸料),XJ 型(刮刀卸料),XR 型(专供碳酸钙分离)等。上悬式离心机适用于分离含中等颗粒(0.1~1mm)和细颗粒(0.01~0.1mm)固相的悬浮液,如砂糖、葡萄糖、盐类以及聚氯乙烯树脂等。

卧式刮刀卸料离心机,主要型号有 WG 型(垂直刮刀,如图 5—35 所示),K 型(旋转刮刀),WHG 型(虹吸式),GKF 型(密闭防爆型),GKD 型(生产淀粉专用)等。这类离心机转鼓壁无孔,不需要过滤介质。转鼓直径为 300~1 200mm,分离因素最大达 1 800,最大处理量可达 18m³/h 悬浮液。一般用于处理固体颗粒尺寸 5~40μm,固液相密度差大于 0.05g/cm³ 和固体密度小于 10% 悬浮液。我国刮刀卸料离心机标准规定：转鼓直径 450~2 000mm,工作容积 15~1 100L,转鼓转速 350—3 350r/min,分离因素 140~2 830。图 5—35 为 WG—450 型卧式刮刀卸料离心机。

图 5—35   WG—450 型卧式刮刀卸料离心机外形

(2) 活塞推料式过滤离心机

活塞推料式过滤离心机有自动连续操作,分离因数较高,单机处理量大,结构紧凑,铣制板网阻力小,转鼓不易积料等特点。推料次数可根据不同的物料进行调节,推料活塞级数越多,对悬浮液的适应性越大,分离效果越好。它适用于固相颗粒≥0.25mm、含固量≥30%的结晶状或纤维状物料的悬浮液,大量应用在碳酸氢铵、硫酸铵、尿素等化肥及制盐等工业部门。

主要型号有:WH型(卧式单级),WH2型(卧式双级),HR型(双级柱形转鼓),P型(双级柱口形转口型)等。卧式活塞式推料离心机转鼓长度152～760mm,转鼓直径152～1 400mm,分离因素300～1 000。

(3) 连续卸料式过滤离心机

连续卸料式过滤离心机有锥篮离心机、螺旋卸料过滤离心机两种。

锥篮离心机无论是立式还是卧式,都是依靠离心力卸料的。立式用于分离含固相颗粒≥0.25mm易过滤结晶的悬浮液,如制糖、制盐及碳酸氢铵生产。卧式用于分离固相颗粒在0.1～3mm范围内易过滤但不允许破碎的、浓度在50%～60%的悬浮液,如硫酸铵、碳酸氢铵等。主要型号有:IL型(立式卸料),WI型(卧式卸料)。

螺旋卸料过滤离心机 主要型号有LLC型立式、LWL型卧式。其生产能力大,固相脱水程度高,能耗低及重量轻,密闭性能良好,适用于含固体颗粒为0.01～0.06mm的悬浮液。固体重度应大于液相重度,且为不易堵塞滤网的结晶状或短纤维状物料等。适用于芒硝、硫酸钠、硫酸铜、羧甲基纤维等结晶状的固液分离。图5－36为WL－450卧式螺旋卸料沉降离心机。

图5－36　WL－450卧式螺旋卸料沉降离心机外形

B. 沉降式离心机

按结构形式有卧式螺旋沉降(WL型、LW型、LWF型、LWB型)(见图5－36)和带过滤段的卧式螺旋沉降(TCL型、TC型)两种。

沉降式离心机可连续操作,也可处理液－液－固三相混合物。螺旋沉降离心机的最大分离因素可达6 000,分离性能较好,对进料浓度变化不敏感。操作温度可在－100～300℃,操作压力一般为常压。密闭型可从真空至1.0MPa,适于处理0.4～60m³/h,固体颗粒2～5μm,固相密度差大于0.5g/cm³,固相容积浓度1%～50%悬浮液。

C. 高速分离机

高速分离机利用转鼓高速旋转产生强大离心力使被处理的混合液和悬浮液分别达到

澄清、分离、浓缩的目的。高速分离机广泛用于食品、制药、化工、纺织、机械等工业部门的液—液、液—固、液—液—固分离。如用于油水分离,金霉素、青霉素分离,啤酒、果汁、乳品、油类的澄清,酵母和胶乳的浓缩等等。

高速分离机就结构分有碟式、室式和管式三种,碟式分离机是通过多层碟片把液体分成细薄层强化分离效果,其转鼓内为多层碟片,分离因素可达 3 000~10 000,最大处理量可达 300m³/h,适于处理固相颗粒直径 0.1~100μm,固相容积浓度小于 25% 的悬浮液。

室式为多层套筒,室式相当于把管式分离机分为多段相套,只用于澄清,且只能人工排渣。适用于处理固体颗粒大于 0.1μm,固相容积浓度小于 5%,处理量为 2.5~10 m³/h。

管式分离机其分离因素高达 15 000~65 000,处理量为 0.1~4m³/h,适于处理固相颗粒直径 0.1~100μm,液固密度差大于 0.01g/cm³,固相容积浓度小于 1% 难分离悬浮液和乳浊液。

5.4.1.2 过滤机

A. 压滤机

压滤机广泛用于化工、石油、染料、制药、轻工、冶金、纺织和食品等工业部门的各种悬浮液的固液分离。压滤机主要可分为两大类:板框压滤机和箱式压滤机。

BAS,BAJ,BA,BMS,BMJ,BM,BMZ,XM,XMZ 型等各类压滤机,均为加压间歇操作的过滤设备。在压力下,以过滤方式通过滤布及滤渣层,分离由固体颗粒和液体所组成的各类悬浮液。各种压紧方式和不同形式的压滤机对滤渣都有可洗和不可洗之分。

(1) 板框压滤机。板框压滤机主要由尾板、滤框、滤板、头板、主梁和压紧装置等组成。两根主梁把尾板和压紧装置连在一起构成机架。机架上靠近压紧装置端放置头板,在头板与尾板之间依次交替排列着滤板和滤框,滤框间夹着滤布。压滤机滤板尺寸范围为 100×100~2 000×2 000mm,滤板厚度为 25~60mm。操作压力:一般金属材料制作的矩形板 1~0.5MPa,特殊金属材料制作的矩形板 7MPa,硬聚丙烯制作的矩形板 40℃、0.4MPa。板框式压滤机具有结构简单,生产能力弹性大,能够在高压力下操作,滤饼中含液量较一般过滤机低的特点。

(2) 箱式压滤机。箱式压滤机操作压力高,适用于难过滤物料。XMZ60—1 000/30 型自动箱式压滤机由压滤机主机,液压油泵机组、自动控制阀(液压和气压)、滤布振动器和自动控制柜组成。压滤机尚需有贮液槽、进料泵、卸料盘和压缩空气气源等附属装置。为间歇操作液压全自动压滤机,由电器装置实现程序控制,操作顺序为:加料→过滤→干燥(吹风)→卸料→加料。全自动时,只按起动电钮,操作过程即可顺序重复进行,亦可由手动按电钮来完成各工序的操作。

B. 转鼓真空过滤机(图 5—37)

G 型转鼓真空过滤机为外滤面刮刀卸料,适用于分离含 0.01~1mm 易过滤颗粒且不太稀薄的悬浮液,不适用于过滤胶质或粘性太大的悬浮液。其过滤面积为 2~50m²,转鼓直径为 1~3.35m。选用 G 型转鼓真空过滤机应具备以下条件:

(1) 悬浮液中固相沉降速度,在 4min 过滤时间内所获得的滤饼厚度大于 5mm;

(2) 固相相对密度不太大,粒度不太粗,固相沉降速度每秒不超过 12mm,即固相在搅拌器作用下不得有大量沉降;

（3）在操作真空度下转鼓中悬浮液的过滤温度不能超过其汽化温度；

（4）过滤液内允许剩有少量固相颗粒；

（5）过滤数量大，并要求连续操作的场合。

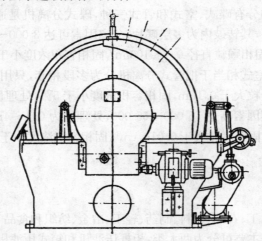

图 5—37　转鼓过滤机 G—5 型结构示意图

C. 盘式过滤机

目前国内有三种形式盘式过滤机，其结构差异较大。

（1）PF 型盘式过滤机。该机是连续真空过滤设备，用于萃取磷酸生产中料浆的过滤，使磷酸与磷石膏分离，也可用于冶金、轻工、国防等部门。

（2）FT 型列盘式全封闭、自动过滤机。该系列产品主要用于制药行业的药液过滤，能彻底分离除去絮状物。清渣时，设备不解体自动甩渣，无环境污染，可提高收率，降低过滤成本。

（3）PN140-3.66/7 型盘式过滤机。该产品无真空设备，适用于纸浆浆料浓缩及白水回收。日产 70～80t(干浆)，滤盘直径 3.66m。

D. 带式过滤机

国内常用的带式过滤机有 DI 型、DY 型两类。

（1）DI 型移动真空带式过滤机。该型号过滤机是一种新颖、高效、连续固液分离设备。其特点是，机型可全自动连续运转，机型可以灵活组合。DI 型带式过滤机的过滤面积 0.6～35m²，带宽为 0.46～3m。

（2）DY 型带式压滤机。DY 型系列带式压滤机是一种高效、连续运行的加压式固液分离设备，主要特点是连续运行、无级调速，滤带自动纠偏、自动冲洗，带有自动保护装置。

（3）SL 型水平加压过滤机。本机适用于压力小于 0.3MPa，过滤温度低于 120℃，粘度为 1Pa·s 的条件下，适用于含固体量在 60% 以下的中性和碱性悬浮液，即树脂、清漆、果汁、饮料、石油等物品的过滤。间歇式操作，结构紧凑，具有全密闭过滤、污染小、效率高、澄清度好（滤液中的固体粒径可小于 15μm）、消耗低、残液可全部回收、滤板能够完全清洗、性能稳定、操作可靠等优良性能。

（4）QL 型自动清洗过滤机。本机适用于油漆、颜料、乳胶、丙烯酸、聚醋酸乙烯以及各种化工产品的杂质的过滤。过滤过程全封闭、自动清洗及连续过滤,生产效率高。

5.4.1.3　分离设备选择

A. 过滤式离心机的选型原则

根据分离液的性质、状态及对产品的要求,选择相应的离心机。

(1) 以原液的性质、状态为选择基准。悬浮液中的液体和固体之间可以是密度大致相同或不同的。如果有固体的密度大于液体的密度时,可选用沉降式离心机。如果有固体颗粒小,分离困难,且固体易堵塞滤布,甚至固体会通过滤布而流失等情况,选择离心机还必须根据颗粒大小和粒度分布情况。

a) 当固体颗粒在 $1\mu m$ 以下时,一般宜用具有大离心力的沉降式离心机,如管式高速离心机。

b) 固体颗粒在 $10\mu m$ 左右的,适合用沉降式离心机。如滤液可以循环时,也可用过滤式离心机,但固体颗粒不宜太小,以免固体损失增大。

c) 固体颗粒在 $100\mu m$ 或更大时,沉降式离心机或过滤式离心机都可采用。结晶质物料用过滤式离心机效率高;若滤饼是可压缩的,像纤维状或胶状,以沉降式离心机为宜。

d) 当原液的粘度及温度均适用于各种离心机时,原液压力高的选用沉降式离心机,1MPa 以下的选用碟式分离机、螺旋卸料式离心机。

e) 选型时,还须考虑固体的浓度即渣量的多少、溶液的杂质等。

(2) 以产品要求为选择基准。

a) 对分离产品的要求,包括:分离液的澄清度、分离固体的脱水率、洗涤程度,分离固体的破损、分级和原液的浓缩度等等,是离心机选型时的重要依据之一。

b) 用于固体颗粒分级,宜用沉降式离心机。通过调整沉降式离心机的转数、供料量、供料方式等方法,可使固体按所要求的粒度分级。

c) 要求获得干燥滤渣的,宜用过滤式离心机。如固体颗粒可压缩,则用沉降式离心机更为合适。

d) 要求洗净滤渣的,宜用过滤式离心机或鼓式过滤机。处理结晶液并要求不破坏结晶时,不宜用螺旋型离心脱水机。

e) 通常原液量大而固体含量少时,适宜用喷嘴卸料型碟式分离机将原液浓缩。当要求高浓缩度时,宜用自动卸料型碟式分离机。

B. 沉降式离心机的选择

图 5—38 为各种离心沉降机的性能范围,可供粗略选定沉降离心机类型之用。它是按 $\Delta\rho=\rho_s-\rho_l=1g/cm^3$ 和粘度 $\mu=1Pa\cdot s$ 作出的。如需分离的悬浮液的性质与之不符,可按下式进行换算:

$$\frac{d_1}{d_2}=\left(\frac{\mu_1\Delta\rho_2}{\mu_2\Delta\rho_1}\right)^{1/2} \tag{5—22}$$

C. 过滤机的选型原则

过滤机选型主要根据滤浆的过滤特性、滤浆的物性及生产规模等因素综合考虑。

(1) 滤浆的过滤特性。滤浆按滤饼的形成速度、滤饼孔隙率、滤浆中固体颗粒的沉降速度和滤浆的固相浓度分为五大类:过滤性良好的滤浆、过滤性中等的滤浆、过滤性差的滤浆、

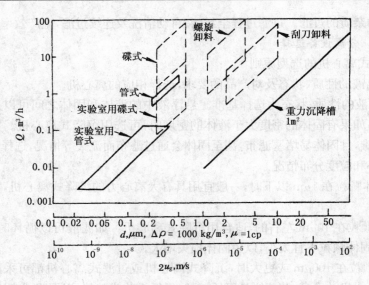

图 5-38　各种离心沉降设备的性能范围

稀薄滤浆及极稀薄滤浆。这五种滤浆的过滤特性及适用机型分述如下:

a) 过滤性良好的滤浆:在数秒钟之内能形成 50mm 以上厚度滤饼的滤浆。滤浆的固体颗粒沉降速度快,依靠转鼓过滤机滤浆槽里的搅拌器也不能使之保持悬浮状态。在大规模处理这类滤浆时,可采用内部给料式或顶部给料式转鼓真空过滤机。对于小规模生产,可采用间歇水平型加压过滤机。

b) 过滤性中等的滤浆:在 30 s 内能形成 50mm 厚滤饼的滤浆。在大规模过滤这类滤浆时,采用有格式转鼓真空过滤机最经济。如滤饼要洗涤,应用水平移动带式过滤机;不洗涤的,用垂直回转圆盘过滤机。生产规模小的,采用间歇加压过滤机,如板框压滤机等。

c) 过滤性差的滤浆:在真空绝压 35kPa(相当于 500mmHg 真空度)下,5min 之内最多能形成 3mm 厚滤饼的滤浆,固相浓度为 1%~10%(体积)。这类滤浆由于沉降速度慢,宜用有格式转鼓真空过滤机、垂直回转圆盘真空过滤机。小规模生产时,用间歇加压过滤机。如滤饼要充分洗涤,可用真空叶滤机和立式板框压滤机。

d) 稀薄滤浆:固相浓度在 5%(体积)以下,虽能形成滤饼,但形成速度非常低,在 1mm/min 以下。大规模生产时,宜采用预涂层过滤机或过滤面较大的间歇加压过滤机。规模小时,可用叶滤机。

e) 极稀薄滤浆:其含固率低于 0.1%(体积),一般不能形成滤饼的滤浆,属于澄清范畴。这类滤浆在澄清时,需根据滤液的粘度和颗粒的大小而确定选用何种过滤机。当颗粒尺寸大于 5μm 时,可采用水平盘型加压过滤机。滤液粘度低时,可用预涂层过滤机。滤液粘度低,而且颗粒尺寸又小于 5μm 时,应采用带有预涂层的间歇加压过滤机。当滤液粘度高,颗粒尺寸小于 5μm 时,可采用有预涂层的板框压滤机。

(2) 滤浆的物性。滤浆的物性包括粘度、蒸汽压、腐蚀性、溶解度和颗粒直径等。

滤浆的粘度高时过滤阻力大,采用加压过滤有利。滤浆温度高时蒸汽压高,不宜采用真空过滤机,应采用加压式过滤机。当物料具有易爆性、挥发性和有毒时,宜采用密闭性好的加压式过滤机,以确保安全。

（3）生产规模。大规模生产时应选用连续式过滤机，以节省人力并有效地利用过滤面积。小规模生产时采用间歇式过滤机为宜，价格也较便宜。

5.4.2 气固分离设备

气固分离是重要的化工单元操作，在化工、冶金、电力以及环境工程中有着广泛的应用。气固分离目的为回收有用的物质，如气流干燥产品的收集等；获得洁净气体，如硫铁矿生产硫酸过程中原料气中的粉尘的净化；净化排放气体，保护环境，如工业及采暖锅炉的排尘浓度不得大于 $200mg/m^3$（STP）。

A. 除尘器

凡能将粉尘从气体中分离出来，使气体得以净化，粉尘得到回收的设备，统称为气体的净化设备——除尘器。除尘器可分为：干式除尘器和湿式除尘器两大类。

尘粒的直径（即粒径）一般在 $100 \sim 0.01 \mu m$ 之间。$100 \mu m$ 以上的尘粒，由于重力作用将很快降落，不列为除尘对象；$0.01 \mu m$ 以下的超微粒子，不属于一般除尘的范围，$10 \mu m$ 以上的粒子是易于分离的，$10 \sim 0.1 \mu m$ 的尘粒特别是 $1 \mu m$ 以下的微粒较难分离。

（1）干式除尘器。

a) 重力除尘器：利用粉尘与气体比重不同的原理，使粉尘靠本身的重力从气体中自然沉降下来的净化设备，如沉降室，一般用于 $50 \mu m$ 以上的尘粒。

b) 惯性除尘器：利用粉尘与气体在运动中的惯性不同，将粉尘从气体中分离出来的净化设备，如 CDQ 型百叶窗式除尘器。这种除尘器结构简单，阻力较小，净化效率低（40％～80％），一般多用于较粗大粒子的除尘。

c) 旋风除尘器：利用旋转的含尘气体所产生的离心力，将粒尘从气流中分离出来的一种气固分离装置。这类除尘器在工业上应用最为广泛，其特点是结构简单，操作方便，除尘效率较高，价格低廉，适用于净化大于 $5 \sim 10 \mu m$ 的非粘性非纤维性的干燥粉尘。

d) 脉冲袋式除尘器：对细微尘粒（$1 \sim 5 \mu m$）的效率可达 99％以上，还可以除去 $1 \mu m$ 甚至 $0.1 \mu m$ 的微尘粒。目前袋式除尘器的清灰机构已实现了连续操作，阻力稳定，气速高。因其内部无运动机件，使用日益广泛。

e) 电除尘器：电除尘器由于效率高，阻力低，适用于温度高（<500℃）、风量大和细微粉尘的除尘。缺点是投资较高，但日常操作费用较低。

（2）湿式净化设备。

凡借用水（或其他液体）与含尘气体接触，利用液滴或液膜捕获尘粒使气体得到净化的设备，统称为湿式净化设备。湿式除尘器的形式很多，最有代表性的有湍球塔，泡沫除尘器，自激式除尘器，文氏管除尘器等。干式除尘器如能加上湿法操作，效率将有明显提高。湿式除尘器适用于非纤维性的、能受潮、受冷的且与水不发生化学作用的含尘气体，不适用于粘性粉尘。

B. 各种除尘器简介

（1）脉冲袋式除尘器：脉冲袋式除尘器（见图5—39）的特点是周期性地向滤袋内喷吹压缩空气，以清除滤袋积灰，使滤袋效率保持恒定，这种清灰方式效果好，不损伤滤袋。脉冲袋式除尘器的种类很多，如 SCC 型低压喷吹脉冲袋式除尘器、SSB 型顺喷脉冲袋式除尘器、

DMC 型国标脉冲袋式除尘器（表 5－19 为 DMC 除尘器技术指标），YMC 型圆筒脉冲袋式除尘器、SMC 型各种规格脉冲袋式除尘器等等。脉冲袋式除尘器处理量大、性能稳定、使用寿命长、应用范围广。

图 5－39　DMC 型圆筒脉冲袋式除尘器外形

表 5－19　DMC 型除尘器技术指标

技术性能	DMC24II	DMC36II	DMC48II	DMC72II
过滤面积，m²	18	27	36	54
滤袋数量，个	24	36	48	72
滤袋规格，mm	φ120×2 000	φ120×2 000	φ120×2 000	φ120×2 000
处理风量，m³/h	2 160～4 320	3 240～6 480	4 320～8 640	6 480～12 960
工作温度，℃	<120	<120	<120	<120
设备阻力，Pa	1 200～1 500	1 200～1 500	1 200～1 500	1 200～1 500
除尘效率，%	99～99.5	99～99.5	99～99.5	99～99.5
过滤风速，m/min	2～4	2～4	2～4	2～4
清灰喷吹压力，MPa	0.5～0.7	0.5～0.7	0.5～0.7	0.5～0.7
压缩空气耗量，m³/min	0.1～0.3	0.1～0.5	0.2～0.7	0.25～1
电磁脉冲阀，个	4	6	8	12
脉冲控制仪	LMK	LMK	LMK	LMK
外形尺寸，mm	1 710×1 000×3 670	1 710×1 400×3 670	1 710×1 800×3 670	1 710×2 600×3 670
排灰电机过滤，kW	0.75	0.75	1.1	1.1
设备重量，kg	865	1 060	1 334	1 680
参考价格，万元	1.63	1.85	2.20	2.70

(2) 离心水膜除尘器:CLS 型水膜除尘器适用于清除空气中不与水发生反应的粉尘,当含尘量小于 2 000mg/m³ 时可直接采用,大于 2 000mg/m³ 时可作为第二级除尘。喷嘴前水压不小于 0.03MPa。入口风速应保证 17～23m/s。另外,卧式旋风水膜除尘器按脱水方式分檐板脱水和旋风脱水两种,按导流片旋转方向分顺时针方向(S)和逆时针方向(N)两种,按进气方式分 A 式(垂直向上)和 B 式(水平)两种。

(3) 洗浴式除尘器:CCJ/A 型冲激式除尘机组用于净化无腐蚀性、温度不大于 300℃ 的含尘气体,特别是对于含尘浓度较高的场合更为合适。对于净化具有一定粘性的粉尘,也能获得较好的效果。

(4) 电除尘器:电除尘器由本体和高压静电发生器组成。含尘气体在接有高压直流电源的阴极线和接地的阳极板之间所形成的高压电场通过时,由于阴极发生电晕放电,气体被电离,此时,带负电的气体离子,在电场力的作用下,向阳极运动,在运动中与粉尘颗粒相碰,使尘粒带负电;带电后的粉尘在电场力的作用下亦向阳极运动,达到阳极后,放出所带的电子,尘粒则沉积在阳极板上,得到净化的气体排出除尘器外。电除尘具有以下优缺点。

a) 净化效率高,能捕集 0.1μm 以上的细颗粒粉尘。在设计中可以通过不同的操作参数来满足所要求的净化效率。

b) 气体处理量大,可以完全自动控制,且阻力损失小(一般在 196Pa 以下),与旋风分离器相比,其供电机组和振打机构的总耗电能都较小。

c) 设备比较复杂,制造、安装和维护管理水平较高。受气体温度、湿度的操作影响较大;对粉尘有一定的选择性,广泛应用于发生炉煤气和焦炉煤气(除去焦油和粉尘)和除酸雾废气等的净化。

C. 旋风分离器

旋风分离器是利用气固两相密度差的不同,而实现的气固分离设备。它利用固体颗粒作圆周运动时产生的离心力而加快其沉降过程。

(1) 操作条件对旋风除尘器性能的影响。

a) 入口风速:从降低阻力考虑,希望它低些,从提高处理风量和效率考虑,高些较好,但超过一定限度时,阻力激增,而效率增加甚微。最佳入口风速因旋风分离器的结构和处理气体温度不同而异,设计中一般选取 12～18m/s。

b) 气体温度:不同的气体温度将引起气体的密度和粘滞系数发生变化。当温度升高时,气体的相对密度减小,但粘滞系数增大。相对密度的减小,使阻力降低,而粘滞系数增大,会使粉尘粒子沉降速度降低,导致效率降低。

c) 气体湿度:气体的湿度在露点以上时,对旋风分离器工作影响不大。如果在露点以下,则产生凝结水滴,会使粉尘粘于壁上,因此,必须使气体的温度高于露点 20～25℃。

d) 粉尘的相对密度和粒度:粉尘的相对密度和粒度对阻力几乎没有影响,但对效率影响极大。粉尘的相对密度大,粒度粗时,各种旋风除尘器都能得到较高的效率;而粉尘相对密度小,粒度细时,效率则大大降低。

e) 含尘气体的浓度:气体含尘浓度高时,一般情况下净化效率也高,此时,由于粉尘粒子摩擦损失增加,气流旋转速度降低,阻力也有下降趋势。可见,旋风除尘器用于净化高浓度的气体或第一级净化较为合适。

　　f) 漏风:旋风除尘器漏风时,特别是通过旋风分离器下部集尘箱和卸尘阀漏风时,其效率将急剧下降。当漏风率为 5%时,净化效率将由 90%降到 50%,漏风率达 15%时,效率将下降为零。为防止漏风获得较高的效率,在除尘器下部排尘口可设置集尘箱或隔离锥。

　　(2) 几种常用旋风除尘器。

　　a) CLK 扩散式旋风除尘器适用于冶金、铸造、建材、化工、粮食、水泥等行业中,用于含尘浓度高且颗粒较粗的场合,捕集干燥的非纤维性粉尘。其主要特点是筒身呈倒圆锥形,减少了含尘气体自筒身中心短路到出口去的可能性。并装有倒圆锥形的反射屏,以防止二次气流将已分离下来的粉尘重新卷起,被上升气流带出,提高了除尘效率。一般入口气速为 12~16m/s。

　　b) XLP 型旋风分离器,包括 XLP/A 和 XLP/B 型两种形式。它是在一般除尘器的基础上增设旁路分离室的一种除尘器,由于旁路作用,有利于含尘气体中较细粉尘的分离。XLP/A 型用于锅炉烟气除尘时,适宜的入口气速可选 12~20m/s,压降常为 490~880Pa,除尘效率可达 85%~90%。XLP/B 型已成功应用于炼油催化裂化装置及丙烯腈装置中。

5.5　传质设备

　　传质设备是实施气液两相、液液两相以及气液固三相之间的物质传递过程的设备。在化工生产中,常用于气液传质过程的设备有蒸馏塔、吸收塔、洗涤塔、闪蒸塔、蒸发器、增湿塔、减湿塔及干燥塔等。另外,用于液液萃取的设备有萃取塔。

　　传质设备很多,用于蒸馏和吸收过程的板式塔和填料塔是典型的塔设备,其均为非标设备,应根据工艺条件设计。有关设计详细方法及示例可在参考文献[3],[14]中查到,限于篇幅,本节仅对一般设计方法作一些叙述。

5.5.1　板式塔和填料塔

5.5.1.1　蒸馏塔的设计
蒸馏塔设计的程序如下:

　　(1) 列出分离要求:达到产品的质量标准;

　　(2) 操作条件选择:间歇或连续,操作压力;

　　(3) 设备选型:板式塔或填料塔;

　　(4) 塔板数和回流比确定:理论板数或级数;

　　(5) 塔尺寸确定:直径,实际塔板数或级数;

　　(6) 塔内部构件设计:塔板,分布器,填料支承板;

　　(7) 机械设计:塔容器和内部构件。

5.5.1.2　板式塔或填料塔的选择
板式塔和填料塔均可用作蒸馏、吸收等气液传质过程,但在两者之间进行选择和比较时,应考虑各塔的优缺点。随着规整填料的开发,填料塔有了很大的发展。表 5－20 为板式塔和填料塔的比较。

表 5—20 板式塔和填料塔的比较

项　　目	板　式　塔	填　料　塔
压降	较大	散装填料较大,规整填料较小
空塔气速	较大	散装填料较小,规整填料较大
塔效率	较稳定,效率较高	传统散装填料低,新型散装及规整填料较高
持液量	较大	较小
液气比	适应范围较大	对液量有一定要求
安装检修	较容易	较难
材质	金属材料	金属或非金属材料
造价	大直径较低	新型填料投资较大

A. 在进行板式塔和填料塔选型时,优先选用填料塔的情况

(1) 新型填料具有很高的传质效率,在分离程度要求高的情况下,采用新型填料的填料塔可降低塔的高度。

(2) 新型填料的压降较低,因此适于真空操作及热敏性物料的分离。

(3) 填料塔可用非金属材料制造,因此适合处理腐蚀性物料系统。

(4) 填料塔中是液相分散,气相不是以气泡形式通过液相,因此适用于处理易发泡的物系,以减少发泡的危险。

(5) 由于填料塔持液量较小,因此为了安全起见,对于有毒或易燃物系需要维持较小的液量。

(6) 当塔径小于 0.7m 时,选用填料塔。

B. 优先考虑板式塔的情况

(1) 板式塔内液体滞料量较大,操作负荷范围较宽,操作易于稳定,对进料浓度的变化也不敏感。

(2) 适于液相负荷较小的情况,因为这时填料塔中填料的润湿小而难保证分离效果。

(3) 对易结垢、有结晶或少量固体颗粒的物料,板式塔堵塞的危险性小。

(4) 对于需要设置内部换热元件(如蛇管)或需要多个侧线进料或出料口时,板式塔结构易于实现。

(5) 安装、检修、清洗方便。

(6) 高压操作时,塔内气液比过小,采用板式塔较多。

5.5.1.3　板式塔设计

板式塔主要有泡罩塔、浮阀塔和筛板塔。因此板式塔设计主要是选择塔型、选择流体流动形式、选择操作状态——鼓泡态或喷射态。一般蒸馏过程为鼓泡态,选择较小的孔直径;吸收过程选择较大的孔径,操作也可在喷射状态下进行。

A. 塔板设计典型的程序

(1) 计算气相与液相负荷的最大值与最小值;

(2) 收集或估算系统的物性数据;

(3) 选择板间距(试差值);

（4）根据液泛速度估计塔径；

（5）决定液体流型；

（6）塔板初步布置：降液管、开孔区、孔径、堰高；

（7）泄漏点校核，若不满意，返回（6）；

（8）板压降校核，若不满意，返回（6）；

（9）降液管校核（溢流液泛校核及降液管内停留时间校核），若太大，返回（6）或（3）；

（10）塔板布置详图：安定区，不开孔面积，孔间距校核，若不满意返回（6）；

（11）根据选定的塔径重新计算液泛百分比；

（12）液沫夹带校核，若过高返回（4）；

（13）优化设计：重复（3）～（12）求得最小塔直径和可接受的板间距，要求所需的成本最小；

（14）最终设计：绘出塔板的详细布置图及负荷性能图。

B. 示例

[例5—4]现有苯（1）和甲苯（2）的混合物需进行分离，原料摩尔组成为 $X_1 = 0.25$，要求 $X_{D1} = 0.98$，$X_{W1} = 0.085$，确定其最佳设计方案。

这是一个典型的精馏设计问题，要确定塔板数、回流比及进料板位置。如何确定这些参数使过程能耗最低，是问题的关键。若没有计算机模拟计算，这一试差过程将十分繁琐费时。现利用 PRO/II 进行计算，只需选择一个精馏计算模块，构造如图5—40所示的计算流程，只需很短的时间即可得到全面的比较，从而确定最佳方案。

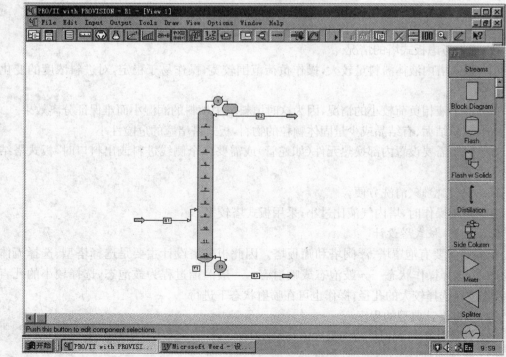

图5—40　精馏计算实例屏幕显示

具体操作步骤如下：

（1）打开 PRO/II，给定文件名，建立新文件 Flash。在未按模拟计算要求将所需数据输入之前，或输入数据不足时，工具栏中有些窗口呈红色，这时无法进行计算，只有当全部工具栏窗口呈蓝色时，方可进行模拟计算。

（2）点开工具栏中的物质窗口（左数第五，呈苯环标志），从数据库中选取计算所涉及物质输入本文件。

（3）点开工具栏中的单位标尺窗口（左数第四，呈尺标志），选择适当的单位。

（4）点开工具栏中的热力学计算窗口（左数第七，呈坐标曲线标志），选择适当的计算方法。该过程压力较高，应选用 S—R—K 状态方程。

（5）选择精馏计算模块，连接物流 S1，S2，S3，方法与前两例类似。

（6）双击 S1，输入物流，选择热力学计算方法，注意与精馏塔选用的方法一致。

（7）双击精馏塔，进入参数输入状态如图 5—41，输入参数和进行参数的调整。

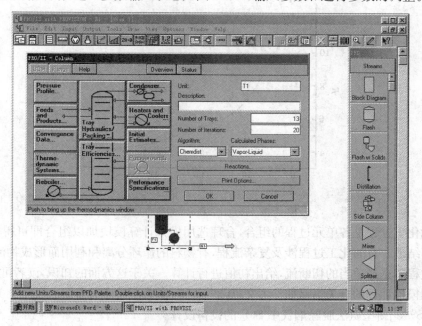

图 5—41　精馏塔数据输入状态屏幕

（8）点开 Pressure Profile，输入塔顶压力和板压降；点开 Feeds and Products 确定进、出料位置；点开 Performance Specification 输入塔的操作参数或分离要求（塔顶、塔底关键组分的浓度），并确定相关参数；由 Thermodynamic Systems 选择精馏塔所采用的热力学计算方法。待所有的框均呈蓝色后，方可进行模拟计算。

（9）此时工具栏及模拟计算流程中均无提示缺乏数据的红色显示，可点工具栏自己的运算窗口（箭头标志）进行计算。当计算正常并收敛时流程呈蓝色，若计算未收敛呈红色。

（10）点开主菜单栏中的 Output 产生输出文件，查看计算结果，打印所需数据。若不收敛，从输出文件中查找问题，修改参数，再进行计算。

在设定塔顶、塔底苯的组成条件后，分别计算不同理论塔板数 N_T 及不同进料位置 N_F

各种情况下的回流比 R 和能耗,Q_D 为塔顶冷凝器移热量,Q_W 为塔釜再沸器加热量,结果见表 5—21。在选定最佳进料位置的条件下,作出回流比随理论塔板的变化如图 5—42。

表 5—21　精馏计算数据

N_T	N_F	R	$Q_D(kJ/h)$	$Q_W(kJ/h)$
9	7	12.3	75 800	77 200
10	7	7.70	49 500	51 800
10	8	7.11	46 200	48 400
10	9	8.18	52 200	54 500
11	8	5.44	36 700	38 900
12	8	4.72	32 500	34 800
12	9	4.52	31 400	33 700
12	10	4.88	33 500	35 700
13	9	4.10	29 000	30 400

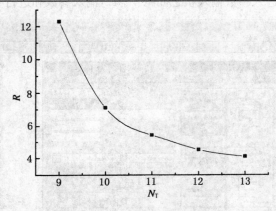

图 5—42　回流比与理论塔板数的关系

　　实际化工过程是各单元过程的组合,合理选用模拟计算模块加以组合即可得到过程的模拟计算结果。有的化工过程涉及复杂流程,有物料的循环分离和利用而形成物流回路,对这一些过程需选择适当的切断流,给出初值进行计算。关于这方面的知识,读者可通过阅读化工过程模拟计算的有关书籍如参考文献[29]获得,本书不作详细介绍。

　　[例 5—5]新型氨法脱除烟气中 SO_2 的设备设计。

　　a. 设计参数

　　(1) 烟气处理量 $1×10^5 m^3(STP)/h$;

　　(2) 烟气中 $\varphi_{SO_2}=3\ 000\ mL/m^3$;

　　(3) 吸收剂亚硫酸铵溶液;

　　(4) 烟气中含尘量为 $2\ 000\ mL/m^3$;

　　(5) SO_2 吸收率为 90%;

　　(6) 中间产品为亚硫酸氢铵溶液,去磷肥厂制磷酸铵并回收 SO_2。

　　b. 工艺计算部分

　　(1) 设气液比为 2 000,吸收塔循环液量为 50m^3/h;

　　(2) 排出中间产物 1.61m^3/h;

（3）若烟气进口 $\varphi_{SO_2}=3\,000\text{mL}/\text{m}^3$，完成 SO_2 90%吸收率，理论板数不到 2 块。

c. 筛板塔设计依据

根据工艺数据进行喷射状态下大孔筛板塔的设计。

喷射状态下大孔筛板塔的主要结构参数有塔板直径 D、板间距 H_T、降液管形式、堰长度 L_w 和堰高度 h_w、筛孔直径、孔间距 t、板厚度 δ、开孔率 Φ、降液管底隙。通过设计计算确定这些结构参数。

（1）烟气处理量 $1\times10^5\text{m}^3(\text{STP})/\text{h}$；

（2）水膜除尘后，烟气温度 74.5℃；

（3）吸收段温度 50℃～55℃；

（4）吸收塔空速 3.5～4m/s；

（5）水洗，主要为降温与除尘，在第 1,2 块塔板上进行；

（6）一段吸收为浓溶液吸收段，在第 4,5 块塔板上进行；

（7）二段吸收为稀溶液吸收段，在第 7 块塔板上进行；

（8）一段吸收为洗涤液吸收段，在第 9 块塔板上进行。

d. 设计计算

（1）塔径，由实验测定，大孔筛板塔的液泛气速 $u_f=4.3\text{m/s}$，取液泛点气速的 80%作为设计气速，$u=4.3\times0.80=3.44\text{m/s}$。取 $u=3.5\text{m/s}$ 进行计算。

将烟气的标准气量换算为实际气量：

$$V_s=1\times10^5\times(273+74.5)/273\times3\,600=35.358\,2\ \text{m}^3/\text{s}$$

塔径为：

$$D=\sqrt{\frac{V_s}{0.785u}}=\sqrt{\frac{35.358\,2}{0.785\times3.5}}=3.59\text{m}$$

根据塔设备系列化规格，将塔径 D 圆整为 $D=3\,600\text{mm}$。在喷射状态下操作，虽然塔板上清液层高度很小，但考虑到单溢流塔板流体的流程较长，对气液分布会造成影响，所以选择双溢流型塔板，并取堰长 $L_w=0.6D$。

（2）板间距，板间距对塔的雾沫夹带和液泛气速都有着重要影响，一般可根据塔板进行选择。在烟气脱硫中，由于气液比大，液体量较小，板间距的选择主要考虑雾沫夹带的影响以及安装及维修的方便。为此选择板间距 $H_T=1\,200\text{mm}$。

（3）塔板结构。

a）为避免液体进口处漏液，进口堰采用鼓泡促进器；

b）采用弓形降液管，选择降液管底部与塔板之间的距离 h_0；

c）确定出口安全区 W_S 及边缘区宽度 W_C；

d）选定塔板的厚度 δ，筛板直径 d_0 及孔间距；

e）设定筛孔气速 u_0。

由此可计算得到开孔率为 0.245。

e. 塔板校核

（1）板间距校核　板间距的选择与塔径有关，现板间距为 1 200mm，扣去除沫装置高度，实为 800mm，以下进行溢流液泛的校核。

浓液吸收段为发泡体系,取 $\phi=0.3$,降液管内泡沫层高度 H_{fd} 为:

$$H_{fd}=H_d/\phi \qquad (5-23)$$

降液管内清液层高度 H_d 为:

$$H_d=h_w+h_{ow}+\sum h_f+h_f \qquad (5-24)$$

$$h_{ow}=2.84\times10^{-3}E\left[\frac{L_h}{l_w}\right]^{2/3}=2.84\times10^{-3}\times1.025\left[\frac{50}{2\times2.16}\right]^{2/3}=0.0149\text{m}$$

式中 $h_w=0.02\text{m}$

$$\sum h_f=0.153\left[\frac{L_h}{l_wh_0}\right]^2=0.153\left[\frac{50}{3\,600\times2.16\times0.02}\right]^2=0.0158\text{m}$$

$\Delta=0$,$h_f=0.04$,将数据代入式(5-24),得 $H_d=0.0907\text{m}$

$H_d/\phi=0.0907/0.3=0.302\text{m}<H_T$

因此降液管不会发生溢流液泛。

(2) 干板压降的校核,干板液降表示为:

$$h_d=510\left(\frac{\rho_G}{\rho_L}\right)\left(\frac{u_0}{C_0}\right)^2 \qquad (5-25)$$

式中,C_0——流量系数,由下式求得:

$$C_0=10^{-3}\left[880.6-67.7\left(\frac{d_0}{\delta}\right)+7.32\left(\frac{d_0}{\delta}\right)^2-0.338\left(\frac{d_0}{\delta}\right)^3\right] \qquad (5-26)$$

式中 δ 为塔板厚度,mm;d_0 为筛孔直径,mm。

因此,可由式(5-26)求得流量系数 $C_0=0.834$,由式(5-25)求得干板压降为148Pa。

(3) 湿板压降的校核,湿板压降可由下式求得:

$$h_f=4.28\left(\frac{u_0}{C_0}\right)^2\left(\frac{V}{L}\right)^{-0.19}\left(\frac{\rho_L}{\rho_0}\right)^{0.88}\left(\frac{u_L}{u_0}\right)^{0.069} \qquad (5-27)$$

设计液体流量 $L=50\text{m}^3/\text{h}$,进口液流强度 $L_w=50/(36.2\times2)=6.9\text{m}^3/(\text{m}\cdot\text{h})$

由此计算得:$h_f=331\text{Pa}$

(4) 雾沫夹带的校核,由雾沫夹带量计算可得 $e_V=5.6\times10^{-4}\text{kgH}_2\text{O}/\text{kg}$ 空气,这相当于夹带量为 72.5kg。

(5) 漏液点校核,由实验测定,10%漏液速度为 9.6~10m/s,由此得塔板的稳定系数:$K=14/9.8=1.43$,因此塔板可稳定操作。

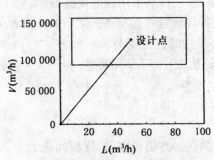

图 5-43　喷射状态下大孔径筛板的负荷性能图

f. 负荷性能图

由设计计算可得大孔径的筛板塔喷射状态下的负荷性能图,如图5—43所示。由此设计的塔结构尺寸如图5—44所示。

5.5.1.4 填料塔设计

填料塔是最常用的气液传质设备,广泛应用于精馏和吸收等单元操作。填料塔一般采用金属制造,当处理腐蚀性流体时,也可采用非金属材料如塑料、玻璃钢等制造。填料是填料塔的核心,主要分为散装填料和规整填料。目前开发了一些高效率的散装填料,如阶梯环、矩鞍形填料等,新型的规整填料解决了流体的均布问题,使填料塔的最大塔径可达14～18m。由于规整填料的压降较小,有些精馏过程如苯乙烯精制等已由填料塔取代了原先的板式塔。

填料塔的设计程序如下:

(1) 选择填料形式及尺寸;

(2) 根据工艺的分离要求,确定塔高;

(3) 根据通量,即处理气相与液相负荷,确定塔径;

(4) 塔内部构件的选择与设计:填料支承、液体分布器和液体再分布器。

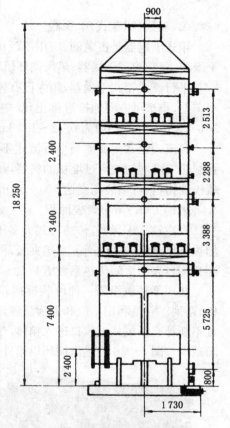

图5—44 吸收塔结构示意图

5.5.2 干燥设备

干燥设备广泛应用于生产和生活,除去原料和各种产品中的水分或溶剂,便于运输、贮藏和使用。

由于工业上被干燥的物料种类繁多,物性差别也很大,因此干燥设备的类型也是各种各样的,差别主要在于干燥装置组成单元不同,供热方式不同,干燥器内的空气与物料的运动方式不同等。干燥设备结构差别很大,故至今没有一个统一的分类方法,目前大致分类如下。

(1) 按操作方式分类,分为连续式和间歇式。

(2) 按热量供给方式分类,可分为传导、对流、介电、红外线。

传导供热的干燥器有厢式真空、搅拌式、带式真空、滚筒式、间歇加热回转式等。

对流供热的干燥器有厢式、穿流循环、流化床、喷雾干燥、气流式、直接加热回转式、穿流循环、通气竖井式移动床等。

介电供热的干燥器有微波、高频。

红外线供热的干燥器有辐射器。

(3) 按物料进入干燥器的形状分类。湿物料可为片状、纤维状、结晶颗粒状、硬的糊状物、预成型糊状物、淤泥、悬浮液、溶液等。

(4) 按附加特征的适应性分类。有危险性物料、热敏感性物料和特殊形状产品等。

5.5.2.1　常用干燥器

A.　箱式(间歇式)干燥器

箱式干燥器是古老的、应用广泛的干燥器。包括有平行流式箱式干燥器、穿流式箱式干燥器、真空箱式干燥器、热风循环烘箱四种。

平行流式箱式干燥器,箱内设有风扇、空气加热器、热风整流板及进出风口。料盘置于小车上,小车可方便地推进推出,盘中物料填装厚度 20～30mm,平行流风速一般为 0.5～3m/s。蒸发强度一般为 0.12～1.5 kgH$_2$O/(h·m^2)盘表面积。

穿流式箱式干燥器与平行流式不同之处在于料盘底部为金属网(孔板)结构。导风板强制热气流均匀地穿过堆积的料层,其风速在 0.6～1.2m/s,料层高 50～70mm。对于特别疏松的物料,可填装高度达 300～800mm。其干燥速度为平行流式的 3～10 倍,蒸发强度为 24 kgH$_2$O/(h·m^2)盘表面积。

真空箱式干燥器,传热方式大多用间接加热、辐射加热、红外加热或感应加热等。间接加热是将热水或蒸汽通入加热夹板,再通过传导加热物料,箱体密闭在减压状态下工作,热源和物料表面之间传热系数 $K=12～17W/(m^2·K)$。图 5-45 为真空箱式干燥器外形。

热风循环烘箱是一种可装拆的箱体设备,分为:CT 型(离心风机)、CT-C 型(轴流风机)系列。它是利用蒸汽和电为热源,通过加热器加热,使大量热风在箱内进行热风循环,经过不断补充新风从进风口进入箱体,然后不断从排湿口排除湿热空气,使箱内物料的水分逐渐减少。图 5-46 为热风循环烘箱外形。

图 5-45　真空箱式干燥器外形　　　　　　　图 5-46　热风循环烘箱外形

B.　带式干燥器

带式干燥器是物料移动型干燥器。分平行流和穿气流两类,目前以穿气流式使用为多,其干燥速率 2～4 倍于平行流式,主要用于片状、块状、粒状物料。由于物料不受振动和冲击,故尤其适用于不允许破碎的颗粒状或成形产品,图 5-47 为带式干燥机外形。

带式干燥器按带的层数分有:单层带式、复合型、多层带式(多至 7 层)。按通风方向分有:向下通风型、向上通风型、复合型。按排气方式分有:逆流排气式、并流排气式、单独排气式。DW 型带式干燥器的技术指标如表 5-22 所示。

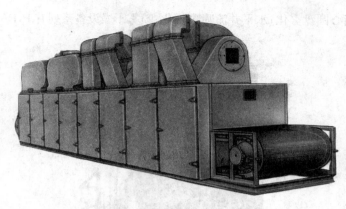

图5—47 带式干燥机外形

表5—22 DW型带式干燥机技术指标

型号	DW—1.2—8	DW—1.6—10	DW—2—10
单元数	4	5	4
带宽(m)	1.2	1.6	1.2
干燥段长(m)	8	10	8
铺料厚度(mm)	10~80	10~80	10~80
使用温度(℃)	50~120	50~120	50~120
蒸汽压(MPa)	0.2~0.6	0.2~0.6	0.2~0.6
蒸汽耗量(kg/h)	120~300	170~470	120~300
干燥时间(h)	0.2~1.2	0.25~1.5	0.2~1.2
干燥强度(kg 水/h)	60~160	95~250	60~160
风机数量(台)	5	6	5
风机总功率(kW)	9.9	12.1	9.9
设备总功率(kW)	11.4	13.6	11.4
外形尺寸(mm)	10 000×1 500×3 150	12 000×1 910×3 150	10 000×1 500×3 150
总重(kg)	4 800	6 550	4 800

C. 喷雾干燥器

喷雾干燥是一种使液体物料经过雾化,进入热的干燥介质后转变成粉状或颗粒状固体的工艺过程。在处理液态物料的干燥设备中,喷雾干燥有其特殊的优点。首先,其干燥速度迅速,因被雾化的液滴一般为 $10\sim200\mu m$,其表面积非常大,在高温气流中,瞬间即可完成95%以上的水分蒸发量,完成全部干燥的时间仅需 $5\sim30s$,其次,在恒速干燥段,液滴的温度接近于使用的高温空气的湿球温度(例如在热空气为180℃时,约为45℃),物料不会因为高温空气影响其产品质量,故而热敏性物料、生物制品和药物制品、基本上能接近真空下干燥的标准。此外,其生产过程较简单,操作控制方便,容易实现自动化。但由于使用空气量大,干燥容积也必须很大,故其容积传热系数较低,为 $58\sim116W/(m^2 \cdot ℃)$。

图5—48为喷雾干燥器,根据喷嘴的形式可分为压力式喷雾干燥、离心式喷雾干燥和气流式喷雾干燥,根据热空气的流向与雾化器喷雾流向的并、逆、混,喷雾干燥器又可分为:垂直逆流喷嘴雾化;垂直下降并流喷嘴雾化;垂直上喷并流喷嘴雾化;垂直上喷逆流喷嘴雾化;

垂直下降并流离心圆盘雾化;水平并流喷嘴雾化;喷雾干燥设备系列有 P,PA,PB,PC,PD 型。

图 5-48 喷雾干燥机外形

D. 气流干燥器

气流干燥装置主要由空气加热器、加料器、干燥管、旋风分离器、风机等设备组成。气流干燥的特点是:

a) 由于空气的高速搅动,减少了传质阻力,同时干燥时物料颗粒小,比表面积大,因此瞬间即得到干燥的粉末状产品;

b) 干燥时间短,为 0.5 秒至几秒。适应于热敏性物料的干燥;

c) 设备简单,占地面积小,易于建造和维修;

d) 处理能力大,热效率高,可达 60%;

e) 干燥过程易实现自动化和连续生产,操作成本较低;

f) 系统阻力大,动力循环大,气速高,设备磨损大;

g) 对含结合水的物料效率显著降低。

气流干燥器可根据湿物料加入方式分类:有直接加入型、带分散器型和带粉碎机型三种;根据气流管型分类:有直管型、脉冲型、倒锥型、套管型、旋风型。

运行参数如下:操作温度 150℃~600℃,排风温度 80℃~120℃,产品物料温度 60℃~90℃,不会造成过热,干燥时间 0.5~2s,管内气速 10~30m/s,体积传热膜系数 2 320~7 000W/(m² · K);全系统气阻压降约 3.43kPa。

E. 流化床干燥器

(1) 流化床干燥器的特点。

a) 传热效果好。由于物料的干燥介质接触面积大,同时物料在床内不断地进行激烈搅拌,传热效果良好,热容量系数大,可达 2 320~6 960W/(m² · K)。

b）温度分布均匀。由于流化床内温度分布均匀,避免了产品的任何局部过热,特别适用于某些热敏物料干燥。

c）操作灵活。在同一设备内可以进行连续操作,也可以进行间隙操作。

d）停留时间可调节。物料在干燥器内的停留时间,可以按需要进行调整,所以对产品含水量有波动的情况更适宜。

e）投资少。干燥装置本身不包括机械运动部件,装置投资费用低廉,维修工作量小。

（2）流化床干燥器类型。

a）按操作条件分为连续式,间歇式。

b）按设备结构可分为一般流化型（包括卧式、立式多层式等）,搅拌流化型,振动流化型,脉冲流化型,媒体流化型（即惰性粒子流化床）等。

（3）JZL 型振动流化床干燥（冷却）器。

振动流化床是在普通流化床上实施振动而成的。JZL 型振动流化床干燥（冷却）器是目前国内最大系列产品,是由上海化工研究院化学工程装备研究所设计开发的产品。该装置通过振动流态化,能使流化比较困难的团状、块状、粘膏状及热塑性物料均可获得满意的产品。它通过调整振动参数（频率、振幅）,控制停留时间。由于机械振动的加入,使得流化速度降低,因此动力消耗低,物料表面不易损伤,可用于易碎物料的干燥与冷却。

（4）SK 系列旋转闪蒸干燥器。

旋转闪蒸干燥器是一种能将膏粘状、滤饼状物料直接干燥成粉粒状的连续干燥设备。如图 5－49 所示,它是由若干设备组合起来的一套机组,包括:①混合加料器,②干燥室,③搅拌器,④加热器（或热风炉）,⑤鼓风机,⑥旋风分离器,⑦布袋除尘器,⑧引风机。它能把膏糊状物料在 10～400s 内迅速干燥成粉粒产品。它占地小,投资省。干燥强度高达 $400\sim960\mathrm{kgH_2O/(m^2 \cdot h \cdot \,℃)}$,热容量系数可达到 2 300～7 000W/($\mathrm{m^2 \cdot K}$)。

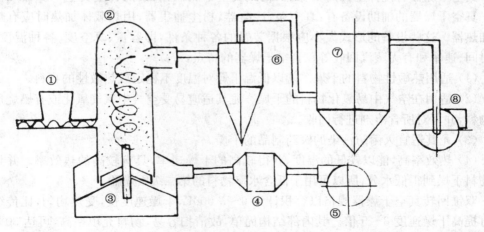

图 5－49　旋转闪蒸干燥原理图

F. 立式通风移动床干燥器

在立式通风移动床干燥器中物料借自重以移动床方式下降,与上升的通过床层热风接触而进行干燥、用于大量地连续干燥可自由流动而含水分较少的颗粒状物料,其主要干燥物料是 2mm 以上颗粒,例如玉米、麦粒、谷物、尼龙、聚酯切片以及焦炭、煤等的大量干燥。

移动床干燥器的特点是:适合大生产量连续操作;结构简单,操作容易,运转稳定;功耗小,床层压降约为 98～980Pa;占地面积小;可以很方便地通过调节出料速度来调节物料的停留时间。

G. 回转干燥器

这是一种适宜于处理量大、含水分较少的颗粒状物料的干燥器。其主体为略带倾斜,并能回转的圆筒体。湿物料由一端加入,经过圆筒内部,与通过筒内的热风或加热壁面有效地接触而被干燥。

(1) 直接或间接加热式回转圆筒干燥器。

这种回转圆筒干燥器的运转可靠,操作弹性大,适应性强,其技术指标为:直径 $\phi 0.4$～3.0m,最大可达 $\phi 5$m;长度 2～30m,最大可达 150m 以上;L/D 为 6～10;处理物料含水量范围 3%～50%;干品含水量<0.5%;停留时间 5～120min;气流速度 0.3～1.0m/s(颗粒略大的达 2.2m/s);容积传热系数 115～350 W/(m² · K);流向有逆流和并流;进气温度为 300℃时,热效率为 30%～50%,进气温度为 500℃时,热效率为 50%～70%。

(2) 穿流式回转干燥器。

穿流式回转干燥器又称通风回转干燥器,按热风吹入方式分端面吹入型和侧面吹入型两种。穿流式回转干燥器特点是其容积传热系数为平行流回转干燥器的 1.5～5 倍,达到 350～1 750W/(m² · K);干燥时间较短为 10～30min,物料破损较少;物料留存率较大,为 20%～25%(平行流回转器约 8%～13%);操作稳定、可靠、方便。对干品水分要求很低的塑料颗粒干燥至 0.02%,也有实例。它可以通过延长滞留时间来达到。对高含水率(达 70%～75%)的高分子凝聚剂,同样可以有效地进行干燥。

H. 真空干燥器

真空干燥器有搅拌型圆筒干燥器、耙式真空干燥器、双锥回转型真空干燥器几种形式。真空干燥器的辅助设备有:真空泵、冷凝器、粉尘捕集器,用热载体加热时应有热载体加热器。这些设备的形式大小应根据装置的各种条件,即容量、真空度、各种温度、各种时间、速率和有无蒸汽回收等。真空干燥器的特点:

(1) 适用热敏性物料的干燥。能以低温干燥对温度不稳定或热敏性的物料。

(2) 适用在空气中易氧化物料的干燥。尤其适应易受空气中氧气氧化或有燃烧危险的物料,并可对所含溶剂进行回收。

(3) 尤其适宜灭菌防污染的医药制品的干燥。

(4) 热效率高,能以较低的温度,获得较高的干燥速率,具有较高的热效率。并且能将物料干燥到很低水分,所以可用于低含水率物料的第二级干燥器。

双锥回转真空干燥器规格以容积计为 6～5 000L,干燥速度快,受热均匀,比传统烘箱可提高干燥速度 3～5 倍。其内部结构简单,故清扫容易,物料充填率高,可达 30%～50%,对于干燥后容积有很大变化的物料,其充填率可达 65%。

I. 滚筒干燥器

滚筒干燥器的特点是:

(1) 热效率 70%～90%;

(2) 干燥速率大,筒壁上湿料膜的传热与传质过程由里向外,方向一致,温度梯度较

大,使料膜表面保持较高的蒸发强度,一般可达 $30\sim70kgH_2O/(m^2\cdot h)$;

(3) 干燥时间短,约 $10\sim15s$,故适合热敏性物料;

(4) 操作简便,质量稳定,节省劳动力,如果物料量很少,也可以处理。

滚筒干燥器的一般技术参数:

(1) 传热速度为 $520\sim700W/(m^2\cdot K)$;

(2) 干燥时间 $5\sim60s$;

(3) 筒体转速 $N=4\sim6r/min$(对稀薄液体 $N=10\sim20r/min$);

(4) 液膜厚度 $0.3\sim5mm$;

(5) 干燥速度 $15\sim30kgH_2O/(h\cdot m^2)$;

(6) 温差 $\Delta t=40℃\sim50℃$;

(7) 功率(P/m^2)为 $0.44\sim0.52kW/m^2$;

(8) 热效率 $\eta=70\%\sim90\%$。

5.5.2.2 干燥设备的选型与计算

A. 选型原则

干燥设备的操作性能必须适应被干燥物料的特性,满足干燥产品质量要求,符合安全、环境和节能要求。因此,干燥器的选型要从被干燥物料的特性、产品质量要求等方面着手,选型条件如下。

(1) 与干燥操作有关的物料特性。

a) 物料形态,被干燥的湿物料除液体、泥浆状外,尚有卫生瓷器,高压绝缘陶瓷,木材以及粉状,片状,纤维状,长带状等各种形态的物料。物料形态是考虑干燥器类型的一大前提。

b) 物料的物理性能,通常包括密度、堆积密度、含水率、粒度分布状况、熔点、软化点、粘附性、融变性等等。

c) 物料的热敏性能,这是考虑干燥过程中物料温度的上限,也是确定热风(热源)温度的先决条件,物料受热以后的变质、分解、氧化等现象,都是直接影响产品质量的大问题。

d) 物料与水分结合状态,几种形态相同的不同物料,它们的干燥特性却差异很大,这主要是由于物料内部保存的水分的性质有结合水和非结合水之分的缘故。反之,若同一物料,形态改变,则其干燥特性也会有很大变化,从而决定物料在干燥器中的停留时间,这就对选型提出了要求。

(2) 对产品品质的要求。

a) 产品外观形态,如染料、乳制品及化工中间体,要求产品呈空心颗粒,可以防止粉尘飞扬,改善操作环境,同时在水中可以速溶,分散性好。

b) 产品终点水分的含量和干燥均匀性。

c) 产品品质及卫生规格,如对食品的香味保存和医药产品的灭菌处理等特殊要求。

(3) 使用者所处地理环境及能源状况的考虑。

地理环境及建设场地的考虑;环保要求,若干燥产品的排风中有含毒粉尘或恶臭等,从环保出发要考虑到后处理的可能性和必要性;能源状况,这是影响到投资规模及操作成本的首要问题,这也是选型不可忽视的问题。

(4) 其他。

物料特殊性,如毒性、流变性、表面易结壳硬化或收缩开裂等性能,必须按实际情况进行特殊处理。应考虑产品的商品价值状况。被干燥物料预处理,即被干燥物料的机械预脱水的手段及初含水率的波动状况等。

B. 计算示例

[例5-6]用通风回转干燥器将平均粒径为15mm的块状物料以5t/h(干量)从含水率22%(干基)干燥到2%(干基),试计算干燥器的容积、干燥所需热量、风量及回转所需的功率。热风温度取干燥器入口处为280℃,出口为100℃,干燥产品温度为90℃。此外回转圆筒内风速为10m/min。

设计计算如下:

(1) 干燥必需的热量。

干燥应除去的水分:$\Delta W=5\,000\times(0.22-0.02)=1\,000$kg/h

取水的蒸发潜热:$\Delta H=2\,365.5$kJ/kg,物料的比热容$C_s=1.256$kJ/kg·℃,则干燥所需的热量:

$$q_d=1\,000\times2\,365.5+5\,000\times1.256\times(90-20)=2\,805\,100\text{kJ/h}=2.8\text{GJ/h}$$

(2) 所需风量及热量,取干燥器本体的热损失为干燥必需热量的15%,热风的湿比热容为1.047kJ/kg·℃,

则所需风量为:$G=\dfrac{2.8\times10^6\times1.5}{1.047\times(280-100)}=17\,000$kg/h

因此所需的热量为 $q_t=17\,100\times1.047\times(280-20)=4\,654\,962$kJ/h=4.66GJ/h

(3) 干燥器容积,取物料的平均温度为60℃,对数平均温差为:

$$\Delta t_{ln}=\frac{(280-60)-(100-40)}{\ln\dfrac{280-60}{100-40}}=106℃$$

若容积传热系数$K_v=581.5$ W/(℃·m³ 干燥器),则所需的干燥器容积为:

$$V=\frac{2.8\times10^9}{3\,600\times581.5\times106}=12.6\text{m}^3$$

若取热风吹入床层内的速度为1m/s,则热风量为:

$G=17\,100\times1.62=27\,700$m³/h (280℃,$H=0.025$kg 蒸汽/kg 干气体)

热风吹入的面积为 $F=27\,700/(1\times3\,600)=7.7$m²

若从筒体圆周的1/4吹入热风,则由$(\pi/4)DL=7.7$,$(\pi/4)D^2L=12.6$,

可以得到 $D=1.64$m,$L=5.98$m

若取热风送入部分的直径$D=1.6$m,则干燥器的长度应为:

$$L=\frac{12.6}{\dfrac{\pi}{4}\times1.6^2}=6.3\text{m}$$

另外两端有加料和排料部分,在两端分别加0.8m,则干燥器的总长为8m。

(4) 回转所需功率。回转筒体的圆周速率为10m/min时,回转功率可由$P=0.8DL$求得,即:

$$P=0.8\times1.6\times6.3=8.1\text{kW}$$

[例 5—7] 用气流干燥器将平均粒径为 $15\mu m$ 的脱水滤饼以 2t/h（干量）由水分 20％（湿基）干燥至 2％（湿基），试计算干燥管容积、所需热量、所需风量和排风机功率。

取加速管入口热风温度为 300℃、干燥管出口（旋风分离器入口）为 85℃、产品温度为 65℃。物料比热容为 1.675kJ/（kg 无水产品 · ℃）。

设计计算如下：

（1）干燥必需的热量，干燥前的含水率为 $W_1＝0.2/0.8＝0.25$，干燥后的含水率为：$W_2＝0.02/0.98＝0.0204$，因此干燥应去掉的水分为 $\Delta W＝2\,000（0.25－0.0204）＝459$ kg/h 取水的蒸发潜热：$\Delta H＝2\,365.5$kJ/kg，物料的比热容：$C_s＝1.675$kJ/kg · ℃，则干燥所需的热量：

$$q_d＝459×[2\,365.5＋4.187×（65－20）＋2\,000×1.675×（65－20）]$$
$$＝1\,323\,226\ kJ/h＝1.32\ GJ/h$$

（2）所需风量及热量，取干燥器本体热损失为干燥必需热量的 15％，空气的比热容为 1.047 kJ/kg · ℃

则所需风量为：
$$G＝\frac{1.32×10^6×1.15}{1.047×（300－85）}＝6\,760\text{kg/h}$$

排气湿度 $H_2＝0.015＋459/6\,760＝0.083$ kg 水/ kg 干空气

因此所需热量为 $q_t＝6\,760×1.047×（300－20）＝1\,982\,000$ kJ/h＝1.982 GJ/h

（3）干燥管容积，若取热风与物料的平均温度差加热管入口处与干燥管出口处的对数平均温差：

$$\Delta t_{ln}＝\frac{（300－20）－（85－65）}{\ln\dfrac{300－20}{85－65}}＝98.5℃$$

取干燥管的容积传热系数 $K_v＝1\,163$ W/（℃ · m³ 干燥管），则所需的干燥管容积为：

$$V＝\frac{1.32×10^9}{3\,600×1\,163×98.5}＝3.21\text{m}^3$$

气流干燥管内热风的平均温度和湿度为

$$t_{g1}＝（300＋85）/2＝192.5℃$$
$$H_{W1}＝（0.015＋0.083）/2＝0.049$$

故流经干燥管内的平均风量为：

$G＝6\,760×（0.772＋1.24×0.049）×（273＋192.5）/273＝9\,600\text{m}^3/\text{h}＝2.67\text{m}^3/\text{s}$

若取管内热风的平均流速为 12m/s，则干燥管直径为：

$$D＝\sqrt{\frac{2.67}{（\pi/4）×12}}＝0.53\text{m}$$

由此干燥器的长度应为：$L＝\dfrac{3.21}{（\pi/4）×0.53^2}＝14.6\text{m}$

因此干燥管尺寸为 $\phi530×14\,600$

（4）排风机所需功率。

取排气的温度和湿度为 $t_{g2}＝85℃$，$H_{W2}＝0.083$，则排气量为：

$V_g＝6\,760×（0.772＋1.24×0.083）×（273＋85）/273＝7\,756\text{m}^3/\text{h}＝129\text{m}^3/\text{min}$

设干燥部分压降为:加热器 300Pa,空气过滤器 300Pa,干燥管 1 000Pa,旋风分离器 1 000Pa,袋滤器 2 000Pa,其他为 600Pa,共计为 5.1kPa,取排风机的效率为 60%,则排气所需的功率为:$P=129\times5\,100\times10^{-3}/(60\times0.6)=18.3kW$

5.6 化学反应器

5.6.1 概述

化学反应器是将反应物通过化学反应转化为产物的装置,是化工及其相关工业的核心设备。由于化学反应种类繁多,性质各异,化学反应器的构型及尺寸相差甚远,如窑炉、釜、塔、混合器、高炉、回转窑、反应管等都可进行化学反应,但各种工艺过程完全不同,因此考虑各工艺的特征是十分重要的。

表 5-23　反应器的形式与特点

型 式	适用反应	优 缺 点	生产举例
一级或多级串联搅拌槽	液相,液一液相,液一固相	适用性大,操作弹性大,连续操作时温度浓度易控制	苯的硝化,氯乙烯聚合,釜式法高压聚乙烯
管式	气相,液相	返混小,所需反应器容积小,比传热面大	石脑油裂解,甲基丁炔醇合成,管式法高压聚乙烯
鼓泡塔	气一液相,气一液一固(催化剂)相	气相返混小,液相返混大,温度易调节,气相压降大	苯的烷基化,乙烯基乙炔的合成,二甲苯氧化
填料塔	液相,气一液相	结构简单,返混小,压降小,有温差,填料装卸麻烦	化学吸收,丙烯连续聚合
板式塔	气一液相	逆流接触,气液返混小,流速有限制	苯连续磺化,异丙苯氧化
喷雾塔	气液相快速反应	结构简单,液体表面积大,停留时间受塔高限制,气流速度有限制	高级醇的连续磺化
湿壁塔	气一液相	结构简单,液体返混小,温度及停留时间易调节,处理量小	苯的氯化
固定床	气一固(催化剂或非催化剂)相	返混小,高转化率时催化剂用量少,传热温控不易	乙苯脱氢、氨合成、甲烷蒸汽转化、重整甲醇合成
流化床	气一固(催化剂或非催化剂)相,特别是催化剂失活很快的反应	传热好,温度均匀,易控制,催化剂有效系数大,粒子输送容易,床内返混大,操作条件限制大	石油催化裂化,乙烯氧氯化制二氯乙烷,丙烯氨氧化制丙烯腈
移动床	气一固(催化剂或非催化剂)相,特别是催化剂失活很快的反应	固体返混小,固气比可变性大,粒子输送容易,床内温差大,调节困难	石油催化裂化,矿物的焙烧或冶炼
涓流床	气一液一固(催化剂)相	催化剂带出少,易分离,气液分布要求均匀,温度调节困难	焦油加氢精制和加氢裂化,丁炔二醇加氢
蓄热床	气相,以固相为热载体	结构简单,调节范围广,切换频繁,温度波动大,收率较低	石油裂解,天然气裂解
载流管	气一固(催化剂或非催化剂)相	结构简单,处理量大,固体传送方便,停留时间有限	石油催化裂化
螺旋挤压机式	高粘度液相	停留时间均一,传热较困难,能连续处理高粘度物料	聚乙烯醇的醇解,聚甲醛及氯化聚醚的生产

A. 化学反应器的分类

(1) 按相态可分为均相与非均相;

（2）按操作状态可分为间歇操作、连续操作和半连续操作；

（3）按物料流动状态可分为活塞流或全混流型；

（4）按传热特征可分为等温型、绝热型、非等温非绝热型；

（5）按构造形式可分为管式反应器、搅拌釜式反应器、固定床反应器、移动床反应器、流化床反应器、气液相鼓泡反应器等。

表 5-23 为反应器的形式与特点。

B. 化学反应器的工艺特点

（1）固定床反应器。固定床反应器广泛应用于氨合成、SO_2 氧化制 SO_3，甲烷蒸汽转化、加氢脱硫、丁烯氧化脱氢、乙烯氧化制环氧乙烷、甲醇氧化制甲醛、乙醇氧化制乙醛、甲醇合成等工业过程。

根据以上的工艺，固定床反应器大致有以下一些形式：

a）径向或轴向固定床反应器，大多数反应器为轴向反应器，但当生产能力大，且压降要求小的场合，也可采用径向反应器，如合成氨或合成甲醇反应器。

b）多段间接换热式或多段直接换热式（冷激式），在 SO_2 氧化转化为 SO_3 时，由于是放热反应，受到平衡的限制，因此为达到所需的转化率，必须进行换热和3～5段的接触，因此有多段间接换热式和多段冷激式。

c）间接换热式和冷激式，在合成氨生产中，中小型规模采用的合成塔为间接换热式，大型合成氨厂基本上采用冷激式合成塔。

d）多个固定床反应器串联，在轻汽油馏分催化重整中，由于反应是吸热反应，为使温度控制在 480℃～500℃，防止绝热温降过大，影响反应，故采用多个固定床反应器串联，原料预热及通过反应器后的物料，均进入加热炉加热至 500℃。

e）薄层反应器，对于反应速度非常快的情况，宜在薄层反应器中进行。例如甲醇氧化制甲醛的过程，甲醇与空气混合物在 630℃～650℃，通过 20～30mm 电解银催化剂床层，甲醇大部分转化为甲醛。类似的还有乙醇氧化制乙醛，氨氧化制氧化氮等。

f）列管式固定床反应器，以上 a）～e）反应器形式均为绝热式固定床反应器。若化学反应过程反应热较大，可采用等温反应器形式，即列管式固定床反应器。例如乙烯氧化制环氧乙烷，为控制反应温度，采用列管式换热器，在管程中装有催化剂，反应器壳程间采用冷却剂将反应热移走。

（2）流化床反应器

a）气相催化反应，在气-固相反应中，气相为原料，固相为催化剂的反应称为气相催化反应；流化床的固体颗粒直径通常在 0.1mm 以下，当气体速度稳定后，气固接触良好，床层稳定均匀，催化剂流动性较好，操作稳定，这类反应如丙烯腈的合成反应，丁烯氧化脱氢等。

b）气相非催化反应，在气-固相反应中，若气相与固相均为原料，则称为气相非催化反应。固体颗粒直径通常在 0.25mm 以上，也称为粗粒流化床。煤炭的流化床燃烧（FBC）是一种洁净的燃烧技术，德国 Lurgi 公司首先推出循环流化床燃烧技术，目前此技术已可使锅炉容量达 410t/h，气速为 5～6m/s，携带率为 3～5kg 颗粒/kg 烟气。

c）特殊形式的流化床。

快速流化床,在流化床中,以高速气流吹散微粉状固体颗粒而反应,同时以塔顶的旋风分离器捕集粒子,再循环至塔底流化床。

喷射流化床(Spouted bed)喷射流的特点是气体的吹入方法与颗粒的循环运动在床层底部,使气体以喷射流动方式吹入床层中心部分,颗粒随气体而上升,器壁部分的颗粒则下降,因此颗粒在床层中循环,并与气体接触而反应。

(3) 搅拌釜式反应器。

搅拌釜式反应器借助于搅拌桨叶充分混合釜内流体,尽量使釜内各点的浓度和温度均匀。搅拌釜式反应器除了均匀液相反应外,也广泛用于液—液相反应、气液相反应、气液固催化反应等非均相反应。

a) 单一的搅拌釜式反应器,反应流体的流动接近于完全混合,在连续操作时,其反应收率低于活塞流(管式反应器),为此采用多釜串联,使流体在反应装置中的流动接近于活塞流。

b) 搅拌使釜内的浓度与温度趋于均匀。根据使用情况可分为:低粘度液的均匀液相搅拌,高粘度(聚合反应溶液)的搅拌,气液相搅拌。

(4) 气液相反应。

鼓泡反应器是最常用的气液反应器。各种有机化合物的氧化、各种生化反应、废水处理和氨水碳化等过程,常采用鼓泡反应器。它具有较大的持液量和较高的传质传热效率,适于缓慢化学反应和高速放热的情况。鼓泡反应器主要有空塔式、内置水箱式、内置筛板式、气提式和喷射式。另外还有发生化学反应的吸收过程(吸收塔),可以是填料塔,也可以是板式塔。气液搅拌反应器适合于气体与粘性液体或悬浮性溶液反应系统。

5.6.2 反应器的选型

在选择反应器时,首先判断反应是何种相的形态,其次了解在该相态下可选何种反应装置。表5—24为反应相态和反应器形式的关系。

表 5—24 反应相态和反应器形式

		气相	液相	气固催化	气固	气液	气液固	液液	液固	固固
	固定床			○	△	○	○		△	
	移动床			△	○				△	△
	流化床			○	○		△			
	搅拌釜		○			○	○	○	○	
	鼓泡塔					○	○			
管式	加热炉	○	△			△	△			
	气液两相流					○	△			
	火焰反应器	○			△					
	板式塔							○	△	
	转窑									○

注:○为适用;△为较少使用。

A. 气固相反应器

(1) 对气固相催化反应,由表5—24可见,主要反应器为固定床或流化床。如果反应的效应较小,可选用固定床,通过移热,反应较易控制;如果热效应稍大,可选用列管式固定床反应器;对于强放热反应器(如丙烯腈生产过程,放热量达 750kJ/mol),一般选用流化床反应器。

所以,这类反应器的选择主要考虑:反应的热效应,绝热温升,催化剂允许的温度范围等。

(2)对气固相非催化反应,例如石灰石的煅烧,选择移动床(石灰煅烧窑)较好,因为其结构简单,运转费用较低,对洁净煤技术的流化床燃烧反应,实际是流化床与火焰反应器的结合。

B. 气液相反应器

气液相反应器的选型主要考虑:生产强度,即单位时间单位体积反应器的生产能力;能耗;存在副反应时,考虑反应器形式对选择性的影响;设备投资;操作性能等。关键因素是应使反应器的传递特征和反应动力学特征相适应。

在气液相反应器内,决定其性能的重要参数有持液量、气液界面积、气液相膜内传质系数。以持液量的大小可将气液相反应器分为两类,持液量小的有固定床、板式塔、管式反应器、喷雾塔。持液量大的有搅拌釜式和鼓泡塔。对于反应速度较慢的反应,宜选用持液量大的搅拌釜式或鼓泡塔;对于反应速度快的反应宜选用填料塔、板式塔、湿壁塔、喷雾塔等反应器。

填料塔适于处理腐蚀性强的气液体系,发泡性大的液体。一般散装填料的压降稍大些,但新型的散装填料和规整填料压降均较小。板式塔的持液量可保持一定,同时适宜于含有固体的气体吸收过程,当反应热量大时,可在塔板上设置冷却管移去热量,板式塔的缺点是压降较大。湿壁塔的装置单位体积的接触面积小,容易除去管壁的反应热,可用于磺化或苯的氯化等放热量大的气液反应。喷雾塔应用较少,主要用于压降低及气体中含固体的场合,如电厂烟气脱硫的石灰石膏法。

5.6.3 搅拌釜式反应器

搅拌釜式反应器是一种从实验室试验到工业装置均采用的反应器,容积从 1L 至 200m³ 或更大,压力从真空到 300MPa,温度从零下几十度至零上几百度。由于处理的物系不同,根据温度、压力、腐蚀性,可选用碳钢、不锈钢、搪玻璃、镍、钛等耐腐蚀材料。

A. 搅拌釜式反应器的特性

(1)由于物料性质的不同,搅拌釜式反应器的釜体、搅拌桨、挡板的结构形式也不同,反应器的差别也较大。

(2)搅拌釜式反应器常设加热或冷却装置。

B. 搪玻璃反应器系列

搪玻璃反应器是搅拌釜式反应器中常用的一种定型设备。由含硅量高的玻璃质釉喷涂在钢板表面,经高温搪烧而成。搪玻璃设备的性能有:

a)耐腐蚀性,能耐无机酸、有机酸、有机溶剂及 pH≤12 的碱溶液,但不耐强碱、氢氟酸及磷酸。

b)不粘性,不粘介质,容易清洗。

c)绝缘性,适用于在过程中介质易产生静电的场合。

d) 隔离性,铁离子不会溶入介质。

e) 成品玻璃面耐温差急变性能为:热冲击 120℃,冷冲击 110℃。

(1) 搪玻璃开式搅拌容器。

搪玻璃开式搅拌容器的公称压力小于等于 1.0MPa、公称容积 50～5 000L、介质温度为－20℃～200℃。该容器传动装置有 I 型、II 型和 III 型三种。搅拌器形式有锚式、柜式、叶轮式、桨式。5 000L 搪玻璃开式搅拌容器如图 5－50 所示,部分搪玻璃开式搅拌容器的技术指标如表 5－25 所示。

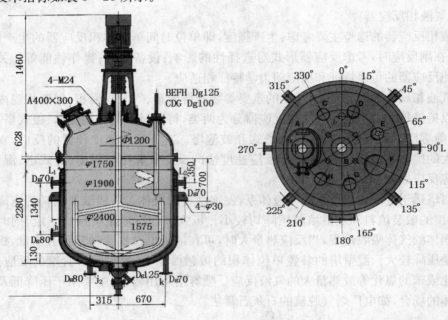

图 5－50 5 000L 搪玻璃开式搅拌容器

表 5－25 搪玻璃反应釜的技术指标表

公称容积 VN(L)	50	200	500	1 500	2 500	5 000
公称直径 DN(mm) L 系列	400	600	900	1 200	1 450	1750
计算容积 VJ(L)	59	218	588	1 641	2 957	5 435
夹套换热面积(m²)	0.55	1.4	2.6	5.8	8.2	13.4
公称压力 PN	容器内:0.25、0.6、1.0MPa;夹套内:0.6MPa					
介质稳定及容器材质	0～200℃(材质为 Q235－A,Q235－B)或高于－20～200℃(材质为 20R)					
搅拌轴公称直径 DN(mm)	40	50	65	80	80	95
搅拌器 功率(kW)	0.55	1.1	2.2	3.0	4.0	5.5
电动机形式	Y 型或 YB 型系列(同步转速 1 500r/min)					
重量(kg)	337	507	904	1 910	3 396	5 274
参考价格(万元)	1.0	1.3	1.8	3.8	4.5	6.5

注:(1) 搅拌器为锚式、框式、桨式、叶轮式。

(2)公称转速:锚式、框式搅拌器 63r/min,80r/min;桨式搅拌器 80r/min,125r/min;叶轮式搅拌器 125r/min。

(2) 搪玻璃闭式搅拌容器。

可用于反应、溶解、结晶、换热等过程。容器的公称压力 ≤1.0MPa、公称容积 2 500～20 000L，介质温度为－20℃～200℃。结构与搪玻璃开式搅拌容器相似，为不可拆式。该容器传动装置有 I 型、II 型和 III 型三种。搅拌器形式有锚式、柜式、叶轮式、桨式。

C. 发酵罐系列

发酵罐是抗生素厂生产中的主要反应设备，其特点是容积大、功率大、消毒要求高。该系列发酵罐有 30,50,70,100m^3 四种，设备内设计压力小于 0.3MPa，设计温度小于142℃。直径 DN 为 2 600～3 800mm，高度与直径之比基本控制在 2～2.5 之间。功率的选用与发酵液质量有很大关系，目前国外在发酵罐上使用的功率最大已达 4kW/m^3，国内只有 1.5～2.0kW/m^3。图 5－51 为发酵罐结构示意图。

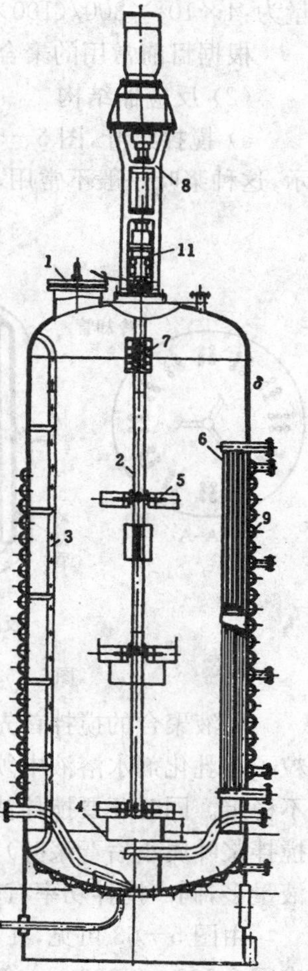

发酵罐系列的特点：

a）系列的完整，功率与转速能适应不同发酵工艺需要。

b）加热（冷却）盘管采用罐外半圆管，有利于罐内消毒、清理。

c）采用三分式联轴器，方便密封部件的检修及拆换，提高检修质量。

d）不设底轴承、中间轴承，以减少污染，延长检修周期。

e）上、下两层采用不同形式搅拌器，增设稳定器提高搅拌效果，保证轴的稳定运转。

f）传动形式采用立式齿轮传动，体积小，运转平稳，便于操作检修。

D. 反应器应用示例

[例 5－9]苯乙烯－丁二烯橡胶乳液（SBR）聚合反应（系液液搅拌反应器）。

(1) SBR 聚合反应器

SBR 聚合采用多釜串联，一般至少为 8 台釜，每釜的停留时间（反应时间）为 1h，总的反应时间为 8h。SBR 的聚合条件如表 5－26 所示。

图 5－51　发酵罐结构示意图
1. 人孔；2. 搅拌轴；3. 扶梯；
4. 稳定器；5. 搅拌桨；
6. 挡板 I（加热式）；7. 联轴器；
8. 立式减速装置；9. 半圆管；
10. 挡板 II；11. 三分式联轴器

表 5－26　SBR 的聚合条件

原料配比	单体 100 份（质量）：丁二烯 70～80，苯乙烯 20～30；水、乳化剂等 200 份（质量）混合液密度：1.0g/cm^3
聚合条件	温度：5℃；反应速度：零级反应（8h 反应率达 60%，然后中止反应）
冷却条件	冷却介质：氨；温度：－10℃；冷却管传热系数：232.6W/m^2・K；平均聚合热：1 256kJ/kg

设生产量为 4.0t/h,当反应率为 60% 时,加终止剂终止聚合反应后,溶液混合物的流量为:$4 \times 10^3 \times 300/(100 \times 0.6) = 2 \times 10^4 kg/h = 20 m^3/h$

根据目前常用的聚合釜为 20m³,选用 8 台串联。

(2) 反应器结构。

a) 搅拌桨叶,图 5—52 为聚合反应器示意图,搅拌桨叶用布鲁马琴型,如图 5—53 所示,这种桨叶一般不常用,但在 SBR 聚合反应器中常用。

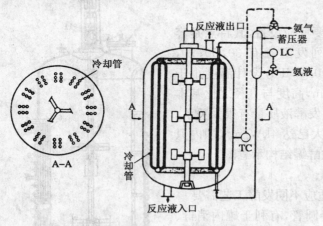
图 5—52 聚合反应器示意图

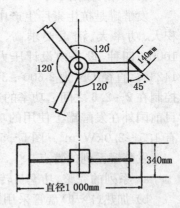
图 5—53 布鲁马琴型搅拌桨叶

乳液聚合的搅拌首先将单体分散在乳化剂水溶液中,在进行聚合时生成的聚合物微粒子在乳化剂水溶液中须保持稳定的分散状态(胶乳状态),因此不能过度搅拌造成粒子不稳定。同时还要搅拌使釜内混合均匀,并除去反应热,所以采用后弯桨叶(布鲁马琴型搅拌桨叶属于后弯桨叶),搅拌功率与釜内循环液流量之比小,即在较小的功率下内循环液量多,同一搅拌功率有较大的传热系数。

由图 5—53 可见,在 20m³ 大型聚合釜中,搅拌桨叶设置 3 段。聚合釜结构尺寸为:内径 2 500~3 000mm,筒体高度约 3 000mm,总高约 4 000mm,桨叶直径为釜内径的 1/2.5~1/3,转速为 100r/min,不设挡板。

b) 换热装置,对 SBR 乳液聚合过程,反应液的粘度低(与水接近),但由于冷丁苯橡胶的聚合温度为 5℃,冷却介质的温度必须更低,因此采用氨直接冷却。冷却面积计算如下:

由表 5—26 可知,聚合热为:$4\,000 \times 1\,256 = 5.024 \times 10^6 kJ/h = 5.024 GJ/h$

SBR 聚合为零级反应,每台釜的聚合热为:$5.024 \times 10^6/8 = 628\,000 kJ/h$

由表 5—26 的传热系数与温度差及聚合反应热,计算冷却面积为:

$$F = \frac{628\,000 \times 10^3}{3\,600 \times 232.6 \times [5 - (-10)]} = 50 m^2$$

在聚合釜设置外夹套冷却,其上下端及筒体合计冷却面积为 30~35m²,比计算面积小,因此需另设置釜内冷却器。采用 $\phi 32 \times 2.5mm$ 钢管,则长度为:

$$L = 50/(\pi \times 0.032) = 497.4 m,取 500 m。$$

每根钢管长 2.5m,需要 200 根,如图 5—51 的 A—A 剖面由 6 根×3 列×12 处可安装 216 根钢管,即可满足移去热量所需的传热面积。

此外,图 5-52 中还表示了氨冷却装置,它是利用氨的蒸发除去聚合热,气氨经蓄压器回到氨压缩机,经压缩液化后返回蓄压器。氨蒸发的管路上有控制阀,通过调节冷却管内氨蒸发的压力以控制聚合釜内的温度。

6 化工厂布置

6.1 厂址选择

6.1.1 概述

化工厂布置是化工厂设计中的重要内容,主要包括三个方面:厂址选择、化工厂总平面布置和车间布置。

新建项目应根据国家规划和地区经济发展,选择适宜于建设该项目的地方进行建厂。例如在上海漕泾建立一个新的化工开发区域,内容包括900kt乙烯装置及高分子材料项目等,这就要选择一个较大面积的地方,故涉及的首要问题是土地资源。另外建厂还有许多规定和条文,这些内容主要可通过参加项目的建设了解和掌握,并应用于工作中。

化工厂总平面布置和车间布置是对化工厂各建构筑物及车间内的设备等设施配置安排合理的布局,便于生产维修,节省投资。这项工作要求工艺设计人员与总图、土建、设备、自控、电力、给排水等专业人员在密切合作下完成。

6.1.2 厂址选择的原则与指标

厂址选择是化工装置建设的一个重要环节,也是一项政策性、技术性很强的工作。厂址选择对工厂的建设进度、投资数量、经济效益、环境保护及社会效益等方面都有重大影响。由于只有厂址选择确定之后,才能估算基建投资额和投产后的生产成本,才能对经济效益、环境影响、社会效益进行分析评估,判断项目的可行性,因此厂址选择工作是可行性研究的一部分,在有条件时,也可在编制项目建议书阶段进行。

A. 厂址选择的基本原则

根据我国国情,选厂工作是在长远规划的指导下选择符合建厂要求的厂址。选择厂址的原则有:

(1) 厂址应符合国家工业布局,城市或地区的规划要求;

(2) 厂址宜选在原料、燃料供应和产品销售便利的地区;

(3) 厂址应靠近水量充足、水质良好的水源地。

(4) 厂址应尽可能靠近原有交通线(水运、铁路、公路),即交通运输便利的地区;

(5) 厂址地区应具有热电的供应;

(6) 选厂址时注意节约用地,不占用或少占用良田。厂区的大小、形状和其他条件应满足工艺流程合理布置的需要,并应有发展的余地;

(7) 选厂时注意当地自然环境条件,并对工厂投产后可能造成的环境影响作出预评价；

（8）厂址应避开低于洪水位或在采取措施后仍不能确保不受水淹的地段；

（9）厂址附近应建立生产污水和生活污水的处理装置；

（10）厂址应不妨碍或不破坏农业水利工程，应尽量避免拆迁；

（11）厂址应避免建在地震、洪水、泥石流等自然灾害易发生地区，采矿区域，风景及旅游地，文物保护区，自然疫源区等。

全部满足以上各项原则是比较困难的，因此必须根据具体情况，因地制宜，尽量满足对建厂最有影响的原则要求。

参与厂址选择工作的设计单位要组建一个由若干个主要专业——工艺、土建、给排水、总图运输、电气、技术经济等专业组成的工作组，并由项目负责人主持工作。由于选厂工作涉及面很广，设计单位承担这项工作时，必须主动争取与业务主管部门，地方政府和建设单位的密切配合和支持，充分听取他们的意见并吸收其中的合理部分，才能将这项工作做好。

B. 拟定选厂指标

（1）拟建工厂的产品方案和规模；

（2）工艺流程和生产特性；

（3）工厂的项目构成；

（4）所需原材料、燃料的品种和数量，供应及运输情况；

（5）全厂年运输量；

（6）全厂职工人数；

（7）水、电、汽等公用工程的耗量；

（8）三废排放量和可能造成的污染程度；

（9）辅助生活设施等特殊要求；

（10）工厂建设所需的面积及其要求。

拟定好选厂指标后，设计人员要踏勘现场，收集资料。踏勘地形图主要检验实际情况与所绘图纸是否相符，以确定如果选用，该区是否要进行重新测量以及厂区自然地形利用方法。在踏勘现场时，应注意核对所汇集的原始资料，并注意随时作出详细记录。一般应踏勘两个以上厂址，经比较后择优建厂。

C. 方案比较和选厂报告

现场踏勘后，开始编制选厂报告。在现场工作的基础上，项目总负责人与选厂工作小组人员进行厂址方案的选择，经过综合、分析，对各方面的条件进行评估，然后作出结论性的意见，推荐出较为合理的厂址，将选厂报告及厂址方案图交主管部门审查。厂址选择报告内容如下：

（1）新建厂的工艺生产路线及选厂的依据；

（2）建厂地区的基本情况；

（3）厂址方案及厂址技术条件的比较，并对建设费用及经营费用进行评估；

（4）对各个厂址方案的综合分析和结论；

（5）当地政府和主管部门对厂址的意见；

（6）厂区总平面布置示意图；

（7）各项协议文件。

6.2　总平面布置

6.2.1　概述

在厂址选择后，化工厂的总平面布置图（习惯称为总图）设计的基本任务是结合厂区的各种自然条件和外部条件，确定生产过程中各种对象在厂区中的位置，以获得最合理的物料和人员的流动路线，创造协调而又合理的生产和生活环境，组织全厂构成一个能高度发挥效益的生产整体。

总平面布置图又称厂区布置，将生产、运输、安全、卫生、管理各部门及车间进行统筹安排，寻求物料和人员的最佳流动布局，因此是全局性的。

总图设计时要结合建厂地区的具体条件（如自然、气候、地形、地质、水文资料，以及厂内外运输、公共设施、厂区协作等），按照原料进厂到成品出厂的整个生产工艺过程，经济合理地布置厂区内的建、构筑物，搞好平面和竖向的关系；组织好厂内外交通运输等。工作中必须遵照国家的有关方针政策，充分利用厂址选择时提出的自然资源、运输、动力和水源等条件，结合地形、地质情况、厂区的卫生、防火的技术要求等因素，在充分做好调查研究的基础上进行分析综合。并须进行总图设计方案的比较，以达到工艺流程合理、总体布置紧凑、投资节省、用地节约、建成后能较快投产的目的。

6.2.2　布置原则及方法

为使化工厂运转正常，综合利用厂区的各种有利因素，总图的布置原则如下：

（1）满足生产和运输的要求：

a）符合生产工艺流程的要求，避免生产流程的交叉往复，使物料的输送距离尽可能做到最短；

b）供水、供热、供电、供汽及其他公用设施尽可能靠近负荷中心，使公用工程介质的运输距离最小；

c）厂区内的道路径直短捷，人流与货流之间避免交叉和迂回。货运量大，车辆往返频繁的设施宜靠近厂区边缘地段；

d）厂区布置还要求厂容整齐，厂区环境优美，布置紧凑，用地节约。

（2）满足安全和卫生要求：

a）化工厂生产具有易燃、易爆和有毒有害等特点，厂区布置应严格遵守防火、卫生等安全规范、标准和有关规定；

b）火灾危险性较大的车间与其他车间的间距应按规定的安全距离设计；

c）经常散发可燃气体的场所，如易燃液体罐区等，应远离各类明火源；

d）火灾、爆炸危险性较大和散发有毒害气体的车间、装置，应尽量采用露天或半敞开的布置；

　　e) 环境洁净要求较高的工厂应与污染源保持较大的距离。

　　(3) 满足有关的标准和规范:

　　总平面布置图的设计应满足有关的标准和规范。常用的标准和规范有:《建筑设计防火规范》;《工矿企业总平面设计规范》;《化工企业总图运输设计规范》;《炼油化工企业设计防火规范》;《石油化工企业设计防火规范》;《厂矿道路设计规范》;《工业企业卫生防护距离标准》。

　　(4) 为施工安装创造条件。工厂布置应满足施工和安装的作业要求,特别是应考虑大型设备的吊装,厂内道路的路面结构和载荷标准等应满足施工安装的要求。

　　(5) 考虑工厂发展。为适应市场的激烈竞争,化工厂布置应为工厂的发展留有余地。

　　(6) 竖向布置的要求,竖向布置主要满足生产工艺布置和运输,装卸对高程的要求。设计标高应尽量与自然地形相适应,力求使场地的土石方工程量为最小。

　　(7) 管线布置,工程技术管网的布置及敷设方式等的合理对生产过程中的动力消耗以及投资具有重要意义。

　　(8) 绿化,绿化是保护自然界生态环境的重要措施,化工厂绿化不仅可以美化环境,还可以减少粉尘等的危害,应与平面布置一起考虑。

6.2.3　平面布置

　　总图设计主要进行化工厂平面布置,即按照工艺路线考虑生产车间或界区的布置,然后根据考虑公用工程(锅炉房、水泵房、变电所)及辅助车间(机修车间、化验室、消防、环保、仓库等)和行政管理建筑物等的布置。在设计中,也可以根据交通运输(公路、铁路)、供电、给排水系统等这些现场条件来考虑工艺装置的位置。厂内服务设施(锅炉房、机修车间、办公室等)可以在工艺装置确定后,再确定它们的位置。最后考虑总图是否符合安全生产等原则。并与规定条文及标准要求进行对照检查,以验证总图设计的合理性。

6.2.3.1　建构筑物的布置

　　生产工艺流程固然是工厂总平面布置的主要依据。但布置厂区建、构筑物时,主要考虑以下因素。

　　A. 总体布置紧凑,节约建设用地,少占或不占农田

地　　在总图布置时一定要合理紧凑地布置厂区建构筑物,减少堆场、管线及道路的占地积。在总图设计中一般常采用以下方法。

　　(1) 合理缩小建、构筑物间距。厂区用地中,建筑间距,道路占用地往往占很大比重。故在满足卫生、防火、安全等要求下,应合理地紧缩建、构物的间距。

　　(2) 厂房集中布置或加以合并。实践证明,厂房集中布置或车间合并是节约用地、减少投资的有效方法。车间合并时,一般同类型的车间如机械、装配、工具、检修等冷加工车间可以合并,金属材料、总仓库、工具库等可以合并,成品库与最后一个生产工序合并。总之,只要能满足生产要求,技术经济合理,就应尽可能将建、构筑物加以合并。根据厂房合并程度的不同,一般有下列几种合并方式:

　　a) 水平方向合并(将几个生产性质相近的车间并成联合车间);

　　b) 垂直方向合并(由单层改为多层);

　　c) 混合方向(单层、多层合并相结合)。

　　上述方式各有优缺点,应视生产性质和需要而定。

　　(3) 充分利用厂区场地。总平面布置时应尽量利用厂区场地,减少用地面积。也可将各厂的水、电、蒸汽、排水等统一集中处理,既可节约建设面积又降低生产成本。

　　B. 合理划分厂区,满足使用要求,留有发展余地

　　对于大型企业,根据各厂之间的关系及生产特点划分厂区,各生产区自成一个系统,便于生产和管理。各区除了满足目前的使用要求外,还应根据建设任务的要求,合理保留备用地,作为今后发展用地。

　　C. 确保安全、卫生和不影响环境

　　化工厂建构筑物在平面相对位置初步确定后,就要进一步确定建筑物的间距。决定建筑物间距,除了防火、防爆、防振、防毒、防噪音、防尘、防辐射等防护要求和通风、采光等卫生要求的因素外,还有地形、地质条件、交通运输、管线布置等因素。

　　(1) 防火要求。建筑物的防火间距是根据生产的火灾危害性、建筑物的耐火等级、建筑面积、建筑层数等因素确定的。一般建、构筑物的防火间距应符合防火的有关规定(石油化工企业设计防火规范 GB50160,1999 年版及建筑设计防火规范 GBJ16－87,2001 年局部修订版)。总平面布置对易燃材料的堆场、仓库及易发生火灾危险的车间,应布置在散发火花和明火火源的上风向,并保证有一定的防火距离。此外,在厂区内还须设置消防通道及设置消防站等设施。

　　(2) 防爆要求。建、构筑物的防爆间距的确定,要同时考虑两建筑物的性质以及它们之间的相对位置关系,以防止相互影响而引起爆炸。如大型乙炔站(生产量在 $100m^3/h$ 以上)与氧气站的最小间距应为 300m。与明火车间的最小距离为 50m,以免火花吹至乙炔排气管范围内而引起爆炸。一般讲,易爆炸车间均应布置在容易散发火花的车间的上风向。对于贮存易爆物的仓库,不仅要有一定的防护间距,而且要有可靠的防护设施。

　　(3) 卫生要求。总平面布置不仅要满足车间的通风、朝向日照、采光等卫生要求,而且要考虑厂区的雨水排除,绿化布置,"三废"治理等要求,这些都应符合国家规定的卫生标准,防止污染环境、以保证人民健康。

　　三废治理是总图设计不可忽视的一个问题。总平面布置时,可将卫生要求相似的车间靠近布置,而将产生大量烟尘、粉尘、有害气体的车间和设备相对集中布置,并设置相应的三废治理装置,以达到国家允许的排放标准。

　　(4) 防振、防震要求。建、构筑物的防振间距是由生产性质、结构措施、振源情况等因素决定。总平面布置时,应尽可能地利用自然地形,将有防振要求的车间离开产生振源的地方。例如利用厂内的河滨把产生振源的车间和要防振的车间隔开,利用厂区的地形将产生振源的车间放在低处等。在地震区,建、构筑物的防震除采取抗震结构措施外,总图布置时,还应注意避免将建、构筑物一部分放在河滨或低洼处,而另一部分放在高处。

　　此外,还有防核辐射、防噪声、防尘等要求。总平面布置时,还要防止这一类建、构筑物(如放射性实验室、空压站、烟囱等)对居住区及有防护要求的生产区的影响,应保证有一定的防护距离,因此总图设计人员,应会同有关部门,合理确定防护措施。

D. 结合地形地质,因地制宜,节约建设投资

总平面布置要同时考虑厂区的地形、地貌、工程地质、水文地质等条件,既要满足生产运输要求,安全可靠,又要力求土石方工程量最小,以达到工程技术上的经济合理。

地形高差较大时,应设计成不同宽度的台阶地。充分利用地形条件,工艺流程可从高处到低处,也可以利用地形高差,设置高位池槽,爬山烟囱等,如图6-1所示。

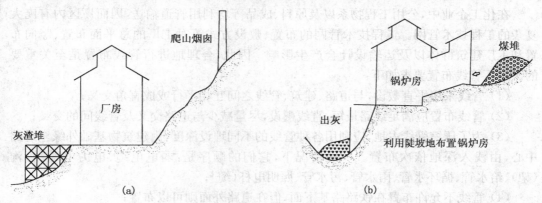

图6-1　地形高差利用举例

总平面布置还要考虑地质条件,特别是山区地质变化复杂,一般山顶土层为残积层,较坚硬稳定,是一种良好的地基,而山脚有时会碰到坡积层,容易滑动。因此,在这种地区建设项目时,一定要进行地质勘探,以免因山体滑坡使整个项目蒙受重大损失。布置建、构筑物时应注意避开岩溶、滑坡、断层等地质。负荷重大的建筑物不应布置在软弱或不稳定的地基上,以防塌方。

E. 厂房具有特色,大方美观

建筑群体在满足生产工艺要求下,合理划分厂区,布置道路运输系统,进行管道综合、竖向布置,环境保护等设计外,它的空间及造型设计应具有特色,简洁、大方、美观、明朗,显示出工厂生气勃勃的形象。

6.2.3.2　运输方式的选择

工厂常用的运输方式主要有铁路运输、公路(道路)运输、水路运输和其他特种运输(如架空索道、管道输送等等)。

厂内外运输方式应根据工厂的货运数量,货运流向,货运性质,货物(包括超限超重的设备)的单位重量和尺寸,以及工厂所在地区的交通运输条件等因素选定。

(1) 水运,水运投资少。在工厂生产中如需要使用大量廉价的原料如煤、矿石、原油等,且工厂邻近海边,一般优先考虑水运。采用水运的条件是具有一定水深的航道及适宜建造码头的地方。

(2) 公路运输,公路运输具有运输方便,灵活性大,适应性强等优点。因此一般货运量不太大的工厂、山区工厂和经常变动货运量的工厂多采用公路运输。

(3) 铁路运输,具有运量大、速度快、不受气候条件的限制,保证性强,运费比公路运费低等优点(比水路运费高)。因此对货运吞吐量大,且就近铁路线,特别有自备的货车或槽车的,主要选择铁路运输,例如:

a) 一般年运量单向大于 60kt 或双向大于 100kt;

b) 有特殊要求者(如油品运输和大件运输);

c) 年运量未达到 a)项规定,但接轨条件较好,取送车方便,线路较短(一般专线长度小于 1km),且经济合理者。

6.2.3.3 管线布置

在化工企业中,公用工程物系以及原料、成品等均利用管道输送,因而厂区内有庞大复杂的工程技术管网。工程技术管网的布置、敷设方式等对工厂的总平面布置、竖向布置和工厂建筑群体以及运输设计会产生影响。因此,合理地进行管线布置是至关重要的。工厂管线布置要求如下:

(1) 管线采用平直敷设,与道路、建筑、管线之间互相平行或成直角交叉;

(2) 管线布置应满足线路最短,直线敷设,尽量减少与道路交叉及管线间的交叉;

(3) 为了压缩管线占地,应利用各种管线的不同埋设深度,由建筑物基础外缘至道路中心,由浅入深地依次布置。一般情况下,它们的顺序是:弱电电缆、电力电缆、管沟(架)、给水管、循环水管、雨水管、污水管、照明电杆(缆);

(4) 管线不允许布置在铁路路基下面,但在道路外面则可以布置;

(5) 管道不应重叠布置;

(6) 主管应靠近主要使用设备单元,并应尽量布置在连接支管最多一边;

(7) 考虑企业的发展,预留必要的管线位置;

(8) 管线交叉时的避让原则是:小管让大管,易弯曲的让难弯曲的,压力管让重力管;新管让旧管等。

此外,管线敷设应该满足各有关规范、规程、规定的要求。

6.2.3.4 工厂绿化

工厂区的绿化设计,应与工厂总平面布置统一考虑,同时进行,并且应该与厂区的环境美化设计结合起来进行。化工厂绿化设计采用"厂区绿化覆盖面积系数"及"厂区绿化用地系数"两项指标,前者用来反映厂区绿化水平,后者反映厂内绿化用地状况。

6.2.4 竖向布置

竖向布置的任务是确定建构筑物的标高以合理地利用厂区的自然地形,使工程建设中土方工程量减少,并满足工厂排水要求。

A. 基本要求

(1) 确定竖向布置方式,选择设计地面的形式;

(2) 确定全厂建构筑物的设计标高,与厂外运输线路相互衔接;

(3) 确定工程场地的平整方案及场地排水方案;

(4) 进行工厂的土石方工程规划,计算土石方工程量,拟定土石方调配方案;

(5) 确定设置各种工程构筑物和排水构筑物。

B. 竖向布置应考虑的问题

(1) 布置方式。根据工厂场地设计的整平面之间连接或过渡方法的不同,竖向布置的方式可分为平坡式、阶梯式和混合式三种。

a）平坡式：整个厂区没有明显的标高差或台阶，即设计整平面之间的连接处的标高没有急剧变化或者标高变化不大的竖向处理方式称为平坡式竖向布置。这种布置对生产运输和管网敷设的条件较阶梯式好，适应于一般建筑密度较大，铁路、道路和管线较多，自然地形坡度小于 4‰的平坦地区或缓坡地带。采用平坡式布置时，平整后的坡度不宜小于 5‰，以利于场地的排水。

b）阶梯式：整个工程场地划分为若干个台阶，台阶间连接处标高变化大或急剧变化，以陡坡或挡土墙相连接的布置方式称阶梯式布置。这种布置方式排水条件较好，运输和管网敷设条件较差，需设护坡或挡土墙，适用于在山区、丘陵地带的布置。

c）混合式：在厂区竖向设计中，平坡式和阶梯式均兼有的设计方法称之为混合式。这种方式多用于厂区面积比较大或厂区局部地形变化较大的工程场地设计中，在实际工作中往往多采用这种方法。

（2）标高的确定。确定车间、道路标高，以适应交通运输和排水的要求。如机动区的道路，考虑到电瓶车的通行，道路坡度不超过 4‰（局部最大不超过 6‰）。

（3）场地排水。场地排水可分为两方面问题，一是防洪、排洪问题，即防止厂外洪水冲淹厂区，二是厂区排水问题，即将厂内地面水顺利排出厂外。

a）防洪、排洪问题在山区建厂时，对山洪应特别给予重视。为了避免厂区洪水冲袭的危险，一般在洪水袭来的方面设置排洪沟，引导洪水排向厂区以外。

在平原地带沿河建厂，要根据河流历年最高洪水位来确定场地标高，一般重要建筑物的地面要高出最高洪水位。因此需要填高或筑堤防洪。

沿海边厂区场地，由于积水含有盐碱，不能流入老堤内污染水，故采取抽排堤外的方法。

b）厂区场地的明沟排水与暗管排水两种方式可根据地形、地质、竖向布置方式等因素进行选择。

C. 土（石）方工程量

土石方工程量的计算是进行工厂土石方规划和组织土石方工程施工的依据，同时校核工厂竖向设计的合理性。因此也是各种竖向设计的主要内容。

土石方的计算方法有方格网计算法，断面计算法，局部分块计算法和整体计算（又称方格网综合近似计算）法四种，方格网计算法和局部分块计算法精度高，工作量大；断面计算法和方格网综合近似计算法误差较大，但计算简便，能较快得出结果。因此在土石方量计算中常采用前者，而在方案比较中，主要采用后者。

6.2.5 管廊布置

大型装置的管道往返较多，为了便于安装及装置的整洁美观，通常都设集中管廊。

（1）管廊的布置首先要考虑工艺流程，来去管道要做到最短、最省，尽量减少交叉重复。管廊在装置中的位置以能联系尽量多的设备为宜。一般管廊布置在长方形装置并且平行于装置的长边，其两侧均布置设备，以节约占地面积，节省投资。图 6-2 为管廊布置的几种方案。

（2）管廊宽度根据管道数量、管径大小、弱电仪表配管配线的数量确定。管廊断面要精心布置,尽可能避免交叉换位。管廊上一般可预留 20％的余量。

(3)管廊上的管道可布置为一层、二层或多层。多层管廊要考虑管道安装和维修人员通道。

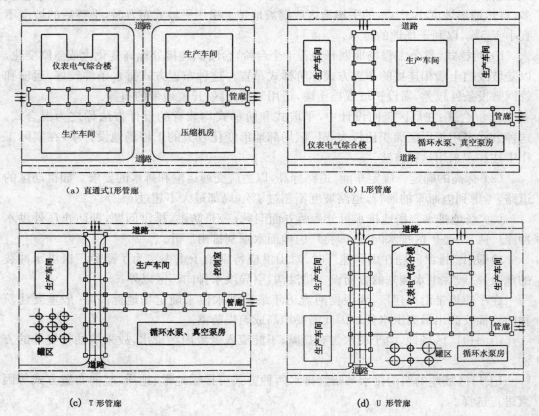

(a) 直通式Ⅰ形管廊　　　　　　　　　　　　(b) L形管廊

(c) T 形管廊　　　　　　　　　　　　(d) U 形管廊

图 6—2　管廊布置的几种方案

(4) 多层管廊最好按管道类别安排,一般输送有腐蚀性介质的管道布置在下层,小口径气液管布置在中层,大口径气液管布置在上层。

(5) 管廊上必须考虑热膨胀,凝液排出和放空等设施。如果有阀门需要操作,还要设置操作平台。

(6) 管廊一般均架空敷设,其最低高度(离地面净高度)一般要求为:横穿铁路时要求轨面以上 6.0m;横穿厂内主干道时 5.5m;横穿厂内次要道路时 4.5m,装置内管廊 3.5m,厂房内的主管廊 3.0m。

(7) 管廊柱距视具体情况而定,一般在 4～15m 之间。

(8) 一般小型管廊结构形式为单根钢或钢筋混凝土结构。大型管廊为节约投资,一般采用钢筋混凝土框架结构,也有采用钢筋混凝土立柱上加钢梁,这样既便于施工和安装管道,又便于今后增加或修改管道。

6.3　车间布置

6.3.1　概述

车间布置是设计中的重要环节,既要符合工艺要求,又要经济实用,合理布局。车间布局直接影响到项目建设的投资,建设后的生产运转正常,设备维修和安全,以及各项经济指标的完成。所以在进行车间布置要做到充分掌握有关资料,全面权衡,在布置时要做到深思熟虑,仔细推敲,以取得一个最佳方案。

车间布置设计是以工艺为主导,并在其他专业的密切配合下完成的。因此,在进行车间布置设计时,要集中各方面的意见,最后由工艺人员汇总完成。车间布置主要是设备的布置,工艺人员首先确定设备布置的初步方案,对厂房建筑的大小、平立面结构、跨度、层次、门窗、楼梯等以及与生产操作、设备安装有关的平台、预留孔等向土建专业提出设计要求,待厂房设计完成后,工艺人员再根据厂房建筑图,对设备布置进行修改和补充,最终的设备布置图(施工图)就作为设备安装和管道安装的依据。

6.3.1.1　设计的基本依据

车间布置时,在总图的基础上明确车间的位置,熟悉生产工艺流程及有关物性数据,与车间等级相关的规范标准,了解土建、设备、仪表、电力、给排水等专业和机修、安装、操作、管理等方面的要求,并考虑运输、消防及它们之间的关系,对所设计的车间进行综合分析,才可能有一个完善的方案。

(1) 常用的设计规范和规定。

工程技术人员在设计时应熟悉并执行有关防火、防雷、防爆、防毒和卫生等方面最新的规范,目前常用的设计规范有:

a) 建筑设计防火规范 GBJ16—87(2001 修订版);

b) 石油化工企业设计防火规定 GB50160—99;

c) 化工企业安全卫生设计规定 HG20571—95;

d) 工业企业厂界噪声标准 GB2348—90;

e) 爆炸和火灾危险环境电力装置设计规定 GB50058—92。

(2) 基础资料。

a) 工艺和仪表流程图(初步设计阶段)及管道和仪表流程图(施工图设计阶段);

b) 物料衡算数据及物料性质(包括原料、成品的数量及性质,三废的数量及处理方法);

c) 设备一览表(包括设备外形尺寸、重量、支承形式及保温情况);

d) 公用系统耗用量,供排水、供电、供热、冷冻压缩空气、外管资料;

e) 车间定员表;

f) 厂区总平面布置草图。

(3) 车间组成。

一个较大的化工车间通常有:

　　a）生产设施，包括生产工段、原料和产品仓库、控制室、露天堆场或贮罐区等；

　　b）生产辅助设施，包括除尘通风室、机修间、化验室等；

　　c）生活行政设施包括车间办公室、更衣室、浴室、厕所等；

　　d）其他特殊用室，如劳动保护室，保健室等。

6.3.1.2　设计方法和程序

A. 设计内容

车间布置设计的内容可分为车间厂房布置和车间设备布置。车间厂房布置是对整个车间各工段，各设施在车间场地范围内，按照它们在生产中和生活中所起的作用进行合理的平面和立面布置。设备布置是根据生产流程情况及各种有关因素，把各种工艺设备在一定的区域内进行排列。在设备布置中又分为初步设计和施工图设计两个阶段，每一个设计阶段均要求平面和剖面布置。

车间布置设计中的两项内容是相互联系的，在进行车间平面布置时，必须以设备结构草图为依据，以此为条件，对车间内生产厂房。辅助厂房及其所需的面积进行估算。而详细的设备结构图又必须在已确定的车间厂房总布置图基础上进一步具体化。

B. 设计程序

（1）初步设计。根据带控制点工艺流程图及设备一览表、物料贮存运输、生产辅助及生活行政等要求，结合布置规范及总图设计资料等，进行初步设计。设计的主要内容是：

　　a）生产、生产辅助和生活行政设施的空间布置；

　　b）决定车间场地与建筑物、构筑物的大小；

　　c）设备的空间（水平和垂直方向）布置；

　　d）通道系统、物料运输设计；

　　e）安装、操作、维修所需的的空间设计；

最后结果是画出车间布置初步设计的平（剖）面图。

（2）施工图设计。由工艺专业与所有其他专业协商，进行布置的研究。车间布置初步设计和管道仪表流程设计两项是这一研究的基本资料。这一阶段的主要工作内容是：

　　a）落实车间布置（初）的内容；

　　b）绘制设备管口及仪表位置的详图；

　　c）确定与设备安装有关的建筑与结构尺寸；

　　d）确定设备安装方案；

　　e）安排管道、仪表、电气管路的走向，确定管廊位置。

车间布置（施）的最后成果是绘制车间布置平（剖）面图，这是工艺专业提供给其他专业（土建、设备设计、电气仪表等）的基本技术条件。

C. 车间布置应该考虑的问题

（1）满足工艺生产及设备维修的要求。

（2）有效地利用车间建筑面积和土地。

（3）使车间的技术经济指标先进合理。

（4）了解其他专业对本车间布置的要求。

（5）劳动保护及防腐蚀措施。

（6）力求本车间与其他车间之间输送管线最短。

（7）建厂地区的气象、地质、水文等条件。

（8）人流货流不要交错。

6.3.2 设计技术

车间布置是一项复杂细致的工作，工艺设计人员应根据工艺要求掌握全局，与各专业密切配合，做到统筹兼顾，使车间布局合理。同时设计中也要参照一些常规的技术处理方法。

6.3.2.1 厂房安排

根据生产规模、生产特点、厂区面积、厂区地形以及地质情况等对厂房进行安排。一般对生产规模较小，如精细化工厂，可将车间的生产、辅助、生活部门集中布置在一幢厂房内。对生产规模较大，如石油化工厂，易燃易爆厂房的安排主要采用单体式，即把原料处理、成品包装、生产工段、回收工段、控制室以及特殊设备，分别独立设置，分散成为许多单体。

6.3.2.2 厂房层数

根据工艺流程的需要将厂房设计成单层、多层或单层与多层相结合的形式。一般，单层厂房的利用率高，建设费用低。厂房层数的设计要根据工艺流程的要求、投资、用地的条件等各种因素进行综合分析。

6.3.2.3 厂房布置

A. 平面布置

平面布置是根据生产工艺条件（包括工艺流程、生产特点、生产规模等）以及建筑本身的可能性与合理性（包括建筑形式、结构方案、施工条件和经济条件等）来考虑的。厂房的平面设计应力求简单，这会给设备布置带来更多的可变性和灵活性，同时给建筑的定型化创造有利条件。

（1）平面形式。

车间厂房的平面布置，其外形一般有 I 型（长方形）、L 型、T 型和 Π 型等。长方形厂房是比较常用的形式，一般适用于中小型车间。其优点是施工方便，设备布置有较大灵活性，有利于今后的发展，也有利于采光和通风。但有时由于厂房总长度较长，在总图布置有困难时，为了适应地形的要求或者生产的需要，也有采用 L 型或 T 型的，这些形式适用于较复杂的车间，此时应充分考虑采光、通风、交通和立面等各方面的因素。至于 Π 型，由于平面形式复杂，用得较少，除了特殊需要外，一般不予采用。

厂房的结构形式是由工艺和建筑设计人员密切配合，全面考虑，进行多种方案的比较确定的，由于各厂的地形不完全相同，因此厂房的形式也要与之相适应。

（2）柱网布置和跨度。

厂房的柱网布置，要根据厂房结构而定，生产类别为甲、乙类生产，宜采用框架结构，采用的柱网间距一般为 6m，当需要大于或小于 6m 时，宜采用 300mm 建筑模数的倍数增加或减少。丙、丁、戊类生产可采用混合结构或框架结构，开间采用 4.5m 或 6m 等。但不论框架结构或混合结构，在一幢厂房中不宜采用多种柱距。柱距要尽可能符合建筑模数的要求,这样可以充分利用建筑结构上的标准预制构件,节约设计和施工力量,加速基建进度。一般单层、多层厂房宜采用 6×6m 柱网的布置。

(3) 厂房的宽度

为了尽可能利用自然采光和通风以及建筑经济上的要求,一般单层厂房宽度不宜超过 30m,多层厂房宽度不宜超过 24m,厂房常用宽度有 9m,12m,14.4m,15m,18m,也有用 24m 的。根据厂房中设备布置及人流和物料的运输要求,单层厂房常为单跨,即跨度等于厂房宽度,厂房内没有柱子。多层厂房若跨度为 9m,厂房中间若不立柱子,所用的梁就要很大,因而不经济。所以 6m 是常用的跨度,例如 12m,14.4m,15m,18m 宽度的厂房,常分别布置成 6—6,6—2.4—6, 6—3—6,6—6—6 的形式,(6—2.4—6 表示三跨,跨度为 6m,2.4m,6m,中间的 2.4m 是内走廊的宽度)如图 6—3 所示。

一般车间的短边(即宽度)常为 2～3 跨,其长边(即长度)则根据生产规模及工艺要求决定。在进行车间布置时,要考虑厂房安全出入口,一般不应少于两个。如车间面积小,生产人数少,可设一个,但应慎重考虑防火安全等问题(具体数值详见建筑设计防火规范)。

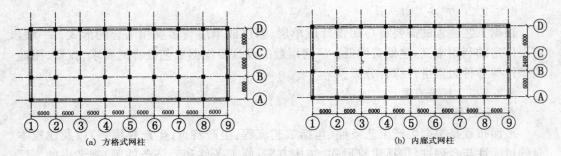

图 6—3　多层厂房网柱示意图

B. 厂房垂直布置

厂房的高度,主要由工艺设备布置要求所决定。厂房的垂直布置要充分利用空间,每层高度取决于设备的高低、安装的位置、检修要求及安全卫生等条件。一般框架或混合结构的多层厂房,层高多采用 5m,6m,最低不得低于 4.5m,每层高度尽量相同,不宜变化过多。

在设计厂房的高度时,除设备本身的高度外,还要考虑设备顶部凸出部分,如仪表、阀门和管路以及设备安装和检修的高度,还要考虑设备内取出物的高度(如搅拌器等)。

在设计多层厂房时,应考虑承重大梁对净高度的影响。在决定厂房高度时,应尽量符合建筑模数的要求。

在有高温及有毒害性气体的厂房中,要适当加高建筑物的层高。

有爆炸危险的车间宜采用单层,厂房内设置多层操作台以满足工艺设备位差的要求。如必须设在多层厂房内,则应布置在厂房顶层。如整个厂房均有爆炸危险,则在每层楼板上设置一定面积的泄爆孔。这类厂房还应设置必要的轻质屋面、或增加外墙以及门窗的泄压面积。泄压面积与厂房体积的比值一般采用 0.05～0.1 m²/m³。泄压面积应布置合理,并应靠近爆炸部位,不应面对人员集中的地方和主要交通道路。车间内防爆区与非防爆区(生活、辅助及控制室等)间应设防火墙分隔。如两个区域需要互通时,中间应设双门斗,即设两道弹簧门隔开。上下层防火墙应设在同一轴线处。防爆区上层不应布置非防爆区。有爆炸危险车间的楼梯间宜采用封闭式楼梯间。

C. 设备布置

中小型化工厂的设备,一般采用室内布置,尤其是气温较低的地区。但生产中一般不需要经常操作的或可用自动化仪表控制的设备,如塔、冷凝器、液体原料贮罐、成品贮罐、气柜等都可布置在室外。需要大气调节温湿度的设备,如凉水塔、空气冷却器等也都露天布置或半露天布置。对于有火灾及爆炸危险的设备,露天布置可降低厂房的耐火等级。

(1) 生产工艺对设备布置的要求。

a) 在设备布置时要满足工艺流程的顺序,保证水平方向和垂直方向的连续性。在设备布置时,应充分利用高位差布置有压差的设备。例如通常把计量槽、高位槽布置在最高层,主要设备如反应器等布置在中层,贮槽等布置在底层。这样既可利用位差进出物料,又可减少楼面的荷重,降低造价。在垂直布置时,应避免操作人员在生产过程中过多地往返于楼层之间。

b) 相同设备或同类型的设备应尽可能布置在一起,例如塔体集中布置,热交换器、泵成组布置在一处等。

c) 设备布置时,应留有一定的间隙,有利于操作及检修。

d) 运转设备应考虑其备用设备的位置。

e) 尽可能缩短设备间的管线。

f) 车间内要留有原料、中间体、产品贮存及运输、操作通道。

g) 考虑传动设备安装安全防护装置的位置。

h) 考虑物料的防火、防爆、防毒及控制噪声的要求,譬如对噪声大的设备,宜采用封闭式间隔等,生产剧毒物及处理剧毒物料的场所,要和其他部分完全隔开,并单独设置自己的生活辅助用室。

i) 根据生产发展的需要,适当预留扩建余地。

j) 设备之间或设备与墙之间的净间距大小,如表 6-1 所示,此数据适用于中小型工厂,可供一般设备布置时参考。

(2) 设备安装专业对布置的要求。

a) 根据设备大小及结构,考虑设备安装、检修、拆卸及更换时所需要的空间、面积及运输通道。

b) 考虑设备安装和更换时能顺利进出车间。设置大门或安装孔,大门宽度比最大设备宽 0.5m。不经常检修的设备,可在墙上设置安装孔。

c) 通过楼层的设备,楼面上要设置吊装孔。厂房比较短时,吊装孔设在靠山墙的一端。厂房长度超过 36m 时,则吊装孔应设在厂房中央。

d) 多层楼面的吊装孔应在每一层相同的平面位置。吊装孔不宜开得过大,一般控制在 2.7m 以内。

e) 考虑设备检修、拆卸等的起重运输设备。

表 6—1　设备的安全距离

序号	项　目		净安全距离,m
1	泵与泵的间距		不小于 0.7
2	泵与墙的距离		至少 1.2
3	泵列与泵列的距离(双泵列间)		不小于 2.0
4	计量罐间的距离		0.4~0.6
5	贮槽与贮槽间的距离(指车间中一般小容积)		0.4~0.6
6	换热器与换热器间的距离		至少 1.0
7	塔与塔的间距		1.0~2.0
8	离心机周围通道		不小于 1.5
9	过滤机周围通道		1.0~1.8
10	反应罐盖上传动装置离天花板距离(如搅拌轴拆装有困难时,距离须加大)		不小于 0.8
11	反应罐底部与人行通道距离		不小于 1.8~2.0
12	反应罐卸料口与离心机距离		不小于 1.0~1.5
13	起吊物品与设备最高点距离		不小于 0.4
14	往返运动机械的运动部件与墙的距离		不小于 1.5
15	回转机械离墙间距		不小于 0.8~1.0
16	回转机械相互间距		不小于 0.8~1.2
17	通廊、操作台通行部分的最小净空管道		不小于 2.0~2.5
18	不常通行的地方,净高不小于		1.9
19	操作台梯子的斜度	一般情况	不大于 45°
		特殊情况	60°
20	控制室、开关室与炉子之间的距离		不小于 15
21	工艺设备与道路间距		不小于 1.0

(3) 厂房建筑对设备布置的要求。

a) 笨重设备或运转时会产生很大振动的设备如压缩机、真空泵、粉碎机等,应该布置在厂房的底层,并和其他生产部分隔开,以减少厂房楼面的荷载和振动。如由于工艺要求离心机不能布置在底层时,应由土建专业在结构设计中采取有效的减震措施。

b) 有剧烈振动的设备,其操作台和基础不得与建筑物的柱、墙连在一起,以免影响建筑物的安全。

c) 布置设备时,要避开建筑物的柱子及主梁,如设备吊装在柱子或梁上,其荷重及吊装方式需事先告知土建专业人员,并与其商议。

d) 操作台必须统一考虑,以防止平台支柱林立。

e) 设备不应布置在建筑物的沉降缝或伸缩缝处。

f) 在厂房的大门或楼梯旁布置设备时,要求不影响开门并确保行人出入畅通。

g) 设备应避免布置在窗前,以免影响采光和开窗,如必需布置在窗前时,设备与墙间的净距应大于 600mm。

h) 设备布置时应考虑设备的运输线路、安装、检修方式,以决定安装孔、吊钩及设备间距等。

6.3.2.4 车间辅助室和生活室的布置

(1) 生产规模较小的车间,多数是将辅助室、生活室集中布置在车间中的一个区域内。

(2) 有时辅助房间也有布置在厂房中间的,如配电室及空调室,但这些房间一般都布置在厂房北面房间。

(3) 生活室中的办公室、化验室、休息室等宜布置在南面房间,更衣室、厕所、浴室等可布置在厂房北面房间。

(4) 生产规模较大时,辅助室和生活室可根据需要布置在有关的单体建筑物内。

(5) 有毒的或者对卫生方面有特殊要求的工段必须设置专用的浴室。

6.3.2.5 安全、卫生和防腐蚀问题

(1) 要为工人操作创造良好的采光条件。布置设备时应避免影响采光。

(2) 要最有效地利用自然对流通风,不宜将车间南北向隔断。对放热量大、有毒气体或粉尘的工段,在室内布置时应设置机械送排风装置,以满足卫生标准的要求。

(3) 凡火灾危险性为甲、乙类生产的厂房,必须考虑:

a) 在通风上必须保证厂房中易燃气体或粉尘的浓度不超过允许极限;

b) 采取必要的措施,防止产生静电、放电以及着火的危险性;

c) 凡产生腐蚀性介质的设备,其基础、设备周围地面、墙、梁、柱都需采取防护措施。

6.3.3 设备布置图绘制方法

A. 设备布置图的内容

(1) 厂房、建构筑物外形、轴线号、分总尺寸、标注建构物标高及厂房方位。

(2) 全部设备的平面安装位置尺寸及方位、设备位号、设备名称及设备的特征标高。

(3) 操作平台的位置及标高。

(4) 当设备布置平面图表示不够清楚时,绘制必要的剖视图。

B. 设备布置图的绘制要求

(1) 主标题栏中图纸名称写法。

a) 一张图纸上只绘一层平面时,则写:"设备布置图,标高 X. XXX 平面"。标高以米为单位,计小数点后三位数,正标高前不写"+"号,负标高必须加"-"号,如-X. XXX,"0"标高需写"±0.000"。在图中用如下形式表示:

$$3.500 \qquad \pm 0.000 \qquad -3.500$$

b) 一张图纸只绘一个视图的则写"设备布置图 X-X 剖视"。剖视图编号用大写英文字母,例如"A-A 剖视"。

c) 一张图纸有两个以上平面或剖视图时,应写出所有平面及剖视的名称,如:设备布置图标高 X. XXX;X. XXX 平面,设备布置图 X-X 剖视;设备布置图标高 X. XXX 平面,X-X 剖视。每个图面下方也标注 X. XXX 平面或 X-剖视,如各图面比例不同,还应在

粗实线下方写出比例,如:

$$\frac{5.100\,平面}{M\,1:50}\qquad\qquad\frac{A-A\,剖视}{M\,1:25}$$

d)当一张图纸上只画一层平面中的某一部分时,应在图名后面写明轴线编号,例如设备布置图标高 X. XXX 平面轴线②~⑧。

(2)比例:在图面饱满、表示清楚的原则下,应尽可能选用 1:100,在特殊情况下可采用 1:50。

(3)线条要求。

a) 设备、设备附件、传动装置等外形用粗实线(0.9mm)绘制,支架、耳架用中粗实线(0.6mm)绘制,若设备或附件太小,用粗实线不能表示清楚时局部可用中粗线(0.6mm)绘制。

b) 安装专业设计的安装平台,操作平台用中粗实线(0.6mm)绘制。

c) 剖视符号的剖切用中粗实线,剖视符号的箭头方向线用细实线(0.3mm)绘制,符号用大写英文字母表示,字母书写方向与主题栏方向一致。

d) 穿孔的阴影部分,被剖切的墙柱均涂红色。

e) 建构筑物、设备基础、土建专业设计的大型平台及尺寸线用细实线(0.3mm)绘制。

f) 卧式设备和立式设备的法兰连接形式均画两条粗实线。

(4) 尺寸标注。

设备定位以建筑轴线或柱中心为基准,标注的尺寸为设备中心与基准的间距。当总体尺寸数值较大,精度要求并不高时,允许将尺寸注成封闭链状,如图 6-4 所示。

当尺寸界线距离较窄没有位置注写数字时,尺寸线的起止点可不用箭头而采用 45°的细斜短线表示,此时最外边的尺寸数字可标注在尺寸界线的外侧,中间部分尺寸数字可分别在尺寸线上。下两边错开标注,必要时也可以引出后再进行标注。

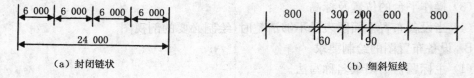

(a) 封闭链状   (b) 细斜短线

图 6-4 尺寸标注

(5)平面图。

a) 多层厂房应分层绘制平面图,有操作台的部分如表示不清楚,可绘局部平面图,即操作台平面图。

b) 表示厂房方位的方向标只在底层平面图上表示,方向标用细实线(0.3mm)绘制直径为 20mm 的圆,黑圆弧为 1/8 直径,箭头方向指北。

c) 主导专业的设备布置图中生活室及其他专业用房间,如变配电间和仪表控制室等,均应绘出,但只以文字标注房间名称。非主导专业的设备布置图,如附属于工艺厂房的冷冻站、仪表空压站等,则只需绘出与本专业设备布置有关的局部建筑。

d) 平面图上的设备均须按比例绘出俯视的简单外形,且需清楚表示设备本体、设备盖、传动装置的方位,为此在设备的主要特征管口旁须注管口符号(用英文字母表示)。当设备管口比较简单,方位显示明确时,可不注管口符号。有法兰和夹套的设备只绘法兰外径和筒体外径,无法兰、带有夹套的设备只绘夹套和筒体外径(不包括卧式设备),有法兰、无夹套的设备,绘法兰与筒体的外径。有支架或支座的设备应绘出支架或支座,有基础的设备应绘出基础外形,保温设备不必绘保温层。

e) 同一位号的两个以上设备,如管口方位和支承方式完全相同且外形比较复杂,可只绘其中一台的实际外形,其余几台可以简化表示,如泵类设备只画一个矩形方框,塔类设备只画一个圆。

f) 预留位置或第二期工程安装的设备用双点划线绘制,埋地设备和平台下面的设备或被遮盖的设备用虚线绘制,穿过楼板的设备应同时绘在该楼板所属平面和支承该设备的平面上。

g) 与建筑物无联系的室外设备绘在底层平面上。

h) 平面图的尺寸标注。尺寸均以毫米为单位。设备定位对不同类型设备应分别以设备中心线,主要接管管口中心线标注基准线。用厂房作设备定位基准时,应采用建筑轴线或墙柱中心线作为基准线,相邻或较靠近的设备应尽量合用一个基准线。一张图纸上有两个以上的上下层平面时,应将下层平面画在下方,上层平面画在上方。上下层平面的轴线应对齐,建筑轴线号及尺寸可只标注在下层平面上。

(6) 剖视图。

a) 当设备布置图在平面图上表示不够清楚时,应绘制必要的剖视图,绘制的剖视图应选择能清楚表示设备特征的视图,剖视方向如有几排设备,为使主要设备表示清楚,可按需要不绘出后排设备。

b) 剖视图上应标出轴线号,但不需要注轴线分总尺寸,被剖切的墙、柱、梁、楼板等部位涂红色。

c) 剖视图上的设备外形要求线条简单,表示清楚。如夹套设备只需画夹套外形,但应画出设备的支架、底座和传动装置等附件,保温设备不画保温层。

d) 剖视图还不能表示清楚的设备,可加绘局部剖视图。

e) 剖视图上的尺寸标注。各层楼面和平台的标高用细实线引至图面的一方标注。设备不注平面定位尺寸,需注设备特征高度,其尺寸标注基准线,以地坪或楼面为基准。卧式设备、立式设备的特征高度一般以支承点标高表示。

(7) 设备布置图中建筑图例见附录 2 表 2—7。

(8) 设备布置图样图,图 6—5 为某车间底层设备平面布置图。

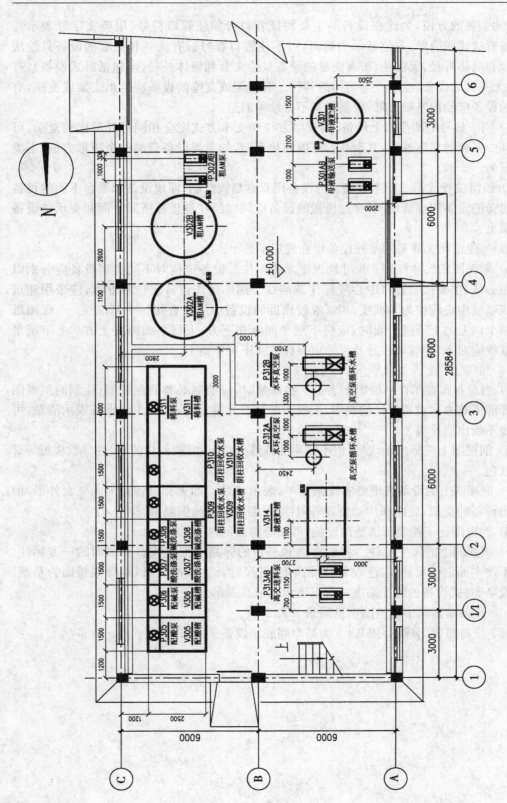

图6-5　某车间设备平面布置图（±0.000平面）

6.3.4 单元设备布置方法

6.3.4.1 泵和压缩机。

(1) 泵的布置。

小型车间生产用泵多数安装在抽吸设备附近,大中型车间用泵,数量较多,应该尽量集中布置。集中布置的泵应排列成一直线,可单排或双排布置,但要注意操作和检修方便。大型泵通常编组布置在室内,便于生产检修,如图 6-6 所示。

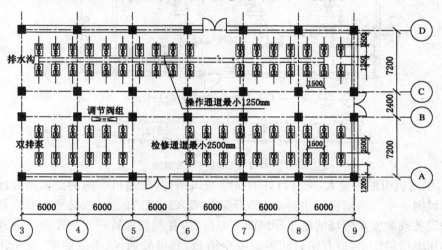

图 6-6 泵在管廊下或泵房中的典型布置

泵与泵的间距视泵的大小而定,一般不宜小于 0.7m,双排泵电机端与电机端之间的间距不宜少于 2m,泵与墙间的净间距至少为 0.7m,以利通行。成排布置的泵,其配管与阀门应排成一条直线,管道避免跨越泵和电动机。

泵应布置在高出地面 150mm 的基础上。多台泵置于同一基础上时,基础必须有坡度以便泄漏物流出。基础四周要考虑排液沟及冲洗用的排水沟。不经常操作的泵可露天布置,但电动机要设防雨罩,所有配电及仪表设施均应采用户外式的,天冷地区要考虑防冻措施。

重量较大的泵和电机应设检修用的起吊设备,建筑物高度要留出必要的净空。

(2) 压缩机的布置。

压缩机常是装置中功率最大的关键设备之一,所以在平面布置时应尽可能使压缩机靠近与它相连的主要工艺设备。压缩机的进出口管线应尽可能的短和直。

a) 为了有利于压缩机的维护和检修,方便操作人员的巡回检测,压缩机通常布置在专用的压缩机厂房中。厂房内设有吊车装置。

b) 压缩机的基础应考虑隔振,并与厂房的基础脱开。

c) 中小型压缩机厂房一般采用单层厂房,压缩机基础直接放在地面上,稳定性较好。大型压缩机多采用双层厂房,分上、下两层布置,压缩机基础为框架高基础,主机操作面、指示仪表、阀门组布置在上层,辅助设备和管线布置在下层。

d) 多台压缩机布置一般是横向并列(见图 6-7),机头都在同侧,便于接管和操作。

布置的间距要满足主机和电动机的拆卸检修和其他种种要求,如主机卸除机壳取出叶轮或活塞抽芯等工作。压缩机和电动机的上部不允许布置管道。主要通道的宽度应根据最大部件的尺寸决定,宽度不小于 2.5m 的压缩机,其通道宽度不小于 2.0m。

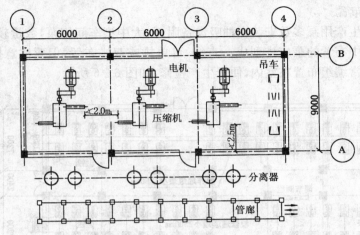

图 6—7　压缩机平面布置图

e) 压缩机组散热量大,应有良好的自然通风条件,压缩机厂房的正面最好迎向夏季的主导风向。空气压缩机厂房为使空气压缩机吸入较清洁的空气,必须布置在散发有害气体的设备或散发灰尘场所的主导风向上方位置,并与其保持一定的距离。处理易燃易爆气体压缩机的厂房,应有防火防爆的安全措施,如事故通风、事故照明、安全出入口等等。

6.3.4.2　容器

容器包括立式容器和卧式容器。装置内容器的容量不宜过大。从装置布置设计角度出发,中间储罐尽可能设在装置外作为中间储罐区,这样可以减小装置占地面积,对于安全生产和装置布置有利。

大型容器和容器组应布置在专设的容器区内。一般容器按流程顺序与其他设备一起布置。布置在管廊一侧的容器,如不与其他设备中心线或边缘取齐时与管廊立柱的净距可保持 1.5m。

A. 立式容器的布置

的　立式容器的外形与塔类似,只是内部结构没有塔的内部结构复杂,塔和立式容器的
　置可合并在一起。立式容器的布置方式和安装高度等可参考塔的布置要求,另外尚应考虑以下诸因素。

(1) 为了操作方便,立式容器可以安装在地面、楼板或平台上,也可以穿越楼板或平台用支耳支撑在楼板或平台上。

(2) 立式容器穿越楼板或平台安装时,应尽可能避免容器上的液面指示、控制仪表也穿越楼板或平台。

(3) 立式容器为了防止粘稠物料的凝固或固体物料的沉降,其内部可能带有大负荷的搅拌器时,为了避免振动影响,应尽可能从地面设置支承结构,见图 6—8 所示。

(4) 对于顶部开口的立式容器,需要人工加料时,加料点的高度不宜高出楼板或平台

lm,如高出 lm 时,应考虑设加料平台或台阶。

（5）为了便于装卸电动机和搅拌器,需设吊车梁。

（6）应校核取出搅拌器的最小净空。

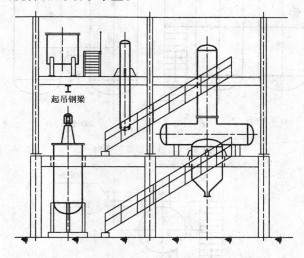

图 6—8　穿楼板的容器立面布置

B. 卧式容器的布置

（1）卧式容器宜成组布置。成组布置的卧式容器宜按支座基础中心线对齐或按封头切线对齐。卧式容器之间的净空可按 0.7m 考虑。

（2）在工艺设计中确定卧式容器尺寸时,尽可能选用相同长度不同直径的容器,以利于设备布置。

（3）确定卧式容器的安装高度时,除应满足物料重力流或泵吸入高度等要求外,尚应满足下列要求:

a) 容器下有集液包时,应有集液包的操作和检测仪表所需的足够高度;

b) 容器下方需设通道时,容器底部配管与地面净空不应小于 2.2m;

c) 不同直径的卧式容器成组布置在地面或同一层楼板或平台上时,直径较小的卧式容器中心线标高需要适当提高,使与直径较大的卧式容器筒体顶面标高一致,以便于设置联合平台。

（4）卧式容器在地下坑内布置,应妥善处理坑内的积水和有毒、易爆、可燃介质的积聚,坑内尺寸应满足容器的操作和检修要求。

（5）卧式容器的平台的设置要考虑人孔和液面计等操作因素。对于集中布置的卧式容器可设联合平台,如图 6—9 所示。顶部平台标高应比顶部管嘴法兰面低 150mm。如图 6—10 所示,当液面计上部接口高度距地面或操作平台超过 3m 时,液面计要装在直梯附近。

6.3.4.3　换热器

化工厂中使用最多的是列管式换热器与再沸器都有定型的系列图可供选用,设备布置是将它们布置在适当的位置,决定支座等安装结构、管口方位等。必要时在不影响工艺要求的条件下,可以调整原换热器的尺寸和安装方式。

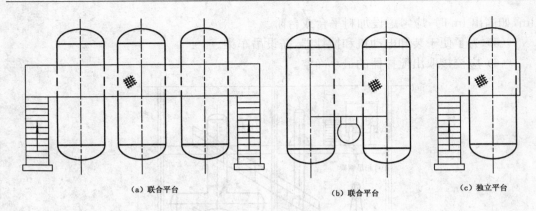

图 6—9 卧式容器的平台

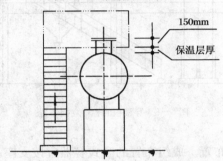

图 6—10 卧式容器顶部平台标高的确定

（1）换热器的布置原则是顺应流程和缩短管道长度，故它的位置取决于与它密切联系的设备的位置。塔的换热器近塔布置，再沸器及冷凝器则与塔以大口径的管道连接，故应取近塔布置，通常将它分别布置在塔的两侧。热虹吸式再沸器是直接固定在塔上，采用口对口的直接连接。塔的回流冷凝器除要近塔外，还要靠近回流罐与回流泵。从容器（或塔底）经换热器抽出液体时，换热器要靠近容器（或塔底）使泵的吸入管道最短，以改善吸入条件。

（2）布置空间受限制时，如原来设计的换热器显得太长，可以换成一个短而粗的换热器以适应布置空间的要求。一般从传热的角度考虑，细而长的换热器较有利。卧式换热器换成立式的以节约占地面积；而立式的也可换成卧式的以降低高度，可根据具体情况各取其长。

（3）换热器常采用成组布置，卧式换热器可以重叠布置，串联的。非串联的相同的或大小不同的换热器都可重叠。换热器重叠布置除节约面积外尚可合用上下水管。为便于抽取管束，上层换热器不能太高，一般管壳的顶部高度不能大于 3.6m，将进出口管改成弯管可降低安装高度。

（4）换热器外壳和配管净空对于不保温外壳最小为 50mm，对保温外壳最小为 250mm。

（5）两个换热器外壳之间有配管，但无操作要求时其最小间距为 750mm。

（6）塔和立式容器附近的换热器，与塔和立式容器之间应有 1m 宽的通道。两台换热器之间无配管时最小距离为 600mm。

　　换热器间的间距,换热器与其他设备的间距至少要留出 1m 的水平距离,位置受限制时,最少也不得小于 0.6m。见图 6—11 所示。

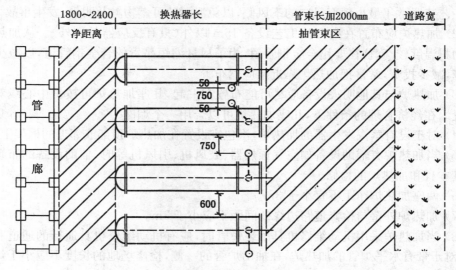

图 6—11　地面上的换热器布置

6.3.4.4　罐区

罐区布置主要考虑的是安全问题。

(1) 液体罐区。

a) 液体罐区尽量布置在工艺装置区的一侧,既有利于安全,又为将来工艺装置或槽区发展提供方便。

b) 罐区设计要严格执行建筑设计防火规范及有关安全、卫生等标准及规定。

c) 罐区四侧都要有可以联通的通道。槽区通道的宽度要考虑消防车能方便进出。

d) 贮罐应成排成组排列。

e) 易燃易爆液体贮罐四周要设围堤或围堰。围堤的隔法和容积大小要根据贮存物料性质及贮罐大小、台数而定。一般单个贮罐的围堤容积应与贮罐容积相等,多台贮罐在采取足够措施后,容积可酌减,但不得少于最大罐的容积及贮罐总容积的一半,并要取得消防部门的同意。易燃易爆贮罐需有冷却措施,也可采用地下或半地下式安装,以避免太阳直晒,有利于安全。易燃易爆罐区宜布置在居民区下风向,减少对居民区的影响。

f) 液态燃爆危险品贮罐布置的间距(根据建筑设计防火规范 GBJ16—87,2001 修订版)。

g) 性质或灭火方法不同的介质和产品要编组分别贮存,不得布置在一个围堤内。

h) 所有进出物料用的输送泵不应布置在围堤内。

(2) 气体罐区

气体贮罐有常压及加压两种。常压贮罐主要有:湿式气柜,气柜压力略高出大气压几十毫米水柱。加压贮罐有压力贮罐、钢瓶等。无论哪种贮罐都必须遵守有关规范及要求布置和使用,特别是易燃易爆气体更应严格执行。某些专门罐区,如液化石油气站、氮氧站、液氯站等,更应执行其专用的各项标准和规范。

6.3.4.5　加热炉的布置

(1) 一般加热炉被视为明火设备之一,因此加热炉通常布置在装置区的边缘地区,最好在工艺装置常年最小频率风向的下风侧,以免泄漏的可燃物触及明火,发生事故。

(2) 加热炉应布置在离含油工艺设备 15m 以外(只有反应器是例外)。从加热炉出来的物料温度较高,往往要用合金钢管道,为了尽量缩短昂贵的合金钢管道,以减少压降和温降,减少投资,常常把加热炉靠近反应器布置。

(3) 加热炉与其他明火设备应尽可能布置在一起,几座加热炉可按炉中心线对齐成排布置。在经济合理的条件下,几座加热炉可以合用一个烟囱。

(4) 对于设有蒸汽发生器的加热炉,汽包宜设置在加热炉顶部或邻近的框架上。

(5) 当加热炉有辅助设备如空气预热器、鼓风机、引风机等时,辅助设备的布置不应妨碍其本身和加热炉的检修。

(6) 两座加热炉净距不宜小于 3m。

(7) 加热炉外壁与检修道路边缘的间距不应小于 3m。

(8) 当加热炉采用机动维修机具吊装炉管时,应有机动维修机具通行的通道和检修场地,对于带有水平炉管的加热炉,在抽出炉管的一侧,检修场地的长度不应小于炉管长度加 2m。

(9) 加热炉与其附属的燃料气分液罐、燃料气加热器的间距,不应小于 6m。

6.3.4.6　釜式反应器

(1) 釜式反应器通常是间歇操作。布置时要考虑便于加料和出料。液体物料通常是经高位槽计量后依靠位差加入釜中。固体物料大多是用吊车从人孔或加料口加入釜内,因此人孔或加料口离地面、楼面或操作平台面的高度以 800mm 为宜,见图 6-12 所示。

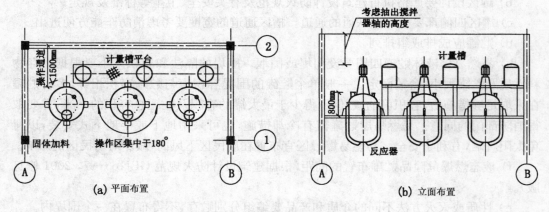

图 6-12　釜式反应器布置示意图

(2) 釜式反应器一般用耳架支承在建(构)筑物上或操作台的梁上。对大型、重量大或振动大的设备,要用支脚直接支承在地面或楼板上。

(3) 两台以上相同的反应器应尽可能排成一直线。反应器之间的距离,根据设备大小、附属设备和管道具体情况而定,管道阀门应尽可能集中布置在反应器一侧,以便于操作。

（4）带有搅拌器的反应器,其上部应设置安装及检修用的起吊设备。小型反应器如不设起吊设备,则必须设置吊钩,以便临时设置起吊设施。设备顶端与建筑物间必须留出足够的高度,以便抽出搅拌器轴等。

（5）跨楼板布置的反应器,要设置出料阀门操作台,反应物粘度大,或含有固体物料的反应器,要考虑疏通堵塞和管道清洗等问题。

（6）反应器底部出口离地面高度。物料从底部出料口自流进入离心机要有 1～1.5m 距离,底部不设出料口,有人通过时,底部离基准面最小距离为 1.8m,搅拌器安装在设备底部时设备底部应留出抽取搅拌器轴的空间,净空高度不小于搅拌器轴的长度。

（7）易燃易爆反应器,特别是反应激烈、易出事故的反应器,布置时要考虑足够的安全措施,包括泄压及排放方向。

6.3.4.7 塔设备

大型塔设备多数露天布置,用裙式支座直接安装于基础上。多个塔可按流程一排布置,并尽可能处于一条中心线上。其辅助设备的框架及接管安排于一侧,另一侧作为安装塔的空间。塔上设置平台,互相连接既便于操作又起到结构上互相加强的好处。塔的四周应分几个区进行布置,配管区也称操作区,专门布置各种管道、阀门、仪表。通道区布置走廊、楼梯、人孔等。塔的安装高度必须考虑塔釜泵的净正吸入压头、热虹吸式再沸器的吸入压头。塔顶冷凝器回流罐可置于塔顶靠重力回流。塔的布置形式很多,要求在满足工艺流程的前提下,可把高度相近的塔相邻布置。

（1）独立布置。

单塔或特别高大的塔可采用独立布置,利用塔身设操作平台,供进出人孔、操作、维修仪表及阀门之用,平台的位置由人孔位置与配管情况而定,具体的结构与尺寸可由设计标准中查取。塔或塔群常布置在设备区外侧,其操作侧面对道路,配管侧面对管廊,以便于施工安装、维修与配管,塔的顶部常设有吊杆,用以吊装塔盘等零件。填料塔常在装料人孔的上空设吊车梁,供吊装填料。

（2）成列布置。

将几个塔的中心排成一条直线,并将高度相近的塔相邻布置,通过适当调整安装高度和操作点(适当改变塔板距。内部管道布置及塔裙高度)就可采用联合平台,既方便操作,投资又省。采用联合平台时必须允许各塔有不同的热膨胀。联合平台由分别装在各塔塔身上的平台组成,通过平台间的铰接或留有缝隙来满足不同的伸长量,以免拉坏平台。相邻小塔间的距离一般为塔径的 3～4 倍。

（3）成组布置。

数量不多、结构与大小相似的塔可成组布置,如图 6－13 所示是将四个塔合为一个整体,利用操作台集中布置。如果塔的高度不同,只要求将第一层操作平台取齐,其他各层可另行考虑。这样,几个塔组成一个空间体系,增加了塔群的刚度,塔的壁厚就可以降低。

（4）沿建筑物或框架布置。

将塔安装在高位换热器和容器的建筑物或框架旁,利用容器或换热器的平台作为塔的人孔,仪表和阀门的操作与维修的通道,将塔与其辅助设备布置在一起,如图 6—14 所示。也可将细而高的或负压塔的侧面固定在建筑物或框架的适当高度,这样可增加刚度,降低壁厚。

　（5）室内或框架内布置。

　较小的塔常安装在室内或框架中,平台和管道都支承在建筑物上,冷凝器可装在屋顶上或吊在屋顶梁下,利用位差重力回流。

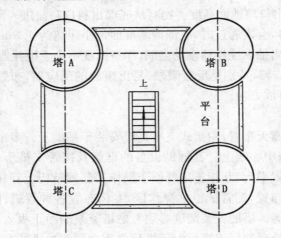

图 6—13　塔的成组布置

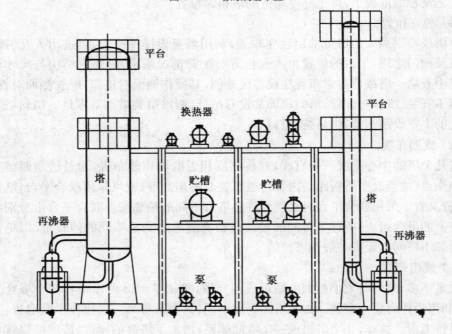

图 6—14　塔及辅助设备布置示意图

7　非工艺专业设计

化工工程设计是一项复杂而细致的工作,要依靠各专业的通力协作、密切配合来完成。在设计中,工艺设计起主导作用,与其他专业关系密切,这对提高设计质量和保证设计进度起着重要的作用。工艺设计人员在设计中要求完成的工作有:

(1) 工艺设计;

(2) 组织和协调设计工作的进程,解决好工艺专业与其他专业及其他专业之间的关系,汇总设计资料;

(3) 为其他专业的设计提供比较完整的设计依据及工艺设计的条件。

化工设计中非工艺专业一般有:总图、建筑、设备、电力、仪表自控、给排水、采暖通风、热工和技术经济等等。

在初步设计阶段,工艺专业向其他专业提供一次设计条件,能使各专业确定各自的方案,并开始进行设计,按时完成任务。在施工图设计阶段,提供二次条件,对设计的内容提出进一步深化的详细条件以及一些修改补充,为完善各专业设计提供必要的条件。

7.1　土建设计

土建设计在设计院中一般分为建筑专业与结构专业。

建筑设计主要是根据建筑标准对化工厂的各类建筑物进行设计。建筑设计应将新建的建筑物的立面处理和内外装修的标准,与建设单位原有的环境进行协调。对墙体、门、窗、地平、楼面和屋面等主要工程做法加以说明。对有防腐、防爆、防尘、高温、恒温、恒湿、有毒物和粉尘污染等特殊要求,在车间建筑结构上要有相应的处理措施。

结构设计主要包括地基处理方案,厂房的结构形式确定及主要结构构件如基础、柱、楼层梁等的设计,对地区性特殊问题(如地震等)的说明及在设计中采取的措施,以及对施工的特殊要求等等。

7.1.1　土建设计依据

(1) 气象、地质、地震等自然条件资料。

a) 气象资料:对建于新区的工程项目,需列出完整的气象资料;对建于熟悉地区的一般工程项目,可只选列设计直接需用的气象资料。

b) 地质资料:厂区地质土层分布的规律性和均匀性,地基土的工程性质及物理力学指标,软弱土的特性,具有湿陷性、液化可能性、盐渍性、胀缩性的土地的判定和评价,地下水的性质、埋深及变幅,在设计时只应以地质勘探报告为依据。

c) 地震资料　建厂地区历史上地震情况及特点,场地地震基本烈度及其划定依据,以及专门机关的指令性文件。

（2）地方材料。

简要说明可供选用的当地大众建材以及特殊建材（如隔热、防水、耐腐蚀材料）的来源、生产能力、规格质量、供应情况和运输条件及单价等。

（3）施工安装条件。

当地建筑施工、运输、吊装的能力，以及生产预制构件的类型、规格和质量情况。

（4）当地建筑结构标准图和技术规定。

7.1.2　土建设计条件及内容

A.　土建设计条件

设计中工艺专业应提出建构筑物特征条件表，如表7—1所示，同时还要求提供的设计条件如下。

（1）工艺流程简图。

（2）厂房布置，主要是工艺设备平面、立面布置图，并在图中说明对土建的各项要求且附图。

（3）设备情况，包括设备的流程位号、设备名称、规格、重量（设备重量、操作物料荷重、保温、填料等）、装卸方法、支承形式等。

（4）安全生产，劳动保护条件，防火、防爆、防毒、防尘和防腐条件，以及其他特殊条件如放射性工作区应与其他区域隔离，并设专用通道。

（5）楼面的承重情况。

（6）楼面、墙面的预留孔和预埋件的条件，地面的地沟，落地设备的基础条件。

（7）安装运输条件，应提出安装门、安装孔、安装吊点、安装载荷、安装场地等的要求，同时考虑设备维修或更换时对土建的要求。

（8）人员一览表，包括人员总数、最大班人数、男女工人比例等。

（9）在土建专业设计基础上，工艺专业进一步进行管道布置设计，并将管道在厂房建筑上穿孔的预埋件及预留孔条件提交土建专业。

B.　土建专业的设计内容

绘出各个建筑物、构筑物平骆图、剖面图、立面图，写出新建的建构筑物一览表，建筑材料估算表。说明决定采用天然地基或人工地基的根据，说明结构选型的原则，混合结构、框架和排架结构、钢结构、预制、现浇和预应力结构等的选用范围及其所考虑的因素。基础、柱、楼层梁、板、屋架、屋骆梁、板等主要结构构件设计及选型的说明。

表 7—1　建构筑物特征表

序号	车间名称	范围		人员情况		安全生产			操作环境					腐蚀特征	防雷等级
		标高	建筑轴线	生产班数	定员人数	火险分类	毒性等级	爆炸	卫生等级	有害介质或粉尘	噪声情况	温度	湿度		

7.2 设备设计

在化工项目设计中,设备设计是一项重要的工作,尤其对于一个新开发的项目,设备设计可能成为整个设计的关键。

化工设备一般分为标准设备和非标设备。标准设备的选型一般都由工艺设计人员完成,交付订货,如第 5 章所述,而非标设备则由设备专业进行设计,图纸交付设备制造厂进行制造。

7.2.1 化工容器分类

在由政府部门颁布的压力容器监督与管理文件中对压力容器进行了分类,再按类对其设计、制造、操作进行监督管理。

(1) 按压力大小将容器分为四个等级。

a) 低压容器:$0.1 \leqslant p < 1.6$ MPa;

b) 中压容器:$1.6 \leqslant p < 10.0$ MPa;

c) 高压容器:$10 \leqslant p < 100$ MPa;

d) 超高压容器:$p \geqslant 100$ MPa。

此外,一般常压容器($p \leqslant 0.1$ MPa)和真空容器等不属于压力容器范围。

(2) 按生产工艺过程中的作用原理可分为:反应容器、换热容器、分离容器、贮运容器等。

以上(1)、(2)分类方法不便于对压力容器的分类管理工作,例如一台中压反应容器,虽然压力等级不高,但内装有易燃易爆或有剧毒的介质,其危险性和管理的要求并不一定比高压容器为低,因此我国压力容器安全监察规程采用了既考虑压力与容积又考虑介质危险程度以及在生产中的重要性的综合分类方法。

(3) 压力容器监察规程将容器分为三类。

a) 属于下列情况之一者为一类容器:非易燃或无毒介质的低压容器;易燃或有毒介质的低压分离容器和换热容器。

b) 属于下列情况之一者为二类容器:中压容器;剧毒介质的低压容器;易燃或有毒介质的低压反应容器和贮运容器;内径小于 1m 的低压废热锅炉。

c) 属于下列情况之一者为三类容器:高压、超高压容器;剧毒介质且 $p_wV \geqslant 0.2$ m³・MPa 的低压容器或剧毒介质的中压容器(p_w 为工作压力,MPa;V 为容积,m³);易燃或有毒介质且 $p_wV \geqslant 0.5$ m³・MPa 的中压反应容器,或 $p_wV \geqslant 5$ m³・MPa 的中压贮运容器;中压废热锅炉或内径大于 1m 的低压废热锅炉。

显而易见,其中以三类容器要求最高。按国家监察部门规定,无论是设计单位或是制造单位,必须经过申报与考核,方可取得进行一类、二类或三类容器设计的设计许可证,或制造许可证。

7.2.2　容器制造的材料选择

在设备选型和计算前,首先要把设备的材料定下来。化工生产涉及到各种各样的化学物质,在各种不同的温度、压力条件下操作,产品又有各种不同的要求,要选择一个适当的材料以满足生产需要,需考虑的因素是很复杂的。

A. 金属材料分类

(1) 按化学成分分类。

a) 碳素钢,根据钢中含碳量的不同又可分为:

低碳钢,碳含量一般低于 0.25%;

中碳钢,碳含量一般为 0.25%～0.60%之间;

高碳钢,碳含量一般高于 0.60%。

b) 合金钢,为了改善钢的某些性能而加入一种或几种合金元素的钢,按加入的合金元素含量的不同又可分为:

低合金钢,合金元素总含量(质量分数)不大于 5%;

中合金钢,合金元素总含量(质量分数)为 5%～10%;

高合金钢,合金元素总含量(质量分数)大于 10%。

(2) 按钢的品质分类,即按钢中所含硫、磷等有害杂质元素的多少来评价,可分为:

a) 普通钢,含硫量不大于 0.05%,含磷量不大于 0.045%;

b) 优质钢,含硫量不大于 0.04%,含磷量不大于 0.035%;

c) 高级优质钢,含硫量及含磷量均不大于 0.03%。

(3) 按冶炼方法分类。

钢按冶炼方法可分为平炉钢、转炉钢、电炉钢等。

(4) 按钢的金相组织分类。

根据金相学和热处理的基本理论,结合我国标准和国际上常用的标准的实际情况,钢按金相组织可分为以下几类:珠光体钢、贝氏体钢、奥氏体钢、马氏体钢等。

(5) 按制造加工形式分类有:铸钢、锻钢、热轧钢、冷轧钢等。

B. 化工设备常用材料

化工设备使用的钢材品种很多,有钢板、钢管、铸锻件、各种型钢。钢板是制造化工设备的主要材料,按其轧制方法有冷轧薄板与热轧厚板;按材料种类有碳素钢板、低合金钢钢板、高合金钢钢板、不锈钢与碳钢或低合金钢的复合钢板以及铜、铝、钛等有色金属板;按材料用途有一般板、容器板、锅炉板、船用板等。

(1) 碳素钢钢板。

用于制造化工设备常用的碳素钢钢板有 Q235(牌号中的 Q 是钢材屈服点"屈"字汉语拼音首位字母,后面的数字是钢材厚度小于等于 16mm 时最低屈限的 MPa 值)、20R。

Q235 系列有四个钢号即 Q235－A·F、Q235－A、Q235－B、Q235－C。其中 Q235－A·F 用于设计压力 $p \leqslant 0.6$MPa,温度小于 250℃,钢板厚度小于 12mm 的化工容器制造;Q235－A 用于设计压力 $p \leqslant 1.0$MPa,温度小于 350℃,钢板厚度小于 16mm 的化工容器制造;Q235－B 用于设计压力 $p \leqslant 1.6$MPa,温度小于 350℃,钢板厚度小于 20mm 的化工容器制造;

Q235—C用于设计压力 $p \leqslant 2.5\text{MPa}$,温度小于 $400℃$,钢板厚度小于 30mm 的化工容器制造。

20R 钢板的一般厚度为 $6 \sim 16\text{mm}$,焊接性能良好,但由于其强度低,故用于中低压的中小型容器制造。

(2) 低合金钢钢板。

在碳钢中加入少量合金元素,如 Mn,V,Mo,Nb 等就可以显著提高钢的强度而成本增加不多。低合金钢板主要有:16MnR,15MnVR,15MnVNR,18MnMoNbR,13MnNiMoNbR,15CrMoR 等。其中 16MnR 是用途广、用量大的化工容器用钢,主要用于制造中低压及中小型压力容器。15MnVR 多用于制造大型容器和多层高压容器。

(3) 高合金钢钢板。

采用高合金钢的目的主要是抗腐蚀、抗高温氧化或耐特别高的温度。其钢板主要有:0Cr18Ni9(牌号 304),0Cr18Ni10Ti(牌号 321),0Cr17Ni12Mo2(牌号 316),0Cr18Ni12Mo2Ti,0Cr19Ni13Mo3(牌号 317),00Cr19Ni10(牌号 304L),00Cr17Ni14Mo2(牌号 316L),00Cr19Ni13Mo3(牌号 317L)等。其中 304,316,304L,316L 等牌号的高合金钢钢板是化工设备制造常用的耐腐蚀材料。

C. 选择材料的主要因素

(1) 材料的耐腐蚀性。

材料的腐蚀往往使设备寿命缩短,检修费用增加,有时还会影响产品的质量,经济上带来很大的损失,所以化工设备材料的耐腐蚀性能比其他性能显得更加重要。

各种材料有不同的耐腐蚀性,且随着温度浓度的改变耐腐蚀性能变化很大。以最常用的碳钢为例,碳钢在盐酸中的腐蚀速度随盐酸浓度的增加而增大。在干燥的氯气和氯化氢气体中能耐腐蚀。

在硫酸中的腐蚀性各阶段都不一样,当硫酸浓度较小时腐蚀速度随硫酸浓度的增加而增大;当硫酸浓度在 $47\% \sim 50\%$ 时腐蚀速度达到最大限度;浓度再增加,由于铁发生钝化,腐蚀速度逐渐降低;到 80% 以上甚至可用碳钢作硫酸贮槽。碳钢在 $50\% \sim 90\%$ 浓度的硝酸中也会发生钝化,但碳钢在硝酸中的钝化很容易破坏,所以一般不用碳钢。碳钢在碱溶液中相对稳定,因为铁在碱溶液中能生成不溶性氢氧化亚铁等腐蚀产物,这些腐蚀产物与金属紧密结合能起到保护层的作用,使铁不再继续腐蚀。

所以在考虑材料的耐腐蚀性时一定要注意介质的温度和浓度范围。一些常用的介质在各种温度、浓度下的材料选择可查阅参考文献[21]。

(2) 材料对化学反应的影响。

有些材料能使催化剂中毒钝化,有些材料又能起到催化作用。如芳香族化合物的氯化,苯环上氯化时需要铁催化剂存在下进行,而侧链氯化就不允许有铁存在,又如重氮化反应就不能使用金属材料,金属材料会导致重氮化合物的分解。

(3) 材料的物理性能。

材料的耐温耐压性能。如一般碳钢设备中 Q235—A 钢的最高使用温度 $350℃$,锅炉钢可使用至 $450℃$,而不锈钢的最高使用温度可到 $600℃$。又如各种不同材料的导热系数不同,选热交换器的材料则必须考虑导热系数大的材料,机械强度差的材料不能用于受压设备。

　　(4) 材料的加工性能。

　　焊接性能、车削性能等是否便于加工。例如：钛材在我国资源还较丰富,耐腐蚀性和机械强度都很理想,但金属钛的焊接必须用氩弧焊,氩弧焊对焊接设备和焊接技术要求都较高,以往常会限止它的使用范围,但目前我国这方面的技术水平已有很大提高。

　　(5) 材料的价格和来源。

　　材料价格直接影响设计工程的技术经济指标的先进性,因此这一点也是材料选择中非常重要的问题。一般能用普通的材料就尽量不用贵重材料。

　　(6) 材料的机械性能。

　　压力容器设计时对容器用钢进行严格的选择,要对钢的化学成分、抗拉强度 σ_b、屈服点 σ_s、断后伸长率 δ_s、180°冷弯、冲击功 A_{kv} 进行分析再作出选择。

　　(7) 其他方面。

　　a) 某些产品质量要求比较高,不允许铁离子存在,则应避免使用一般碳钢设备。

　　b) 直接用于食品加工的则应注意使用无毒性材料。

　　c) 抽真空的负压设备尽量不用衬里材料,因为在负压下衬里材料易脱落。

　　所以设备材料的选择考虑因素很多,设计时应具体情况具体分析,不要遗漏应考虑的因素,才能使材料选得合适。

7.2.3　设备设计条件

　　工艺专业提供给设备设计的条件如下。

　　(1) 设备一览表。

　　(2) 非标设备条件表及附图,如表 7—2 所示,内容包括：

　　a) 设备内的物料及物性,如设备的生产能力或处理量,m³/h,物料的密度、粘度、腐蚀性、易燃易爆、毒性等；

　　b) 工艺操作条件,温度、压力、溶液组成、搅拌浆转速等；

　　c) 设备的尺寸,直径、高度、主要部件尺寸等；

　　d) 管口方位图,同时说明管口密封要求,以选用法兰。

　　(3) 管口方位图

　　管口方位图表示设备上各管口以及支座等周向安装位置的图样,该图由工艺专业在管道布置设计时提出,也可由设备专业提出,如图 7—1 所示。

7.2.4　设备设计程序

　　A. 了解并掌握设计依据及数据

　　(1) 该设备在生产中的作用,在车间布置中的位置。

　　(2) 物料性质及工艺操作条件。

　　(3) 工艺专业提供的化学工程数据。

　　(4) 设备草图及管口方位图。

　　(5) 建筑单位的气象资料,如风速、风向、年最高气温、最低气温。地质资料,如地耐力、冻土层厚度。设备周边环境等。

表 7-2 非标设备条件表

位号	V101	设备内径(mm)	φ3000
	××贮槽	设备高度(mm)	13200(直筒长)

	工艺参数 名称	参数
1	流量(m³/h)	××
2	状态	液
3	物料装填高度(m)	
4	粘度(Pa.S)	0.34cp
5	毒性及易燃易爆性	高度危险性,易燃,易爆
6	腐蚀性及腐蚀裕度(推荐)	无
7	操作压力(MPa)最高/正常	常
8	操作温度(℃)最高/正常	常
9	材料及衬里要求	16MnR
10	内件要求	
11	全容积(m³)	100
12	操作压力(MPa)最高/正常	
13	操作温度(℃)最高/正常	
14	介质名称	
15	管子外径(mm)	
16	壁厚(mm)	
17	面积(m²)	
18	材质	
19	型式和个数	
20	搅拌器计算功率(kW)	
21	电机功率(kW)	
22	转速(r/min)	
23	搅拌器安装要求	
24	容积(m³)	
25	堆密度(10³kg/m³)	
26	安全阀起跳或爆破压力(MPa)	
27	液体出口防涡流要求	

管口表

符号	DN×PN (mm×MPa)	法兰标准	连接面型式	用途
a	DN50×PN1.6	HG20592,WN	FM	排净口
b	DN150×PN1.6	HG20592,WN	FM	××进口
c	DN150×PN1.6	HG20592,WN	FM	××出口
d	DN150×PN1.6	HG20592,WN	FM	备用口
e	DN50×PN1.6	HG20592,WN	FM	放空口
f			现场测量确定	液位测量及就地液位计
g				

支架要求	鞍式支座
保温层厚度(mm)	
支架防火层厚度(mm)	室内、室外 室外埋地
基本风压(KN/m²)	(kg/m³)
日平均最低温度(℃)	(kg/m³)
地震烈度	7度
防爆要求	防爆 IIBT1
场地类别	
静电接地 电接地	(特殊要求)

说明:1. "a,b,c,d,"管口配法兰盖,其它管口配对法兰
2. 管口方位见管口方位图

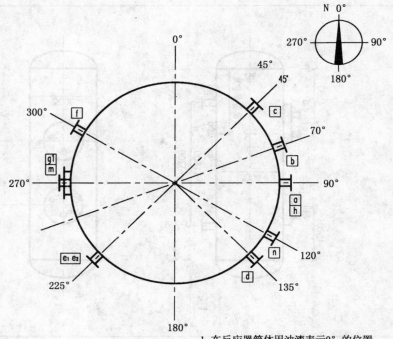

1. 在反应器筒体用油漆表示0°的位置
2. 铭牌方位为270°，铭牌高度距支脚1.7m

管口符号	公称尺寸	连接形式及标准	用　　途	管口符号	公称尺寸	连接形式及标准	用　　途
e_1 e_2	20	HG20592—97,S020—1.6	液位计口	n	65	HG20592—97,S065—1.6	备用口
d	50	HG20592—97,S050—1.6	退汁液进口	m	50	HG20592—97,S050—1.6	料液出口
c	80	HG20592—97,S080—1.6	备用口	h	65	HG20592—97,S065—1.6	排污口
b	80	HG20592—97,S080—1.6	水合液进口	g1	450		入孔
a	100	HG20592—97,S0100—1.6	放空口	f	25	HG20592—97,S025—1.6	压缩空气进口

图 7—1　设备管口方位图

B. 设备的材质选择

对于化工设备,材质的选择是很重要的,因为材料的腐蚀性,不仅影响设备使用年限,也影响化工产品质量,另外材质选择不当会对高压设备、易燃易爆有毒介质的安全操作带来隐患。

C. 根据工艺专业提供的设计条件进行计算、绘制设备草图、说明设备加工要求、进行设备内部结构的设计。

D. 对设备的强度设计计算。

在化工生产中最常用的薄壁容器计算壁厚的公式如下:

$$S = \frac{pD_i}{2[\sigma]\varphi - P} + C \tag{7—1}$$

$$[p] = \frac{2[\sigma]\varphi S}{D_i + S} + C \tag{7—2}$$

式中：S——强度计算壁厚，mm；p——设计压力，kg/cm^2；D_i——筒体内直径，mm；$[\sigma]$——材料的许用应力，kg/cm^2；φ——焊缝系数；C——考虑防腐蚀等因素的壁厚附加量，mm；$[p]$——最高工作压力，kg/cm^2

计算壁厚的主要设计参数说明如下：

（1）设计压力。

设计压力是在规定的设计温度下，用于确定壳壁计算壁厚的压力，通常取略高于或等于最高工作压力，如表7－3所示。

表7－3　设计压力的取值

情　　况	设计压力（p）取值
容器上装有安全泄放装置	取安全泄放装置的初始起跳压力（$p \leqslant 1.05 \sim 1.10[p]$）
单个性介质容器不装安全泄放装置	取略高于最高工作压力
容器内装有爆炸性介质	按介质特性、气相容积、爆炸前的瞬时压力、防爆膜的破坏压力及排放面积等因素考虑（$p \leqslant 1.15 \sim 1.30[p]$）
装液化气体的容器	按容器填充系数和可能达到的最高温度确定
外压容器	取略大于可能产生的最大内外压差
真空容器	取 0.1MPa，当有安全控制时，取内外最大压差的 1.25 倍，或 0.1MPa 两个数值中的较小值

（2）设计温度。

设计温度是是指容器在操作中规定设计压力下，可能达到的最高或最低（$-20℃$）的壁温，这个温度是选择材料和计算许用应力时的一个基本设计参数。容器的壁温可由实验测定或计算得到。表7－4为设计温度的推荐值。

表7－4　设计温度的推荐值

情　　况	设计温度
不被加热或冷却的器壁，壁外有保温	容器内介质温度
用水蒸气、热水或其他液体加热或冷却的器壁	加热介质温度
用可燃气体或电加热的器壁，有衬砌层或一侧露在大气中	容器内介质温度＋20℃
直接用可燃气体或电加热的器壁	容器内介质温度＋50℃
容器中加热载体温度≥600℃	容器内介质温度＋100℃

（3）许用应力。

$$许用应力可表示为：[\sigma] = \frac{极限应力}{安全系数} \tag{7-3}$$

当碳素钢或低合金钢设计温度超过 420℃，合金钢（如铬钼钢）超过 450℃，奥氏体不锈钢超过 550℃时，还要考虑高温持久确定和蠕变确定的许用应力。

（4）焊缝系数。

焊缝区是容器确定的薄弱环节，其确定主要与熔焊金属、焊缝结构及焊接施工质量有关。为此，设计中推荐的焊缝系数：双面焊对接焊缝 $\phi = 0.7 \sim 0.9$；单面焊有垫板对接焊缝 $\phi = 0.65 \sim 0.8$；单面焊无垫板对接焊缝 $\phi = 0.6 \sim 0.7$。

上述的低值不作无损探伤时的取值，如局部无损探伤可取高值，如进行 100% 无损探伤时，ϕ 可相应提高 0.1。

（5）壁厚的附加量。

容器的壁厚附加量为介质的腐蚀裕度 C_1，钢板的负偏差 C_2 及制造减薄量 C_3 之和，即

$$C=C_1+C_2+C_3 \tag{7-4}$$

a）腐蚀裕度可表示为：

$$C_1=K_aB \tag{7-5}$$

式中：K_a——腐蚀速度，mm/a，参阅文献[21]；

　　　B——容器的设计寿命，一般化工设备取 10 年，高压容器取 20～25 年。

b）钢板负偏差

设计时一般取 $C_2=0.5\sim1$mm。钢板厚度为 6mm 以下，C_2 取 0.5mm；钢板厚度为 25mm 以上，C_2 取 1mm。

c）制造减薄量

一般室温卷制的薄壁筒体，厚度不会减薄，所以 C_3 为 0，热卷筒体根据加工工艺适量附加。

E. 其他设计内容。

由于设计的化工设备不同，其设计要求不同，以塔设备设计为例，需进行设计的其他内容有：

a）稳定性校核和强度校核。强度与稳定性校核主要是风载荷引起的轴间应力及偏心弯矩，是否符合设计要求范围内。

b）水力试验的强度校核。

c）吊装时的应力校核。

d）裙式支座设计。

e）基础环设计，包括基础环尺寸、厚度、地脚螺栓的直径。

f）设备重量载荷计算，包括塔体裙座、塔内构件、平台扶梯、物料重量等。

F. 非标化工设备图。

通过上述设计，最后绘制化工设备图，即装配图。为表达清晰，除了要求设计装配图外，还有部件图、零件图、管口图。

化工设备装配总图是表示化工设备以及附属装置的全貌、组成和特性的图样。它应表达设备各主要部分的结构特征、装配连接关系、主要特征尺寸和外形尺寸，并写明技术要求、技术特性等资料。如图 7-2 所示。

一份完整的化工设备图，除绘制设备本身的各种视图外，尚应有如下基本内容：

（1）标题栏。说明图纸的主题；

（2）明细表。说明各部件的详细情况；

（3）管口表。将本设备的各管口用英文小写字母自上而下按顺序填入表中，以明确各管口的位置和规格等；

（4）技术特性表。是化工设备图的一个重要组成部分，它将设备的设计、制造、使用的主要参数（设计压力、工作压力、设计温度、工作温度、各部件的材质、焊缝系数、腐蚀裕度、物料名称、容器类别及专用化工设备的接触物料的特性等）等技术特性以列表方式供施工、检验、生产中执行。

(5) 技术要求。对化工设备的技术条件,应该遵守和达到的技术指标等以文字逐条书写清楚,这些技术条件从安全角度出发,要求也较严格,通常应注写如下几个方面的内容;

a) 通用技术条件。通用技术条件是同类化工设备在加工、制造、焊接、装配、检验、包装、防腐、运输等方面的技术规范,已形成标准,在技术要求中直接引用在书写时,只需注写"本设备按×××××《具体写上某标准的名称及代号)制造、试验和验收"即可。

b) 焊接要求。在技术要求中,通常对焊接接头形式、焊接方法、焊条(焊丝)、焊剂等提出要求,并遵守焊接有关标准(如:HG15-89、HGJ17-89、GB895-89、GB896-81、GB324-88)。

c) 设备的检验。一般有对主体设备的水压和气密性进行试验,对焊缝的射线探伤、超声波探伤、磁粉探伤等,这些项目都有相应的试验规范和技术指标。

d) 其他要求。机械加工和装配方面的规定和要求。设备的油漆、防腐、保温(冷)、运输和安装、填料等要求。

7.3 电气设计

7.3.1 概况

化工生产中应用的电气部分包括动力、照明、避雷、弱电、变电、配电等。

A. 供电

就化工生产用电电压等级而言,一般最高为 6 000V,中小型电机通常为 380V,而输电网中都是高压电(有 10~330kV 范围内七个高压等级),所以从输电网引入电源必须经变压后方能使用。由工厂变电所供电时,小型或用电量小的车间,可直接引入低压线;用电量较大的车间,为减少输电损耗和节约电线,通常用较高的电压将电流送到车间变电室,经降压后再使用。一般车间高压为 6 000V 或 3 000V,低压为 380V。当高压为 6 000V 时,150kW 以上电机选用 6 000V,150kW 以下电机选用 380V。高压为 3 000V 时,100kW 以上电机选用 3 000V,100kW 及以下电机选用 380V。

化工生产中常使用易燃、易爆物料,多数为连续化生产,中途不允许突然停电。为此,根据化工生产工艺特点及物料危险程度的不同,对供电的可靠性有不同的要求。按照电力设计规范,将电力负荷分成三级,按照用电要求从高到低分为一级、二级、三级。其中一级负荷要求最高,即用电设备要求连续运转,突然停电将造成着火、爆炸、或人员机械损坏,或造成巨大经济损失。

B. 供电中的防火防爆

按照 GB50058-92《爆炸和火灾危险环境电力装置设计规范》,关于爆炸性气体环境危险区域划分规定,根据爆炸性气体混合物出现的频繁程度与持续时间进行分区。

对于连续出现或长时期出现爆炸性气体混合物的环境定为 0 区,对于在正常运行时可能出现爆炸性气体混合物的环境定为 1 区,对于在正常运行时不可能出现爆炸性气体混合物的环境,或即使出现也仅是短时存在的情况定为 2 区。

在设计中如遇下列情况则危险区域等级要作相应变动:离开危险介质设备在 7.5m 之内的立体空间,对于通风良好的敞开式、半敞开式厂房或露天装置区可降低一级;封闭式厂房中爆炸和火灾危险场所范围由以上条件按建筑空间分隔划分,与其相邻的隔一道有门墙的场所,可降低一级;如果通过走廊或套间隔开两道有门的墙,则可作为无爆炸及火灾危险区。而对地坑、地沟因通风不良及易积聚可燃介质区要比所在场所提高一级。

区域爆炸危险等级确定以后,根据不同情况选择相应防爆电器。属于 0 区、1 区和 2 区场所都应选用防爆电器,线路应按防爆要求敷设。电气设备的防爆标志是由类型、级别和组别组成。类型是指防爆电器的防爆结构,共分 6 类:防爆安全型(标志 A)、隔爆型(标志 B)、防爆充油型(标志 C)、防爆通风(或充气)型(标志 F)、防爆安全火花型(标志 H)、防爆特殊型(标志 T)。

级别和组别是指爆炸及火灾危险物质的分类,按传爆能力分为四级,以 1、2、3、4 表示;按自燃温度分为五组,以 a,b,c,d,e 表示。类别、级别和组别按主体和部件顺序标出。比如主体隔爆型 3 级 b 组,部件 II 级,则标志为 BH3IIb。

7.3.2　电气设计内容

电气设计首先必须了解建设单位的电源状况,与工厂有关的电力系统的发电厂及区域变电站的位置、距离、装机设备容量、系统主结线构成的电源数量,增加用户的条件及远近期短路容量等情况。如系老厂改造还需说明厂内供电系统现状。有自备电站亦加以说明。

明确装置中最大用电容量,其中一、二、三级负荷各多少,高压用电设备台数及单台容量范围;对全厂高压供电系统及各级电压的选择阐述选定的总变电所或自备发电站的容量及主结线的特点,工厂的输入电压以及各级配电电压等级的选定。

计算全厂车间变电所负荷及选择变压器,设计全厂供电外线及道路照明。说明全厂供电线路采用的敷设方式及原则。设计全厂接地、接零和防静电。

7.3.3　电气设计条件

A. 动力设计部分

(1) 生产特点,用电要求。车间的防爆等级,特殊大功率电机等。

(2) 按设备平面布置图标明用电设备的名称和位置。

(3) 提供用电设备条件表,如表 7—5 所示。

表 7—5　用电设备条件表

用电设备名称	负荷等级	用电设备台数	控制连锁要求	计算轴功率 kW	控制方法	控制点	电力设备				工作制	年运转时间 h
							型号	容量 kW	电压 V	相数		

(4) 用电设备的自控要求,如根据液位高度控制泵电机的启闭。

(5) 其他用电量,如机修间、化验室等。

B. 照明、避雷条件

（1）在工艺设备布置图上标明照明位置及照明度；

（2）照明地区的面积和体积及照度；

（3）防爆等级、避雷等级；

（4）特殊要求如事故照明、检修照明、接地等。

C. 弱电条件

（1）在工艺设备布置图上标明弱电设备位置；

（2）设置火警信号、警卫信号

（3）行政电话、调度电话、扬声器、电视监视器等。

7.4　自控设计

7.4.1　概况

仪表、自动控制是化工生产装置的监控设备，是确保连续安全运行的重要手段。自控设计不仅要有合理的控制方案和正确的测量方法，还需根据工艺数据正确选择自动化仪表。

A. 单元组合仪表的选择

单元组合仪表根据使用动力情况及功能组件组合方式，一般可分为：

（1）气动单元组合仪表；

（2）电动单元组合仪表；

（3）电子组装式仪表。

在工程设计中，究竟采用气动仪表还是电动仪表，应该根据装置的具体条件进行综合考虑和分析。一般来说，下列条件以选用气动仪表为宜：

（1）自变送器至显示调节仪表间的距离较短，通常以不超过 150m 较为合适；

（2）工艺物料是易燃易爆介质及相对湿度很大的场合；

（3）要求仪表投资少；

（4）一般中小型企业要求易维修，经济可靠；

（5）在以电动仪表为主的大型装置里，有些现场就地调节回路不要求引入中央控制室集中操作时，可采用气动仪表。

另外，下列条件以选用电动仪表为宜：

（1）变送器至显示调节单元间的距离超过 150m 以上时；

（2）大型企业要求高度集中管理的中央控制时；

（3）设置有计算机进行控制及管理的对象；

（4）要求响应速度快，信息处理及运算复杂的场合。

国内目前电动单元组合仪表有 DDZ—II 型和 DDZ—III 型两种，DDZ—II 型是早期产品，DDZ—III 型电动单元组合仪表和电子式组装仪表都是以集成电路为主的组件，这两种仪表在选用上没有很显著的区别，所不同的只是结构形式及安装上的差异。

B. 化工生产常用仪表

（1）温度测量仪表。

温度测量仪表有双金属温度计、玻璃液体温度计、压力式温度计、热电偶等接触式仪表，也有光学、光电和辐射高温计之类的非接触式仪表。

（2）压力测量仪表。

压力测量仪表有液柱式压力表、普通弹簧管式压力表、专用弹簧管式压力表（氨、氧气、氮气、乙炔等气体用）、膜片式压力表、特种压力表（耐酸、耐高温等）。

（3）流量测量仪表。

流量测量仪表有转子式（经常使用的有玻璃转子流量计）和容积式等。

C. 控制系统

（1）简单控制系统。

简单控制系统是由被控对象、测量变送单元、调节器和执行器组成的单回路控制系统。按被控制的工艺变量来划分，最常见的是温度、压力、流量、液位和成分五种控制系统。

（2）复杂控制系统。

复杂控制系统有串级控制、均匀控制、分程控制、采用模拟计算单元的控制系统、自动选择性控制系统、前馈控制系统、非线性控制系统等。

（3）程序控制系统。

可编程序逻辑控制器 PLC。最初是为适应机器制造业以顺序控制为主的各种控制任务而设计的，用以解决工业生产中大量的开关控制问题。与继电器组成的逻辑控制系统相比，PLC 的最大特点在于通过重新编程即可改变控制方式和逻辑规律，使其成为灵活的控制工具，在报警、联锁、马达自动开停、定时、计数、安全保护、事故切断、顺序操作、配料、批量控制、根据约束条件进行工况的选定和切断等逻辑控制领域得到广泛的应用。

集散控制系统 DCS。以微处理机为核心，综合了控制、计算机、通讯三大技术，是一种组件化、积木化、数模结合的自动化技术工具。一般由现场控制站、操作站、通讯总线三大部分组成。各个部分均采用微处理机，都具有记忆、逻辑、判断和数据运算等功能。DCS 以分散的控制适应分散的控制对象，以集中的监视、操作和管理来达到掌管全局的目的。

7.4.2　自控设计条件

（1）明确控制方法，采用集中控制还是分散控制或两者结合。

（2）按照工艺流程图标明控制点、控制对象。

（3）提供设备平面布置图。

（4）提出压力、温度、流量、液位等控制要求；产品成分或尾气成分的控制指标，以及特殊要求的控制指标如 pH 值等。

（5）提出控制信号数、要求及安装位置等。

（6）提出仪表、自控条件表，如表 7—6 所示。调节阀条件表，如表 7—7 所示。

表 7—6 仪表、自控条件表

仪表位号	数量	仪表用途	工艺参数			流量 m³/h 最大、正常、最小	液位 m 最大、正常、最小	I—指示 R—记录 Q—累计 C—调节 K—遥控 A—报警 S—联锁	P—集中 L—就地 PL 集中、就地	所在管道设备的规格及材质	仪表插入深度 mm
			密度 kg/m³	温度 ℃	表压 MPa						

表 7—7 调节阀条件表

仪表位号	控制点用途	数量	介质及成分	流量 m³/h 最大、正常、最小	三个流量的调节阀前后绝压 MPa	调节阀承受的最大压差 MPa	密度 kg/m³	工作温度 ℃	介质粘度	管道材质与规格

7.4.3 与工艺专业的关系

随着化工生产装置自控技术的广泛应用,在设计工作中,自控专业必须与工艺专业通力协作,磋商解决工程设计问题,主要关系如下。

(1) 工艺专业设计人员除了向自控专业设计人员详细提出控制点条件表外,还必须向自控专业设计人员详细提出执行装置和节流装置的计算数据,调节阀计算数据条件表。根据工艺专业设计人员提供的条件表及计算数据,自控专业设计人员可以提出返回条件,要求工艺专业对条件进行适当的修改或补充。

(2) 工艺专业设计人员必须了解与节流装置、控制阀,以及温度、压力、流量、液位等仪表检出元件连接部件的安装尺寸或与它们配用的截止阀、法兰等的规格。如果需要,可以和自控专业设计人员共同磋商解决。

(3) 自控专业设计必须了解工艺流程及车间布置的特点,特别是工艺的防爆、防腐、防毒等方面的要求。应该熟悉化工单元的操作和控制。

(4) 自控专业应与工艺专业共同研究,确定带控制点的工艺流程、确定工程的自动化水平和自控设计的总投资。对于带控制点工艺流程图、工艺车间平面配管图,自控专业设计人员在设计会签阶段,应该精心细致地进行核对,及时改正错误和遗漏的地方。

7.5 给水排水设计

7.5.1 概况

A. 水源

对建厂地区水源情况进行调查,包括水文地质资料,年平均降雨量(mm),年平均蒸发量(mm),地下水埋藏条件、地下水位及其升降幅度,地下水的浸蚀性鉴定,可提供的地下水(井水、深井水等),地表水(河水、江水、溪水、湖水、塘水、水库水以及城市市政供水管网等)以及它们的水质、水温和可提供的水量等。

这些水源的上游或上风向有无污染源,下游或下风向对排污的要求。根据建设工程项目对给排水的要求,提出的生产及生活给排水量,在经过调查实地勘察测量工作基础上,取得可靠材料以后进行取水方案的确定工作。

这是一个综合比较和选择的过程,按照可供采用的水源具体情况,从工程生产、生活对水质、水温、水量的要求出发,比较各种水源从取水到提供本工程用水处,其所需取水、水处理、水输送等基建投资总费用(包括设备、建构筑物、管道、占地、仪表阀门等)和运行操作维修费用的关系,进行综合考虑各种取水方案的利弊,最终选择确定一种取水方案。

B. 工业用水

对化工厂来说,水是重要的建厂条件之一。化工厂工业用水可分为:生产用水、循环冷却水、锅炉给水、生活用水和消防水等。

(1) 生产用水。

有的工艺过程需要水作为反应物料、稀释剂以及作为精制过程或直接冷却过程的介质。因此生产用水一般都有一定的水质要求,需经过一定的处理,分别按不同水质用管道送至装置,如软化水、去离子水或蒸汽凝结水等,对水质要求不高时,也可以直接接自新鲜水系统。

(2) 循环冷却水。

化工厂生产时需要大量的工业用水,为了降低工业用水量,一般应尽量将水循环使用,因此设置循环冷却塔(又称凉水塔)。工业用水经过一次使用后水温上升至 40℃ 左右,将此热水送至凉水塔与空气换热或部分蒸发后可降温到 28℃ 左右,此冷却水即可循环使用,为防在循环水系统中产生腐蚀、结垢,而降低传热系数和损坏设备,在循环水中需要投入水质稳定剂。

一般来说,化工厂凉水塔的蒸发损失约为 2%。凉水塔内水与空气直接接触,大气中的污染物质、尘埃等会进入循环水。另外由于循环水在凉水塔中的蒸发,使盐类等物质不断浓缩。因此,为了维持循环水水质,采用了不断排污和补加新鲜水的方法。

循环水的供水压力一般为 0.34～0.5MPa,根据系统压力和装置间的地坪高差而定。装置内的循环热水一般分压力回水、自流回水两种方式送回循环水场。

另外,循环冷却水在周而复始的循环使用过程中,会对管道产生腐蚀并在管壁上结垢。碳酸钙是循环水结垢中的主要成分,水中的钙离子和重碳酸根在一定的温度、压力等条件下发生可逆反应,其结果是导致传热系数下降,水流动阻力上升和流量降低。须进行水质稳定处理。

a) 排污,由于循环水的浓缩,故须排出部分含盐高的循环水,同时补充适当量的新鲜水,使其含盐浓度维持在极限值以下。

b) 防垢处理,防止或减少水垢的形成,可对补充新鲜水进行软化处理,以减少带入的盐量;或对循环水进行酸处理,以增加盐的溶解度;也可添加阻垢剂,以阻止水垢的生成。通常酸处理是采用硫酸;阻垢剂是添加聚磷酸盐等。

c) 防腐蚀处理,循环冷却水的腐蚀主要以电化学腐蚀形式存在,所以防腐的主要措施是在水中添加一些能生成难溶性阳极产物保护膜的盐(如磷酸盐),或能生成难溶性阴极产物保护膜的盐(如锌盐等)。

　　d) 防止微生物生长,定期向循环水投加氯以抑制微生物生长。

　　e) 除机械杂质,使少部分循环水经过旁滤器以滤去砂及微生物。

　　(3) 锅炉给水。

　　锅炉给水有一定的水质要求。一般用新鲜水经沉淀软化、离子交换、除氧等处理过程,使处理过的水符合锅炉给水的水质要求。不含油的蒸汽凝结水水质良好,应作为锅炉给水循环使用。生产装置上的取热器、蒸汽发生器等设备应按锅炉给水标准供水。

　　(4) 生活用水。

　　化工厂内除了生产用水外,还需要饮用水、淋浴和洗眼器用水,这些统称为生活用水。生活用水必须符合国家规定的卫生标准,要与生产用水分设系统供应,生活用水可以在厂内自设净化设备供给,也可用市政部门供应的自来水。

　　(5) 海水。

　　对于建设在海边的化工厂,可用海水作为冷却器等的冷却用水。海水资源可取之不尽。但海水的缺点是对设备和管道有腐蚀,所以要适当地考虑防腐措施,同时也增加维修时的工程量,这将增加投资和运行费用。

　　(6) 消防用水。

　　灭火用消防用水,在短时间内用水量很大,一般设置独立系统,包括消防水池、消防水泵和消防水管道系统。对于临海的工厂可用海水。当工厂附近有大的水库、河流和湖泊时,可不设消防水池。消防水系统的压力一般为 0.5～1.0MPa。

7.5.2　给排水设计条件

　　A. 供水条件(条件表如表 7-8 所示)

　　(1) 生产用水。

　　a) 提出工艺设备布置图,并标明用水设备名称;

　　b) 用水条件,如:最大和平均用水量、需要水温、水压;

　　c) 用水情况(连续或间断);

　　d) 用水处的进口标高及位置。

　　(2) 生活、消防用水。

　　a) 提出的工艺设备布置图,标明厕所、淋浴室、洗涤间位置;

　　b) 工作室温;

　　c) 总人数和最大班人数;

　　d) 根据生产特性提供消防要求,如采用何种灭火剂等。

　　(3) 化验室用水。

　　a) 按平面布置图标明化验室位置;

　　b) 用水种类及用水要求。

　　B. 排水条件(条件表如表 7-9 所示)

　　(1) 生产排水。

　　提出工艺设备布置图,并标明排水设备名称;排水条件如:水量、水管直径;水温;排水成分;排水压力;排水方法是间断还是连续;出口标高及位置。

(2) 生活排水。

提出工艺设备布置图,标明厕所、淋浴室、洗涤间位置;总人数、使用淋浴总人数、最大班人数、最大班使用淋浴人数;排水情况等。

表 7—8　给水条件表

车间名称	水的用途	用水设备名称	热交换器性能					用水量 m³/h		水温℃		水压 MPa		水质要求	需水情况	进水口位置
			设备材质	冷却方式	用水压力 MPa	用水阻力降 MPa	热负荷 kJ/m²·h	平均	最大	进口 出口		进口 出口				

表 7—9　排水条件表

车间名称	设备名称	排水量 m³/h		是否有污染	污染情况					pH值	排水情况			备注
		平均	最大		化学成分		物理成分		水温℃		排水余压 MPa	连续或间断	排水口位置	
					名称	含量	悬浮物 mg/L	色度						

7.6　采暖通风设计

7.6.1　概况

A. 采暖

采暖是指在冬季调节生产车间及生活场所的室内温度,从而达到生产工艺及人体生理的要求,实现化工生产的正常进行。工业上采暖系统按蒸汽压力分为低压和高压两种,界限是 0.07MPa,通常采用 0.05~0.07MPa 的低压蒸汽采暖系统。还有的采用热风采暖系统,是将空气加热至一定的温度(70℃)送入车间,它除采暖外还兼有通风作用。

B. 通风

车间为排除余热、余湿、有害气体及粉尘,需要通风。

(1) 自然通风。

设计中指的是有组织的自然通风,是可以调节和管理的自然通风,可利用室内外空气温差引起的相对密度差和风压进行自然换气。

(2) 机械通风分为以下三种。

a) 局部通风,如车间内局部区域产生有害气体或粉尘时,为防止气体及粉尘的散发,可用局部通风办法(比如局部吸风罩),在不妨碍操作与检修情况下,最好采用密封式吸(排)风罩。对需局部采暖(或降温),或需要考虑必要的事故排风的场所,均应采用局部通风方式。

b) 全面通风,只有当整个车间都充满有害气体(或粉尘)时,才用全面通风。

c) 有毒气体的净化和高空排放,为保护周围大气环境,对浓度较高的有害废气,应先经过净化,然后通过排毒筒排入高空并利用风力使其分散稀释。对浓度较低的有害废气,可不经净化直接排放,但必须由一定高度的排毒筒排放,以免未经大气稀释沉降到地面危害人体和生物。

7.6.2　采暖通风设计条件

（1）工艺流程图,标明设置采暖通风的设备及其位置;

（2）提出采暖方式,集中还是分散采暖;

（3）采暖通风设计条件如表 7—10 所示;

（4）采暖通风方式、设备的散热量、产生有害气体或粉尘的情况。

表 7—10　采暖、通风、空调条件表

房间名称	防爆等级	生产类别	工作班数	每班操作人数	要求室温℃	要求湿度%	发热设备情况			有害气体粉尘		散湿量 kg/h	事故排风位置	事故排风量	洁净级别
							表面积 m²	表面温度 ℃	运转电机功率 kW	名称	数量 kg/h				

8　化 工 管 路

　　管道是化工生产过程中不可缺少的部分,蒸汽、水、气体以及各种物料都要用管道来输送。同时,设备与设备间的连接,也要用管道来沟通。在化工厂中,管道的总长有几千米,甚至在几百千米以上,一个有机合成车间的管道长度有时就有几十千米,重量有几百吨,所以化工管路的设计是化工厂的一个十分重要的普遍性问题。

　　化工管路计算可以分成两大部分:管路计算与管道布置设计。管路计算包括管径计算、管道压降计算、管道保温工程、管路应力分析、热补偿计算、管件选择、管道支吊架计算等内容;而管道布置设计不仅要满足工艺流程的要求还必须满足施工安装的要求。

8.1　管路设计基础

8.1.1　概述

A. 设计依据

在进行管道设计时,应具有下列资料:

(1) 施工图阶段深度的工艺及仪表流程图(PID图);

(2) 公用工程系统流程图;

(3) 设备平面布置图和立面布置图;

(4) 非标设备施工图,定型设备的样本或详细安装图;

(5) 建构筑物平、立面布置图;

(6) 工程设计规范、管道等级表;

(7) 设备一览表;

(8) 其他技术参数(如水源、锅炉房蒸汽压力和压缩空气站空气压力等)。

B. 设计原则

(1) 依据管道设计规定,收集设计资料及有关的标准规范。

(2) 根据工艺管道流程图(PID)进行管道设计。

(3) 根据装置的特点,考虑操作、安装、生产及维修的需要,合理布置管路,做到整齐美观。

(4) 根据介质性质及工艺操作条件,经济合理地选择管材。

(5) 配置的管道要有一定的挠性,以降低管道的应力,对直径大于DN150,温度大于177℃的管道应进行柔性核算。

(6) 管道布置中考虑安全通道及检修通道。

(7) 输送易燃易爆介质的管道不能通过生活区。

(8) 废气放空管应设置在操作区的下风向,并符合国家排放标准。

C. 设计内容

工艺专业管道设计的内容如下：

（1）管径：选择各种介质管道的材料并计算管径和管壁厚度。

（2）地沟断面的决定：地沟断面的大小及坡度应由管子的数量、规格和排列方法来决定。

（3）管道的配置：根据施工图阶段工艺流程，结合设备布置及设备施工图进行管道的配置。管道配置图应包括平面图和立面图，其要求有：

a）以代号或符号表示介质名称、管子材料和规格、介质流向以及管件、阀件、汽水分离器、补偿器等；

b）注明管道的标高和坡度，标高以地平面为基准面，或以楼板为基准面；

c）同一水平面或同一垂直面上有数种管道安装时应予以注明；

d）绘出地沟的轮廓线；

e）管架敷设情况。

（4）提出下列资料：

a）将各种断面的地沟长度提供给土建；

b）将车间上水、下水、冷冻盐水、压缩空气及蒸汽等管道管径及要求（如温度、压力等条件）提供给公用工程；

c）统计各种介质管道（包括管子、管件及阀件等）的材料、规格和数量；

（5）编写施工说明书：

施工说明书包括施工中应注意的问题，各种介质的管子及附件的材料，各种管道的坡度，保温油漆等要求及安装时采用的不同种类的管件管架的标准等，以及施工中所必须遵循的规范。

8.1.2 管道的分类与等级

A. 管道的分类

（1）按照设计压力可将工业管道分为四级，如表 8－1 所示。

表 8－1 管道分级

级别名称	设计压力（MPa）
真空管道	$p<0$
低压管道	$0\leqslant p\leqslant1.6$
中压管道	$1.6\leqslant p\leqslant10$
高压管道	$p>10$

注：工作压力$\geqslant9.0$MPa，且工作温度$\geqslant500$℃的蒸汽管道可升级为高压管道。

此种管道分级方法仅以管道设计压力为依据，虽然对蒸汽管道工作温度$\geqslant500$℃时考虑了温度影响，但对其他介质则未考虑温度影响，更未考虑不同介质的性质差别，所以这种分级方法是粗略的，而且按此种办法分级的管道也无对应的设计施工规范。

（2）按照管道中输送介质的温度、闪点、爆炸下限、毒性以及管道的设计压力分为三级，如表 8－2 所示。

表 8—2　管道级别

管道级别		适 用 范 围
SHA		1. 毒性程度为极度危害介质的管道 2. 设计压力≥10MPa 的 SHB 介质管道
SHB	SHB1	1. 毒性程度为高度危害介质的管道 2. 设计压力小于 10MPa 的甲乙类可燃气体和甲 A 类液化烃， 　甲 B 类可燃液体介质管道 3. 乙 A 类可燃液体介质管道
	SHB2	1. 乙 B 类可燃液体介质管道 2. 丙类可燃液体介质管道

注：(1) 剧毒介质是指被人吸入或与人体接触时，进入人体的量小于或等于 4g 即会引起肌体严重损伤或致死，即使迅速采取治疗措施也不能恢复健康的物质，如氟、氢氟酸、光气、氟化氢、碳酰氟、丙烯腈、四乙铅等，以及设计规定为剧毒介质的物质。

(2) 易燃介质是指其闪点低于或等于 45℃的液体。可燃介质是指闪点高于 45℃的液体。

(3) 同一物料按其特性(如闪点或爆炸下限)分列不同管道级别时，以较高级别为准。

(4) 混合物料应由设计确定其管道级别，当设计未规定时，以其中的主导物料为分级依据。

按此种办法分级的管道的施工应按《石油化工剧毒、易燃、可燃介质管道施工及验收规范》(SHJ3501—1997)的规定进行。

B. 管道及管件的公称压力及公称直径

(1) 公称压力。

管道及管件的公称压力(PN)是指与其机械强度有关的设计给定压力，它一般表示管道及管件在规定温度下的最大许用工作压力。公称压力单位：MPa。

(2) 公称直径。

为了简化管道直径规格统一管道器材元件连接尺寸，对管道直径分级进行了标准化，并以公称直径(DN)表示。公称直径表示管子、管件等管道器材元件的名义内直径。一般情况下元件的实际内径不一定等于公称直径。对于同一标准、公称压力和公称直径相同的管法兰具有相同的连接尺寸。公称直径单位：mm。

C. 管道等级

为了简化管道及管件规格，有利于管道组成件的标准化，在管道设计中将各种管道组成件按管道的材质、压力和直径三个参数进行适当分级。管道等级的编制工作是管道设计中的一个环节。管道等级的编制一般有项目负责人担任，这是一项技术统一工作。它规定项目中各种工艺介质所用管道及管件的材料、规格、型号，管道等级用管道等级号和管道材料等级表来表示。

(1) 管道等级号。

管道等级号由两个英文字母及一个或两个数字组成。如管道等级 B2A，其首位英文字母表示材质，中间数字表示压力等级，末尾英文字母表示顺序号。

a) 管道材质代号：

A——铸铁及硅铸铁，B——碳素钢，C——普通低合金钢，D——合金钢，

E——不锈耐酸钢，F——有色金属，G——非金属，H——衬里管。

b) 管道压力等级代号：

0——0.6MPa，1——1.0MPa，2——1.6MPa，3——2.5MPa，4——4.0MPa，

6——6.4MPa,7——10.0MPa。

c）序号（用英文字母编排）：

随同一材质的同一压力等级按序编排，先用大写 A.，B.…，后小写 a.，b.…。

（2）管道等级材料表。

a）管道材质选用原则。

根据工艺介质选用，根据管道内工艺介质的操作压力、操作温度确定管道的压力等级。

b）示例。

管道等级号为 E2A 是采用 HG20537.3 焊接不锈钢管、HG20599、PN1.6MPa 突面对焊环松套板式法兰、聚四氟乙烯包覆垫。

管道等级号为 E2B 是采用 HG20537.3 焊接不锈钢管、HG20599、PN1.6MPa 突面对焊环松套板式法兰、柔性石墨复合垫。

c）将不同管道等级号所选用的管道、阀门、垫片等材料规格列成管道等级表。

D. 管道系统试验

管道安装完毕后，按设计规定应对系统进行强度及严密性试验，检查管道安装的工程质量。一般采用液压试验，如液压强度试验确有困难，也可用气压试验代替，试验中应采取有效的安全措施。

（1）液压试验。

液压试验采用洁净水。承受内压的地上钢管道及有色金属管道试验压力应为设计压力的 1.5 倍，埋地钢管道的试验压力应为设计压力的 1.5 倍，且不得低于 0.4MPa。对承受外压的管道，其试验压力应为设计内、外压力之差的 1.5 倍，且不低于 0.2MPa。

液压试验应缓慢升压，待达到试验压力后，稳压 10min，再将试验压力降至设计压力，停压 30min，以压力不降、无渗漏为合格。

（2）气压试验。

气压试验又称严密性试验，为安全起见，应在液压试验合格之后进行，一般使用空气或惰性气体。对承受内压、设计压力不大于 0.6MPa 的钢管及有色金属管道，其气压试验压力为设计压力的 1.15 倍；真空管道的试验压力应为 0.2MPa。

在进行气压强度试验时，应采用压力逐级升高的方法。首先升至试验压力的 50%，进行泄漏及有无变形等情况的检查，如无异常现象，再继续按试验压力的 10% 逐级升压，直至强度试验压力。每一级应稳压 3min，达到试验压力后稳压 10min，以无泄漏、目测无变形等为合格。

强度试验合格后，降低至设计压力，用涂刷肥皂水的方法进行检查，如无泄漏，稳压半小时，压力也不降，则设备严密性试验为合格。

E. 管道连接

（1）焊接：所有压力管道，如煤气、蒸汽、空气、真空等管道尽量采用焊接。

（2）承插焊：密封性要求高的管子连接，应尽量采用承插焊连接。

（3）法兰连接：适用于大管径、密封性要求高的管子连接，如真空管等。

（4）螺纹连接：一般用于管径≤50mm 低压钢管或硬聚氯乙烯塑料管的连接。

（5）承插连接：适用于埋地或沿墙敷设的给排水管，如铸铁管，陶瓷管，石棉水泥管，工作压力≤0.3MPa,介质温度≤60℃。

(6) 承插粘接:适用于各种塑料管(如 ABS 管、玻璃钢管等)。

(7) 卡套连接:适用于管径≤40mm 的金属管与金属管件或与非金属管件、阀件的连接,一般用于仪表、控制系统等处。

(8) 卡箍连接:适用于洁净物料管道的连接,具有装拆方便、安全可靠,经济耐用等优点。

8.2　管路的材料与规格

8.2.1　管道的材料与规格

A. 管道的分类

(1) 按形状分类。

按形状分类,可分为光滑管、套管、翅片管、各种衬里管等。

(2) 按用途分类。

a) 输送和传热用途,在我国可分为流体输送用、长输(输油气)管道用、石油裂化用、化肥用、锅炉用、换热器用。在日本可分为普通配管用、压力配管用,高压用、高温用、高温耐热用、低温用、耐腐蚀用等。

b) 结构用途,通常分为普通结构用,高强度结构用,机械结构用等。

c) 特殊用途,例如钻井用、试锥用、高压气体容器用等。

(3) 按材质分类,如表 8—3 所示。

表 8—3　管道按材质分类表

大类	中类	小类	管道名称列举
金属管	铁管	铸铁管	承压铸铁管(砂型离心铸铁管、连续铸铁管)
	钢管	碳素管	B3F 焊接钢管,10、20 号无缝钢管、优质碳素钢无缝钢管
		低合金钢	16Mn 无缝钢管,低温钢无缝钢管
		合金钢管	奥氏体不锈钢,耐热无缝钢管
	有色金属管	铜及合金管	拉制及挤制黄铜管、紫铜管、铜镍合金(蒙乃尔等)
		铅管	铅管,铅锑合金管
		铝管	冷拉铝及铝合金圆管,热挤铝及铝合金圆管
		钛管	钛管及钛合金管
非金属管	非金属管	橡胶管	输气胶管,输水吸水胶管,输油、吸油胶管,蒸汽胶管
		塑料管	聚丙烯管,硬聚氯乙烯管,聚四氟乙烯管,酚醛塑料管
		石棉水泥管	石棉水泥管
		石墨管	不透性石墨管
		玻璃管陶瓷管	化工陶瓷管(耐酸陶瓷管,耐酸耐温陶瓷管,工业瓷管)
		玻璃钢管	环氧玻璃钢管,酚醛玻璃钢管,呋喃玻璃钢管
	衬里管	衬里管	橡胶衬里管,钢塑复合管,涂塑钢管

B. 各类管道的基本用途

(1) 铸铁管。

铸铁管常用作于埋于地下的给水总管及污水管等,也可用来输送油品和腐蚀性介质如碱液及浓硫酸。铸铁管的工作压力使用范围为低压直管 $PN \leqslant 0.45MPa$,高压直管

$PN \leqslant 0.75MPa$。铸铁管多数采用承插式连接。

（2）水煤气管。

焊接钢管分镀锌和不镀锌两种，镀锌的称为白铁管，不镀锌的称为黑铁管。水煤气管常用作给水、煤气、暖气、压缩空气、真空、低压蒸汽和凝液以及无腐蚀性物料的管道。

（3）无缝钢管。

在化工厂中得到广泛应用，可用于输送有压力的物料、蒸汽、高压水、过热水以及输送燃烧性、爆炸性和有毒性的物料，极限工作温度为 435℃。输送强腐蚀性或高温介质（可达 900℃～950℃）则用合金钢或耐热钢制成的无缝钢管，如镍铬钢能耐 HNO_3 与 H_3PO_4 等，但具有还原性的介质不宜采用。无缝钢管又可用作各种设备的换热管。

（4）有色金属管。

a）铜管、黄铜管、压挤铜管（紫铜管）。铜管与黄铜管多用来制造换热设备，也用作低温管道、仪表的测压管线或传送有压力的流体（如油压系统、润滑系统）。当温度大于 250℃时不宜在压力下使用。铜管与黄铜管的联接可用法兰联接、钎焊联接和活管接联接，个别的厚壁管也可用螺纹联接。

b）铝管系拉制而成的无缝管。铝管常用来输送浓硝酸、醋酸、蚁酸、硫化氢及二氧化碳等物料，或用作换热管，但铝管不能抗碱。在温度大于 160℃时不宜在压力下操作，极限工作温度为 200℃。

c）铅管，铅管可用对焊或套焊联接。

（5）有衬里的钢管。

由于有色金属较稀贵，故尽可能找代用材料，或用作衬里，以减少有色金属的消耗。衬里的金属材料有铝、铅等，也可用非金属材料如玻璃钢、搪瓷、橡胶、四氟乙烯或塑料等。

（6）非金属管。

a）陶瓷管的管子内径为 25～400mm。陶瓷管耐蚀性能很好，耐酸陶瓷管可用以输送 0.1MPa 的内压或真空度 26.7kPa 及温度不大于 90℃的腐蚀性介质，氢氟酸除外。它的缺点是陶瓷脆性、机械强度低和不能耐温度剧变。陶瓷管的联接有活塞法兰联接和插套法兰联接两种。

b）玻璃管，玻璃管的特点是耐腐蚀、清洁、透明、易于清洗、流体阻力小和价格较低；缺点是耐压低、脆性易碎。玻璃管可用于温度为 －20～120℃的场合，温度骤变不得超过 70℃。

c）塑料管，有硬聚氯乙烯管、聚丙烯管和聚乙烯管，硬聚氯乙烯管对于任何浓度的各种酸类、碱类和盐类浓度都是稳定的，但对强氧化剂、芳香族碳氢化合物、氯化物及碳氧化物是不稳定的。可用来输送 60℃以下的介质，也可用于输送 0℃以下的液体。聚丙烯管具有良好的耐腐蚀性能，因无毒，可用于化工、食品及制药工业，使用温度为 100℃以下。聚乙烯管有高密度聚乙烯管和低密度聚乙烯管，使用温度最高为 60℃～70℃以下。

d）玻璃钢管，主要有环氧玻璃钢、酚醛玻璃钢、呋喃玻璃钢、不饱和树脂玻璃钢和乙烯基树脂玻璃钢。玻璃钢管耐腐蚀性良好，使用温度小于 80℃，使用压力小于 0.6MPa。

e）橡胶管能耐酸碱，抗腐蚀性好，且有弹性可任意弯曲。橡胶管一般用作临时管道

及某些管道的挠性件,不作为永久管道。输送气体用橡胶夹布耐压胶管工作压力为
0.6~1MPa,输送液体用橡胶夹布耐压胶管工作压力为 0.5~0.7MPa,管径越大,耐压
越低。

8.2.2 管道组件的材料与规格

8.2.2.1 阀门

阀门是化工厂管道系统的重要组成部件,在化工生产过程中起着重要作用。其主要
功能是:接通和截断介质;防止介质倒流;调节介质压力、流量;分离、混合或分配介质;防
止介质压力超过规定数值,以保证管道或设备安全运行等。阀门投资约占装置配管费用
的 30%~50%。选用阀门主要从装置无故障操作和经济两方面考虑。

A. 阀门的分类

通常使用的阀门种类很多,即使同一结构的阀门,由于使用场所不同,可有高温阀、
低温阀、高压阀和低压阀之分;也可按材料的不同而称铸钢阀、铸铁阀等。阀门的分类如
表 8—4 所示。

B. 常用阀门的结构及其应用

(1) 闸阀:闸阀适用于蒸汽、高温油品及油气等介质及开关频繁的部位,不宜用于易
结焦的介质。楔式单闸板闸阀适用于易结焦的高温介质。楔式中双闸板闸阀密封性好,
适用于蒸汽、油品和对密封面磨损较大的介质,或开关频繁部位,不宜用于易结焦的介
质。

(2) 截止阀:截止阀适用于蒸汽等介质,不宜用于粘度大、含有颗粒、易结焦、易沉淀
的介质,也不宜作放空阀及低真空系统的阀门。

表 8—4　阀门的分类

按材质分类	按用途分类	按结构分类		按特殊要求分类
1. 青铜阀	1. 一般配管用	1. 闸阀	楔式{单闸板 双闸板 弹性闸板} 平行滑动阀 塞阀	1. 电动阀 2. 电磁阀 3. 液压阀 4. 气缸阀 5. 遥控阀
2. 铸铁阀	2. 水通用			6. 紧急切断阀
2. 铸钢阀	3. 石油炼制、化工专用	2. 截止阀	基本形阀 角形阀 针形阀 棒状旋阀 节流阀	7. 温度调节阀 8. 压力调节阀
3. 锻钢阀	4. 一般化学用			9. 液面调节阀 10. 减压阀
4. 不锈钢阀	5. 发电厂用	3. 止回阀	升降式 旋启式 压紧式 底阀	11. 安全阀 12. 夹套阀
5. 特殊钢阀	6. 蒸汽用			13. 波纹管阀 14. 呼吸阀
6. 非金属阀	7. 船舶用	4. 旋塞阀	填料式 润滑式 塞阀	
7. 其他	8. 其他	5. 球阀 6. 蝶阀 7. 隔膜阀		

（3）节流阀：节流阀适用于温度较低、压力较高的介质，以及需要调节流量和压力的部位，不适用于粘度大和含有固体颗粒的介质。不宜作隔断阀。

（4）止回阀：止回阀适用于清净介质，不宜用于含固体颗粒和粘度较大的介质。

（5）球阀：球阀适用于低温、高压及粘度大的介质，不能作调节流量用。

（6）柱塞阀：柱塞阀是国际上近代发展的新颖结构阀门，具有结构紧凑启闭灵活、寿命长、维修方便等特点。

（7）旋塞阀：旋塞阀适用于温度较低、粘度较大的介质和要求开关迅速的部位，一般不适用于蒸汽和温度较高的介质。

（8）蝶阀：蝶阀适合制成较大口径阀门，用于温度小于80℃、压力小于1.0MPa的原油、油品、水等介质。

（9）隔膜阀：适用于温度小于200℃、压力小于1.0MPa的油品、水、酸性介质和含悬浮物的介质，不适用于有机溶剂和强氧化剂的介质。

（10）减压阀：减压阀是通过启闭件的节流，将进口的高压介质降低至某个需要的出口压力，在进口压力及流量变动时，能自动保持出口压力基本不变的自动阀门。活塞式减压阀的减压范围分三种：$0.1 \sim 0.3$MPa，$0.2 \sim 0.8$MPa，$0.7 \sim 1.0$MPa，公称直径 $DN20 \sim 200$mm。适用于温度小于70℃的空气、水和温度小于400℃的蒸汽管道。

（11）疏水阀：疏水阀（也称阻汽排水阀，疏水器）的作用是自动排泄蒸汽管道和设备中不断产生的凝结水、空气及其他不可凝性气体，又同时阻止蒸汽的逸出。它是保证各种加热工艺设备所需温度和热量并能正常工作的一种节能产品。疏水阀有热动力型、热静力型和机械型等。

（12）安全阀：安全阀用在受压设备、容器或管路上，作为超压保护装置。当设备压力升高超过允许值时，阀门开启全量排放，以防止设备压力继续升高，当压力降低到规定值时，阀门及时关闭，保护设备或管路的安全运行。安全阀的种类有：

a）封闭式弹簧安全阀 其阀盖和罩帽等是封闭的。它有两种不同作用，或是防止灰尘等外界杂物侵入阀内，保护内部零件，此时盖和罩帽不要求气密性；或是防止有毒、易燃、易爆等介质溢出，此时盖及罩帽要作气密性试验。封闭式安全阀出口侧如要求气密性试验时，应在订货时说明，气密性试验压力一般为0.6MPa。

b）非封闭式弹簧安全阀 阀盖是敞开的，有利于降低弹簧腔室的温度，主要用于蒸汽等介质的场合。

c）带扳手的弹簧式安全阀 对安全阀要作定期试验者应选用带提升扳手的安全阀。当介质压力达到开启压力的75％以上时，可以利用提升扳手将阀瓣从阀座上略为提起，以检查阀门开启的灵活性。

d）特殊形式弹簧安全阀。

带散热器的安全阀 凡是封闭式弹簧安全阀使用温度超过300℃，或非封闭式弹簧安全阀使用温度超过350℃时应选用带散热器的安全阀。

带波纹管的安全阀 带波纹管安全阀的波纹管有效直径等于阀门密封面平均直径，因而，在阀门开启前背压对阀瓣的作用力处于平衡状况，背压变化不会影响开启压力。当背压变动时，其变动量超过整定压力（开启压力）的10％时，应该选用波纹管安全阀；利用波纹管把弹簧与导向机构等与介质隔离以防止这些重要部位免受介质腐蚀而失效。

C. 常用阀门示例

图 8—1 为化工装置常用阀门的结构示意图。

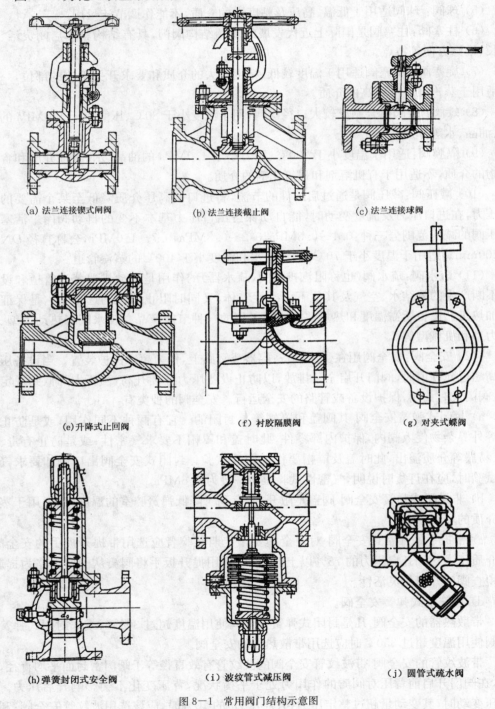

图 8—1　常用阀门结构示意图

D. 阀门的表示方法

以 Z41T—10P 闸阀为例,说明阀门型号的表示方法。

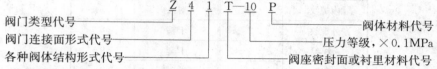

(1) 阀门类型的表示(见表 8—5)。

表 8—5 阀门类型代号

阀门类型	代号	阀门类型	代号
闸阀	Z	旋塞阀	X
截止阀	J	止回阀和底阀	H
节流阀	L	安全阀	A
球阀	Q	减压阀	Y
蝶阀	D	疏水阀	S
隔膜阀	G	管夹阀	GJ

(2) 阀座密封面或衬里材料表示(见表 8—6)。

表 8—6 阀座密封面或衬里材料代号

阀座密封面或衬里材料	代号	阀座密封面或衬里材料	代号
铜合金	T	渗氮钢	X
软橡胶	X	硬质合金	H
尼龙塑料	N	衬胶	A
氟塑料	F	衬铅	Y
巴氏合金	B	搪瓷	S
合金钢	H	渗硼钢	GJ

(3) 阀体材料代号用汉语拼音字母表示(见表 8—7)。

表 8—7 阀体材料代号

阀体材料	代号
HT25—47,HT250	Z
KT30—6,KTH300—0.6	K
QT40—15,QT400—15	Q
H62	T
ZG230—450	G
1Cr5Mo	I
1Cr18Ni9Ti	P
Cr18Ni12Mo2Ti	R
12Cr1MoV	V

(4) 阀门与管道连接形式代号用阿拉伯数字表示(见表 8—8)。

表 8—8　连接形式代号

连接形式	代号	连接形式	代号
内螺纹	1	对夹	7
外螺纹	2	卡箍	8
法兰	4	卡套	9
焊接	6	两端不同	3

8.2.2.2　法兰、法兰盖、紧固件及垫片

（1）法兰。

法兰是管道与管道之间的连接元件。管道法兰按与管子的连接方式分成以下五种基本类型：平焊、对焊、螺纹、承插焊和松套法兰等五种基本类型。法兰密封面有突面、光面、凹凸面、榫槽面和梯形槽面等。

管道法兰均按公称压力选用，法兰的压力-温度等级表示公称压力与在某温度下最大工作压力的关系。如果将工作压力等于公称压力时的温度定义为基准温度，不同的材料所选定的基准温度也往往不同。

管道法兰是管道系统中最广泛使用的一种可拆连接件，常用的管法兰除螺纹法兰外，其余均为焊接法兰。

（2）法兰盖。

法兰盖又称盲法兰，设备、机泵上不需接出管道的管嘴，一般用法兰盖封住，在管道上则用在管道端部与管道上的法兰相配合作封盖用。法兰盖的公称压力和密封面形式应与该管道所选用的法兰完全一致。

（3）法兰紧固件——螺栓、螺母。

法兰用螺栓螺母的直径、长度和数量应符合法兰的要求，螺栓螺母的种类和材质由管道等级表确定。

（4）垫片。

常用法兰垫片有非金属垫片、半金属垫片和金属垫片。

8.2.2.3　管件

在管系中改变走向、标高或改变管径以及由主管上引出支管等均需用管件。由于管系形状各异、简繁不等，因此管件的种类较多，有弯头、同心异径管、偏心异径管、三通、四通、管箍、活接头、管嘴、螺纹短接、管帽（封头）、堵头（丝堵）、内外丝等。

化工装置中多用无缝钢制管件和锻钢管件。一般有对焊连接管件、螺纹连接管件、承插焊连接管件和法兰连接管件四种连接形式。图 8—2 为部分无缝钢制对焊连接管件外形。

管件的选择，主要是根据操作介质的性质、操作条件以及用途来确定管件的种类。一般以公称压力表示其等级。并按照其所在的管道的设计压力、温度来确定其压力-温度等级。

8.2.2.4　管道用小型设备

管道上用的小型设备有：蒸汽分水器、乏气分油器、过滤器、阻火器、视镜、漏斗、软管接头、压缩空气净化设施、排气帽、防雨帽、取样冷却器、事故洗眼器、消声器、静态混合器等。

(a) 管帽（封头）　　　(b) 翻边管接斗　　　(c) 长半径45°弯头

(d) 长半径90°弯头　　　(e) 等径三通　　　(f) 同心异径管

(g) 短半径90°弯头　　　(h) 异径三通　　　(i) 偏心异径管

图 8-2　无缝钢制对焊连接管件外形图

8.3　管路计算

8.3.1　管径确定

A. 一般要求

（1）管道直径的设计应满足工艺对管道的要求，其流通能力应按正常生产条件下介质的最大流量考虑，其最大压力降应不超过工艺允许值，其流速应位于根据介质的特性所确定的安全流速的范围内。

（2）综合权衡建设投资和操作费用。一套石油化工装置的管道投资一般占装置投资20％左右。因此，在确定管径时，应综合权衡投资和操作费用两种因素，取其最佳值。

（3）操作情况　不同流体按其性质、状态和操作要求的不同，应选用不同的流速。粘度较高的液体，摩擦阻力较大，应选较低流速，允许压力降较小的管道。

为了防止因介质流速过高而引起管道冲蚀、磨损、振动和噪声等现象，液体流速一般不宜超过 4m/s；气体流速一般不超过其临界速度的 85％，真空下最大不超过 100m/s；含有固体物质的流体，其流速不应过低，以免固体沉积在管内而堵塞管道，但也不宜太高，以免加速管道的磨损或冲蚀。

（4）同一介质在不同管径的情况下，虽然流速和管长相同，但管道的压力降却可能相差较大。因此，在设计管道时，如允许压力降相同，小流率介质应选用较小流速，大流率介质可选用较高流速。

（5）确定管径后，应选用符合管材的标准规格，对工艺用管道，不推荐选用 DN32、DN65 和 DN125 管子。

本节介绍的方法,只适用于牛顿型单相流体。

B. 不可压缩流体的管径计算

(1) 流体常用流速范围。

在流体的输送中,流速的选择直接影响到管径的确定和流体输送设备的选择。管径小,流速大,压力降大,动力消耗增大;反之,则管路建设费用增加。因此必须合理选择流速使管路设计优化。流体常用的流速范围可参阅附录3附表3—1。

(2) 管径确定的依据。

管径的确定主要根据输送流体的种类和工艺要求,选定流体流速后,通过计算或算图来确定。

对于化工厂一般距离较短,直径较小的管路,其管径在流速选定后,由下式计算:

$$d = \sqrt{\frac{V_s}{(\pi/4)u}} \tag{8—1}$$

式中:d——管道直径(mm);

　　　　V_s——管路流体的流量(m^3/s);

　　　　u——流体选用的流速(m/s)。

在已知流体流量 V_s 和流速 u 后,也可由算图求出管径。算图如图8—3所示。

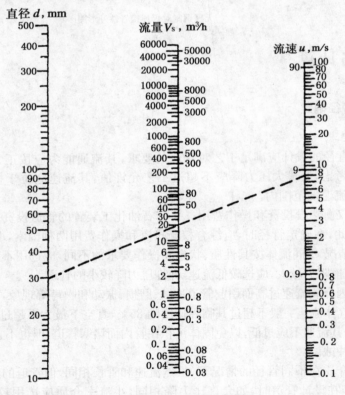

图8—3　由流量和流速求管径的算图

C. 最经济管径的选定

管径的选择是管路设计中的一项重要内容,管路的投资与克服管路阻力而提供的动力消耗费用密切相关,因此对于长距离大直径管路应选择最经济的管路。最经济管径的选择,即找出下述关系式的最小值。

$$M = E + AP \qquad (8-2)$$

式中:M——每年生产费用与原始投资费用之和;

E——每年消耗于克服管路阻力的能量费用(生产费用);

A——管路设备材料、安装和检修费用的总和(设备费用);

P——管路设备每年消耗部分,以占设备费用的百分比表示。

用图示法可以找出 M 的最小值,将任意假定的直径求得 M,以 M 为纵坐标,管径为横坐标,即可求得管路的最经济直径。

D. 管壁厚度

一般低压管道的壁厚,可凭经验选用;较高压力管路,可按壁厚计算公式求出(如第 7 章所述),也可按表 8—9 选择常用的壁厚,另外还要考虑材质的因素。

表 8—9 常用公称压力下的管壁厚度

公称直径 (mm)	管子外径 (mm)	管壁厚度(mm)						
		$PN=1.6$	$PN=2.5$	$PN=4$	$PN=6.4$	$PN=10$	$PN=16$	$PN=20$
15	18	2.5	2.5	2.5	2.5	3	3	3
20	25	2.5	2.5	2.5	2.5	3	3	4
25	32	2.5	2.5	2.5	3	3.5	3.5	5
32	38	2.5	2.5	3	3	3.5	3.5	6
40	45	2.5	3	3	3.5	3.5	4.5	6
50	57	2.5	3	3.5	3.5	4.5	5	7
70	76	3	3.5	3.5	4.5	6	6	9
80	89	3.5	4	4	5	6	7	11
100	108	4	4	4	6	7	12	13
125	133	4	4	4.5	6	9	13	17
150	159	4.5	4.5	5	8	10	17	—
200	219	6	6	7	10	13	21	—
250	273	8	8	8	11	16	—	—
300	325	8	8	9	12	—	—	—
350	377	9	9	10	13	—	—	—
400	426	9	10	12	15	—	—	—

注:表中 PN 为公称压力,单位为 MPa。

8.3.2 管路压降计算

在工程设计中,根据化工工艺要求,为将系统的总压降控制在合理及经济的范围内,必须计算或校核管路系统的流体阻力。

在一般的压力下,压力对液体密度的影响很小,即使在高达 35MPa 的压力下,密度的减小值仍然很小。因此,液体可视为不可压缩流体。气体密度随压力的变化而变化,流体在管路中的压降与下列因素有关:

(1)管路形式,即简单管路还是复杂管路;

(2)管壁的粗糙度,管壁粗糙度有绝对粗糙度(ε)和相对粗糙度。粗糙度数据可由有关手册查阅,如参考文献[1]。例如石油气流过无缝钢管,ε＝0.2mm;冷凝液流过时,

$\varepsilon=0.5\text{mm}$；纯水流过时，取 $\varepsilon=0.2\text{mm}$；酸性或碱性介质流过时，$\varepsilon=1\text{mm}$ 或更大。

（3）流体流动形态流体在管内流动可分为滞流或湍流，可由 Re 数决定，然后选择不同的压降公式进行计算。

A. 管道压降

（1）压降计算式。

总压降可由下式表示：

$$\Delta p=\Delta p_{s}+\Delta p_{N}+\Delta p_{f} \tag{8-3}$$

式中：Δp —管道系统总压力降(kPa)；

Δp_{s}—静压力降(kPa)；

Δp_{N}—速度压力降(kPa)；

Δp_{f}—摩擦压力降(kPa)。

（2）静压力降。

由管道出口端与进口端标高差而产生的压力降称为静压力降 Δp_{s}，由下式计算：

$$\Delta p_{s}=(Z_{2}-Z_{1})\rho g\times10^{-3} \tag{8-4}$$

式中：Z_{1}，Z_{2}—分别为管道进口端、出口端的标高(m)；

ρ—液体密度(kg/m³)；

g—重力加速度(9.81m/s²)。

（3）速度压力降。

由于管道截面积变化而使流体流速变化，由此产生的压差称为速度压力降 Δp_{N}，其计算公式为：

$$\Delta p_{N}=\frac{u_{2}^{2}-u_{1}^{2}}{2}\times\rho\times10^{-3} \tag{8-5}$$

式中：u_{1}，u_{2}——进出口端的流体流速(m/s)；

ρ——液体密度(kg/m³)。

（4）摩擦压力降。

由流体与管子及管件内壁摩擦产生的压力降，称为摩擦压力降，可应用范宁方程计算：

$$\Delta p_{f}=\left(\lambda\frac{L}{d}+\Sigma\zeta\right)\frac{u^{2}\rho}{2}\times10^{-3} \tag{8-6}$$

式中：λ—摩擦系数，无因次；

L—管道长度(m)；

d—管道内径(mm)；

$\Sigma\zeta$—管件、阀门等阻力系数之和，无因次；

u—流体平均流速(m/s)；

ρ—液体密度(kg/m³)。

式(8—6)表示摩擦压力降由直管阻力及局部阻力两部分组成，直管阻力主要可由手册查出摩擦系数 λ 后再计算，局部阻力可按当量长度法和阻力系数法进行计算。

a）当量长度法。

当量长度法是将管件和阀门等折算成相当的管道直管长度,然后将直管长度与当量长度一并计算摩擦压力降,常见的当量长度如表 8—10 所示。

表 8—10 各种管件、阀门等以管径计的当量长度

名 称	Le/d	名 称	Le/d	名 称	Le/d
45°标准弯头	15	90°标准弯头	30～40	90°方形弯头	60
180°标准弯头	50～75	截止阀(全开)	300	角阀(全开)	145
闸阀(全开)	7	闸阀(3/4 开)	40	闸阀(1/2 开)	200
闸阀(1/4 开)	800	止回阀(旋启式)全开	135	蝶阀(6″以上)全开	20
三通管(标准型) 流向:	40	三通管(标准型) 流向:	60	三通管(标准型) 流向:	90
盘式流量计(水表)	400	文式流量计	12	转子流量计	200～300

b) 阻力系数法。

阻力系数法按下式计算:

$$\Delta p_\zeta = \zeta \frac{u^2}{2} \rho \times 10^{-3} \qquad (8-7)$$

式中:Δp_ζ——流体流经管件或阀门的压力降,kPa;

ζ——阻力系数,无因次,可参见附录 3 的附表 3—2。

应用式(8—7),计算管道进入容器的压力降时,ζ 改为($\zeta-1$);反之,计算容器进入管道的压力降时,ζ 改为($\zeta+1$)。

B. 示例

[例 8—1] 某液体反应系统,反应后液体由反应器经孔板流量计和控制阀,排液至贮罐(贮罐为常压)。反应器压力为 560kPa,温度 32℃,液体质量流量为 4 700kg/h,密度为 890kg/m³,粘度为 0.91mPa·s。管道材质为碳钢,求控制阀的允许压力降。

解:选取流速为 1.8m/s,则管径为:

$$d = \sqrt{\frac{4\ 700}{890 \times 3\ 600 \times 0.785 \times 1.8}} = 0.0322\text{m}$$

选取内径为 33mm($\phi38 \times 2.5$),则实际流速为:

$$u = \frac{4\ 700}{890 \times 3\ 600 \times 0.785 \times 0.033^2} = 1.72\text{m/s}$$

$$Re = \frac{du\rho}{\mu} = \frac{0.033 \times 1.72 \times 890}{0.91 \times 10^{-3}} = 5.55 \times 10^4$$

根据管壁绝对粗糙度 $\varepsilon = 0.2$mm,则 $\varepsilon/d = 0.2/33 = 0.0061$。由附录 3 的附图 3—1,$\lambda$ 与 Re 及 ε/d 图,查得 $\lambda = 0.034$

(1)管道总长度

已知管路中直管长 176m,90°弯头 15 个,三通 5 个,闸阀 4 个,由表 8—10 查出当量长度:

90°弯头：$L_{e1}=15(L_{e1}/d)d=15\times30\times0.033=14.85m$；

三通：$L_{e2}=5(L_{e2}/d)d=5\times60\times0.033=9.9m$；

闸阀：$L_{e3}=4(L_{e3}/d)d=4\times7\times0.033=0.92m$；

总长度 $L=176+14.85+9.9+0.92=201.67m$。

（2）摩擦总压降 Δp_f 为：

$$\Delta p_f=\lambda\frac{L}{d}\frac{u^2\rho}{2}\times10^{-3}=0.034\times\frac{201.67}{0.033}\times\frac{1.72^2\times890}{2}\times10^{-3}=273.5kPa$$

（3）局部阻力。

计算反应器出口（如管口）局部阻力，由附录 3 表 3—2 查得，$\zeta=0.5$

$$\Delta p_\zeta=(0.5+1)\times\left(\frac{1.72}{2}\right)^2\times890\times10^{-3}=1.97kPa$$

贮罐进口（出管口）局部阻力，由附录 3 表 3—2 查得，$\zeta=1$，则：

$$\Delta p_\zeta=(\zeta-1)\frac{u^2}{2}\rho\times10^{-3}=0$$

取孔板流量计允许压力降为 35kPa。

（4）管路总压降为：

$$\Delta p=273.5+1.97+35=310.47kPa$$

（5）控制阀允许压力降为：

反应器与贮罐的压差为：$560-101.33=458.67kPa$

因此，控制阀允许压力降为：

$$\Delta p_v=458.67-310.47=148.2kPa$$

$$\frac{\Delta p_v}{\Delta p_v+\Delta p}\times100\%=\frac{148.2}{148.2+310.47}\times100\%=32.31\%$$

通常，控制阀占管路总阻力的 $25\%\sim60\%$。

8.3.3　管路阀门和管件的选择

A. 选择原则

在化工管路中，为满足生产工艺和安装检修需要，管路上安装的各种阀门、管件都是管路中必不可少的组成部分。阀门及附件选择不当，会使管路发生损坏和泄漏，给化工生产造成严重影响，甚至要进行紧急停车处理。据有关资料统计，管路的检修 70% 以上是阀门及附件的维修。因此阀门和管件的选择与管子一样重要。选择时的原则为：

（1）根据输送介质的温度和压力等工艺条件，确定阀门及管件的温度压力等级。一般为了确保安全生产，阀门与管件要比管道高一等级。

（2）根据介质的特点进行选择，如腐蚀性、有无固体、有无结晶析出、粘度以及是否产生相变等。

（3）在选择阀门时，要考虑阀门整体的适应性，即要求构成阀门的各部件都要满足工艺要求。

（4）选用阀门及管件时，应尽量采用标准件，避免非标准件，以保证质量及供货来源充足。

（5）根据工艺要求选择阀门，一般调节流量可选用截止阀；闸阀密封性较好，流体阻力较小，也广泛用于调节流量，尤其是大口径管路更为适用；对含悬浮固体或有结晶析出的、用于一次投料和卸料的，旋塞阀比较合适；针形阀用于仪表和分析仪器的场合。

（6）根据介质的温度、压力及流量选择减压阀及安全阀。

（7）合理选择疏水器，主要根据冷凝水排放情况进行选择。

（8）管路所用的法兰及垫片材质根据介质特性及操作温度、压力选择。

B. 减压阀的选择

蒸汽管路选用减压阀时，减压阀的直径要根据介质的温度、减压前后的压力、流量，由算图求得，如图8－3所示。

由算图图8－3求出减压阀单位截面积的实际流量，然后由下式计算阀孔必需的截面积：

$$F=\frac{Q}{q} \tag{8-8}$$

式中：F——阀孔必需的截面积（cm^2）；

Q——已知管路输送的蒸汽量（kg/h）；

q——单位截面积的实际流量（$kg/cm^2 \cdot h$）。

式（8－8）中 q 的求法如下。

由图8－4，由阀前压力 A 点画出压力线等距离的虚线，然后由阀后压力 C 点向上引出垂直线交于 B 点，由 B 点向左画一水平线与纵轴相交点即为 q 值，由式（8－8）计算出 F 值，再选择阀孔截面积略大的减压阀。

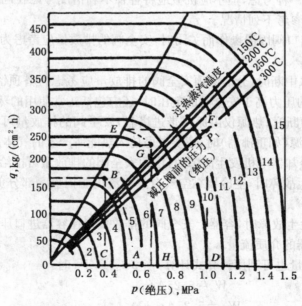

图8－4　减压阀选择算图

[例8－2] 已知过热蒸汽温度为300℃，减压前后的蒸汽压力分别为 1.0，0.65MPa，蒸汽流量为1 200kg/h，求阀孔截面积。

解：在图8—4中取1.0MPa作为 D 点，0.65MPa为 H 点，由 D 点作向上垂直线与300的斜线相交于 F 点。由 F 点作与横轴平行的水平线，此平行线与最上面的斜线相交与 E 点，再由 E 点出发画出与其他曲线等距离的虚线，与由 H 点作向上垂直线相交与 G 点，并由 G 点向左引水平线与纵轴相交得 $q=230\mathrm{kg/cm^2}$ ，则：

$$F=Q/q=1\ 200/230=5.22\mathrm{cm^2}$$

根据查图法计算结果，应选 Y43H—16Q 活塞式减压阀 DN65， $F=6.9\mathrm{cm^2}$ 。

C. 安全阀的选择

安全阀是一种安装在设备或管道上，作为超压保护的自动阀门，它不借助任何外力而是利用介质本身的力来排出一定数量的流体，以防止系统内压力超过预定的安全值。当压力恢复正常后，阀门再自行关闭阻止介质继续流出。

（1）安全阀的分类主要有以下三种。

a）按国家标准分类：直接载荷式、带动力辅助装置式、带补充载荷式和先导式。

b）按阀瓣开启高度分类：全启式和微启式。

c）按结构不同分类：封闭弹簧式和不封闭弹簧式、带扳手和不带扳手、带散热片和不带散热片、有波纹管和没有波纹管。

d）按平衡内压的方式不同分：弹簧式、杠杆式和先导式。

（2）安全阀排放量的确定。

在计算安全阀时，应先确定工艺所需的排放量。造成设备超压的原因有火灾、操作故障、动力故障。确定安全阀的排放量省应视工艺过程ッ具体情况确定，并按可能发生危险情况中的最大一种考虑，但不应机械地将各种不利情况考虑在同一时间发生。确定安全阀排放量时可参考下列情况。

a）当设备的出口阀因误操作而关闭时，安全阀的排放量应考虑为进入设备的物料总量。

b）冷凝器给水中断时，分馏塔顶安全阀的排放量应考虑为塔顶馏出物总量（包括回流）如果汽提蒸汽的压力高于安全阀的定压时，还应包括正常使用的蒸汽量。

c）塔的回流中断时，热源仅由原料带进塔者，安全阀的排放量可考虑为原料进塔气体量。如有其他热源（如重沸器）时，还要考虑传入热能所产生的气体量。

d）塔顶空气冷却器电机发生故障时，塔顶安全阀的排放量可按给水中断的情况考虑（事实上当电机发生故障时，空冷器靠空气自然对流仍能担负一部分负荷。因此，选用时可适当考虑此因素）。

e）容器出口发生故障时，容器上安全阀的排放量为在容器进口压力和安全阀排放压力下，可能进入容器的介质流量。

安全阀的排放量也可利用计算式计算，当 $p \leqslant 11\mathrm{MPa}$ 时：

饱和蒸汽： $\qquad W_s=5.25Ap_d$ (8—9)

过热蒸汽： $\qquad W_{sh}=5.25Ap_dK_{sh}$ (8—10)

式中： W_s ， W_{sh} ——饱和蒸汽及过热蒸汽的额定排放量（kg/h）；

$\qquad A$ ——流道面积（mm²）；

$\qquad p_d$ ——排放压力（MPa）（绝压）；

K_{sh}——过热修正系数

[例8-3] 0.3MPa饱和蒸汽以800kg/h的流量送入蒸发器。问该蒸发器加热釜应设多大直径的安全阀,才能保证蒸发器的安全生产。

解:考虑工艺情况,采用全启式安全阀

排放压力为:$p_d = 0.3 + 0.03 + 0.1 = 0.43$MPa

$$A = \frac{W_s}{5.25 p_d} = \frac{800}{5.25 \times 0.43} = 354 \text{mm}^2$$

$$d_0 = \sqrt{\frac{A}{0.785}} = \sqrt{\frac{354}{0.785}} = 21.2 \text{mm}$$

根据计算结果,选用$PN1.6, DN40$,其阀座喉径$d_0 = 25$mm,流道面积A为4.91cm²,即符合要求。

(3) 安全阀操作条件的确定。

根据不同工艺操作压力,按设备设计压力的要求确定安全阀的排放压力p_d:

$$\left.\begin{array}{l} 当 p \leqslant 1.8 \text{MPa 时}, p_d = p + 0.18 + 0.1 \\ 当 1.8 < p < 4 \text{MPa 时}, p_d = 1.1p + 0.1 \\ 当 4 < p \leqslant 8 \text{MPa 时}, p_d = p + 0.4 + 0.1 \\ 当 p > 8 \text{MPa 时}, p_d = 1.05p + 0.1 \end{array}\right\} \quad (8-11)$$

式中,p为设备最高操作压力,MPa(表压),p_d为安全阀排放压力,MPa(绝压)。

对有特殊要求者,应根据其要求确定p_d值。设备的设计压力必须等于或稍大于所选定的安全阀排放压力。

(4) 安全阀的设置位置。

安全阀应设置在适当的位置,泄压口要朝空旷处,不致冲击设备和操作人员。如介质为高温及有害介质,应考虑相应安全设施及设备。

8.3.4 管路绝热设计

A. 绝热的功能

绝热是保温与保冷的统称。为了防止生产过程中设备和管道向周围环境散发或吸收热量而进行的绝热工程,已成为生产和建设过程中不可缺少的一项工程。

(1) 用绝热减少设备、管道及其附件的热(冷)量损失。

(2) 保证操作人员安全,改善劳动条件,防止烫伤和减少热量散发到操作区。

(3) 在长距离输送介质时,用绝热来控制热量损失,以满足生产上所需要的温度。

(4) 冬季,用保温来延缓或防止设备、管道内液体的冻结。

(5) 当设备、管道内的介质温度低于周围空气露点温度时,采用绝热可防止设备、管道的表面结露。

(6) 用耐火材料绝热可提高设备的防火等级。

(7) 对工艺设备或炉窑采取绝热措施,不但可减少热量损失,而且可以提高生产能力。

B. 绝热范围

(1) 具有下列情况之一的设备、管道及组成件(以下简称管道)应予以绝热。

a) 外表面温度大于 50℃以及外表面温度小于或等于 50℃但工艺需要保温的设备和管道。例如日光照射下的泵入口的液化石油气管道,精馏塔顶馏出线(塔至冷凝器的管道),塔顶回流管道以及经分液后的燃料气管道等宜保温。

b) 介质凝固点或冰点高于环境温度(系指年平均温度)的设备和管道。例如凝固点约 30℃的原油,在年平均温度低于 30℃的地区的设备和管道;在寒冷或严寒地区,介质凝固点虽然不高,但介质内含水的设备和管道;在寒冷地区,可能不经常流动的水管道等。

c) 制冷系统中的冷设备、冷管道及其附件,需要减少冷介质及载冷介质的冷损失。以及需防止低温管道外壁表面结露。

d) 因外界温度影响而产生冷凝液使管道腐蚀者。

(2) 具有下列情况之一的设备和管道可不保温。

要求散热或必须裸露的设备和管道;要求及时发现泄漏的设备和管道法兰;内部有隔热,耐磨衬里的设备和管道;须经常监视或测量以防止发生损坏的部位;工艺生产中的排气、放空等不需要保温的设备和管道。

C. 绝热结构

绝热结构是保温结构和保冷结构的统称。为减少散热损失,在设备或管道表面上覆盖的绝热材料,以绝热层和保护层为主体及其支承、固定的附件构成ツ统一体,称为绝热结构。

(1) 绝热层。

绝热层是利用保温材料的优良绝热性能,增加热阻,从而达到减少散热的目的,是绝热结构的主要组成部分。

(2) 防潮层。

防潮层的作用是抗蒸汽渗透性好,防潮、防水力强。

(3) 保护层。

保护层是利用保护层材料的强度、韧性和致密性等以保护保温层免受外力和雨水的侵袭,从而达到延长保温层的使用年限的目的,并使保温结构外形整洁、美观。

D. 绝热材料的性能和种类

对绝热材料性能的基本要求,应是具有密度小。机械强度大、导热系数小、化学性能稳定、对设备及管道没有腐蚀以及能长期在工作温度下运行等性能。常用绝热材料性能如表 8-11 所示。

(1) 绝热层材料。

保温材料在平均温度低于 350℃时,导热系数不得大于 0.12W/(m·℃),保冷材料在平均温度低于 27℃时,导热系数应不大于 0.064W/(m·℃)。

保温硬质材料密度一般不得大于 300kg/m³;软质材料及半硬质制品密度不得大于220kg/m³;吸水率要小。

绝热层材料及其制品允许使用的最高或最低温度要高于或低于流体温度。化学稳定性能好,价格低廉、施工方便,尽可能选用制品和半制品材料,如板、瓦及棉毡等材料。

表 8-11 常用绝热材料性能

序号	材料名称	使用密度 (kg/m³)	极限使用温度 ℃	最高使用温度 ℃	常温导热系数 λ_0 [W/(m·℃)]	导热系数参考方程
1	硅酸钙制品	170 220 240	T_a②650	550	0.055 0.062 0.064	$\lambda = \lambda_0 + 0.00011 \times (T_m② - 70)$
2	膨胀珍珠岩制品	200 250 300	$T_a \sim 650$	550	0.060 0.068 0.072	$\lambda = \lambda_0 + 0.00013 \times (T_m - 25)$
3	硬质聚氨脂泡沫塑料	30~60	-180~100	-65~80	0.0275	保温时: $\lambda = \lambda_0 + 0.00014 \times (T_m - 25)$ 保冷时: $\lambda = \lambda_0 + 0.00009 T_m$
4	聚苯乙烯泡沫塑料	>30	70~-65		0.041	$\lambda = \lambda_0 + 0.000093 \times (T_m - 20)$
5	酚醛泡沫塑料	30~50	-100~150		0.035	

注:①周围环境温度。②保温层平均温度。

(2) 防潮层材料。

防潮层材料应具有的主要技术性能:吸水率不大于 1%。应具有阻燃性、自熄性。粘结及密封性能好,20℃时粘结强度不低于 0.15MPa。安全使用温度范围大,有一定的耐温性,软化温度不低于 65℃,夏季不软化、不起泡、不流淌,有一定的抗冻性,冬季不脆化、不开裂、不脱落。化学稳定性好,挥发物不大于 30%,干燥时间短,在常温下能使用,施工方便。

防潮层材料应具有规定的技术性能,同时还应不腐蚀隔热层和保护层,也不应与隔热层产生化学反应。一般可选择下述材料:

a) 石油沥青或改质沥青玻璃布;

b) 石油沥青玛缔脂玻璃布;

c) 油毡玻璃布;

d) 聚乙烯薄膜;

e) 复合铝箔;

f) CPU 新型防水防腐敷面材料。CPU 是一种聚氨酯橡胶体,可用作设备和管道的防潮层或保护层、埋地管道的防腐层。

(3) 保护层材料。

保护层的主要作用是:防止外力损坏绝热层;防止雨、雪水的侵袭;对保冷结构尚有防潮隔汽的作用;美化隔热结构的外观。

保护层应具有严密的防水防湿性能、良好的化学稳定性和不燃性、强度高、不易开裂、不易老化等性能。保护层材料除需符合保护绝热层的要求外,还应考虑其经济性,推荐下述的材料。

a) 为保持被绝热的设备或管道的外形美观和易于施工,对软质、半硬质绝热层材料的保护层宜选用 0.5mm 镀锌或不镀锌薄钢板;对硬质隔热层材料宜选用 0.5~0.8mm 铝或合金铝板,也可选用 0.5mm 镀锌或不镀锌薄钢板。

b) 用于火灾危险性不属于甲、乙、丙类生产装置或设备和不划为爆炸危险区域的非燃性介质的公用工程管道的隔热层材料,可用 0.5～0.8mm 阻燃型带铝箔玻璃钢板等材料。

E. 管道保温计算

管道保温的计算方法有多种,根据不同的要求有:经济厚度计算法,允许热损失下的保温厚度计算法,防结露、防烫伤保温厚度计算法,延迟介质冷冻保温厚度计算法,在液体允许的温度降下保温厚度计算法等,详见参考文献[1]。下面仅介绍经济厚度计算法。

保温层经济厚度是指设备、管道采用保温结构后,年热损失值与保温工程投资费的年分摊率价值之和为最小值时的保温厚度。

外径 $D_0 \leqslant 1m$ 的管道、圆筒型设备按管道绝热层厚度计算:

$$D_1 \ln \frac{D_1}{D_0} = 3.795 \times 10^{-3} \sqrt{\frac{P_R \lambda t (T_0 - T_a)}{P_T S}} - \frac{2\lambda}{\alpha_s} \qquad (8-12)$$

$$\delta = \frac{1}{2}(D_1 - D_2) \qquad (8-13)$$

式中:D_0——管道或设备外径(m);

D_1——绝热层外径(m);

P_R——能价(元/10^6kJ),保温中,$P_R = P_H$,P_H称"热价";

P_T——绝热材料造价(元/m^3);

λ——绝热材料在平均温度下的导热系数[W/(m·℃)];

α_s——绝热层(最)外表面向周围空气的放热系数[W/(m^2·℃)];

t——年运行时间(h)(常年运行的按 8 000h 计);

T_0——管道或设备的外表面温度(℃);

δ——管道保温的经济厚度(mm);

T_a——环境温度,运行期间平均气温(℃);

S——绝热投资年分摊率(%)。

$$S = [i(1+i)^n] / [(1+i)^n - 1]$$

式中:S——绝热投资年分摊率(%);

i——年利率(复利率)(%);

n——计息年数(年)。

[例 8—4] 设一架空蒸汽管道,外径 $D_0 = 108mm$,蒸汽温度 $T_0 = 200℃$,当地环境温度 $T_a = 20℃$,室外风速 $u = 3m/s$,能价 $P_R = 3.6$ 元/10^6kJ,投资计息年限数 $n = 5$ 年,年利息 $I = 10\%$(复利率),绝热材料造价 $P_T = 640$ 元/m^3,选用岩棉管壳为保温材料。计算管道需要的保温层厚度、热损失以及表面温度。

解:(1) 导热系数 λ

$$T_m = (200+20)/2 = 110℃$$

岩棉管壳密度<200kg/m^3,故:

$$\lambda = 0.044 + 0.00018(T_m - 70) = 0.00512 \text{ W/(m·℃)}$$

（2）总的表面给热系数 α_s

取 $\alpha_0 = 7$，$\alpha_s = (\alpha_0 + 6u^{0.5}) \times 1.163 = 20.23 \ W/(m \cdot ℃)$

（3）保温工程投资偿还年分摊率

$$S = \frac{i(1+i)^n}{(1+i)^n - 1} = \frac{0.1 \times (1+0.1)^5}{(1+0.1)^5 - 1} = 0.264$$

（4）保温层厚度

$$D_1 \ln \frac{D_1}{D_0} = 3.795 \times 10^{-3} \sqrt{\frac{P_R \lambda t(T_0 - T_a)}{P_T S}} - \frac{2\lambda}{\alpha_s}$$

$$= 3.795 \times 10^{-3} \times \sqrt{\frac{3.6 \times 0.0512 \times 8\,000 \times (200-20)}{640 \times 0.264}} - \frac{2 \times 0.0512}{20.23} = 0.1454$$

$$\delta = \frac{1}{2}(D_1 - D_0)$$

由此得到 $D_1 = 214mm$，$D_0 = 108mm$ 保温层厚度为 53mm，取 60mm。

8.3.5 管路应力分析与热补偿

在工程设计中，管道应力计算用以解决管道的强度、刚度、振动等问题，为管道布置、安装及配置等提供科学依据。因其影响因素较多，要对一管系作出完整的应力分析是相当困难，目前，已在工程上采用的各种管道应力计算方法，均是不同程度的近似算法。

A. 管道承受的荷载及其应力状态

（1）压力荷载。

化工管道多承受内压，也有少数管道在负压状态下运行，承受外压，例如减压装置中与减压塔相连接的一些管道。在各种不同压力、温度组合条件下运行的管道，应根据最不利的压力温度组合确定管道的设计压力。

外压管道的设计压力应取内外最大压差。与减压装置减压塔相接的负压管道其设计压力可取 0.1MPa。

内压在管壁上产生环向拉应力和纵向拉应力。其纵向拉应力约为环向拉应力的一半。外压管道则产生环向压应力和纵向压应力。在确定外压管道壁厚时，主要是考虑管壁承受外压的稳定性和加强筋的设置情况。

（2）持续外荷载。

包括管道基本荷载、支吊架的反作用力，以及其他集中和均布的持续荷载。持续外荷载可使管道产生弯曲应力，扭转应力，纵向应力和剪应力。

压力荷载和持续外荷载在管道上产生的应力属于一次应力，其特征是非自限性的。即应力随着荷载的增加而增加。当管道产生塑性变形时，荷载并不减少。

（3）热胀和端点位移。

管道由安装状态过渡到运行状态，由于管内介质的温度变化，管道产生热胀或冷缩使之变形。与设备相连接的管道，由于设备的温度变化而出现端点位移，端点位移也使管道变形。这些变形使管道承受弯曲、扭转、拉伸和剪切等应力。这种应力属于二次应力，其特征是自限性的。当局部超过屈服极限而产生少量塑性变形时，可使应力不再成比例地增加,而限定在某个范围内。当温度恢复到原始状态时,则产生反方向的应力。

(4) 偶然性荷载。

包括风雪荷载、地震荷载、水冲击以及安全阀动作而产生的冲击荷载。这些荷载都是偶然发生的临时性荷载,而且不致同时发生。在一般静力分析中,不考虑这些荷载。对于大直径高温、高压剧毒、易燃易爆介质的管道应加以核算。偶然性荷载与压力荷载、持续外荷载组合后,允许达到许用应力的 1.33 倍。

B. 管道的许用应力

管道的许用应力是管材的基本强度特性除以安全系数。不同的标准有不同的安全系数,但其差别不大。目前国内尚无管道设计的国家标准。在《钢制压力容器》标准(GB150—89)中列有钢管及螺栓的安全系数,可以参考。

C. 管道的热补偿

为了防止管道热膨胀而产生的破坏作用,在管道设计中需考虑自然补偿或设置各种形式的补偿器以吸收管道的热膨胀或端点位移。除了少数管道采用波形补偿器等专业补偿器外,大多数管道的热补偿是靠自然补偿来实现的。

(1) 自然补偿。

管道的走向是根据具体情况呈各种弯曲形状的。利用这种自然的弯曲形状所具有的柔性以补偿其自身的热膨胀或端点位移称为自然补偿。有时为了提高补偿能力而增加管道的弯曲,例如:设置 U 形补偿器等也属于自然补偿的范围。自然补偿构造简单、运行可靠、投资少,被广泛应用。自然补偿的计算较为复杂,可以用简化的计算图表,也可以用计算机进行复杂的计算。

(2) 波形补偿器。

随着大直径管道的增多和波形补偿器制造技术的提高,近年来在许多情况下得到采用。波形补偿器适用于低压大直径管道。但制造较为复杂,价格高。波形补偿器一般用 0.5~3mm 不锈钢薄板制造,耐压低,是管道中的薄弱环节,与自然补偿相比其可靠性较差。波形补偿有几种形式。

a) 单式波形补偿器,这是最简单的波形补偿器,由一组波形管构成,一般用来吸收轴向位移。

b) 复式波形补偿器,这是由两个单式波形补偿器组成,可用来吸收轴向位移和横向位移。

c) 压力平衡式波形补偿器,这种补偿器可避免内压推力作用固定于固定支架,机泵或工艺设备上。虽然两侧波形管的弹力有所增加,但与内压推力相比是很小的。这种补偿器可吸收轴向位移和横向位移以及二者的组合。

d) 铰链式波形补偿器,是由一单式波形补偿器在两侧加一对铰链组合而成,它可以在一个平面内承受角位移。

e) 万向接头式波形补偿器,这是由一单式波形补偿器和在相互垂直的方向加两组连接在同一个浮动平衡环上的铰链组合而成,它可以在承受任何方向的角位移。

(3) 套管式补偿器。

又称填料函补偿器,有弹性套管式补偿器——利用弹簧维持对填料的压紧力以防止填料松弛泄漏,注填套管式补偿器——补偿器的外壳上要注填密封剂,无推力套管式补偿器——补偿器使作用与固定支架上的内压推力由自身平衡等三种。

(4) 球形补偿器。

球形补偿器多用于热力管网,其补偿能力是 U 形补偿器的 5~10 倍,变形应力是 U 形补偿器的 1/3~1/2,流体阻力是 U 形补偿器的 60%~70%。球形补偿器的关键部件为密封环,一般用聚四氟乙烯制造,并以铜粉为添加剂,可耐温 250℃。球形补偿器可使管段的连接处呈铰接状态,利用两球形补偿器之间的直管段的角变位来吸收管道的变形。

有关补偿器设计可查阅参考文献[1]或[4]。

8.4　管道布置设计

管道布置设计是一个项目工艺专业设计的最后一大内容。管道布置设计是相当重要的,正确的设计管道和敷设管道,可以减少基建投资,节约金属材料以及保证正常生产。化工管道的正确安装,不单是车间布置的整齐、美观的问题。它对操作的方便,检修的难易,经济的合理性,甚至生产的安全都起着极大的作用。由于化工生产的品种繁多,操作条件不一,要求较高,如高温、高压、真空或低温等,以及被输送物料性质的复杂性,还有易燃、易爆、毒害性和腐蚀性等特点,故对化工管道的安装难以作出统一的规定,需对具体的生产流程特点,结合设备布置综合进行考虑。

8.4.1　管道敷设种类及其设计要求

A. 管道敷设的种类

管道敷设方式可以分为地面以上架空敷设和地面以下敷设两大类。

(1) 架空敷设。

架空敷设是化工装置管道敷设的主要方式,它具有便于施工、操作、检查、维修以及较为经济的特点。架空敷设大致有下列几种类型。

a) 管道成排地集中敷设在管廊、管架或管墩上。这些管道主要是连接两个或多个距离较远的设备之间的管道,进出装置的工艺管道以及公用工程管道。管廊规模大,联系的设备数量多,管架则较小和较少。因此管廊宽度可以达到 10m 甚至 10m 以上,可以在管廊下方布置泵和其他设备,上方布置空气冷却器。管廊可以有各种平面形状及分支。

管墩敷设实际上是一种低的管架敷设,其特点是在管道的下方不考虑通行。这种低管架可以是混凝土构架或混凝土和钢的混合构架,也可以是枕式的混凝土墩,但应用较少。

b) 管道敷设在支吊架上,这些支吊架通常生根于建筑物、构筑物,设备外壁和设备平台上。所以这些管道总是沿着建筑物和构筑物的墙、柱、梁、基础、楼板、平台,以及设备(如各种容器)外壁敷设。沿地面敷设的管道,其支架则生根于小混凝土墩子上或放置在铺砌面上。

c) 某些特殊管道,如有色金属、玻璃、搪瓷、塑料等管道,由于其低的强度和高的脆性,因此在支承上要给予特别的考虑。例如将其敷设在以型钢组合成的槽架上,必要时应加以软质材料衬垫等。

（2）地下敷设。

地下敷设可以分为直接埋地敷设和管沟敷设两种。

a）埋地敷设。埋地敷设的优点是利用了地下的空间，但是也有缺点，如腐蚀，检查和维修困难，在车行道处有时需特别处理以承受大的载荷，低点排液不便以及易凝物料凝固在管内时处理困难等。因此只有在不可能架空敷设时，才予以采用。直接埋地敷设的管道最好是输送无腐蚀性或腐蚀性轻微的介质，常温或温度不高的、不易凝固的、不含固体、不易自聚的介质。无隔热层的液体和气体介质管道。例如设备或管道的低点自流排液管或排液汇集管；无法架空的泵吸入管；安装在地面的冷却器的冷却水管，泵的冷却水、封油、冲洗油管等架空敷设困难时，也可埋地敷设。

b）管沟敷设。管沟可以分为地下式和半地下式两种，前者整个沟体包括沟盖都在地面以下，后者的沟壁和沟盖有一部分露出在地面以上。管沟内通常设有支架和排水地漏，除阀井外，一般管沟不考虑人的通行。与埋地敷设相比，管沟敷设提供了较方便的检查维修条件，同时可以敷设有隔热层的、温度高的、输送易凝介质或有腐蚀性介质的管道，这是比埋地敷设更优越的地方。

B. 管道布置设计中的基本要求

化工管道布置应符合下列要求：

（1）必须符合 PID 图、进出装置的管道应与界区外管道连接相吻合；

（2）确定管道与自控仪表及变送器等的位置，并不与仪表电缆碰撞；

（3）管道与装置内的电缆、照明灯分区行走；

（4）管道不影响设备吊装及安全设施；

（5）管道应避开门、窗和梁；

（6）管道布置应保证安全生产，满足操作，维修方便和人，货道路畅通。

化工管道布置除了符合上述要求外，还应仔细考虑以下问题。

（1）从生产中的物料因素考虑。

a）输送易燃、易爆、有毒及有腐蚀性的物料管道不得铺设在生活间、楼梯、走廊和门等处，这些管道上还应设置安全阀、防爆膜、阻火器和水封等防火防爆装置，并应将放空管引至指定地点或高过屋面 2m 以上。

b）有腐蚀性物料的管道，不得铺设在通道上空和并列管线的上方或内侧。

c）管道铺设时应有一定的坡度，坡度方向一般是沿物流的方向。

d）真空管线应尽量短，尽量减少弯头和阀门，以降低阻力，达到更高的真空度。

（2）从施工、操作及维修考虑。

a）管道应尽量集中布置在公用管架上，平行走直线，少拐弯，少交叉，不妨碍门窗开启和设备。阀门及管件的安装维修，并列管道的阀门应尽量错开排列。

b）支管多的管道应布置在并行管线的外侧，引出支管时，气体管道应从上方引出，液体管道应从下方引出，管道应尽量避免出现"气袋"、"口袋"和"盲肠"。

c）管道应尽量沿墙面铺设，或布置在固定在墙上的管架上，管道与墙面之间的距离以能容纳管件、阀门及方便安装维修为原则。

d) 管道穿过墙壁和楼板时,应在墙面和楼板上预埋一个直径大的套管,让管线穿过套管,防止管道移动或振动时对墙面或楼板造成损坏。套管应高出楼板、平台表面50mm。

e) 为了安装和操作方便,管道上的阀门和仪表的布置高度(高出地面、楼板、平台表面的高度)可参考以下数据:

阀门(包括球阀、截止阀、闸阀)	1.2~1.6m
安全阀	2.2m
温度计、压力计	1.4~1.6m
取样阀	1m 左右

f) 为了方便管道的安装、检修及防止变形后碰撞,管道间应保持一定的间距,阀门、法兰应尽量错开排列,以减小间距。

(3) 从安全生产考虑。

a) 架空管道与地面的距离除符合工艺要求外,还应便于操作和检修。管道跨越通道时,最低点离地距离;通过人行道时不小于 2m;通过公路时不小于 4.5m;通过铁路时不小于 6m;通过厂区主要交通干线时不小于 5m。

b) 直接埋地或管沟中铺设的管道通过道路时应加套管等加以保护。

c) 为了防止介质在管内流动产生静电聚集而发生危险,易燃、易爆介质的管道应采取接地措施,以保证安全生产。

d) 长距离输送蒸汽或其他热物料的管道,应考虑热补偿问题,如在两个固定支架之间设置补偿器和滑动支架。

e) 玻璃管等脆性材料管道的外面最好用塑料薄膜包裹,避免管道破裂时溅出液体,发生意外。

f) 为了避免发生电化学腐蚀,不锈钢管道不宜与碳钢管道直接接触,要采用胶垫隔离等措施。

(4) 其他因素。

a) 管道与阀门一般不宜直接支承在设备上。

b) 距离较近的两设备间的连接管道,不应直连,应用 45°或 90°弯接。

c) 管道布置时应兼顾电缆、照明、仪表及采暖通风等其他非工艺管道布置。

C. 管道间距及坡度

(1) 管道间距。

管道间距如表 8—12 所示。表中 A 为不保温管,B 为保温管,d 为管子轴线离墙面的距离。

(2) 管道敷设坡度。

管道敷设应有坡度,坡度方向一般均沿着介质流动方向,但也有与介质流动方向相反的。坡度一般为 1/100~3/1 000。输送流体粘度大的介质的管道,坡度要求大一些,可达 1/100。埋地管道及敷设在地沟中的管道,如在停止生产时其积存介质不考虑排尽,则不考虑敷设坡度。化工厂中管道的坡度,对一般蒸汽、冷凝水、清水、冷冻水及压缩空气氮气为 1/1 000~5/1 000。

表 8—12　管道并排、法兰错排时的管道间距，mm

DN	40		50		70		80		100		125		150		200		250		d	
	A	B	A	B	A	B	A	B	A	B	A	B	A	B	A	B	A	B	A	B
40	150	230																	120	140
50	150	230	160	240															150	150
70	160	240	170	250	180	260													140	170
80	170	250	180	260	190	270	200	280											150	170
100	180	260	190	270	200	280	210	310	220	300									160	190
125	200	280	210	290	220	300	230	310	240	320	250	330							170	210
150	210	300	220	300	230	300	240	320	250	330	260	340	280	360					190	230
200	240	320	250	330	260	340	270	350	280	360	290	370	300	390	300	420			220	260
250	270	350	280	370	290	370	300	380	310	390	320	410	340	420	360	450	390	480	250	290
300	300	380	310	390	320	400	330	410	340	420	350	440	360	450	390	480	410	510	280	320
350	330	410	340	420	350	430	360	440	370	450	380	470	390	480	420	510	450	540	310	350

注：(1) 不保温管与保温管相邻排列时，间距=(不保温管间距+保温管间距)/2；

(2) 若系螺纹连接的管子，间距可按上表减去 20mm；

(3) 管沟中管壁与管壁之间的净距在 160～180mm，壁管与沟壁之间的距离为 200mm 左右；

(4) 表中 A 为不保温管，B 为保温管；

(5) 本表适用于室内管道安装，不适用于室外长距离管道安装。

8.4.2　管道布置图绘制方法

A.　一般规定

(1) 管道布置图要表示出所有管道、管件、阀门、仪表和管架等的安装位置，管道与设备、厂房的关系。安装单位根据管道布置图进行管道安装。

(2) 管道布置图应包括以下内容：

a) 厂房、建构筑物外形，标注建构筑物标高及厂房方位；

b) 全部设备的布置外形，标注设备位号及设备名称；

c) 操作平台的位置及标高；

d) 当管道平面布置图表示不清楚时，应绘制必要的剖视图；

e) 表示所有管道、管件及仪表的位置、尺寸和管道的标高、管架位置及管架编号等；

f) 标高均以±0.000 为基准，单位为 m。

(3) 绘制要求。

a) 比例：在图面饱满、表示清楚的原则下取用 1∶50 或 1∶25 两种，一般用 1 号或 2 号图纸，有时也用 0 号图纸。

b) 线条要求：

直径小于 250mm 管道用粗实线单线绘制，直径为 250mm 及 250mm 以上的管道用中粗实线双线绘制，管道中心线用细实线绘制。

建筑物、设备基础、设备外形、管件、阀门、仪表接头、尺寸线以及剖视符号的箭头方向线等均用细实线绘制,中心线用点划线。

c) 与外管道相连接的管道应画至厂房轴线外一米处,或按项目要求接至界区界线处。地下管道及平台下的管道用虚线表示。

d) 管道的安装高度以标高形式注出,管道标高均指管底标高。

e) 管道水平方向转弯,对于单线管道的弯头可简化为直角表示,双线管道应按比例画出圆弧。

f) 有的局部管道比较复杂,因受比例限制不能表示清楚时,应画出局部放大图。

(4) 平面图。

a) 按设备布置图要求绘制各层厂房及有关构筑物外形,设备可不注定位尺寸,不绘出设备支架及设备上的传动装置,但需绘出设备上所有安装的管道接口。

b) 穿过楼板的设备应在下一层的平面图上用双点划线表示设备投影。与该设备有关的管道用粗实线表示。

c) 同一位号两套以上的设备,如接管方式完全相同,可以只画其中一套的全部接管,其余几套可画出与总管连接的支管接头和位置。

d) 平面图上应画出管架位置,并编管架号。

e) 管道间距尺寸均指两管中心尺寸,以毫米为单位,当管道转弯时如无定位基准,应注明转弯处的定位尺寸。有特殊安装要求的阀门高度及管件定位尺寸必须注出。

(5) 剖视图。

a) 当管道平面布置图表示不够清楚时应绘制必要的剖视图。剖视图应选择能清楚表示管道为宜。如有几排设备的管道,为使主要设备管道表示清楚,都可选择剖视图表达。

b) 剖视图应根据剖切的位置和方向(如剖切到建筑轴线使应正确表示建筑轴线),标出轴线编号,但不必注分总尺寸。

c) 剖切面可以是全厂房剖面,也可以是每层楼面的局部剖面。

B. 管道布置图图例

(1) 管道图示法。

管道转折、交叉及重叠的俯视图示法,如图8-5至图8-7所示。

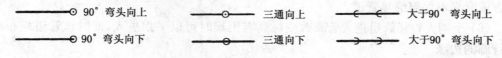

图8-5 管道转折的表示法

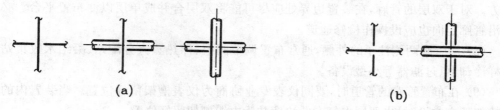

图8-6 交叉管道的表示法

(2) 管道布置图中管道及阀门图例见附录2中的表2-5及表2-6。

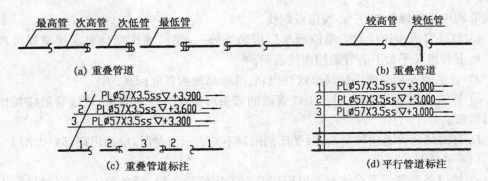

图 8—7　重叠管道的表示法

8.4.3　单元设备的管道布置

A. 管廊上的管道布置

敷设在管廊上的管道种类有:公用管道、公用工程管道、仪表管道及电缆。

(1) 大直径输送液体的重管道应布置在靠近管架柱子的位置或布置在管架柱子的上方,以使管架的梁承受较小的弯矩。小直径的轻管道,宜布置在管架的中央部位。

(2) 一般设备的平面布置都是在管廊的两侧按工艺流程顺序布置的,因此与管廊左侧设备联系的管道布置在管廊的左侧而与右侧设备联系的管道布置在管廊的右侧。管廊的中部宜布置公用工程管道。

(3) 对于双层管廊,通常气体管道、热的管道宜布置在上层,液体的、冷的、液化石油气、化学药剂及其他有腐蚀性介质的管道宜布置在下层。因此公用工程管道中的蒸汽、压缩空气、瓦斯及其他工艺气体管道布置在上层,其余的公用工程管道可以布置在上层或下层。

(4) 在支管根部设有切断阀的蒸汽、热载体油等公用工程管道,其位置应便于设置阀门操作平台。对于单侧布置设备的管廊,这些管道宜靠近有设备的那一侧布置。

(5) 低温冷冻管道,液化石油气管道和其他应避免受热的管道不宜布置在热管道的上方或紧靠不保温的热管道。

(6) 个别大直径管道进入管廊改变标高有困难时可以平拐进入,此时该管道应布置在管廊的边缘。

(7) 管廊在进出装置处通常集中有较多的阀门,应设置操作平台,平台宜位于管道的上方。对于双层的管廊,在装置边界处应尽可能将双层合并成单层以便布置平台。必要时沿管廊走向也应设操作检修通道。

(8) 沿管廊两侧柱子的外侧,通常布置调节阀组、伴热蒸汽分配站、凝结水收集站及取样冷却器、过滤器等小型设备。

(9) 在布置管廊的管道时,要同仪表专业协商为仪表槽架留好位置。当装置内的电缆槽架架空敷设时,也要同电气专业协商并为电缆槽架留好位置。

(10) 当泵布置在管廊下方且泵的进出口管嘴在管廊内时,双层管廊的下层应留有供管道上下穿越所需的间隙。

B. 塔的配管

（1）塔周围原则上分操作侧（或维修侧）和配管侧。操作侧主要有臂吊、人孔、梯子、平台,配管侧主要敷设管道用,不设平台。平台是作为人孔、液面计、阀门等操作用（见图 8—8）。除最上层外,不设全平台,平台宽度一般为 0.7~1.5m,每层平台间高度通常为 6~10m。

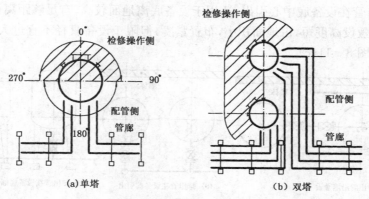

图 8—8　塔的检修操作侧与配管侧的分配

（2）进料、回流、出料等管口方位由塔内结构以及与塔有关的泵、冷凝器、回流罐、再沸器等设备的位置决定。

（3）塔顶出气管道应从塔顶引出（因塔顶管道口径较大）在塔的侧面直线向下布置。

（4）沿塔敷设管道时,管道支架应设在管道热应力最小处附近位置上,当塔径较小而塔较高时,塔体一般置于钢架结构中,这时塔的管道就不傍塔设置,而置于钢架的外侧为宜。

（5）塔底管道上的法兰接口和阀门,不要装在狭小的裙座内,以防操作人员在泄漏物料时躲不及而造成事故。回流罐往往要在开工前先装入物料,因此要考虑安装相应的装料管道。

（6）塔体侧面管道一般有回流、进料、侧线抽出、汽提蒸汽、再沸器入口和返回管道等。为使阀门关闭后无积液,上述这些管道上的阀门宜直接与塔体开口直接相接如图 8—9 所示。进（出）料管道在同一角度有两个以上的进（出）料开口时,不应采用刚性连接,而应采用柔性连接,如图 8—10 所示。

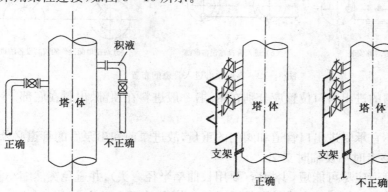

图 8—9　塔侧面阀门的安装　　　图 8—10　两个以上进（出）料开口的塔侧面管道布置

C. 容器的配管

（1）容器底部排出管道沿墙敷设离墙距离可以小些,以节省占地面积,设备间距要求大些,以便操作人员能进入切换阀门,见图 8—11(a)。

（2）排出管在设备前引出。设备间距离及设备离墙距离均可以小些,排出管通过阀门后一般应立即引至地下,使管道走地沟或楼面下,见图 8—11(b)。

（3）排出管在设备底中心引出,适用于设备底离地面较高,有足够距离可以安装和操作阀门,这样敷设高度短,占地面积小,布置紧凑,但限于设备直径不宜过大,否则开启阀门不方便,见图 8—11(c)。

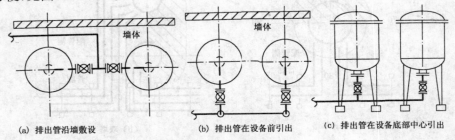

(a) 排出管沿墙敷设　　　　(b) 排出管在设备前引出　　　　(c) 排出管在设备底部中心引出

图 8—11　容器底部排出管道的布置

（4）进入容器的管道为对称安装,适用于需设置操作平台、开关阀门的设备,见图 8—12(a)。

（5）进入容器的管道敷设在设备前部,适用于能站在地(楼)面上操作阀门的设备,见图 8—12(b)。

（6）站在地面上操作较高设备进入管的敷设方法见图 8—12(c)。

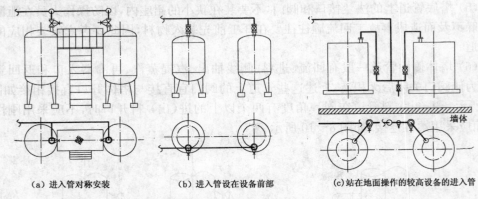

(a) 进入管对称安装　　　　(b) 进入管设在设备前部　　　(c)站在地面操作的较高设备的进入管

图 8—12　容器顶部进入管道的布置

（7）卧式槽的进出料口位置应分别在两端,一般进料在顶部、出料在底部。

D. 泵的配管

（1）泵体不宜承受进出口管道和阀门的重量,故进泵前和出泵后的管道必须设支架,尽可能做到泵移走时不设临时支架。

（2）吸入管道应尽可能短,少拐弯(要用长曲率半径弯头),并避免突然缩小管径。

（3）吸入管道的直径不应小于泵的吸入口。当泵的吸入口为水平方向时,吸入管道上应配置偏心异径管,管顶取平,以免形成气袋,见图 8—13。当吸入口为垂直方向时,可配置同心异径管。

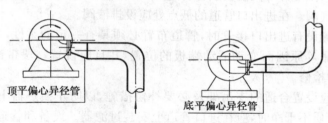

图 8—13 泵入口偏心异径管的设置

（4）泵的排出管上一般均设止回阀,防止泵停时物料倒冲。止回阀应设在切断阀之前,停车后将切断阀关闭,以免止回阀阀板长期受压损坏。

（5）悬臂式离心泵的吸入口配管应给予拆修叶轮的方便。

（6）往复泵、旋涡泵、齿轮泵一般在排出管上（切断阀前）设安全阀（齿轮泵一般随带安全阀）,防止因超压发生事故。安全阀排出管与吸入管连通。

（7）蒸汽往复泵的排汽管应少拐弯,不设阀门,在可能积聚冷凝水的部位设排放管,放空量大的还要装设消声器,乏气应排至户外适宜地点,进汽管应在进汽阀前设冷凝水排放管,防止水击汽缸。

（8）蒸汽往复泵,计量泵、非金属泵的吸入口须设过滤器,避免杂物进入泵内。

E. 换热设备的配管

（1）管壳式换热器的管道布置。

a）管壳式换热器的工艺管道布置应注意冷热物流的流向,一般被加热介质（冷流）应由下而上,被冷凝或被冷却介质（热流）应由上而下。

b）换热器管道的布置应方便操作和不妨碍设备的检修,并为此创造必要的条件。

c）管道布置不应影响设备的抽芯（管束或内管）。

d）管道和阀门的布置,不应妨碍设备的法兰和阀门自身法兰的拆卸或安装。

（2）管壳式卧式再沸器的管道布置。

a）在热胀许用应力范围内,再沸器的降液管和升汽管,应尽可能短而直,减少弯头数量,以减少压降。

b）当再沸器有 2 个升汽口时,为使其管内流量相等,升汽管应对称布置。若升汽管管径不同和布置不对称时,应尽量使这二根管段的阻力相等。否则,阻力大的升汽管的流量小会使热量分配不匀。

c）从再沸器内抽出的液体为饱和液体,如果管道系统产生压降,液体就将开始闪蒸,产生气液两相流体流动,影响控制和测量仪表的操作和精度。因此在布置饱和液体管道时,其基本原则是使压力降最小,并在测量或控制仪表前不出现垂直上升管段。

d）再沸器管程加热介质的进口管道上通常装有温度调节阀及其阀组,这些阀门一般布置在靠近再沸器管程进口的地面或平台面上。

（3）板式换热器的管道布置。

板式换热器垂直安装在基础上,固定板端为固定点,活动端板侧为自由端。4 个进出管口可布置在固定端板上或分别布置在固定端板和活动端板上,主要根据工艺流程来确定。

阀门、压力表、温度计等只能安装在管道上,不能安装在换热器上。在出口管道靠近换热器处应设排气阀。在进出口管道的低点处应设排液阀。

当活动端板侧设有进出口接管时,管道布置必须具有一定的柔性,以便在操作过程中由补偿板片热胀等原因而变动活动端板的位置,并且应设置一段带法兰的可拆卸短管,以便换热器的检修。

进出管道上应设置合适的支吊架及必要补偿措施,以防止换热器上接管受约束,造成较大应力,当介质不干净时,应在进口管道上安装过滤器。设备和管道布置时,应在换热器的两侧留有至少 lm 宽的检修场地。

F. 加热炉的管道布置

(1) 加热炉的管道布置随加热炉的炉型不同而异。在布置加热炉的管道时,应对加热炉进出口管道、燃料系统管道、吹灰器管道、蒸汽灭火管道等统一考虑。

(2) 加热炉的管道要易于检查和维护,燃烧喷嘴和管道(包括燃料油、燃料气和雾化蒸汽)要易于拆卸。燃料油和燃料气的调节阀要装在地面易于观察和维修之处。

(3) 加热炉的进料管道应保持各路流量均匀;对于全液相进料管道,一般各路都设有流量调节阀调节各路流量,否则应对称布置管道。气液两相的进出管道,必须采用对称布置,以保证各路压降相同。

(4) 转油线应以最高温度(如烧焦温度)计算热补偿量,并利用管道自然补偿来吸收其热膨胀量。

G. 压缩机的管道布置

(1) 离心式压缩机壳体有两种基本形式:垂直剖分型用于高压;水平剖分型用于低压或中压。垂直剖分型压缩机前面不得有管道及其他障碍物,水平剖分型压缩机上部不得有管道和其他障碍物。如果必须设置管道,应采用法兰连接,以便拆卸。

(2) 进出口管道的布置,在满足热补偿和允许应力的条件下,应尽量减少弯头数量,以减少压降。

(3) 离心式压缩机、轴流式压缩机进出口管嘴一般朝下,由压缩机壳体中心支撑。机器运行中,自机器中分面至出口法兰向下的热胀量均应由管道上设置的补偿器吸收。

(4) 管道设计时应首先按自然补偿的方式考虑,当自然补偿无法减少对压缩机管嘴的受力时,方可在管道上设置补偿器。

(5) 厂房内设置的上进、上出的离心式或轴流式压缩机时,在其进出口管道上必须设置可拆卸短节,以便吊车可以通过,压缩机得以解体检修。

(6) 轴流式、离心式压缩机进出口均应设置切断阀。

(7) 轴流式、离心式压缩机出口管道应设置止回阀,以防压缩机切换或事故停机时物流倒回机体内。

H. 调节阀组的布置

(1) 调节阀的安装位置应满足工艺流程设计要求,并应尽量靠近与其有关的一次指示仪表,并尽量接近测量元件位置,便于在用付线阀手动操作时能观察一次仪表。

(2) 调节阀应尽量正立垂直安装于水平管道上,特殊情况下才可水平或倾斜安装,但须加支撑。

（3）为便于操作和维护检修，调节阀应尽量布置在地面或平台上且易于接近的地方，与平台或地面的净空应不小于 250mm。

（4）调节阀应安装在环境温度不高于 60℃，不低于－40℃ 的地方。

（5）遥控阀、自动调节阀及其控制系统的安装位置要尽量避开火灾危险和火灾的影响。

（6）隔断阀的作用是当调节阀检修时关闭管道之用，故应选用闸板阀。旁通阀主要是当调节阀检修停用时作调节流量之用，故一般应选用截止阀，但旁通阀 $DN \geqslant 150$mm 时，可选用闸板阀。

为了调节阀在检修时需将两隔断阀之间的管道泄压和排液，一般可在调节阀入口侧与调节阀上游的切断阀之间管道的低点设排液闸阀。当工艺管道 $DN \geqslant 25$mm 时，排液阀公称直径应等于或大于 20mm；当工艺管道 $DN < 25$mm 时，排液阀的公称直径应为 15mm。

（7）安装调节阀时要注意它的流向，一般无特殊要求时调节阀的流向应与调节阀箭头所示流向一致。

（8）调节阀组的布置方案，见图 8－14。

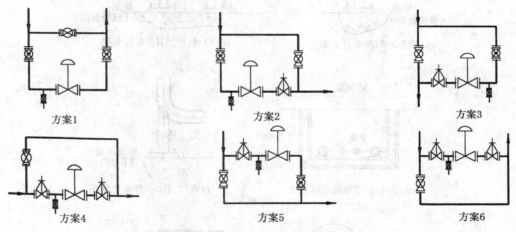

图 8－14　调节阀组布置方案

a）方案 1 是最常用的安装形式，阀组布置紧凑，所占空间小，维修时便于拆卸，整套阀组放空简便；

b）方案 2 是常用的安装形式，旁通阀的操作维修方便，适合于 $DN > 100$ 的阀组，但对易凝、有腐蚀性介质不宜采用；

c）方案 3 也是一个常用安装形式，维修时便于拆卸，当调节阀在上方时，由于位置过高，不易接近；

d）方案 4 调节阀容易接近，但两个隔断阀与调节阀在一根直管上，比较难于拆卸和安装，旁路上有死角，不得用于易凝、有腐蚀性介质，阀组安装要占较大空间，仅用于低压降调节阀；

e）方案 5 阀组布置紧凑，但调节阀位置过高，不易接近，适用于较小口径调节阀；

f）方案 6 两个隔断阀与调节阀在一根直管上，比较难于拆卸和安装，旁路上有死角，安装要占较大空间，适用较小口径调节阀和易堵塞，易结焦介质调节阀的安装。

I. 管架敷设

(1) 管架的选用。

图 8—15 为部分管道支吊架的结构示意。定型管架包括十大类：

(a)管托、管卡；(b)管吊；(c)型钢吊架；(d)柱架；(e)墙架；(f)平管支架；(g)弯管支架；(h)立管支架；(i)大管支承的管架；(j)弹簧托、弹簧吊和弹簧吊架。

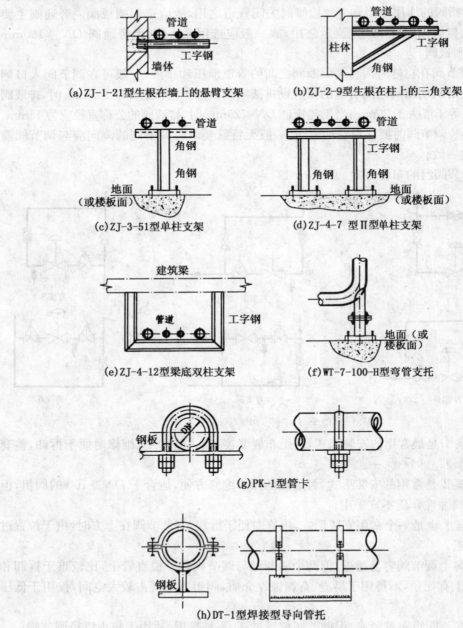

(a)ZJ-1-21型生根在墙上的悬臂支架   (b)ZJ-2-9型生根在柱上的三角支架

(c)ZJ-3-51型单柱支架   (d)ZJ-4-7 型Ⅱ型单柱支架

(e)ZJ-4-12型梁底双柱支架   (f)WT-7-100-H型弯管支托

(g)PK-1型管卡

(h)DT-1型焊接型导向管托

图 8—15 部分管道支吊架的结构示意图

管道支吊架的选用原则，一般有以下几点：

a) 在选用管道支吊架时，应按照支承点所承受的荷载大小和方向、管道的位移情况、工作温度、是否保温或保冷、管道的材质等条件选用合适的支吊架。

b) 为便于工厂成批生产,加快建设速度,设计时应尽可能选用标准管卡、管托和管吊。

c) 焊接型的管托、管吊比卡箍型的管托、管吊省钢材,且制作简单,施工方便。因此,应尽量采用焊接型的管托和管吊。

d) 为防止管道过大的横向位移和可能承受的冲击荷载,一般设置导向管托,以保证管道只沿着轴向位移。

e) 当架空敷设的管道热胀量超过 100mm 时,应选用加长管托,以免管托滑到管架梁下。

(2) 管架的图示法。

在一张管道布置图中有很多管架,故管架在管道布置图上要有编号。如图 8—16 所示。根据管架的具体情况选取不同的管架形式,查阅有关管架型号手册,最终列出管架一览表,见表 8—13。

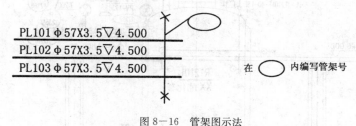

图 8—16　管架图示法

表 8—13　管架一览表

管架编号	所在管道编号	管架型号	非标管架图纸编号	管架数量	所用材料规格数量

8.4.4　管道布置图的识读

A. 识读方法

阅读管道布置图的目的是通过图样了解该工程设计的设计意图,并弄清楚管道、管件、阀门仪表控制点及管架等在车间中的具体布置情况。在阅读管道布置图之前,应从带控制点的工艺流程图中,初步了解生产工艺过程和流程中的设备。管道的配置情况和规格型号,从设备布置图中了解厂房建筑的大致构造和各个设备的具体位置及管口方位。读图时建议按照下列步骤进行,可以获得事半功倍的效果。

(1) 概括了解首先要了解视图关系,了解平面图的分区情况,平面图、立面剖视图的数量及配置情况,在此基础上进一步弄清各立面剖视图在平面图上剖切位置及各个视图之间的关系。注意管道布置图样的类型、数量、有关管段图、管件图及管架图等。

(2) 详细分析,看懂管道的来龙去脉。

a) 对照带控制点的工艺流程图,按流程顺序,根据管道编号,逐条弄清楚各管道的起始设备和终点设备及其管口。

b) 从起点设备开始,找出这些设备所在标高平面的平面图及有关的立面剖(向)视图,然后根据投影关系和管道表达方法,逐条地弄清楚管道的来龙去脉、转弯和分支情况,具体安装位置及管件、阀门、仪表控制点及管架等的布置情况。

　　c) 分析图中的定位尺寸和标高,结合前面的分析,明确从起点设备到终点设备的管口,中间是如何用管道连接起来形成管道布置体系的。

　　B. 示例

　　图 8—17(a)、(b)、(c)为某车间反应器局部管道平面及立面布置图。

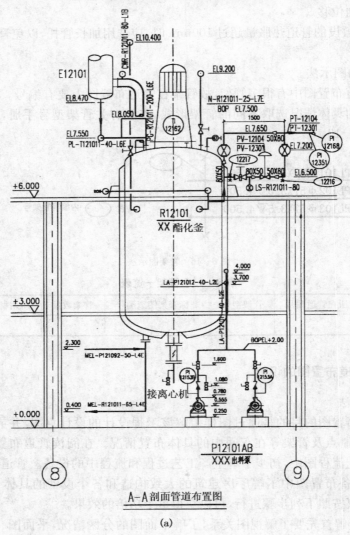

A—A 剖面管道布置图

(a)

图 8—17　管道布置局部示例图

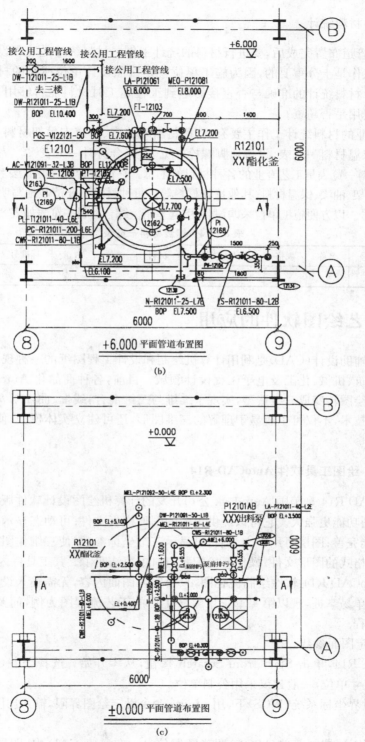

+6.000 平面管道布置图

(b)

±0.000 平面管道布置图

(c)

图 8—17 管道布置局部示例图(续)

8.4.5　材料统计

施工图管道布置完成后,要进行材料的统计工作。材料统计是工程设计的最后一项工作,这项工作是十分重要的,因为施工单位就是按照设计单位所作的材料统计表去采购、备料的。材料统计的准确与否直接影响到工程施工时材料能否够用、材料是否过于浪费、建设费用是否超资。

工艺专业的材料统计工作主要有:管段材料一览表、管道支吊架材料一览表、管道及设备油漆、保温材料一览表、设备地脚螺栓一览表、综合材料一览表。

综合材料一览表是工艺专业的各种材料的汇总。它包括管道、阀门、法兰、管件、螺栓、螺母、管道支吊架、油漆、保温材料、其他特殊材料等。每种材料都要清楚地写明材料的规格、材料、数量、型号。以方便施工单位采购,避免引起差错。综合材料一览表如表8—14所示。

表8—14　综合材料一览表

序号	名称	规格	型号或图号	材料	单位	数量	标准号	备注

8.5　工艺绘图软件的应用

计算机辅助设计(CAD)是利用计算机绘制和设计工程图纸的一种现代高新技术,广泛应用于建筑、机械、化工及电子工程设计领域。目前,各种商品化 AutoCAD 软件都由原来的二维绘图转变成三维造型,实现了二维与三维混合,线框、曲面与实体混合等新的计算机绘图技术,不仅可生成易于理解的三维图形,还可建立实体模型,使工程设计更直观、完善。

8.5.1　绘图工具软件 AutoCAD R14

AutoCAD R14 是美国 Autodesk 公司开发的计算机绘图设计软件版本,在历经多次升级后,绘图功能更强大。它可以提供更多的图形模板文件;可动态显示、移动和缩放视窗;捕捉功能完善;图层可用中文命名;可显示三维坐标参数,使三维作图更方便;可插入并编辑各种格式的图形文件;操作环境配置窗口更简洁明了。其工具栏内容见图8—18。

用 AutoCAD R14 软件绘制流程图,只要输入图面内容,无需输入设计参数,对初学者来说较简单易掌握,现以第 4 章三聚氰胺生产的工艺流程图为例,简要说明绘制流程图的操作过程。

(1)确定图面参数。

a)进入 R14,单击 Start from Scratch 按钮,从零开始。选择公制(Metric)或英制(English)尺寸单位,一般建议采用公制单位。

b)在世界坐标系统(WCS)下,用 Limits 命令设定绘图界限,输入出图纸张的尺寸以毫米计。

c)使用图层控制菜单(Layer)明确图层信息。在 AutoCAD 中,图层控制包括创建和删除图层、设置绘图颜色和线型、控制图层状态等。

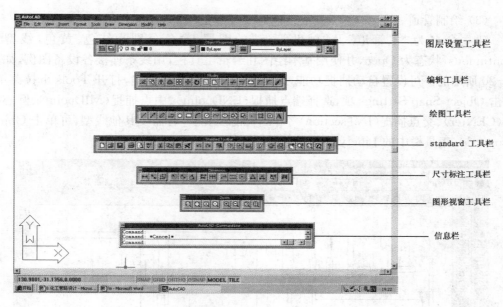

图 8-18 AutoCAD R14 软件工具栏示意

（2）绘制设备图例。

a）绘出大小合适的设备图例，确定各设备在图面中的大致位置。

b）建立命名为"设备"的图层，颜色为白色，线型为 Continuous，状态为 Open，并使用基本绘图（线、圆、方形、椭圆、弧线等）和编辑（剪断、延长、拉伸、移动、放大、缩小、复制、删除等）工具栏，绘出如图 8-19 所示的设备图例。

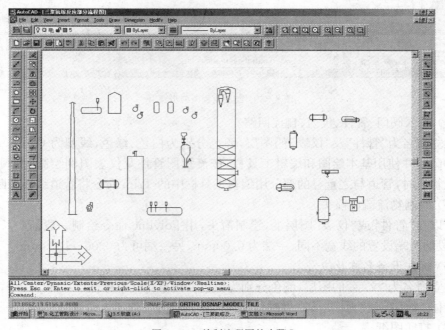

图 8-19 绘制流程图的步骤 I

（3）绘制管道。

建立命名为"主管道"及"辅助管道"的图层，颜色分别为红色、黄色，线型为
Continuous，状态为 Open，并使用基本绘图和编辑工具栏，用线条连接各设备图例，如图
8－20 所示的。可设置自动捕捉功能，使绘制的线条位置更准确，打开 Tools 下拉菜单，
点击 Object Snap Settings 项，选择端点捕捉（ENDpoint）、中点捕捉（MIDpoint）、圆心捕
捉（CENter）、交点捕捉（INTsection）等 11 种捕捉功能。若需要其他线型，可单击 Object
Properties 工具栏中的 Linetype 按钮选择所需线型。

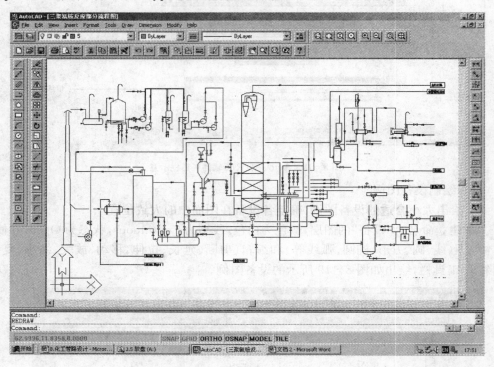

图 8－20　绘制流程图的步骤 II

（4）插入阀门、管件、仪表、自控回路。

建立命名为"管件"及"仪表"的图层，颜色分别为白色、绿色，线型为 Continuous，状
态为 Open，并使用基本绘图和编辑工具栏，按流程图管件及仪表图例绘制，将阀门和管
件插入管道时，管道与之重叠的部分用编辑工具栏中的 Trim 命令将管道线段剪断。

（5）绘制物流流向箭头。

可以在"管件"或"仪表"图层上，绘制箭头，用 Polyline 命令绘制一段箭头长短的线
段，线段的两端设置的线宽不同，一端为 0.00mm，另一端可为 0.06～1.20mm。

（6）标注设备名称及位号。

建立命名为"文字"的图层，颜色分别为白色。用单行文本标注（DText）命令，选择文
字的字体、大小（一般为 3mm 高度的仿宋体）、横排、竖排、起始点位置。

（7）打印图纸。

流程图绘制完成后，用 Plot 命令，设置打印机型号、打印区域、图纸大小、根据绘图颜

色设置画笔粗细(红色为 0.9mm,黄色为 0.6mm,其他为 0.3mm),通过预演确定绘图的内容是否在图纸中央。

（8）图层状态的灵活应用。

在绘制流程图时,可利用图层状态得到不同的流程图。当需要带控制点的流程图时,将所有图层打开,令其状态为 Open;当关闭"管件"和"仪表"图层,令其状态为 Close,增加了物流表后,即得到物料流程图;关闭"辅助管道"、"管件"和"仪表"图层又可得到完整的流程图(见图 8—21)。

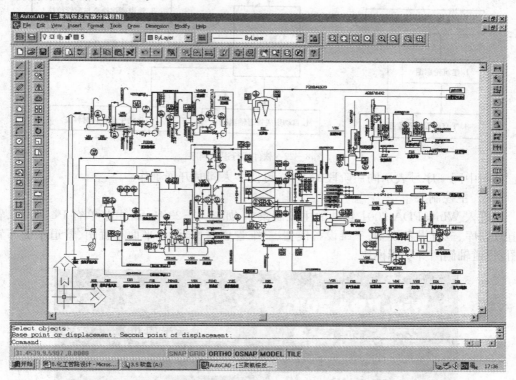

图 8—21　绘制流程图的步骤 Ⅲ

8.5.2　化工装置三维模型软件

管道三维模型软件是利用 CAD 技术在计算机上构造管道、设备、建筑结构等专业的三维工厂模型。这方面的软件目前使用较多的有:美国 Computer Vision 公司开发的 PIPING;英国 CAD Center 公司的 PDMS;美国 REBIS 公司推出的 AUTOPLANT 系列;由中国科学院计算技术研究所和扬子石化公司设计院共同完成的 CADPLANT;上海易用科技有限公司的 Win—PDA 2001 系列等。

这些软件的功能都类似,不仅可以设计管道三维模型,还可建立建筑、设备的模型;进行管道碰撞检查;自动生成管道轴侧图,设备及管道平,剖面图,材料统计表、工程数据库及管路等级;进行图形库管理,真实感渲染、消隐处理等。现以 Win—PDA 2001 软件为例,说明其功能、使用方法及图纸效果。

Win—PDA 2001 软件的运行逻辑及功能如图 8—22 所示。

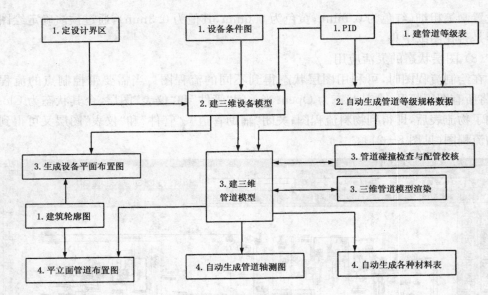

图 8-22 软件运行逻辑顺序

图中同一序号表示同一阶段的工作,可使多人同时开展工作。

A. 主控制菜单

进入 Win-PDA 2001 软件的主控制菜单,如图 8-23 所示,主菜单有 P&ID 图、管道数据库、三维设备模型、三维设备模型、三维管道模型、设备平面布置图、管道平面布置图、管道轴侧图等功能模块。

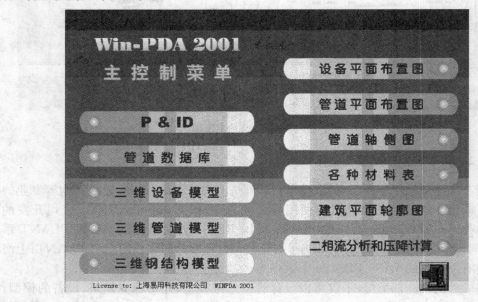

图 8-23 主控制菜单界面

B. 制作 PID 图

单击主控制菜单中 P&ID 模块。选择新建项目并编号,由用户确定图面参数和管道标注的方法。

（1）进入 PID 绘图区域后，首先在软件内存的按原化工部及石化总公司有关标准规定的各化工设备图例模块中选择如图 8-24 所示的设备：板式塔、再沸器、换热器、卧式贮槽、泵等图例，以光标拖拉或输入参数的方法确定该图例的大小及在图中的位置，同时输入各设备的名称及位号。

（2）在 PID 菜单中选择绘制管道的功能，绘制新管时，先确定主物料或辅助物料，后按照管参数对话框格式输入管参数，包括：管号、管径、管道等级（软件内存不同温度压力范围的化工生产常用介质的管道等级号及管道等级表，并可添加、修改和删除管道等级）。在图面中用鼠标点选管道起始位置，拖拉管线至管道终点，并选择管道流向与管道绘制方向相同还是相反，软件会自动绘出管道和物流箭头。

（3）选择阀门与管件功能块，可在管道中插入各种型号的普通阀门、控制阀门、特殊阀门、管件等，在软件阀门库中选择一阀门或管件后，用鼠标点选某一管道，即可自动插入阀门并打断管线。

（4）仪表功能块有直接连接仪表、支路连接仪表、编辑仪表名称及位号、仪表连接直线、仪表控制虚线等内容。选择软件内存的仪表，输入仪表功能名称及位号，用鼠标点选仪表所在的管道，软件会自动绘出仪表在流程图中的表示。

（5）选取标注管道命令，用鼠标点取某根管道，确定标注文字的位置，即可自动标注管道各参数。

按以上操作步骤即可绘制出如图 8-24 所示的 PID 图。PID 图绘制完成后，软件可自动生成表格形式的 PID 信息文件，包含：每根管道的编号、起始点的设备位号、温度、压力、管径、材质、阀门（型号、规格及个数）、管件（型号、规格及个数）、所接仪表、保温情况等信息。

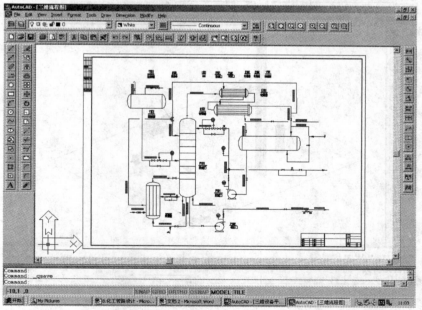

图 8-24 制作 PID 图

C. 建立三维设备布置模型

单击主控制菜单中三维设备模型模块。选择与 PID 一致的新建项目,由用户确定图面参数和界区范围。

(1)点击三维设备模型模块中的建筑轮廓按钮,输入建筑网柱形式、纵横方向的网柱间距及外墙墙面方位和厚度,软件立即自动生成建筑轮廓图。在三维设备模型中绘制建筑轮廓目的是提供界区背景,便于设备的正确定位,以避开柱和墙。

(2)进入通用设备库选择与 PID 一致的单元设备。该软件的通用设备库中存有十五大类的化工单元设备。定型设备采用选样本的方法确定设备,如需绘制泵,在设备分类对话框中选择"泵"及"IS 型清水离心泵",系统即弹出泵输入框,选择泵型号 IS65—50—125,输入泵的位号、名称、功率 3.00kW 和安装角度,并在图面中确定泵的安装基点位置,软件会自动生成一个完全按比例的三维泵的模型;非标设备采用参数输入的方法确定设备,如需绘制卧式换热器,在设备分类对话框中选择"卧式换热器",在图面中确定换热器的安装基点位置,系统即弹出卧式换热器参数输入框,输入设备名称及位号、基点与壳体中心高度、壳体直径、管束长度、换热器支脚或鞍座距离等信息后,软件会自动生成一个完全按比例的三维换热器的模型。

(3)设备管口设管道连接的起始点,因此管口参数信息必不可少,点击图面中的某个设备,输入设备管口的个数,然后逐个输入管口代号、管口直径、长度、压力、与基点的距离及角度,系统即自动生成相应的管口。管口可进行修改、增加、删除、旋转、移动等编辑。

(4)统计设备信息文件可对设备名称、位号、个数、标准设备的型号、设备管口、设备支座高度等信息进行统计并自动生成表格,可供查询及校核。

按以上操作步骤即可绘制出如图 8—25 所示的三维设备布置模型。

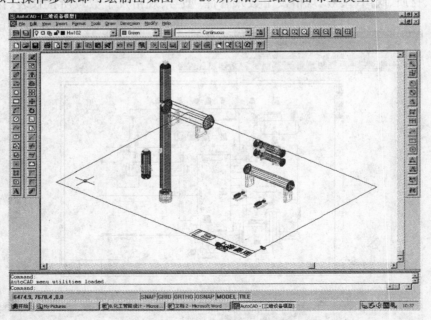

图 8—25　三维设备布置模型

D. 建立三维管道布置模型

单击主控制菜单中三维管道模型模块。选择与 PID 一致的新建项目,由用户确定图面参数。

(1)在三维设备布置模型的图面上绘制管道模型,首先在菜单中选择配新管命令,系统会弹出 PID 图上绘制过的所有管道编号,选择某一管号从设备管口开始配管,按提示选择配管参数:F——法兰、V——阀门、O——管件、P——管子,参数输入完整后,系统即弹出符合直径要求的管道和管件供选择,输入管道下一点坐标的方法有三种:D——直角坐标、P——极坐标、R——参考坐标,直角坐标指相对与管道起始点的 X,Y,Z 三个方向的增量;极坐标一般用于立式圆柱或球形设备的径向配管;参考点可选择任意设备管口、管件、管子作参考点并选择参考方向,输入相对参考点的增量。再确定管道标高的标注方法:T——管顶标高、B——管底标高、C——管中心标高,用与 PID 图一致的方法标注物流方向。

(2)在菜单中点击插入阀门与管件功能命令,即弹出各种阀门和管件分类的下拉菜单供选择。若选择插入截止阀,按照提示阀门中心点离管段始端的距离,或选择某管件作为参考点并输入参考坐标和相对值,再选择阀门型号规格以及阀杆方位角,即可在管段中插入阀门并可标注该阀门的型号及规格。

(3)使用碰撞检查与模型校核功能可对三维管道模型进行两管、多管、全部管道间、管道与设备、管道与厂房结构之间的碰撞检查,还可根据 PID 信息检查未画管道代号、指定管道和全部管道的未画阀门与管件。

(4)使用材料统计功能可对三维管道模型进行各种规格的管道、阀门与管件、油漆保温、仪表接头等材料的统计并列成材料表。

(5)使用模型组合功能可进行模式转换及合成,可根据需要将三维管道布置模型转成单管轴测图、管道平立面布置图,还可插入三维厂房建筑结构模型、与其他管道模型合并等。

按以上操作步骤即可绘制出如图 8—26 所示的三维管道布置模型。

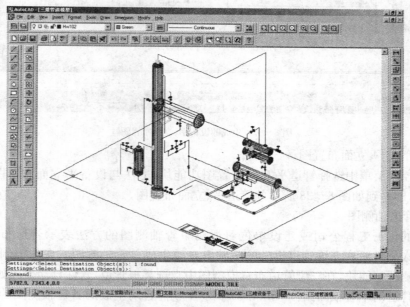

图 8—26　管道布置三维模型

E. 各种图纸自动生成

（1）设备平、立面布置图。

在主控制菜单中选择设备平立面布置图功能块，系统弹出以下功能供选择。

a）平面布置图。自动生成设备平面布置图的全投影。

b）主立面布置图。自动生成设备主立面布置图的全投影。

c）后立面布置图。自动生成设备后立面布置图的全投影。

d）左立面布置图。自动生成设备左立面布置图的全投影。

e）右立面布置图。自动生成设备右立面布置图的全投影。

f）设备管口方位图。点选某设备，系统即自动生成该设备的管口方位图。

g）分层提取。根据需要打开预先生成的全投影图，按空间输入提取局部投影的范围，即能自动生成所需切面间的设备布置图。点击标注命令，系统会自动标注设备名称、位号、设备定位尺寸、空间标高等，这样就得到如图 8—27 所示的设备平、立面布置图。

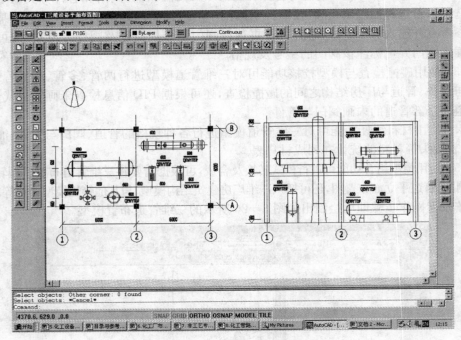

图 8—27　生成的设备平、立面布置图

（2）管道平、立面布置图。

在主控制菜单中选择管道平立面布置图功能块，方法与设备平立面布置图类似，分层提取后，即得到如图 8—28 所示的管道平、立面布置图。

（3）管道轴侧图。

国外的化工工程公司或建设单位习惯用单管轴测图的方法表示管道布置。运用 Win—PDA 软件可在三维管道模型的基础上自动生成单管轴测图。在主控制菜单中选择管道轴测图功能块，在三维管道布置模型图中点选某根管道，软件自动生成如图 8—29 所示的该管道的单管轴测图。Win—PDA 2001 软件自动生成的管道轴测图的图面表示与国际通用的表示一致，其规定如下：

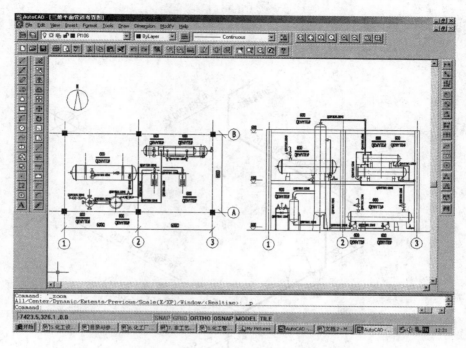

图 8—28　生成的管道平、立面布置图

a）管道轴测图按正等轴投影绘制，管道的走向按方向标的规定，这个方向标的北（N）向与规定布置图上的方向标的北向应保持一致。管道轴测图在标准图纸上打印，图侧附有材料表。对所选用的标准件的材料，应符合管道等级和材料选用表的规定。

b）管道轴测图不必按比例绘制，但各种阀门、管件之间的比例在管段中的位置的相对比例均要协调，应清楚地表示它紧接弯头而离三通较远。

c）管道一律用单线表示，在管道的适当位置上画流向箭头。管道号和管径注在管道的上方。水平向管道的标高"EL"注在管道的下方。

d）管道上的环焊缝以圆点或段线表示。水平走向的管段中的法兰以垂直双短线表示，垂直走向管段中的法兰一般是与邻近的水平走向管段相平行的双短线表示。螺纹连接与承插焊连接均用短线表示，在水平管段上此短线为垂直线，在垂直管段上，此短线与邻近的水平走向的管段相平行。

e）阀门的手轮用短线表示，短线与管道平行。阀杆中心线按所设计的方向画出。

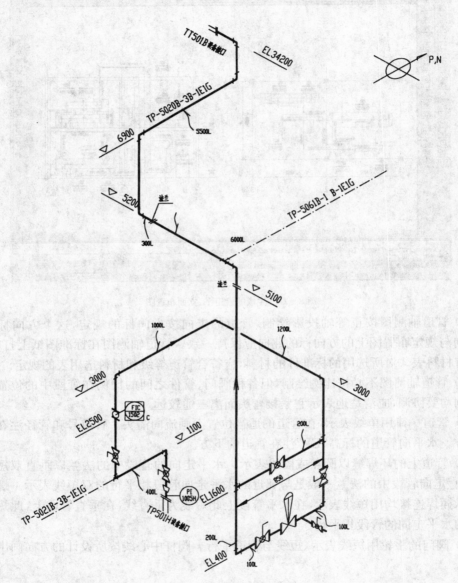

图 8—29　管道轴测图示例

9 设计中必须注意的几个问题

9.1 标准与规范

9.1.1 概述

标准一般针对企业的产品,规范则主要指设计所需要遵循的规程。标准与规范是不可分割的两个部分。应该指出,标准与规范随着时间的推移会不断修改和增加新的内容,因此设计人员要及时收集最新的标准与规范,并用于设计中。以保证化工装置的设计质量。

A. 规范与标准的分类

(1) 按指令性可分为两类。

a) 强制性标准。是强制执行的标准。它是保障人体健康、人身、财产安全的法律、行政法规规定强制执行的标准。

b) 推荐性标准。不具有强制性,任何单位均有权决定是否采用,违反这类标准,不构成经济或法律方面的责任。一般在强制性标准代号后加"/T"。

(2) 按发行单位可分为四类。

a) 国家标准。我国的国家标准是由国务院标准化行政主管部门制定的(代号为GB)。

b) 行业标准。行业标准是由国务院有关的行政主管部门制定的。它有建设部发行的(代号 JGJ、CJJ 等);铁道部发行的(代号为 TBJ);交通部发行的(代号为 JTJ);石油天然气总公司发行的(代号为 SY);化学工业部发行的(代号为 HG);环保总局发行的(代号为 HJ);石油化工总公司发行的(代号为 SH)等。

c) 地方标准。地方标准由省、自治区及直辖市标准化行政主管部门制定。

d) 企业标准。企业标准是由企业自行制定的。

B. 常用的设计规范

我国发布的常用设计规范有许多,例如:

(1) 建筑设计防火规范(GBJ16—87,2001 年局部修订版);

(2) 石油化工企业设计防火规范(GB50160—92,1999 年修订版);

(3) 工业企业总平面设计规范(GB500187—93);

(4) 石油化工企业环境保护设计规范(SH3024—95);

(5) 爆炸危险场所安全规定(劳部发[1995]56 号);

(6) 职业性接触毒物危害程度分级(GB5044—85);

(7) 工业金属管道设计规范(GB50316—2000);

（8）洁净厂房设计规范（GB73—84）；

（9）自动化仪表选型规定（HG20507—92）；

（10）建筑给水、排水设计规范（GBJ15—88）；

（11）爆炸和火灾危险环境电力装置设计规范（GB5008—92）；

（12）化工企业供电设计技术规定（CD90A5—85）；

（13）采暖通风与空气调节设计规范（GBJ15—87）；

（14）石油化工厂初步设计内容深度规定（SHJ033—93）；

（15）化工工艺设计施工图内容和深度统一规定（HG20519—92）；

（16）化工蒸汽系统设计规定（HG/T20521—92）；

（17）氧气站设计规范（GB50030—91）；

（18）乙炔站设计规范（GB30051—91）；

（19）工业企业噪声控制设计规范（GBJ87—88）；

（20）污水综合排放标准（GB8978—88）。

C. 常用安装、施工、试车验收规范

（1）化工设备安装工程施工及验收规范（通用规定）（HGJ203—83）；

（2）化工设备安装工程施工及验收规范（化工用泵）（HGJ207—83）；

（3）工业管道工程施工及验收规范（GB50235—97）；

（4）现场设备、工业管道焊接工程施工及验收规范（GB50236—98）；

（5）石油化工剧毒、易燃、可燃介质管道施工及验收规范（SH3501—97）；

（6）工业设备及管道绝热工程施工及验收规范（GBJ126—89）；

（7）工业设备、管道防腐蚀工程施工及验收规范（HGJ229—91）；

（8）化工塔类设备施工及验收规范（HGJ200—91）；

（9）高压化工设备施工及验收规范（HGJ208—83），中、低压化工设备施工及验收规范（HGJ209—83）；

（10）化学工业大、中型装置试车工作规范（HGJ231—91）。

9.1.2　设计规范内容示例

设计规范是工程设计必须遵循的准则。其内容一般包含总则、规范条文、数据表格、条文说明等。为此以《建筑设计防火规范》（GBJ16—87）（2001 版）及《石油化工企设计防火规范》（GB50160—99）为例，对设计规范的内容作简单介绍。

A. 区域规划

（1）在进行区域规划时，应根据化工企业及其相邻的工厂或设施的特点和火灾危险性，结合地形、风向等条件，合理布置。

（2）石油化工企业的生产区，宜位于邻近城镇或居住区全年最小频率风向的上风侧。

（3）在山区或丘陵地区，化工企业的生产区应避免布置在窝风地带。

（4）化工企业的生产区沿江河岸布置时，宜位于邻近江河的城镇、重要桥梁、大型锚地、船厂等重要建筑物或构筑物的下游。

（5）石油化工企业的液化烃或可燃液体的罐区邻近江河、海岸布置时，应采取防止可燃液体泄漏流入水域的措施。

B. 总平面布置的防火间距(见表 9—1)

表 9—1 总平面布置的防火间距(米)

防火间距		工艺装置 甲	工艺装置 乙	工艺装置 丙	全厂性重要设施	明火及散发火花地点定顶	地上可燃液体储罐 甲B、乙类固定顶 体积>500至1000m³	地上可燃液体储罐 浮顶或丙类固定顶 体积>500至1000m³	可燃气体储罐 体积>1000至50000m³	甲类物品库(粗)或堆场
工艺装置	甲	30/25	—	—						
	乙	25/20	20/	—						
	丙	20/15	15/10	10						
全厂性重要设施		35	30	25						
明火及散发火花地点		30	25	20						
地上可燃液体储罐	甲B、乙类固定顶 体积>500至1000m³	30	25	20	35	30				
	浮顶或丙类固定顶 体积>500至1000m³	25	20	15	25	20				
可燃气体储罐 体积>1000至50000m³		25	20	15	30	30	20	10		
甲类物品库(棚)或堆场		30	25	20	35	30	25	15	20	

C. 装置布置

(1)属于易燃、易爆介质的化工装置设备宜露天或半露天布置,并缩小爆炸危险场所范围。

(2)联合装置视同一个装置,其设备、建筑物的防火间距应按相邻设备、建筑物的防火间距确定。

(3)装置内应设贯通式道路。道路的宽度不应小于 4m,路面上的净空高度不应小于 4.5m。当装置宽度小于或等于 60m、且装置外两侧设有消防车道时,可不设贯通式道路。

(4)设备、建筑物、构筑物宜布置在同一地平面上;当受地形限制时,应将控制室、变电室、化验室、生活间等布置在较高的地平面上;中间储罐宜布置在较低的地平面上。

(5)明火加热炉,宜集中布置在装置的边缘,且位于可燃气体、液化烃、甲类液体设备处的全年最小频率风向的下风侧。

(6)当同一房间内,布置有不同火灾危险性类别的设备时,房间的火灾危险性类别,应按其中火灾危险性类别最高的设备确定。但当火灾危险性大的设备所占面积的比例小于 5%,且发生事故时,不足以蔓延到其他部位或采取防火措施能防止火灾蔓延时,可按火灾危险性类别较低的设备确定。

(7)比空气轻的可燃气体压缩机半敞开式或封闭式厂房的顶部,应采取通风措施;比空气轻的可燃气体压缩机厂房的楼板,宜部分采用算子板。

(8)比空气重的可燃气体压缩机厂房的地面,不应有地坑或地沟,若有地坑或地沟,应有防止气体积聚的措施。侧墙下部也要有通风措施。

9.2　化工过程设计的优化

9.2.1　优化的概念

在市场经济的条件下,一个新设计的化工厂能否生存与发展的决定性因素是在保证产品质量的前提下产品的成本要低。这不仅要求所设计的化工厂的基建投资低,而且要求原材料消耗和能量消耗也低,但这两种要求往往是矛盾的。例如管道直径的选择,管径大则物料的流速低,流体流动的阻力低,因而动力消耗少;但是管径大需要的基建投资大。因此必有一管道直径,使由管道投资乘折旧率得到的固定成本与作为可变成本的动力费用之和的总成本最低,这就是一个工艺参数的优化问题,如图 9—1 所示。

(1) 优化问题的数学表达。用数学术语表达优化是非常严格而清晰的,对一个解析式(目标函数),以设计变量为自变量求导数,使导数为零的值即为该设计变量的优化值。

目标函数:　　　　$\mathrm{Min}\phi = (x_\mathrm{D}, x_\mathrm{I})$　　　　　　　　　　　　　(9—1)

条件:　　　　等式约束 $G(x_\mathrm{D}, x_\mathrm{I}) = 0$　　　　　　　　　　(9—2)

　　　　　　　不等式约束 $(x_\mathrm{D}, x_\mathrm{I}) \geqslant 0$　　　　　　　　　(9—3)

对于一个化工大系统,目标函数尚需服从于:

流程描述方程组:　　　$s(x_\mathrm{S}, x_\mathrm{I}) = 0$　　　　　　　　　　(9—4)

　　　　　　　　　　　$x_\mathrm{D} = \Psi(x_\mathrm{I}, x_\mathrm{S})$　　　　　　　　　(9—5)

式中:x_I——决策变量;

　　　x_D——状态变量;

　　　x_S——流股变量。

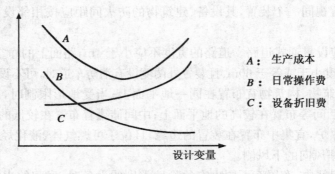

　　　　　　　　　　　　　　　　　　　　　　A:　生产成本

　　　　　　　　　　　　　　　　　　　　　　B:　日常操作费

　　　　　　　　　　　　　　　　　　　　　　C:　设备折旧费

图 9—1　参数优化示意图

(2) 目标函数。目标函数又称评价函数,是优化问题的目标和评价标准,设计是个多目标优化问题,但作为目标函数只能有一个评价标准,并且在绝大多数情况下是经济目标,其他要求作为约束条件处理。目标函数可以是简化的经济指标,如原材料或能量消耗定额最低,投资最低等。

(3) 决策变量和状态变量。状态变量是在决策变量设定后,由描述过程的方程组解出的变量,其数量与方程数相等。在优化问题中使目标函数达到最大或最小的设计变量值称为最优化问题的解。

（4）等式约束。等式约束是一组用来描述过程的物料平衡、能量平衡、相平衡和反应规律、传递规律的方程，即为过程的数学模型。通过这些方程的求解，可以消去与方程组相等的变量数，从而减少了最优化问题求解的工作量。

（5）不等式约束。任何一个变量都有上限和下限，如压力和组成不能是负数，精馏塔内的气液相流量不能是负数，温度和压力的上限取决于设备的材质等。这些变量的解在一定区域内才是合理的，所以要用不等式把解的区域限制在一定范围内，以减少优化计算工作量和排除不合理的解。这种不等式称为优化问题的不等式约束，满足所有不等式约束条件的点的集合称为优化问题的可行域。

9.2.2　解决优化问题的几种途径

优化问题的数学表达是清晰而严格的，但在实际设计过程中往往无法或者不值得在这样严格的意义上进行设计优化工作。这是由于化工过程的优化问题是个多变量、非线性、混合整数优化问题，设计变量有整形量（或离散变量）和连续变量两种。下列五种变量都是离散变量。

（1）过程流程可用过程矩阵或相邻矩阵来表达，矩阵中每一个元素表示设备之间的连接关系，用 0 或 1 表示。

（2）设备或设备元件的串联个数，如多段绝热固定床的段数，精馏塔的平衡级数，压缩机的级数等。

（3）标准设备的规格，如换热器、电动机。

（4）设备形式、材质的选择。

（5）管道直径、保温层厚度的选择等。

属于连续变量的设计变量则更是数量众多，如反应器的进料组成，反应温度、压力和转化率（停留时间），换热器的传热温差和压降，精馏塔的压力，进料温度、回流比和产品回收率，加热炉的排烟温度和过剩氧系数等。目前的科学发展水平尚不可能解这样一个复杂的问题。因此不得不把优化问题先分解成结构优化和参数优化两大问题，再对每一问题进行进一步的分解和简化。

可将化工过程优化问题分为无约束优化问题与有约束优化问题。解无约束优化问题的数学方法大致可包括牛顿型法（如牛顿-拉夫森法、离散牛顿法等）、拟牛顿法（DFP法、BFGS 法等变尺度法）、最小二乘法（如高斯-牛顿法、改进高斯牛顿等）、直接法（如一维搜索法、直接搜索法等）、模式法（如单纯形法）等。有约束优化问题的数学方法有Lagrange 乘子法、罚函数法、可变容差法、广义既约梯度法及逐次二次规划等。

大型的化工系统，比如一家化工厂或一个复杂的化工车间，它们往往是由很多的化工单元设备以及复杂的多嵌套循环流股构成的大系统。它们是以复杂的流程拓扑、众多的节点、多个产品及各种互有联系的生产指标为特征的系统工程问题。整个系统的综合目标的优化与个别单元设备的优化有着不同的意义和大小相差悬殊的计算规模。作为优化对象的系统模型，规模越大优化所能得到的实效也越大。一个大系统的优化并非是其包含的各子系统或单元的分别优化的简单加和，而是由系统中各子系统间的互相关联所决定的。有关这方面的内容可参考化工系统工程、化工过程系统模拟等书籍。

9.3　安全生产

中毒、腐蚀、燃烧、爆炸、人身伤亡及机械设备事故是化工生产装置运转中遇到的主要卫生和安全事故。安全事故引起的损失不仅是工厂本身财产损失和人员伤亡,而且还会引起原料供应工厂和产品加工工厂的损失。因此设计中,每个设计人员必须以安全设计为原则,同时充分认识到各种危险的来源和后果,在设计的全过程都严格遵守各级政府和各主管部门制定的法规和标准规范,并在各个方面采取预防和减少损失的措施。

9.3.1　化学物质的毒性

A. 毒性分级

毒性指某种物质具有对机体造成损害的能力。具有毒性的物质对机体构成毒害的基本因素是物质本身的毒性及接触的剂量。

大部分化学品或多或少对人体有毒害作用,危险程度取决于物质的毒性强弱和接触毒性物质的持续时间和频率。物质的毒性可分成两类:一类是急性中毒,用 LD_{50}(Lethal Dose)表示,短期接触就会造成严重甚至致命的伤害,如氰化钾、氯气;另一类是慢性中毒,用 TLV(Threshold Limit Value)来表示,长期接触会危及人们的健康,如氯乙烯、稠环芳烃等。

LD_{50} 称为半数致死量,即指使 50% 接受试验的动物死亡的最低剂量(经口吸入),单位为 mg/kg(体重)。LD_{50} 与毒性的关系如表 9—2 所示。

表 9—2　LD_{50}(经口吸入)与毒性分级

毒性分级	LD_{50}(mg/kg 大白鼠)	毒性分级	LD_{50}(mg/kg 大白鼠)
极毒	<1	低毒	501～5 000
剧毒	1～50	相对无毒	5 001～15 000
中等毒	51～500	无毒	>15 000

例如:氰化钾 LD_{50} 为 10mg/kg;四乙基铅 LD_{50} 为 35mg/kg;铅 LD_{50} 为 100mg/kg;阿司匹灵 LD_{50} 为 1 500mg/kg;食盐 LD_{50} 为 3 000mg/kg。

TLV 是指人们长期接触后,虽无明显感觉却能慢性中毒的空气中有害物质浓度,用每立方米空气中有害物质的毫克数表示。

B. 毒性危害程度的分级(表 9—3)

C. 基本安全措施

(1) 设备和管道的连接应尽量采用焊接方式,减少法兰,必须用法兰时采用准槽面法兰。

(2) 含有毒物质的气体排放前应经过洗涤,或用烟囱排至高空,使其扩散后降低浓度。

(3) 对于含有有害物质的固体,应尽量采用燃烧的方法,使有害物质分解后排空。

（4）设备采用露天布置。若不可能，要配备足够的通风设施。

（5）要保证毒气散发时现场人员能安全撤离,设置安全梯,紧急出口,并有急救设施,淋浴,洗眼设施。

表 9—3　职业性接触毒物危害程度分级表（摘自 GB5044—85）

指　　标		I 极度危害	II 高度危害	III 中度危害	IV 轻度危害
急性毒性	吸入 LC_{50} (mg/m³)	<200	200—2 000	2 000—20 000	≥20 000
	经皮 LD_{50} (mg/kg)	<100	100—500	500—2 500	≥2 500
	经口 LD_{50} (mg/kg)	<25	25—500	500—5 000	≥5 000
急性中毒发病状况		生产中易发生中毒后果严重	生产中发生中毒愈后良好	偶尔发生中毒	迄今未见急性中毒,但有急性影响
慢性中毒患病状况		患病率高（≥5%）	患病率较高（<5%）或症状发生率高（≥20%）	偶尔有中毒病例发生或症状发生率较高（≥10%）	无慢性中毒而有慢性影响
慢性中毒后果		脱离接触后继续进展或不能治愈	脱离接触后可基本治愈	脱离接触后可恢复,不至于产生严重后果	脱离接触后可自行恢复,无不良后果
致癌性		人体致癌物	可疑人体致癌物	实验动物致癌物	无致癌性
最高容许浓度（mg/m³）		<0.1	0.1—1.0	1.0—10	≥10

注：LC_{50}——试验动物半数致死浓度。

9.3.2　腐蚀性

腐蚀是材料在环境的作用下引起的败坏或变质。金属和合金的腐蚀主要是由于化学或电化学作用引起的破坏,有时还同时伴有机械、物理或生物作用。例如应力腐蚀破裂就是应力和化学物质共同作用的结果。非金属的破坏一般是由于化学或物理作用引起的,如氧化、溶解、溶胀等。腐蚀的危害非常巨大,它使珍贵的材料变为废物,如铁变成铁锈,使生产和生活设施过早地报废,并因此引起生产停顿,产品或生产流体的流失,环境污染,甚至着火爆炸。

A. 金属腐蚀形态

金属腐蚀的形态可分为全面（均匀）腐蚀和局部腐蚀两大类,前者较均匀地发生在全部表面,后者只发生在局部。例如孔蚀、缝隙腐蚀、晶间腐蚀、应力腐蚀破裂、腐蚀疲劳、氢腐蚀破裂、选择腐蚀、磨损腐蚀、脱层腐蚀等。

一般局部腐蚀比全面腐蚀的危害严重得多,有一些局部腐蚀往往是突发性和灾难性的。如设备和管道穿孔破裂造成可燃可爆或有毒流体泄漏,而引起火灾、爆炸、污染环境等事故。根据一些统计资料,化工设备的腐蚀,局部腐蚀约占70%。均匀腐蚀虽然危险性小,但大量金属都暴露在产生均匀腐蚀的气体和水中,所以也会造成经济损失。

B. 金属材料耐腐蚀性的评价

（1）耐腐蚀性等级。金属腐蚀性有两种形式,均匀腐蚀和局部腐蚀,对均匀腐蚀的耐腐蚀性可用均匀腐蚀率来评价。金属材料按腐蚀率大小可分为四个等级，如表 9—4 所示。

表 9—4　金属材料的腐蚀评价表

	腐蚀率(mm/a)	符合表示	评价
1	< 0.05	✓	优良
2	$0.05—0.5$	√	良好
3	$0.5—1.5$	○	可用,但腐蚀较重
4	> 1.5	×	不适用,腐蚀严重

应该说明的是,腐蚀率不一定是常数,可能随时间增大或减少。参考文献[21]的数据一般采用较长期的稳定值,而且许多取自实际经验,所以对选材有一定的价值。

(2)影响金属耐腐蚀性的因素。影响金属耐腐蚀性的因素有很多,主要有:介质的成分和浓度、含杂质的情况、温度、pH 值、介质的含水量、介质在设备中流动的速率、腐蚀产物和金属表面形成的固体膜、开停车的环境、周围和自然环境等。

C. 非金属腐蚀

绝大多数非金属材料是非电导体,就是少数导电的非金属(如碳、石墨)在溶液中也不会离子化,所以非金属的腐蚀一般不是电化学腐蚀,而是纯粹的化学或物理作用,这是和金属腐蚀的主要区别。金属的物理腐蚀(如物质转移)只在极少数环境中发生,而非金属的腐蚀许多是由物理作用引起的。

金属腐蚀主要是表面现象,内部腐蚀较少见,而非金属内部腐蚀则是常见的现象。对金属而言,因腐蚀是金属逐渐溶解(或成膜)的过程,所以失重是主要的。

对非金属材料的耐腐蚀性不以腐蚀率来作标准,而是以失强、增重和外形破坏等作为综合考察的指标,腐蚀情况可分为三级:

a) 良好,腐蚀轻或无腐蚀;

b) 可用,但有明显腐蚀,如轻度变形、变色、失强、增重等;

c) 不适用,变形破坏或失强严重。

D. 碳钢和铸铁的耐腐蚀数据

化学介质对金属和非金属材料的腐蚀程度主要与介质、浓度、温度有关,一些其他因素如杂质、pH 值、酸碱性、是否含有空气、流动或静止等也可能对腐蚀产生影响。表 9—5 列举摘自文献[21]的数据。

9.3.3　燃烧与爆炸

9.3.3.1　火灾危险性

强烈的氧化反应,并伴随着有热和光同时发出的化学现象,称为燃烧。燃烧必须有一定的条件,即可燃性的物质和助燃物质共同存在构成一个燃烧系统,要有导致着火的火源。任何种类的燃烧,凡超出有效范围者,都称为火灾。如合成氨生产中的火灾危险主要是由于使用的原材料和产品的特点所造成的。此外,如电线外裸和电气设备接触不良。因雷、电、油布自燃及其他各种原因都可能引起火灾。为了确定生产的火灾危险性,必须了解下列几种情况。工业企业按火灾危险性可分为五类。

表 9-5　碳钢和铸铁的耐腐蚀数据

介质	浓度%	25	50	80	100	质	浓度%	25	50	80	100
硫酸	<65	×	×			氢氟酸 (不含氧)	<70	×	×		
	65~70	○	○				70~90	√	×		
	75~100	√	○	×	×		100	√	√	○	×
发烟硫酸	100~102	×				氢溴酸	<100	×	×		
	>102	√	√	√	√		100(干)	√	√	√	√
硝酸		×2)				氢氟酸蒸汽		√	√	√	
红发烟硝酸		○1)2)				氢碘酸	<50	×	×		
白发烟硝酸		×					100(干)				
硝酸蒸汽		×	×	×		氢氰酸	<98 1)	√	○		
盐酸		×					100(干)	√	√	√	
磷酸		×				亚硫酸		×			
磷酸蒸汽		○1)				过硫酸					
氢氟酸 (含氧)	<70	×	×			亚硝酸					
	90	○				亚硝基硫酸					
	100	√	√	×		铬酸	<25	×			
							30~80	√			
							100	√			

注:1) 铸铁不适用。

　　2) 铬 5 铝 7 铌钛合金钢在 60%～98% 的酸及发烟酸中,50℃ 以下的耐腐蚀符号为√,50℃～70℃时耐腐蚀性较差。

（1）第一类（甲）使用或生产下列物质。

a) 闪点<28℃的易燃液体；

b) 爆炸下限<10%的可燃性气体；

c) 常温下能自行分解或在空气中氧化即能导致迅速自燃或爆炸的物质；

d) 常温下受到水或空气中水蒸气的作用,能产生可燃气体并引起燃烧或爆炸的物质；

e) 遇酸、受热、撞击、摩擦以及遇有机物或硫磺等易燃的无机物,极易引起燃烧或爆炸的强氧化剂；

f) 受撞击、摩擦或与氧化剂、有机物接触时能引起燃烧或爆炸的物质；

g) 在压力容器内物质本身温度超过自燃点的生产。

例如:闪点<28℃的油品和有机溶剂的提纯、回收或洗涤工段及其泵房;氯乙醇厂房;环氧乙烷、环氧丙烷工段;化肥厂的氢、氮气压缩机房;乙炔站、氧气站、石油气体分馏（或分离）厂房;丙烯腈厂房;醋酸乙烯厂房;金属钠、钾加工厂房及其应用部位等等。

（2）第二类（乙）使用或产生下列物质。

a) 闪点 28℃～60℃的易燃、可燃液体；

b) 爆炸下限≥10%的可燃气体；

c) 助燃气体和不属于甲类的氧化剂；

d) 不属于甲类的化学易燃危险固体；

　　e) 生产中排出浮游状态的可燃纤维或粉尘,并能与空气形成爆炸性混合物。

　　例如:闪点 28℃～60℃ 的油品和有机溶剂的提纯、回收或洗涤工段及其泵房;一氧化碳、氨压缩机房;发烟硫酸或发烟硝酸浓缩部位;氧气站、空分厂房;高锰酸钾厂房;硫磺回收厂房等等。

　　(3) 第三类(丙) 使用或产生下列物质。

　　a) 闪点≥60℃的可燃性液体,

　　b) 可燃固体。

　　例如:闪点≥60℃的油品和有机溶剂的提纯、回收或洗涤工段及其泵房;苯甲酸、苯乙酮厂房;沥青加工厂房;焦化厂焦油厂房;纺织、印染、化纤生产的干燥部分等等。

　　(4) 第四类(丁) 使用或产生下列物质。

　　a) 对非燃烧物质进行加工,并在高热或熔化状态下经常产生辐射热、火花、火焰的生产。

　　b) 利用气体、液体、固体作为燃料或将它们燃烧的生产场合。

　　c) 常温下使用或加工难燃烧物质的生产。

　　例如:金属冶炼、锻造热轧厂房;锅炉房;硫酸车间焙烧部分;铝塑材料加工厂房;酚醛泡沫塑料加工厂房等等。

　　(5) 第五类(戊) 使用或产生下列物质:常温下使用或加工非燃烧物质的生产。例如:石棉加工车间;不燃液体泵房;钙镁磷肥车间;氟里昂厂房等等。

　　9.3.3.2　防爆

　　物质从一种状态迅速转化成另一种状态,并在瞬间以机械功的形式放出大量能量的现象称为爆炸。

　　(1) 爆炸的类型。

　　爆炸通常可分为物理性爆炸和化学性爆炸。物理性爆炸指受压设备如蒸汽锅炉,压缩机汽缸,高压容器及管道等的爆炸。化学性爆炸是几种物质在瞬间内经过化学变化,转变成另外一种或几种物质,在极短的时间内,产生出大量的热和气体产物,在爆炸的同时,伴随产生破坏性极大的冲击波。

　　(2) 化学爆炸应具备的条件。

　　a) 具有可燃易爆性物质,如氢气、一氧化碳、氨气、甲烷、乙炔、汽油蒸汽以及悬浮在空间的煤粉和各种金属粉末等。

　　b) 爆炸性物质与空气或氧气混合达到一定的爆炸范围。

　　c) 达到爆炸范围的爆炸性混合物在明火或着火点温度作用下。

　　爆炸范围是指在与空气组成的气体混合物之中,可燃气体或蒸汽可能发生爆炸的浓度范围。其最高浓度称为爆炸上限,最低浓度称为爆炸下限。

　　9.3.3.3　安全措施

　　安全措施的原则是杜绝灾害产生的根源,减轻灾害造成的损失,对于所有化工厂都应采取的基本安全措施如下。

　　(1) 防止明火的产生,不必要的火源如火焰、火花或热的物质都应避开装置,以免引起火灾。火柴、吸烟、焊接、切割、静电、自燃和不防爆的电气设备也应避开装置。

（2）避免由于材质选择不当而引起的意外事故。

a）对于易燃易爆或其他危险物质，不能采用玻璃设备，除非没其他方案可供选择。

b）对于低温设备或露天安装于严寒地区的设备，要考虑到低温可能引起结构材料的冷脆。

c）对于腐蚀性介质应采用耐腐蚀材料和（或）有足够的腐蚀裕度

（3）防止超温：金属材料的机械强度随温度的升高而降低，因此当操作温度超过设计值时，有可能使设备结构破坏导致爆炸。在设计上应采取的措施是：

a）除了正常的温度控制外，应有高温报警和极高位联锁切断控制；

b）备有事故冷却水系统，当停车后仍然能继续冷却；

c）设备的设计温度不应按正常操作温度考虑，而应考虑恶劣操作条件下可能达到的最高温度；

d）对于危险物质，采用本质上是安全的加热介质，例如蒸汽，因为它的温度不会超过该压力下的饱和温度。使用其他加热介质时，物料的温度取决于它被加热的速率，温度不受到限制，例如电加热，是特别危险的。

（4）避免设备或管道的操作压力超过设计允许值，可采取的措施是：

a）设置压力调节阀，自动调节系统的压力；

b）设置安全阀，当系统压力超过某一指定值时，安全阀自起跳，当压力恢复后自动复位。安全阀的设定压力取设备的设计压力；

c）设置紧急动作阀门，当压力超过极限值后，紧急动作阀门作用。全程打开阀门泄压；

d）设置爆破膜，当压力超过一定值时，爆破膜破裂，系统内压力迅速降低；

e）由于爆破膜在爆破后系统必须停车，因此除非系统内介质有腐蚀性，或者系统可能爆炸必须用爆破膜，在一般情况下，为预防由于操作控制失误引起压力偏离设计值应采用前三种措施。

（5）设计应采取下列措施，使火灾或爆炸万一发生时能减轻其危害程度。

a）设置充分的、有保证的消防水源，并有足够容量的消防水和喷淋用水的排水系统。

b）保护管架和电缆槽免受火灾的威胁，采取防火披覆。

c）进出口主要物料管线加截止阀。

d）当仪表动力源（仪表空气或电源）失效时，要使调节阀处于安全所需要的状态。

e）设置处理易燃、可燃排放物料的火炬系统。

f）对于防爆车间，其建筑物应有足够的泄压面积，并采用轻质屋顶等防爆措施。

g）对危险设备要保持足够的安全距离，并根据需要采取隔离措施，如防爆墙、围堤、全部遥控操作等。

（6）事故发生时为了便于人员疏散，应采取以下措施。

a）将控制室布置于上风向。如界区内有易燃易爆物质，控制室应采取正压密闭通风。

b）对占地面积 3 000m² 以上的设备区周围应设置宽度不小于 5m 的直通式或环形通道，以保持紧急用车辆例如救护车和消防车的通道畅通。

c) 对建筑物、构筑物和平台等面积超过一定数值者均需有两个或两个以上的进出口,使一个通道因火焰或毒气而不能通行时人员能及时从另一个通道疏散。

9.3.3.4　防火规范

有关防火方面的规范有:建筑设计防火规范(GBJ16—87,2001 修订本)、爆炸危险场所安全规定(劳部发[1995]56 号)、石油化工企业设计防火规范(GB50160—99)、高层民用建筑设计防火规范(GB50045—2001 修订本)等。

9.3.4　噪声

噪声对人体的健康和安全都是有害的,长期处于高强度噪声的环境能损坏一个人的听觉。对于强度不高的噪声,能使人心烦和疲劳。噪声用分贝数 dB(A) 来表示。当噪声达到 90 分贝以上时会损害人的听觉,一般情况下,当分贝数高于 80 时,应对耳朵采取保护措施。

A. 化工企业产生的噪声来源

噪声来源主要有:机泵产生的中、高频气流噪声,加热炉、压缩机和风机产生的低频气流噪声,还有排气放空、管道和阀门、破碎、粉碎机械、火炬和冷却塔的噪声。噪声处理可采用吸声、隔音、消声等方法。

离开上述声源一米处,其噪声可能高到 90～110dB,压缩机的噪声甚至高达 120dB。在订购设备时除了对制造厂商提出最高允许噪声的要求外,还可以采取加消音材料、隔离声源和限制最高流速等措施。

B. 化工设计中关于噪声应考虑的内容。

(1) 应合理选用噪声低的设备,对超过现行的"工业企业噪声卫生标准"规定的设备应采取隔声或消声措施。

(2) 总图布置应合理考虑噪声源布局,减少噪声危害。

(3) 应根据噪声源估算出化工企业内噪声分布情况。

(4) 化工企业的生产车间或作业场所的噪声标准,应按现行《工业企业厂界噪声标准》执行。

新建、扩建、改建企业允许噪声参照值如表 9—6 所示。

表 9—6　新建、扩建、改建企业允许噪声参照值

每个工作日接触噪声时间(h)	允许噪声量(dB)	
	新建企业	现有企业
8	85	90
4	88	93
2	91	96
1	94	99
1/2	97	102
1/4	100	105
最高不得超过 115dB		

9.4 环境保护

化工设计必须在全面规划、合理布局、综合利用、保护环境、防止污染方面全面考虑。根据国务院环境保护委员会,国家计划委员会,国家经济委员会 1986 年 3 月 26 日颁发的《建设项目环境保护管理办法》规定,从事对环境有影响的项目都必须执行环境影响报告书的审批制度,执行防治污染及其他公害的设施与主体工程同时设计、同时施工、同时投产使用的"三同时"制度。目的是杜绝新建项目再造成环境污染。

A. 环境影响报告书

在设计前期准备工作阶段,大中型化工基本建设项目应该编制环境影响报告书。小型化工基本建设项目的环境影响报告书可根据具体情况,从简要求。

编制环境影响报告书的目的是,在项目的可行性研究阶段,即对项目可能对环境造成的近期和远期影响、拟采取的防治措施进行评价,论证和选择技术上可行、经济上节约、布局上合理,对环境的有害影响较小的最佳方案,为领导部门决策提供科学依据。环境影响报告书的基本内容包括以下几方面。

(1) 建设项目的一般情况介绍。建设项目的名称、性质、地点、规模;产品的方案和主要工艺方法;主要原料、燃料、公用工程的用量和来源;三废、粉尘、放射性废物等的种类、排放量和排放方式;废弃物回收利用,综合利用和污染物处理方案,主要工艺原则;职工人数和生活区布置;占地面积和土地利用情况;发展规划等。

(2) 建设项目周围地区的环境状况。建设项目的地理位置;周围地区的地形、地貌、地质情况;水文气象;周围地区现有工矿企业分布情况;周围地区的生活区分布和人口密度等情况。

建设项目对周围地区的环境影响,对周围地区的地质、水文、气象、自然资源可能产生的影响,防范和减少这种影响的措施,各种污染物最终排放量对周围大气、水、土壤的环境质量的影响范围和程度,绿化措施,专项环境保护措施的投资估算。

B. 有关的标准和规范

化工环境保护设计应符合国家现行的有关标准和规范。有关环境质量标准有:

(1) 地面水环境质量标准 GB3838—88;

(2) 大气环境质量标准 GB3095—96;

(3) 城市区域环境噪声标准 GB3096—93;

(4) 工业企业噪声控制设计标准 GB12348—90;

(5) 居民区大气中有害物质的最高允许浓度;

(6) 车间空气中有害物质的最高允许浓度;

(7) 污水综合排放标准 GB8978—96;

(8) 锅炉烟尘排放标准 GB3841—83;

(9) 大气污染物综合排放标准 GB16297—996。

C. 废气处理

国际标准化组织(ISO)对空气污染定义为:通常指由于人类活动和自然过程引起某

些物质进入大气中,呈现出足够的浓度,达到足够的时间,并因此而危害了人体健康、舒适感或环境。因此,化工生产排出的废气应回收或综合利用,如不能回收或综合利用时,应采取措施使其符合排放标准。在选择废气治理方法时应避免产生二次污染。

化工厂的主要大气污染来源有:加热炉和锅炉排放的燃烧气体;生产装置产生的不凝性气体;反应的副产气体;轻质油品,挥发性化学药剂和溶剂在贮运过程中的排放,化工厂物料往返输送所产生的跑、冒、滴、漏都构成了化工厂的大气污染。一些常见空气污染物对人体健康的影响,如表9-7所示。

表9-7　常见空气污染物对人体健康的影响表

污染物	形　态	进入人体方式	对人体的危害
二氧化硫	刺激性气体	吸入	在较高浓度下,喉头感觉异常,出现咳嗽、声哑、胸痛、呼吸困难,造成支气管炎、哮喘、肺气肿、甚至死亡
氨	刺激臭气体	吸入	高浓度可引起肺充血、肺气肿。皮肤沾染可引起化学烧伤
氯化氢	刺激臭气体	吸入	对皮肤、粘膜有刺激作用,可引起呼吸道炎症
氰化氢	有特殊气味	吸入	极毒,吸入中毒表现为头痛、恶心、呕吐。严重时呼吸困难,甚至停止呼吸
苯	有芳香味液体	吸入蒸汽	慢性中毒出现头痛、失眠以及血液系统病变。高浓度时可引起急性中毒,严重时失去知觉,停止呼吸

废气处理的基本方法有:除尘法(将粉尘从气体中分离出来),冷凝法(利用不同物质在同一温度下有不同的饱和蒸汽压,将混合气体冷凝,使其中某种污染物凝结成液体,从而由混合气体中分离出来),吸收法(用适当的液体吸收剂处理气体混合物,以除去其中的一种组分),直接燃烧法(有机化合物的高温燃烧,使废气转化成二氧化碳和水)。

D. 废水处理

化工厂的废水系统应根据水量、水温、污染物的性质和含量,以及废水和污染物被回收利用或处理的方法等合理划分,做到清污分流,采用循环利用或重复利用。在废水处理工艺上要进行多方案比较以确定一个技术先进,经济合理的方案。

另外,一个产品的"三废"排放和它的生产工艺有直接的关系,先进的生产工艺可以不产生或少产生废弃物及其他不良影响,反之就会使大量的原料变为废弃物构成对环境的危害。所以改革工艺、提高产品得率、降低原料消耗、减少排污量是废水处理的根本途径。

废水处理的一些基本方法有:隔油法(其原理是在重力的作用下,使废水中所含的油及其他悬浮杂质根据不同的相对密度自行分离,且回收油品);气浮法(用于分离相对密度接近水的悬浮物质,在废水中投加絮凝剂,使细小的油珠及其他微小颗粒凝聚成疏水的絮状物,在废水中尽可能多的注入微细气泡,使气泡与废水充分接触,形成良好的气泡和絮状物的结合体,成功地与水分离);沉淀法(是水中的固体物质在重力的作用下下沉,从而与水分离的方法);好氧生物处理(在充氧条件下,通过微生物吸附和氧化分解作用,使废水中的有机污染物降解或去除,从而使废水得到净化);厌氧生物处理(其历经两个阶段,酸发酵阶段和甲烷发酵阶段,最终将污染物转化成二氧化碳和甲烷)。

E. 废渣处理

化工生产过程中,会有多种固体废物产生,其种类繁多,成分复杂,有些具有易燃、有毒、易反应、有放射性等特点,应妥善处理以避免造成对大气、水体、土壤的污染。处理的基本方法有填埋法、焚烧法等。在选择废渣处理方法时应注意不能造成二次污染。

9.5 工业卫生

A. 职业安全

化工厂易燃易爆物质很多,一旦发生火灾与爆炸事故,往往导致人员伤亡并使国家财产遭受巨大损失。化工厂的"三废"往往污染大气,污染水源,轻则使人慢性中毒,重则产生急性中毒事故。在化工厂特别是石油化工厂上述两类问题确实存在,不能回避,只能在试验、设计、生产各个环节中注意,用科学的方法防止、根治它才是唯一的解决途径。工业上职业安全包括防火、防爆、防毒、防腐蚀、防化学伤害、防静电、防雷、触电防护、防机械伤害及防坠落等。在设计上主要应考虑的问题有以下几点。

(1) 安全和环保要求采用先进的、合理的生产工艺过程。

工艺设计人员首先应该从工艺过程本身考虑安全与环保问题。在经济上合理、工艺上过关的前提下,尽量选用无毒或低毒的原料路线,采用闭路循环工艺过程,这就要解决好原料的回收,废水的循环使用从而避免对环境的污染,在工艺允许的前提下尽量以不燃或准燃溶剂代替易燃溶剂。

(2) 安全对各种生产建筑物的要求。

为确保生产和人民生命财产安全,化工生产建筑物的设计,要严格按照国家的规定进行。按建筑防火设计规范,选择适宜的建筑物耐火等级,厂房的防火距离和防爆措施等。

(3) 安全和环保对设计企业总图的要求。

选择厂址时,除了要考虑工厂应尽可能建在原料和燃料本地及交通方便的地方之外,还要统筹考虑安全和环保问题,包括工业企业的生产区、居住区、废渣堆放场和废水处理厂用地,以及生活饮用水水源,工业废水排放点。上述问题应同时考虑,并符合当地建筑规划的要求。总之,总图设计时,必须遵守最新颁布的有关环境保护、工业卫生及安全防火方面的规范。

(4) 安全和环保对给排水的要求。

在设计产生有害工业废水时,应将废水综合利用、清污分流、循环使用等措施纳入生产工艺流程,应尽量不排或少排有害废水,消除或减少废水中有害物质。工业废水和生活污水应有完善的收集和排放系统,防止污染厂内外环境。

几种工业废水混合后若形成有毒气体(如硫化氢、氰化氢)和大量不溶性物质时,应分别处理后,方准许排入厂内同一排水管道。

(5) 环保对工业废渣处置的要求。

废渣排放或填注时,应有防止扬散、流失、淤塞河道等措施,以免污染大气、水源和土壤。

(6) 安全和环保对车间防毒防尘的要求。

释放有害物质的生产过程和设备,应该尽量实行机械化、自动化、连续化、密闭化,应避免人工直接操作,并结合生产工艺采取通风措施。有毒性物质的发生源应布置在工作地点的下风侧。若布置在多层建筑物内时,毒害大的应布置在建筑物的上层。如必须布置在下层时,应防止污染上层空气。局部排气装置排出的有害气体,在浓度高时,应经过净化和回收后再向大气排出。

(7) 机器仪表的安全要求。

工艺应对设备的强度、密闭性、耐久性、防腐蚀及安全装置等提出具体要求,并应根据所设计装置的爆炸危险性,使用相应等级的电器设备和仪表。

(8) 其他方面的安全要求。

为了工厂的安全,对厂区的设施,如厂内通道(包括运输干线、支线、防火通道、人行通道等)、围墙、厂门等都要有具体要求,厂房内的防火墙、防爆措施、安全疏散等,都应符合《建筑设计防火规范》的规定。

B. 工业卫生

工业卫生的内容包括防尘防毒、防暑降温、防寒防湿、防噪声、振动控制及防辐射等。卫生方面的内容除了在工程设计时要考虑外,生产管理更为重要。对一般化工厂及一些有特殊洁净要求的食品厂、制药厂或精细化工厂的车间卫生设施有一定的规定。

(1) 车间卫生特征分级。根据各类卫生分级的车间对劳动保护的设计规范《工业企业设计卫生标准》(TJ36—79),介绍一些生产卫生用房的设置规定。

a) 浴室:卫生特征为 1 级、2 级的车间应设车间浴室,3 级宜在车间附近或在厂区设置集中浴室,4 级可在厂区或居住区设置集中浴室。因生产事故可能发生化学性的伤害经皮肤吸收引起急性中毒的工作地点或车间,应设事故淋浴,并应设置不断水的供水设备。

b) 更衣室:1 级车间的存衣室,便服、工作服应分室存放,工作服室应有良好的通风。2 级车间的存衣室,便服、工作服可同室分开存放,以避免工作服污染便服。3 级车间的存衣室,便服、工作服可同室存放,存衣室可与休息室合并设置。4 级车间的存衣室,可与休息室合并设置或在车间内适当地点存放工作服。湿度大的低温重作业,如冷库和地下作业等,应设工作服干燥室。生产操作中,工作服沾染病原体或沾染易经皮肤吸收的剧毒物质或工作服污染严重的车间,应设洗衣房。

c) 盥洗室:车间内应设盥洗室或盥洗设备。每个水龙头的使用人数为 25~35 人。

(2) 车间洁净级别。洁净室空气的洁净度以 $1m^3$(或 1L)空气中的含尘量划分为四个等级,如表 9—8 所示。

表 9—8 空气洁净等级

等级	$\geqslant 0.5\mu m$ 尘粒数/m³(L)空气	$\geqslant 5\mu m$ 尘粒数/m³(L)空气
100 级	$\leqslant 35\times 100(3.5)$	
1 000 级	$\leqslant 35\times 1\,000(35)$	$\leqslant 250(0.25)$
10 000 级	$\leqslant 35\times 10\,000(350)$	$\leqslant 2\,500(2.5)$
100 000 级	$\leqslant 35\times 100\,000(3\,500)$	$\leqslant 2\,500(25)$

100 级洁净厂房适用于生产无菌又不能在最后容器中灭菌药品的配液,能在最后容器中灭菌的大体积(>50mL)注射用药品的滤过、罐封,粉针剂的分装、压塞。

10 000 级洁净厂房适用于生产无菌而又不能在最后容器中灭菌药品的配液(指罐封前需无菌滤过),能在最后容器中灭菌的大体积注射用药品的配液及小体积(<50mL)注射用药品的配液、滤过、罐封,注射用药品原料的精制、烘干、分装。

100 000 级洁净厂房一般适用于片剂、胶囊剂、丸剂及其他制剂的生产;原料的精制、烘干、分装。

9.6 节能

自 1973 年能源危机之后,节能受到普遍的重视。化学工业正处于一个高速发展的时期,对能源的需求越来越大,而容易被利用的能源资源有限,煤、石油和天然气是化工厂最常用的能源,它们既是能源,又是宝贵的原料,大致用作原料的约占能源消费总量的 40%。因此,节省了能源,也就是节省了宝贵的化工原料。节能可以促进生产、降低成本,促进管理的改善和技术的进步,节能有利于保护环境。

9.6.1 概况

化工过程的节能技术很多,限于篇幅,仅作简单介绍。

A. 工艺节能

(1)催化剂。

催化剂是化学工艺的关键,一种新型高效的催化剂可以形成一种新的工艺过程,使反应转化率大幅度提高,温度、压力条件下降,单位产品的能耗会显著下降。另外,通过提高催化剂的选择性,减少副产物,这样既节约了原材料的消耗,又降低了分离过程的负荷和能耗。

(2)化学反应。

绝大多数化学反应都伴随有流体流动,为了克服这些流体流动的阻力,推动反应的进程,就需要消耗能量,若能减少阻力,就可降低能耗。另外,一般化学反应都有反应热产生,对吸热反应有合理供热的问题,对放热反应有如何合理利用反应热的节能问题。

(3)分离工程。

对于一般化工装置中,用于分离过程的设备在数量上往往超过作为核心设备的反应器,在投资上一般占装置设备购置费的 60% 以上。分离过程是十分耗能的过程,目前在化工装置中用于分离的技术很多,如精馏、吸收、萃取、吸附、结晶、蒸发、干燥、超临界萃取、膜分离等,每一类技术中还包含许多方法,因此选择高效、低能耗的分离技术与降低成本、减少能耗及提高产品质量密切相关。

(4) 改进工艺方法和设备。

以合成氨生产为例,目前氮肥价格稳定,而能源价格却在不断上涨,因此合成氨厂节能是必然趋势。新一代节能型合成氨厂规模在 1 000~1 600 t/d,能耗已降低至 30.15×10^6 kJ/t 氨,燃料消耗可下降 20%,损失于一段炉烟气和冷却水的热能可下降约 40%。其采用工艺上改进的节能措施为:

a) 产生更高温度的蒸汽或蒸汽的再过热,以提高蒸汽透平的效率;

b) 采用燃气透平提高热量转化的效率;

c) 降低水碳比,采用热交换型转化炉;

d) 节能的脱碳系统;

e) 合成气分子筛干燥;

f) 采用低压降和高净值合成塔。

B. 化工单元操作节能

(1) 流体输送设备。提高流体机械本身的性能,改善机械效率,在选择流体机械时,注意负荷要与需要相匹配。对可变负荷的设备,可采用转速控制、回收压缩热等。

(2) 换热过程。换热过程的节能方法有:加强设备保温,防止结垢,传热温差合理,强化传热等。对锅炉和加热炉有控制过量空气,提高燃烧特性,预热燃烧空气,回收烟气余热;另外还可以采用高效换热设备如热管换热器等。

(3) 蒸发过程。蒸发的节能措施有:预热原料、多效蒸发、冷凝水热能利用、二次蒸汽的再压缩、热泵蒸发等。

(4) 精馏过程。精馏过程节能的措施有:预热进料、塔釜液余热利用、塔顶蒸汽余热回收、减小回流比、增设中间再沸器和中间冷凝器、多股进料和侧线出料、使用串联塔、热耦精馏、多效精馏、热泵精馏等。

(5) 干燥过程。干燥过程的精馏措施有:控制和减少过量空气、排出空气的再循环、采用换热器回收余热等。

C. 化工过程系统节能

化工过程系统节能指从系统合理用能的角度,对化工生产过程中与能量的转换、回收、利用等有关的整个系统进行的节能工作。以前节能工作常着眼于某个单元过程,其实从全系统考虑,有时局部的节能方案不但不节能,反而耗能。随着系统工程和热力学分析两大理论的发展及其相互结合,产生了过程系统节能的理论和方法,将节能工作推上了一个新的高度。

系统节能技术有:利用夹点技术解决“瓶颈”,提高生产能力;利用换热网络匹配冷热流体以达到节能目标;合理设计分离序列等。

D. 控制节能

控制节能包括两个方面:一是节能需要操作控制;另一是通过操作控制节能。

前者为通过仪表加强计量工作,做好生产现场的能量衡算和用能分析,为节能提供基础条件。

后者指在生产过程中,各种参数的波动是不可避免的,如原料的成分、反应温度、产量、蒸汽量等,若生产优化条件能随这些参数的变化相应变化,使生产始终处在最优化的状态下进行,这样节能效果就非常好。计算机使这种优化控制成为了可能。

9.6.2 蒸馏操作的节能技术

据有关资料统计,蒸馏操作所消耗的能量占石油化工厂总能量消耗的 45% 左右。一般认为许多其他化学工业装置的情况也大体如此。表 9-9 是以装置为对象、总耗能量设为 100 的石油化工厂,蒸馏过程能量消耗比例表。

研究蒸馏塔系统的节能措施,大多都能取得很好的效果。蒸馏塔的节能主要有热能回收类型和热能节减类型。以下即说明热能回收类型的节能技术。

表 9-9 蒸馏操作的能量消耗表

装置	蒸馏操作	其他分离操作	装置总耗能量
1	8.2		13.2
2	9.5		10.8
3	14.5	1.0	23.1
4	0.9	6.6	9.0
5	2.2	1.8	4.5
6	10	0.1	21.6
7		8.0	17.8
总计	45.3	17.5	100

A. 蒸馏塔的热平衡

蒸馏塔在最小回流比($R_{\min}$)时,操作所需的热量(Q_{smin})如下式所示。

$$Q_{\text{smin}} = Q_{\text{co}} + (Q_d + Q_w + Q_F) \tag{9-6}$$

式中:Q_{co}——最小回流比状态下冷凝器的蒸汽冷凝负荷(kJ/h);

$\quad\quad Q_d$——塔顶馏出液的热量(kJ/h);

$\quad\quad Q_w$——塔底产物的热量(kJ/h);

$\quad\quad Q_F$——进料热量(kJ/h)。

在实际操作中,增加的回流比使冷凝器的蒸汽冷凝负荷增加 Q_{CR},故再沸器加入热量 Q_{sopt} 为:

$$Q_{\text{sopt}} = (Q_{\text{co}} + Q_{\text{CR}}) + (Q_d + Q_w - Q_F) = Q_c + (Q_d + Q_w - Q_F) \tag{9-7}$$

由此说明,在输出热量部分,冷凝器中移去的热量是非常大的。蒸馏塔的节能就是将带出的热量进行回收,以及如何节减向塔内供应的热量 Q_{sopt}。也即蒸馏塔的节能主要有热能回收类型和热能节减类型。

B. 显热直接利用

蒸馏塔的馏出液、侧线馏分和塔釜液在其相应组成的沸点下采出。在送去贮存和排放之前,通常先经过冷却,利用换热器,将其放出的热量预热进料液或其他工艺液体以回收热量,这是最简单的节能方法之一。炼油厂常压塔的原油预热系统就采用了这种节能方法，如图9-2所示，换热所需设备及热回收所节省的热量两者平衡，经济上达到优化。

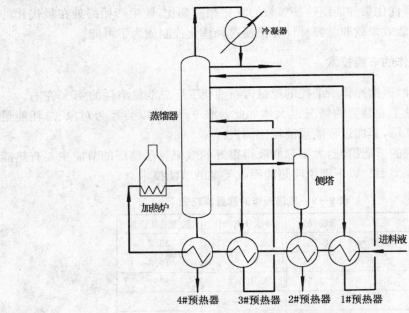

图9-2　蒸馏塔塔釜排出液和侧线馏分显热利用

对于易分离的体系，将进料液加热至气相进料的情况，与沸点下液相进料比较，回流比 R 增大，装置的塔径和冷凝器增大，但再沸器的加热量减少。特别在两塔蒸馏系统等情况下，如能把前塔的馏出物仍以蒸汽状态供给后塔，则后塔再沸器的加热量就可以显著地减少，且蒸馏塔使用少量的塔板就可达到蒸馏的分离要求。

对于难分离的物系，气相进料的效率会降低。例如脱丁烷塔组成为：甲烷0.55％，乙烷0.97％，丙烷6.27％，异丁烷2.12％，正丁烷9.86％，异戊烷5.43％，正戊烷8.11％，己烷以上66.69％。塔蒸馏操作压力1MPa（表压），回流比3.5，馏出物中轻组分（正丁烷以下）含量95％。随着进料温度的提高，塔顶馏出液中异戊烷等高沸点物质显著增加，例如140℃，塔顶馏出液中高沸点含量为0.0018％（mol），150℃为0.0026％，160℃为0.026％，170℃为3.8％。

以进料温度150℃的产品为基准，保持馏出液组成一定，则进料液预热温度的影响如9-10所示。

表9-10　进料液预热温度的影响

进料液预热温度/℃	180	160	150
进料液汽化率，V/F	0.298	0.104	0.034
馏出物中高沸点组分（异戊烷以上）含量/mol％	0.02	0.02	0.02
回流比（以150℃进料为基准）	5.5	3.5	2.2
$Q_s/Q_{s,150℃}$	0.906	0.942	1.000
$(Q_s+Q_F)/(Q_s+Q_F)_{150℃}$	1.435	1.105	1.000
$Q_c/Q_{c,150℃}$	1.682	1.159	1.000

由表9-9可见,进料液预热温度升高,再沸器加热量就会减少,而进料液预热温度越低,则加入的总热量就越少。另外,在要求产品纯度高的情况下,不过分地预热进料液,采取增加再沸器加热量份额的方法是有效的。

C. 显热变成潜热的利用

将蒸馏塔釜排出液送入减压罐,如图9-3所示。减压罐上装有蒸汽喷射泵,以中压蒸汽为驱动力,把一部分塔釜液变成蒸汽并升压,这种用压力差将显热变成潜热的原理来利用显热的工艺应用较多,节能效果也十分显著。

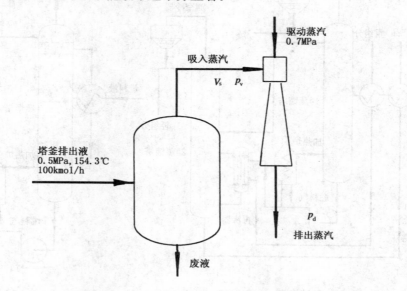

图9-3 减压塔操作时塔釜液显热的利用

设喷射泵的特性为:

压缩比:$p_d/p_v = 2.483$

吸入比:$V_s/S = 1.266$

如取温度为85℃,则可近似得到:

排出压力:$p_d = 57.92$kPa,蒸汽温度近似为85℃

吸入压力:$p_v = 23.33$kPa,蒸汽温度近似为63.5℃

塔釜液温度为154.3℃时,减压罐蒸发的蒸汽量为:

$$V_s = \frac{4.187 \times (154.3 + 63.5)}{2346.9} = 0.162\text{kmol/h}$$

因此,喷射泵的驱动蒸汽量为0.128kmol/h,由此与塔釜液相比,蒸汽回收率为16.4%,与驱动蒸汽量相比,蒸汽回收率为127%。

为提高这种显热变为潜热系统的节能效果,设计上要注意:

a) 合理选择蒸馏塔的操作压力;

b) 因回收的蒸汽是低压的,故要加以适当利用;

c) 选择合适的蒸汽喷射泵,使它能合理利用塔釜液蒸汽压力特征。

D. 潜热回收利用方法

在高温蒸馏和加压蒸馏中，使用蒸汽发生器代替冷凝器把塔顶蒸汽冷凝，可以得到低压蒸汽，这种方法称为克兰(Kline)的节能工艺。由于发生的蒸汽可供其他用户作热源，所以这种节能方法被广泛采用。道(Dow)化学公司在重质芳烃副产物的蒸馏操作中采用了这种工艺，仅用塔顶蒸汽发生器中得到的蒸汽量就降低了蒸馏工艺所需要的热能费用，如图9-4所示。

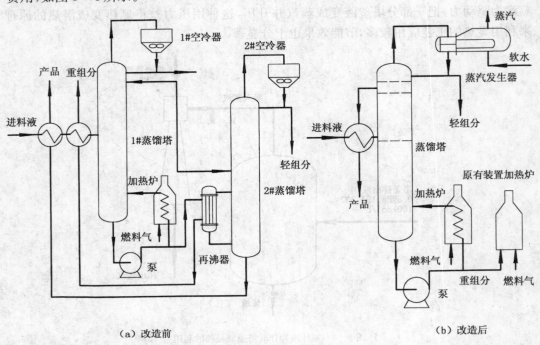

图 9-4　重质芳烃副产物蒸馏的节能工艺流程

10　工　程　经　济

工程经济学(Engineering Economy)是介于工程技术学科与经济学科之间的一门新兴科学,也称为技术经济学。工程经济学的核心是根据各种可供选择的价值与成本的比较,进行决策的过程。工程经济学的基本任务是研究工程技术和经济的相互关系。工程经济学研究的目标是寻求工程技术与经济的最佳结合点。

化工工程建设项目在筹备阶段就要进行费用估算,这种估算称为设计前期费用估算(Predesign Cost Estimation),目的是提供给项目主管部门作为决策的依据。工程的经济工作贯穿于工程的决策立项、建设和生产经营整个过程。

化学工程师在进行费用分析时,必须考虑到一切可能存在的因素,固定成本(Fixed Cost);用于原材料、劳动力、设备维修、动力和其他公用工程等方面的直接生产成本(Direct Production Cost)都应包括在内,此外还包括车间的管理费、行政管理费、销售费用以及其他费用等。

工程经济学涉及的知识面比较广泛,内容非常丰富,以下介绍化工建设投资项目在设计中所涉及的工程经济学方面的一些基本概念及评价方法。

10.1　建设项目投资估算

10.1.1　投资组成

建设项目投资一般又称建设项目总投资,建设项目总投资由固定资产投资(Fixed Assets)和流动资金(Floating Fund)两大部分组成。

固定资产投资包括建设投资、固定资产投资方向税和建设期利息。其中建设投资的计算是固定资产投资计算和分析的最核心的内容。通常在建设项目前期(即建设项目立项和可行性研究阶段),固定资产投资计算称为投资匡算、估算,在设计阶段固定资产投资计算称为投资概算、施工预算,在施工、竣工阶段又分别称为预算、决算。

A. 建设投资

建设投资的内容由固定资产、无形资产、递延资产及预备费四个部分组成。

固定资产是指使用期限超过一年,单位价值在规定标准以上,并且在使用过程中保持原有物质形态的资产,包括房屋及建筑物、机器设备、运输设备、工具、器具等。

无形资产是指能长期使用但是没有实物形态的资产,包括专利权、商标权、勘察设计费、技术转让费、土地使用权、非专利技术、商誉等。

递延资产是指不能全部计入当年损益,应当在以后年度内分期摊销的各项费用,包括开办费等。

预备费包括两个部分,一部分是指项目在建设前期及建设过程中难以预料的工程和费用,这部分费用称为基本预备费;另一部分是预测项目在建设期内由于价格上涨引起工程造价变化而预备费用,这部分费用称为涨价预备费。

B. 固定资产

固定资产是组成建设投资的重要部分,也往往是内容最广,计算最繁琐的部分。一个较为完整的化工工程项目,固定资产的费用包括工程费用和固定资产其他费用。工程费用分为:设备购置费、安装工程费、建筑工程费。

(1) 设备购置费。

设备购置费由工程全部设备、工器具、生产家具、备品备件等费用组成。它是固定资产中的积极部分。

设备购置费＝设备原价或进口设备到岸价＋设备(国内)运杂费

设备原价一般可采用设备制造厂报价或出厂价格(含增值税和附加费)及中国机电产品市场价格。设备(国内)运杂费是指设备从交货地点到达施工工地仓库或堆放场地所发生的一切运费及杂费,包括运输费、包装费、装卸费、搬运费、保险费、采购供销手续费、仓库保管费等。

(2) 安装工程费。

安装工程费包括生产、动力、起重、运输、传动和医疗、实验等各种需要安装的机械设备的装配费用,与设备相连的工作台、梯子、栏杆等的装配工程,各种管道和阀门的安装,被安装的设备、管道等的绝缘、防腐、保温、油漆等工作的材料费和安装费等。

安装工程费由直接工程费、间接费、计划利润和税金四个部分组成。

国内的安装工程费在设计阶段,通常采用以工程设计图纸及有关说明及规范为依据,通过计算工程实物量,然后套用有关行业、地方的概预算定额及相应收费标准进行计算的办法来确定。

(3) 建筑工程费。

建筑工程费由建筑物工程(包括生产、辅助生产、公用工程等的厂房、库房、行政及生活福利设施等)、构筑物工程(包括设备基础、气柜、油罐、工业炉窑等基础、操作平台、管架、管廊、烟囱、地沟、码头、公路、道路、围墙、大门、水塔、水池、栈桥等)、大型土石方、场地平整、厂区绿化及属于民用工程的上下水、煤气管道、电气照明、采暖和空调等工程的费用组成。

建筑工程费由直接工程费、间接费、计划利润、税金四个部分组成。

国内的建筑工程费在设计阶段,通常采用以工程设计图纸及有关说明及规范为依据,通过计算工程实物量,然后套用建设工程所在地的概预算定额及相应收费标准进行计算的办法来确定。

C. 流动资金

流动资金是指拟建项目建成投产后为维持正常生产,垫支给劳动对象、准备用于支付工资和其他生产费用等方面所必不可少的周转资金。

流动资金可理解为开始生产后为使工厂(或装置)能继续运转下去所需的资金,它在工程项目结束时可以收回,它包括下列几部分:

(1) 原料库存:视原料供应可靠程度而定,通常等于一个月的各种原料费用;

（2）产品贮存和在生产过程中半成品的费用：大约等于一个月的生产成本；

（3）应收账款：给客户延期付款的时间一般为 30 天，因此自产品发出到收回售款需一个月左右时间，应准备一个月销售金额的流动资金；

（4）应付账款：按一个月的原材料，辅助材料，公用工程费用和工资之和计算；

（5）税金：根据税金上缴的数额决定。

各种不同性质的工厂的流动资金与总投资的比例相差很大，一般占总投资的 10%～20%。如果有的装置是设计成生产多种产品的，其产品销售有季节性，需要大量的库存，这时流动资金所占比例可能高达 50%。

a）流动资金＝流动资产－流动负债；

b）流动资产＝现金＋应收账款＋存货；

c）流动负债＝应付账款＋预付账款；

d）流动资金本年增加额＝本年流动资金－上年流动资金。

流动资金的估算在可行性研究及工程设计阶段一般采用分项详细估算法。流动资产和流动负债各项的计算公式如下：

周转次数＝360÷最低周转天数

最低周转天数按实际情况并考虑保险系数分项确定。

现金＝（年工资和福利费＋年其他费用）÷周转次数

年其他费用＝年制造费用＋年管理费用＋年财务费用＋年销售费用－以上四项费用中的（年工资和福利费＋年折旧费＋年维简费＋年摊销费＋年修理费＋年利息支出）费用

应收账款＝年经营成本÷周转次数

存货＝外购原材料、燃料费＋在产品价值＋产成品价值

外购原材料、燃料费用＝年外购原材料、燃料费÷周转次数

在产品价值＝（年生产成本－年折旧费）÷周转次数

产成品价值＝年经营成本÷周转次数

应付账款＝（年外购原材料、燃料费＋年外购动力费用）÷周转次数

10.1.2　固定资产的估算方法

固定资产也可分为直接费用与间接费用。

A. 直接费用

直接费用即为建设所需的设备材料和劳动力费用，具体有：

（1）设备及安装；

（2）控制仪表及安装；

（3）管道工程：包括管道、管件、管架、保温和阀门等；

（4）电气工程：包括电动机、开关、电源线、配电盘、照明和接地等；

（5）土建工程：包括办公楼、食堂、车库、仓库、消防、通讯和维修等费用；

（6）场地建设：包括场地清理和平整、道路、铁路、码头、围墙、停车场和绿化等；

（7）公用工程设施费用：包括所有生产、分配和贮存公用工程以及原料和产品的贮存

设施,其所需投资视装置和现场条件的不同而有很大差异;

(8) 土地购置费。

B. 间接费用

(1) 工程设计和监督费:包括管理、设计、投资估算以及咨询费等;

(2) 施工费用:包括临时设施,购置施工机具和设备,施工监理,现场检验和医疗保健费等;

(3) 承包管理费;

(4) 未可预见费:这是一项考虑到在建设过程中可能有未估计到的事件产生,例如:自然灾害,超过预期的通货膨胀,设计修改,投资估算错误等因素而必须增加的费用。

C. 固定资产中各项投资百分比

表 10—1 为新建化工厂或老厂大规模扩建的固定资产投资中各项直接费用和间接费用的典型百分比,可供设计或研究投资估计时参考。

表 10—1　固定资产投资中各项直接费用和间接费用的典型百分比

直接费用组成	范围(%)	间接费用组成	范围(%)
设备购置	15~40	工程设计和监督	5~10
设备安装	6~14	施工费用	4~21
仪表及自控安装	2~8	承包管理	4~16
配管	3~20	未可预见	5~15
电气	2~10		
建筑物	3~18		
场地整理	2~5		
辅助设施	8~20		
土地购置	1~2		

10.1.3　投资估算方法

A. 投资估算的分类

(1) 数量级估算。

数量级估算是在化工项目酝酿及初步筛选方案的阶段进行的,又称风险估算。由于这类估算是以类似装置的投资费用为依据的。

(2) 研究估算。

这是一种可行性研究或方案研究估算。

(3) 初步设计概算。

初步设计概算是根据初步设计的资料进行的估算,用于申请贷款。

(4) 预算。

预算是在详细设计阶段,以接近完整的数据为依据进行的,一般用于控制投资。

B. 估算法

在可行性研究阶段,工艺装置工作已达一定的深度,具有工艺流程图及主要工艺设备表,引进设备也通过对外技术交流可以编制出引进设备一览表。根据这些设备表和各个设备的单价,可以算得主要工艺设备的总费用。由此可测算出工艺设备总费用。装置中其他专业的设备费、安装材料费、设备和材料安装费也可以采用工程中累积的比例数逐一推算出,最后得到该工艺装置的投资。在此过程中,每个设备的单价,通常是按"估算"方法得出的,即:

(1) 非标设备按设备表上的设备重量(或按设备规格估测重量)及类型、规格,乘以统一计价标准的规定算得。或按设备制造厂询得的牌价乘以设备重量测算。

(2) 定型设备按国家、地方主管部门当年规定的现行产品出厂价格,或直接询价。

(3) 引进设备要求外国设备公司报价,或采用近期项目中同类设备的合同价乘以物价指数测算。

C. 指数法

在工程项目早期,通常是项目建议书阶段,常用指数法匡算装置投资。

(1) 规模指数法

$$C_2 = C_1(S_2/S_1)^n \tag{10-1}$$

式中:C_1——已建成工艺装置的建设投资;

C_2——拟建工艺装置的建设投资;

S_1——已建成工艺装置的建设规模;

S_2——拟建工艺装置的建设规模;

n——装置的规模指数。

装置的规模指数通常情况下取为 0.6。当采用增加装置设备大小达到扩大生产规模时,$n=0.6\sim0.7$;当采用增加装置设备数量达到扩大生产规模时,$n=0.8\sim1.0$;对于试验性生产装置和高温高压的工业性生产装置,$n=0.3\sim0.5$;对生产规模扩大 50 倍以上的装置,用指数法计算误差较大,一般不用。

规模指数法可用于估算某一特定的设备费用。如果一台新设备类似于生产能力不同的另一台设备,则后者的费用可利用"0.6 次方规律"方法得到。即式(10-1)中的 $n=0.6$。实际上各种设备的能力指数(类似于装置的规模指数)是不同的,表 10-2 列出的数据可供估算时参考,此外不同性质生产装置的规模指数如表 10-3 所示。

(2) 价格指数法

$$C_2 = C_1(F_2/F_1) \tag{10-2}$$

式中:C_1——已建成工艺装置的建设投资;

C_2——拟建工艺装置的建设投资;

F_1——已建成工艺装置建设时的价格指数;

F_2——拟建工艺装置建设时的价格指数。

价格指数是根据各种机器设备的价格以及所需的安装材料和人工费加上一部分间接费,按一定百分比根据物价变动情况编制的指数。

价格指数是应用较广的一种方法,例如美国的 Marshall&Swift 设备指数、工程新闻记录建设指数、Nelson 炼油厂建设指数和美国化学工程杂志编制的工厂价格指数等。以 Marshall&Swift 设备指数为例,1926 年设备指数为 100,1966 年为 253,1976 年为 472,1979 年为 561。

表 10—2　设备能力指数

设 备 名 称	参 考 范 围	能力指数
离心式送风机	28～280(m³/min)	0.44～0.59
离心式压缩机	20～100(kW)	0.8
离心式压缩机	100～5 000(kW)	0.5
往复式压缩机	0.3～11.3(m³/min),1(MPa)	0.69
泵	15～200(kW)	0.65
离心机	0.5～1.0(m)	1.0
板框式过滤机	5～50(m²)	0.6
加热炉	1～10(MW)	0.7
管壳式换热器	10～1 000(m²)	0.6
空冷器	100～5 000(m²)	0.8
板式换热器	0.25～200(m²)	0.8
塔	0.45～900(t)	0.62
塔板(泡罩塔)	0.9～3(m)	1.20
塔板(筛板塔)	0.9～3(m)	0.86
反应器	2MPa,0.4～4(m³)	0.56
球罐	40～15 000(m³)	0.7
小型贮槽	0.4～40(m³)	0.57
锥顶贮槽	100～500 000(m³)	0.7
压力容器(立式)	10～100(m³)	0.65
干燥器(真空)	1～10(m²)	0.76

表 10—3　一些化工装置的规模指数

装置产品	规模指数	装置产品	规模指数
醋酸	0.68	异戊二烯	0.55
丙酮	0.45	甲醇	0.60
丁二烯	0.68	磷酸	0.60
环氧乙烷	0.78	聚乙烯	0.65
甲醛	0.55	尿素	0.70
过氧化氢	0.75	氯乙烯	0.80
合成氨	0.53	乙烯	0.83

　　规模指数法和价格指数法适用于拟建设装置的基本工艺技术路线和已建成的装置基本相同,只是生产规模有所不同的工艺装置建设投资的估算。

10.2　单元设备价格估算

对于标准设备的价格,国内目前最可靠的来源是直接从设备生产厂家获得报价,作为估算的依据。而非标设备的估价,主要是以预算定额为依据进行估算的。此外也可采用其他有关的估算方法。

10.2.1　以预算定额为依据的估算方法

本估算方法是在《非标设备制作工程预算定额》的基础上,进行简化计算求得的。在预算定额的基础上,按造价分析的方法,研究成本、利润、税金后求得的。它类似于目前制造厂的计价方法,价格直观,便于与制造厂的计价对比,也适用于目前市场竞争的经济体制。

A. 主材、主材系数、主材单价及主材费的计算方法

(1) 主材:系指构成设备实体的全部工程材料。但在估算中,并不要一一计算,主要计算三种对非标设备造价影响较大的材料——金属材料、焊条、油漆,零星材料则忽略不计,主要外购配套件按市场价加采购费及税金计入。

(2) 主材系数:系指制造每吨净设备所需的金属原材料。主材系数就是主材利用率的倒数,其计算公式为:

主材系数＝金属原材料/吨设备＝材料毛重/材料净重＝1/主材利用率

该系数可在有关书籍中查到。

(3) 主材单价:主材单价一律按市场价格计算。

化工用金属材料按 2001 年 8 月冶金颁发的价格表情况,板材单价:20# 为 3 000 元/t;Q235 为 3 000 元/t;16MnR 为 3 300 元/t;0Cr18Ni9 为 15 000 元/t;0Cr17Ni12MO2 为 30 000 元/t。

管材单价:流体管 20# 按不同管径均价为 4 200 元/t;高压锅炉管 20G 按不同管径均价为 6 500 元/t;不锈钢管 1Cr18Ni9Ti 按不同管径均价为 28 000 元/t;不锈钢管 1Cr18Ni10Ti 按不同管径均价为 27 000 元/t。

(4) 主材费:由以下几种材料费之和构成:

主材费＝金属材料费＋焊条费＋油漆费

金属材料费/吨设备＝金属材料单价×主材系数

焊条费/吨设备＝焊条单价×(焊条用量/吨设备)

其中,焊条单价在不了解市场价的情况下,可按基本金属材料(母材)单价的两倍进行估算,焊条用量/吨设备——在估算指标中列出,是根据预算定额综合求得的。

油漆费＝吨设备之油漆单价×(油漆用量/平方米)×(刷油面积/吨设备)。

其中,按规定非标设备出厂刷红丹防锈漆两遍,因此,估算时只计算红丹防锈漆费。

(5) 主材费计算举例。

例:双椭圆封头容器主材系数为 1.25,焊条用量为 30kg/t,焊条单价以金属材料的两倍计,即 6 元/kg。每平方米设备刷红丹漆的价格为 0.274kg/m²。

钢材费＝3 000 元×1.25＝3 750 元/（t 设备）

焊条费＝6×30＝180 元/t 设备

油漆费＝8.5×0.274×25.5＝60 元/（t 设备）

设备合计主材费/（t 设备）＝3 750＋180＋60＝3 990 元/（t 设备）

B. 辅助材料及费用计算方法

估算指标中的辅助材料系制造非标设备过程中消耗的所有消耗性材料（如各种气体、炭精棒、针钨棒、砂轮片、焦炭等），所有手段用料、胎夹具及一般包装材料。辅助材料在非标设备制造中所占的比重极少，没有必要逐一计算，估算时，以非标设备主材费乘以辅材系数确定。

C. 基本工日、工日系数、人机费单价及人机费计算方法

（1）本估算指标的基本工日就是预算定额的基本工日，不包括其他人工工日，也就是说按劳动定额计算的基本工日。

（2）工日系数：以某一典型设备制造的基本工日数为基准，其他设备制造的基本工日数与典型设备制造的基本工日数之比则为工日系数。工日系数分结构变更工日系数和材料变更工日系数及压力变更工日系数。

（3）人机费单价：人机费单价是随市场价格浮动的，目前大约为 80～120 元/工日。人机费单价与设备制造过程中使用的机械有关，与材料机械加工难度有关，是一个难以确定的数值。

a）人机费单价与材料有关：

铝材比重小、设备重量轻，不需使用重型吊装机械；铝材屈服强度低、抗拉强度低，机械加工比较容易；铝材由于焊接难度大，使用的人工较多，因而每工日机械含量偏少，因此，铝材人机费单价取低值，按 80 元/工日计。

碳钢材料机械加工性能为中等，人机费单价取中值，按 100 元/工日计。

不锈钢抗拉强度高，切削加工难度大，对焊接要求高，因而人机费单价取高值，不锈钢设备不分压力等级一律按 120 元/工日计。

b）人机费单价与设备压力等级有关：

常压碳钢容器取低值，按 80 元/工日计。

压力碳钢容器取中值，按 100 元/工日计。

（4）人机费：扣除材料费以后，设备的加工费就是人工费与机械费之和，本估算指标将二者结合在一起统称人机费。

人机费＝人机费单价×基本工日×结构系数×材料系数×压力系数

D. 非标设备制造成本、利润及税金

（1）成本：设备成本＝主材费＋辅材费＋人机费

（2）利润：利润是以成本为基数乘以利润系数求得的。

（3）税金：税金是以成本为基数乘以税金系数求得的。

E. 非标设备总造价

非标设备总造价＝成本＋利润＋税金

10.2.2 单元设备及附件价格

A. 管道系统

管道费用是化工建设项目的主要投资之一,估算管道费用的方法有:安装后占设备的百分比;安装后材料人工分别估算法。

安装后设备百分比是用于初步费用估算,即数量级费用估算的方法。管道费用约为设备购置费的60%或固定投资的10%。这种方法对重复建设类型的工程项目比较准确,但对中、大型项目不推荐。

最终估算时,建议采用材料人工分别估算法。使用这种方法估算需要有管路图,并知道精确的管道规格、材料费用、制作及安装的人工费以及对附件、支架和保温油漆的要求。对管道及其附件的材料工程量分别统计,计算管道系统的费用。

B. 贮罐及压力容器

容器费用计算的一个较为简单的方法是以操作温度低于425℃,压力低于0.35MPa的碳钢设备作为基准,其他材料容器的费用则以碳钢为基准,考虑材料因素即可,设备费用的材料因素如表10-4所示。

表10-4　材料因素

材　　料	费用因素	
	美国	中国
碳钢(Q235)	1.0(基准)	1.0
合成钢(16Mn)		1.1
304 不锈钢	2.0~3.5	5.0
316 不锈钢	2.3~4.3	
蒙乃尔	4.5~9.8	
钛	4.9~10.6	

操作压力大于0.35MPa的碳钢设备费用估算,考虑压力因素,如表10-5所示。

表10-5　碳钢设备费用压力因素

压力(MPa)	压力因素	压力(MPa)	压力因素
<0.35	1.0(基准)	5.51	3.8
0.69	1.3	6.20	4.0
1.38	1.6	6.89	4.2
2.07	2.0	10.33	5.4
2.76	2.4	13.79	6.5
3.45	2.8	20.68	8.8
4.14	3.0	27.57	11.3
4.82	3.3	34.46	13.8

C. 热交换器

以一般固定管板式换热器为基准,浮头式换热器费用与之相比增加 10%－15%,双浮头换热器比单浮头换热器费用增加约 30%。以管束或换热器的制作材料为依据的管壳式换热器的相对费用见表 10－6。

表 10－6　换热器及其管束的相对费用

管束材质	管束相对费用	换热器相对费用	管束材质	管束相对费用	换热器相对费用
碳钢无缝管	1.0(基准)	1.0(基准)	钛焊制管	6.8	2.8
304L 不锈钢焊制管	2.2	1.6	钛－20BWG 焊制管	3.6	1.9
316L 不锈钢焊制管	3.2	1.8	蒙乃尔－400 焊制管	7.5	3.0
Cu/Ni－70/30 无缝管	2.9	1.8	Cu/Ni－70/30 无缝管	2.4	1.6

D. 传质设备

板式塔和填料塔的设备费用是由如下构件费用构成的。外壳费用,包括简体、封头、裙座、人孔及接管;内部构件费用,包括塔板、填料、附件、支承件及分布板等;辅助构件费用,如平台、楼梯、栏杆和隔热层等。

(1) 设备重量。

各种塔壳体的制造费用是根据其重量来估算的,重量按下式计算:

$$W = \pi D(L + 0.811\,6D)\delta\rho \qquad (10-3)$$

式中:W——设备重量,kg;D——设备内径,m;L——塔体长度(简体长度＋2×封头直边长度),m;δ——壁厚,mm;ρ——材质密度,kg/m³。

(2) 塔板的费用估算。

应用各种金属材质制造板式塔时,塔板的相对费用如表 10－7 所示。以碳钢为基准计算。

表 10－7　塔板的相对费用

材　　质	相对费用 (1m² 塔板)	材　　质	相对费用 (1m² 塔板)
碳钢	1	347 不锈钢	4.8
铸铁	2.8	316 不锈钢	5.2
304 不锈钢	4	蒙耐尔合金	7.0
4%～6%Cr－0.5Mo 合金钢	2	11%～13%Cr 型 410 合金钢	2.5

10.3　生产成本估算

生产成本和费用是以货币形式表现的产品生产经营过程中所消耗的物化劳动和活劳动,是反映产品生产经营所需物质资料和劳动力消耗的主要指标。生产成本和费用是形成产品价格的主要组成部分,是项目财务评价的前提,是预测拟建项目未来生产经营情况和盈利能力的重要依据。总的生产成本包括直接生产成本、固定费用、工厂管理费、销售费用。

A. 直接生产成本

直接生产成本包括直接与生产操作有关的各项开支,这些费用是产量的函数,几乎随产量呈线性变化,称为可变成本。其中某些费用对产量的变化并不敏感,甚至无关,如维修费和专利使用费,这些费用在直接生产成本中仅占小部分。因此仅把原料、辅助材料、公用工程三项费用作为可变成本,其他项作为固定成本处理。

(1)原料费。

原料是构成直接生产成本的主要单项,在我国的价格体系下,常占直接生产成本的60%～85%。原料的消耗量可根据物料衡算和热量衡算结果决定。原料的价格按市场的实际价格加上运费计算。

(2)公用工程费用。

公用工程的价格随来源、消耗量和工厂地理位置的变化而有很大差异,如果按照当时不稳定情况下的价格进行方案比较,当价格调整到合理的数值时会使原有的结论发生偏差。因此,在这种情况下应进行灵敏度分析,了解价格变化的后果,以便作出正确的选择。表10-8列出了一套最近上海地区的公用工程价格,可作为方案评比时参考。

表 10-8 公用工程参考价格

种 类	单 位	价格,元
冷却水	m³	0.40
电	kWh	0.60
饱和蒸汽 低压 中压	t(吨)	65.0 90.0
工业水	t(吨)	0.70
锅炉给水	t(吨)	5.0
氮气	m³	1.0

(3)辅助材料。

辅助材料指不构成产品实体,但有助于产品形成所耗用的物料,包括催化剂、溶剂、包装材料等。溶剂、助剂和包装材料都可按每天每小时的消耗量除以产量求得消耗定额,而催化剂则根据装填量,使用寿命和使用期的产量计算。

(4)操作人工。

按设计的定员乘以每月每人的工资、奖金及福利等,折算到每吨产品的操作人工费。

(5)实验室费用。

这一项是控制原料质量及成品质量的分析试验费,可按操作人工费的10%～20%计算。

(6)操作消耗品。

为了保证工艺过程顺利地进行,要供应许多消耗品,例如生产报表,化学试剂,润滑油等各种不能作为辅助材料或检修材料看待的各种消耗,可按维护检修费的10%～15%

估算。

(7) 专利使用费。

随着我国专利制度的逐步建立和完善,需要支付专利费用的装置必将增加。专利费有两种方法支付,一种是在装置建设时一次付清,另一种是按产品数量支付一定数额的专利费。即使是大企业单位自己的专利,也应在生产成本中加入专利权费,以利于促进采用新工艺新技术。

(8) 维护检修费。

若装置要长期稳定运转,不论设备是否已有故障,必须定期维护检修,其费用占固定资本的 3%~10%,复杂和有严重腐蚀的装置取上限,一般情况可取 5%~6%。

B. 固定费用

固定费用是不论工厂是否开工都要支付和固定不变的费用,例如折旧、财产税、保险费和投资的利息等。

(1) 折旧费。

构成一个工厂的设备、建筑物和其他物质性财产,由于磨损、破旧或者过时等原因,其价值是逐年递减的,应把这部分损失作为生产支出计入成本,称为折旧。对于化工厂而言,折旧率的范围在 9%~13%,腐蚀或磨损较严重者可取上限,有代表性的值是10%,厂房的折旧率可按 3% 计,或化工装置按 10 年折旧,厂房按 30 年折旧。

(2) 资金利息。

我国基本建设原来实行拨款制,即只要工程项目得到批准,企业无偿地得到国家的投资。随着经济体制改革的深入,有可能部分项目将拨款制改为贷款,有部分项目经过国家批准可直接向国外借贷资本。如果建设过程中有贷款,贷款的利息必须计入成本。

(3) 保险费。

按我国现行的保险费率乘以固定投资得到保险费。

C. 工厂管理费

(1) 全厂性费用。

工厂管理费为工厂管理和组织生产所需要的全厂性费用。工厂要作为一个整体有效地运行,除了工厂行政管理部门外,还必须建立一些设施,如医疗机构、食堂、浴室、娱乐设施、仓库和罐区、消防、通讯、运输装卸、车库、警卫和机、电、仪表修理等,所有这些部门的固定费用和经常费用都应按一定比例分摊至各装置,计入生产成本。

(2) 研究和开发费用。

要提高企业的经济效益,必须重视采用新工艺、新技术、新材料和新设备,因此应投入必要的研究和开发费用。研究开发费用包括有关人员的工资,研究设备和仪表的固定费用和操作费用,原材料费用,直接管理费和各杂项费用。对于重视新技术开发的国家或企业,这项费用高达销售收入的 2%~5%,而不够重视的国家或企业其费用甚至不到1%。

D. 销售费用

销售费用包括销售人员的工资、差旅费、广告费、运输费等。这项费用占总生产成本的 1%~5%,较高值适用于新产品或者购买量很少的产品,较低值适用于大宗产品。

10.4　经济评价

　　建设项目经济评价是项目建议书和可行性研究报告的重要组成部分,其任务是在完成市场预测、厂址选择、工艺技术方案选择等研究的基础上,对拟建项目投入产出的各种经济因素进行调查研究、计算及分析论证、比较推荐最佳方案。由于市场经济的发展,社会各种因素变化的节奏加快,建设项目在设计阶段往往原先进行经济评价的依据会发生变化,因此,在项目设计阶段,经济评价工作也逐步增加,以满足对项目工程设计的必要和适时的调整。

　　建设项目经济评价包括财务评价和国民经济评价。财务评价是在国家现行财税制度和价格体系的条件下,计算项目范围内的效益和费用,分析项目的盈利能力、清偿能力,以考察项目在财务上的可行性;国民经济评价是在合理配置国家资源的前提下,从国家整体的角度分析计算项目对国民经济的净贡献,以考察项目的经济合理性。一般来讲,财务评价和国民经济评价结论都可行的项目才可以通过。通常情况下,绝大多数项目(特别是中小型项目)由于其建设对国民经济影响很小,又不是利用国际金融组织贷款和某些政府贷款等资金来源进行建设,国民经济评价往往都不需进行。

　　建设项目经济评价以动态分析(Dynamic Analysis)为主,静态分析(Static Analysis)为辅。

　　下面就建设项目财务评价的一些主要指标及主要报表作如下介绍。

　　A. 财务盈利能力分析

　　财务盈利能力分析主要是考察投资的盈利水平,用以下指标表示。

　　(1) 财务内部收益率(FIRR)。

　　财务内部收益率(Financial Internal Rate of Return)是指项目在整个计算期(即包括建设期和生产经营期)内各年净现金流量现值累计等于零时的折现率,它反映项目所占用资金的盈利率,是考察项目盈利能力的主要动态指标。其表达式为:

$$\sum_{t=1}^{n} (CI - CO)_t (1 + FIRR)^{-t} = 0 \tag{10-4}$$

　　式中:CI——现金流入量;

　　　　　CO——现金流出量;

　　　　　$(CI-CO)_t$——第 t 年的净现金流量;

　　　　　n——计算期。

　　财务内部收益率可根据财务现金流量表中净现金流量用试差法计算求得。在财务评价中,将求出的全部投资或自有资金(投资者的实际出资)的财务内部收益率(FIRR)与行业的基准收益率或设定的折现率(i_c)比较,当 FIRR$\geq i_c$ 时,即认为其盈利能力已满足最低要求,在财务上是可以考虑接受的。

　　(2) 投资回收期(P_t)。

　　投资回收期是指以项目的净收益抵偿全部投资(固定资产投资和流动资金)所需要的时间。它是考察项目在财务上的投资回收能力的主要静态评价指标。投资回收期(以

年表示)一般从建设开始年算起,如果从投产年算起时,应予注明。其表达式为:

$$\sum_{t=1}^{P_t} (CI - CO) = 0 \tag{10-5}$$

投资回收期可根据财务现金流量表(全部投资)中累计净现金流量计算求得。详细计算公式为:

$$投资回收期(P_t) = \begin{bmatrix} 累计净现金流量开 \\ 始出现正值年数 \end{bmatrix} - 1 + \begin{bmatrix} 上年累计净现金流量的绝对值 \\ \overline{\quad 当年净现金流量\quad} \end{bmatrix}$$
$$\tag{10-6}$$

在财务评价中,求出的投资回收期(P_t)与行业的基准投资回收期(P_c)比较,当 $P_t \leqslant P_c$ 时,表明项目投资能在规定的时间内收回。

(3) 财务净现值(FNPV)。

财务净现值(Financial Net Present Value)是指按行业的基准收益率或设定的折现率,将项目计算期内各年净现金流量折现到建设期初的现值之和。它是考察项目在计算期内盈利能力的动态评价指标。其表达式为

$$FNPV = \sum_{t=1}^{n} (CI - CO)_t (1 + i_c)^{-t} \tag{10-7}$$

财务净现值可根据财务现金流量表计算求得。财务净现值大于或等于零的项目是可以考虑接受的。

(4) 投资利润率。

投资利润率(Investment Profit Ratio)是指项目达到设计生产能力后的一个正常生产年份的年利润总额与项目总投资的比率,它是考察项目单位投资盈利能力的静态指标。对生产期内各年的利润总额变化幅度较大的项目,应计算生产期年平均利润总额与项目总投资的比率。其计算公式为

$$投资利润率 = \frac{年利润总额或平均利润总额}{项目总投资} \times 100\% \tag{10-8}$$

年利润总额 = 年产品销售(营业)收入 - 年产品销售税金及附加 - 年总成本费用
$$\tag{10-9}$$

年销售税金及附加 = 年产品税 + 年增值税 + 年营业税 + 年资源税
$$+ 年城市维护建设税 + 年教育费附加 \tag{10-10}$$

项目总投资 = 固定资产投资 + 投资方向调节税 + 建设期利息 + 流动资金
$$\tag{10-11}$$

投资利润率可根据损益表中的有关数据计算求得。在财务评价中,将投资利润率与行业平均投资利润率对比,以判别项目单位投资盈利能力是否达到本行业的平均水平。

(5) 投资利税率。

投资利税率是指项目达到设计生产能力后的一个正常生产年份的年利税总额或项目生产期内的年平均利税总额与项目总投资的比率。其计算公式

$$投资利税率 = \frac{年利税总额或平均利税总额}{项目总投资} \times 100\% \tag{10-12}$$

年利税总额 = 年销售收入 - 年总成本费用

或:年利税总额＝年利润总额＋年销售税金及附加

投资利税率可根据损益表中的有关数据计算求得。在财务评价中,将投资利税率与行业平均投资利税率对比,以判别单位投资对国家积累的贡献水平是否达到本行业的平均水平。

(6)资本金利润率。

资本金利润率是指项目达到设计生产能力后的一个正常生产年份的年利润总额或项目生产期内的年平均利润总额与资本金的比率,它反映投入项目的资本金的盈利能力。其计算公式为

$$资本金利润率 = \frac{年利润总额或平均利润总额}{资本金} \times 100\% \qquad (10-13)$$

B. 项目清偿能力分析

项目清偿能力分析主要是考察计算期内各年的财务状况及偿债能力。用以下指标表示:

(1)资产负债率。

资产负债率是反映项目各年所面临的财务风险程度及偿债能力的指标。

$$资产负债率 = \frac{负债合计}{资产合计} \times 100\% \qquad (10-14)$$

(2)借款偿还期。

固定资产投资国内借款偿还期是指在国家财政规定及项目具体财务条件下,以项目投产后可用于还款的资金偿还固定资产投资国内借款本金和建设期利息(不包括已用自有资金支付的建设期利息)所需要的时间。其表达式为:

$$I_d = \sum_{t=1}^{P_d} R_t \qquad (10-15)$$

式中:I_d——固定资产投资国内借款本金和建设期利息之和;

P_d——固定资产投资国内借款偿还期(从借款开始年计算。当从投产年算起时,应予注明);

R_t——第 t 年可用于还款的资金,包括:利润、折旧、摊销及其他还款资金。

借款偿还期可由资金来源与运用表及国内借款还本付息计算表直接推算,以年表示。详细计算公式为:

$$借款偿还期 = \left[\begin{matrix}借款偿还后开始\\出现盈余年份数\end{matrix}\right] - 开始借款年份 + \frac{当年偿还借款额}{当年可用于还款的资金额}$$

$$(10-16)$$

涉及外资的项目,其国外借款部分的还本付息,应按已经明确的或预计可能的借款偿还条件(包括偿还方式及偿还期限)计算。

当借款偿还期满足贷款机构的要求期限时,即认为项目是有清偿能力的。

(3)流动比率。

流动比率是反映项目各年偿付流动负债能力的指标。

$$流动比率 = \frac{流动资产总额}{流动负债总额} \times 100\% \qquad (10-17)$$

（4）速动比率。

速动比率是反映项目快速偿付流动负债能力的指标。

$$速动比率 = \frac{流动资产总额 - 存货}{流动负债总额} \times 100\% \qquad (10-18)$$

C. 财务评价的基本报表

财务评价的基本报表有现金流量表、损益表、资金来源与运用表、资产负债表及外汇平衡表。

10.5　综合技术经济指标

评价一个化工建设项目的技术是否先进、经济是否合理是通过对该工程的综合技术经济指标值的分析来进行的。这些数据既直观又有可比性，见表 10-9 所示。

表 10-9　综合技术经济指标表

序号	指标名称	单位	数量	单价	消耗量	单位成本	备注
1	设计规模	t/a					
2	原材料消耗						
3	动力消耗 水 电 汽						
4	三废排放量						
5	工资及福利						
6	总投资						
7	折旧费						
8	维修费						
9	管理费等						
10	副产品回收费						
11	年操作日						
12	产品成本						
13	投资利税率						
14	投资利润率						
15	贷款偿还期						

10.6　工程概算书的编制

设计概算书是编制设计项目全部建设过程所需费用的一项工作。通过概算的编制，工厂或车间各项工程的基本建设投资即可用价值表示出来，从而很清晰地看出工厂或车间设计在经济上是否合理。概算是在初步设计或扩大初步设计阶段编制的，一般都是套用定额编制。它是作为国家对基本建设单位拨款的依据,同时作为基本建设单位与施工单位订立合同付款的依据,并作为基本建设单位编制年度基本建设计划的依据。由于编制初步设计或扩大初步设计时,没有详细的施工图纸,因此,对于每个车间的费用,不可能很详细地编制得很完整,尤其是一些零星的费用,不可能全部编制进去。为此,概算主要提供车间建筑、设备及安装工程的大概费用。

10.6.1　编制依据

(1) 设计说明书和图纸。要求按说明书和图纸逐页计算、编制、不能任意漏项。

(2) 设备价格资料。定型设备按国家或地方主管部门规定的现行产品最新出厂价格计算。

(3) 概算指标(概算定额)。安装工程按化工部规定的化工概算指标或石化集团公司的石油化工安装工程概算指标为依据,土建工程按建厂所在省、市、自治区的概算指标。

10.6.2　概算文件的内容

A.　概算文件的组成

概算文件由以下几部分组成。

(1) 工程项目总概算:包括封面与签署页、总概算表、编制说明;

(2) 单项工程综合概算:包括封面与签署页、编制说明、综合概算表、土建工程钢材木材与水泥用量汇总表;

(3) 单位工程概算:包括各设计专业的单位工程概算表、各专业用于土建方面的钢材木材及水泥用量表;

(4) 工程建设其他费用概算。

B.　总概算说明的编制

根据我国有关主管部委颁发的化基发(1993)599 号文件规定,进行工程设计概算的编制,其编制包括以下组成部分。

(1) 总概算编制依据。

列出包括工程立项批文;可行性研究报告的批文;列出业主(建设单位)、监理、承包商三方与设计有关的合同书;列出主要设备、材料的价格依据;列出概算定额(或指标)的依据;列出工程建设其他费用的编制依据及建造安装企业的施工取费依据;列出其他专项费用的计取依据。

(2) 工程概况。

简要介绍建设项目的性质及特点,包括属于新建、扩建或技术改造等,介绍工程的生产产品、规模、品种及生产方法等;说明建设地点及场地等有关情况。

(3) 资金来源。

根据工程立项批文及可行性研究阶段工作。说明工程投资资金是来自银行贷款、企业自筹、发行债券、外商投资或者其他融资渠道。

(4) 投资分析。

设计中要着重分析各项目投资所占比例、各专业投资的比重、单位产品分摊投资额等经济指标以及与国内外同类工程的比较,并同时分析投资偏高(或低)的原因。

(5) 其他说明。对有关上述未尽事宜及需特殊注明的问题加以说明。

C. 设计项目总概算编制办法

编制了总概算说明以后,按总概算编制办法,计算概算项目划分中各项的工程概算费用,并列出《工程总概算表》(见表 10-10)。

表 10-10　工程总概算表

序号	主项号	工程和费用名称	概算价值,万元				价值合计		占总值百分比
			设备购置费	安装工程费	建筑工程费	其他费	人民币万元	含外汇万美元	
		第一部分工程费用							
	一	主要生产项目							
1		××装置(车间)							
2		·········							
		小计							
	二	辅助生产项目							
3		·········							
		小计							
	三	公用工程项目							
4		给排水							
5		供电及电讯							
6		供汽							
7		总图运输							
8		厂区外管							
		小计							
	四	服务性工程项目							
9		·········							
		小计							
	五	生活福利工程项目							
10		·········							
		小计							
	六	厂外工程项目							
11		·········							
		小计							
		合计							
	七	第二部分 其他费用							
12		·········							
		合计							
	八	第三部分 总预备费							

续表

序号	主项号	工程和费用名称	概算价值,万元				价值合计		占总值百分比
			设备购置费	安装工程费	建筑工程费	其他费	人民币万元	含外汇万美元	
13		基本预备费							
14		涨价预备费							
15		┄┄┄┄							
		合　计							
	九	第四部分 专项费用							
16		投资方向调节税							
17		建设期贷款利息							
18		┄┄┄┄							
		合　计							
	十	总概算价值							
	十一	铺底流动资金(不构成概算价值)							

D. 单项工程综合概算编制办法

单项工程是指建成后可以独立发挥生产能力(或工程效益)并具有独立存在意义的工程。综合概算编制是指计算一个单项工程投资额的文件。编制过程可按一个独立生产装置(车间)、一个独立建筑物(或特殊构筑物)进行。它是编制总概算第一部分工程费用的主要依据。

E. 工程建设其他费用概算编制办法

根据我国有关主管部委颁发的化建发(1994)890号文件规定,进行工程建设其他费用概算的编制,其编制包括以下组成部分。

(1) 建设单位管理费。

以项目"工程费用"为计算基础,按照建设项目不同规模分别制定相应的建设单位管理费率计算。其计算公式为建设单位管理费=工程费用×建设单位管理费率。

(2) 临时设施费。

以项目"工程费用"为计算基础,按照临时设施费率计算。即临时设施费=工程费用×临时设施费率。对新建项目,费率取0.5%;对依托老厂的新建项目取0.4%;对改、扩建项目取0.3%。

(3) 按设计提出的研究试验内容要求进行编制的研究试验费。

(4) 生产准备费。

a) 核算人员培训费;

b) 生产单位提前进厂费。

(5) 土地使用费。

按使用土地面积,按政府制定各项补偿费、补贴费、安置补助费、税金、土地使用权出让金标准计算。

（6）勘察设计费。按国家计委颁发的收费标准和规定进行编制。

（7）生产用办公及生活家具购置费。

（8）化工装置联合试运转费。

如化工装置为新工艺、新产品时，联合试运转确实可能发生亏损的，可根据情况列入此项费用；一般情况，当联合试运转收入和支出大致可相互抵消时，原则上不列此项费用。不发生试运转费用的工程，不列此项费用。

（9）供电贴费。此项费按国家计委批准的收费标准计。

（10）工程保险费。此项费按国家及保险机构规定计算。

（11）工程建设监理费。

此项费用按国家物价局、建设部［1992］价费字 479 号通知中所规定费率计算，此项费用不单独计列。发生时，从建设单位管理费及预备费中支付。

（12）施工机构迁移费。

该项费用在设计概算中可按建筑安装工程费的 1％计列；施工单位确定后由施工单位按规定的基础数据、计算方式及费用拨付规定编制施工机构迁移费预算。

（13）总承包管理费。

此项费用是以总承包项目的工程费用为计算基础，以工程建设总承包费率 2.5％计算的。与工程建设监理费一样，总承包管理费不在工程概算中单独计列，而是从建设单位管理费及预备费中支付。

（14）引进技术和进口设备其他费。按"化工引进项目工程建设概算编制规定"计算。

（15）固定资产投资方向调节税。

该项税务的税目，税率按《中华人民共和国固定资产投资方向调节税暂行条例》所附"固定资产投资方向调节税税目税率表"执行。

（16）财务费用。按国家有关规定及金融机构服务收费标准计算。

（17）预备费。

a）基本预备费按如下公式计算：

$$基本预备费 = 计算基础 × 基本预备费率 \qquad (10-19)$$

其中：计算基础＝工程费用 ＋ 建设单位管理费 ＋ 临时设施费 ＋ 研究试验费 ＋ 生产准备费 ＋ 土地使用费 ＋ 勘察设计费 ＋ 生产用办公及生活家具购置费 ＋ 化工装置联合试运转费 ＋ 供电贴费 ＋ 工程保险费 ＋ 施工机构迁移费 ＋ 引进技术和进口设备的费用

$$(10-20)$$

基本预备费率按 8％计算。

b）工程造价调整预备费需根据工程的具体情况，国家物价涨跌情况科学地预测影响工程造价的诸因素的变化（如人工、设备、材料、利率、汇率等），综合取定此项预备费。

（18）经营项目铺底流动资金。将流动资金的 30％作为铺底流动资金。

附　　　录

附录1　物理量单位换算

附表1-1　一些物理量的单位和因次

物理量名称	SI 单位			物理制(C.G.S制)		工程单位	
	中文单位	国际单位	因次	单位	因次	单位	因次
长度	米	m	L	厘米	L	米	L
时间	秒	s	T	秒	T	秒	T
质量	千克	kg	M	克	M	千克·秒^2/米	FT^2L^{-1}
重量或力	牛顿	N 或 kg·m·s^{-2}	MLT^{-2}	克·厘米/秒^2	MLT^{-2}	千克	F
速度	米/秒	m/s	LT^{-1}	厘米/秒	LT^{-1}	米/秒	LT^{-1}
加速度	米/秒^2	m/s^2	LT^{-2}	厘米/秒^2	LT^{-2}	米/秒^2	LT^{-2}
密度	千克/米^3	kg/m^3	ML^{-3}	克/厘米^3	ML^{-3}	千克·秒^2/米^4	FT^2L^{-4}
压强	(千克/米·秒^2)或(帕斯卡)	N/m^2 或 Pa	$ML^{-1}T^{-2}$	(克/厘米·秒^2)	$ML^{-1}T^{-2}$	(千克/米^2)	FL^{-2}
功或能	(千克·米^2/秒^2)或(焦耳)	N·m 或 kg·m^2·s^{-2}	ML^2T^{-2}	(克·厘米^2/秒^2)	ML^2T^{-2}	(千克·米)	FL
功率	瓦特	J/s 或 kg·m^2·s^{-3}	ML^2T^{-3}	克·厘米^2/秒^3	ML^2T^{-3}	千克·米/秒	FLT^{-1}
粘度	帕斯卡·秒	Pa·s 或 kg·m^{-1}·s^{-1}	$ML^{-1}T^{-1}$	克/厘米·秒	$ML^{-1}T^{-1}$	千克·秒/米^2	FTL^{-2}
运动粘度	米^2/秒	m^2/s	L^2T^{-1}	厘米^2/秒	L^2T^{-1}	米^2/秒	L^2T^{-1}
表面张力	牛顿/米	N/m 或 kg·s^{-2}	MT^{-2}	克/秒^2 或 达因/厘米	MT^{-2}	千克/米	FL^{-1}
扩散系数	米^2/秒	m^2/s	L^2T^{-1}	厘米^2/秒	L^2T^{-1}	米^2/秒	L^2T^{-1}

附表1-2　单位换算

(1) 质量

千　克(kg)	公　吨(t)	磅(lb)
1	0.001	2.204 62
1 000	1	2 204.62
0.453 6	$4.536×10^{-4}$	1

（2）长度

米(m)	英寸(in)	英尺(ft)	码(yd)
1	39. 370 1	3. 280 8	1. 093 61
0. 025 400	1	0. 073 333	0. 027 78
0. 30 480	12	1	0. 333 3
0. 914 4	36	3	1

注：1 千米＝0. 621 4 哩＝0. 540 0 国际浬

　　1 微米(μm) ＝ 10^{-6} 米，1 埃($\overset{\circ}{A}$) ＝ 10^{-10} 米

　　1 密耳(mil)＝0. 001 英寸

（3）面积

平方厘米(cm^2)	平方米(m^2)	平方英寸(in^2)	平方英尺(ft^2)
1	1×10^{-4}	0. 155 00	0. 001 076 4
1×10^4	1	1 550. 00	10. 763 9
6. 451 6	$6. 451 6\times10^{-4}$	1	0. 006 944
929. 030	0. 092 90	144	1

注：1 平方千米＝100 公顷＝10 000 公亩＝10^6 平方米

（4）容积

升(L)	立方米(m^3)	立方英尺(in^3)	英加仑 (Imp. gal)	美加仑(U. S. gal)
1	1×10^{-3}	0. 035 31	0. 219 98	0. 264 18
1×10^3	1	35. 314 7	219. 975	264. 171
28. 316 1	0. 028 32	1	6. 228 8	7. 480 48
4. 545 9	0. 004 546	0. 160 54	1	1. 200 95
3. 785 3	0. 003 785	0. 133 68	0. 832 7	1

（5）流量

升/秒 (L/s)	米³/时 (m^3/h)	立方米³/秒 (m^3/s)	美加仑/分 (U. S. gal/min)	英尺³/时 (ft^3/h)	英尺³/秒 (ft^3/s)
1	3. 6	0. 001	15. 850	127. 13	0. 035 31
0. 277 8	1	$2. 778\times10^{-4}$	4. 430	35. 31	$9. 810\times10^{-3}$
1 000	3 600	1	$1. 585 0\times10^{-4}$	$1. 271 3\times10^5$	35. 31
0. 063 09	0. 227 1	$6. 309\times10^{-5}$	1	8. 021	0. 002 228
$7. 866\times10^{-3}$	0. 028 32	$7. 866\times10^{-6}$	0. 124 68	1	$2. 778\times10^{-4}$
28. 32	101. 94	0. 028 32	448. 8	3 600	1

（6）力（重量）

牛顿(N)	千克(kg)	磅(lb)	达因(dyn)	磅达(pdl)
1	0. 102	0. 224 8	10^5	7. 233
9. 806 7	1	2. 205	980 700	70. 93
4. 448	0. 453 6	1	$444. 8\times10^3$	32. 17
10^{-5}	$1. 02\times10^{-6}$	$2. 248\times10^{-6}$	1	$0. 723 3\times10^{-4}$
0. 138 3	0. 014 10	0. 031 10	13 825	1

注：1 牛顿＝1[千克(质)米/秒²]＝$\dfrac{1}{9. 81}$[千克(力)]＝10^5 达因

（7）密度（重度）

Ⅰ．换算表

克/厘米³（g/cm³）	千克/米³（kg/m³）	磅/英尺³（lb/ft³）	磅/美加仑（lb/U. S. gal）
1	1 000	62.43	8.345
0.001	1	0.624 3	0.008 345
0.016 02	16.02	1	0.133 7
0.119 8	119.8	7.481	1

Ⅱ．气体中微量杂质常用 ppm（百万分之一）表示．其换算关系如下：

a）如 ppm 系指气体中微量组成的体积含量（百万分数），则相应的每米³ 中的毫克数 N 为：

$$N(毫米/米^3) = ppm \times \frac{M_i}{M_m/\rho_v} \tag{1-1}$$

式中：M_i — 微量组成 i 的分子量

　　　M_m — 混合气体的分子量

　　　ρ_v — 混合气体的密度，（千克/米³）。对于常温常压的气体 $M_m/\rho_v = 24.45$

b）如 ppm 系指质量比（百万分数），则 N（毫克/米³）＝ ppm（质量百分数）・ ρ_v

（8）压强

牛顿/米²（N/m²）或帕斯卡（Pa）	巴（bar）	千克(力)/厘米²（kg/cm²）或工程大气压(at)	磅/英寸²（lb/in²）	标准大气压（atm）	水银柱		水柱	
					毫米（mmHg）	英寸（inHg）	米（mH₂O）	英寸（inH₂O）
10^5	10^{-5}	1.019×10^{-5}	14.5×10^{-5}	$0.986\,9 \times 10^{-5}$	7.5×10^{-3}	29.53×10^{-5}	$1.019\,7 \times 10^{-4}$	4.018×10^{-3}
10^5	1	1.019 7	14.50	0.986 9	750.0	29.53	10.197	401.8
9.807×10^4	0.980 7	1	14.22	0.967 8	735.5	28.96	10.01	394.0
6 895	0.068 95	0.070 31	1	0.068 04	51.71	2.036	0.703 7	27.70
$1.013\,3 \times 10^5$	1.013 3	1.033 2	14.7	1	760	29.92	10.34	407.2
1.333×10^5	1.333	1.360	19.34	1.316	1 000	39.37	13.61	535.67
3.386×10^3	0.033 86	0.034 53	0.491 2	0.033 42	25.40	1	0.345 6	13.61
9 798	0.097 98	0.099 91	1.421	0.096 70	73.49	2.893	1	39.37
248.9	0.002 489	0.002 538	0.036 09	0.002 456	1.867	0.073 49	0.025 4	1

注：1[千克力(力)/厘米²]＝98 100(牛顿/米²)；毫米水银柱亦称"托"（Torr）

（9）动力粘度（通称粘度）

牛顿・秒/米²（N・s/m²）或帕斯卡・秒(Pa・s)	泊（P）	厘泊（cP）	千克/米・秒（kg/m・s）	千克/米・时（kg/m・h）	磅/英尺・秒（lb/in・s）	千克(力)・秒/米²（kg・s/m²）
1	10	10^3	1	3.6×10^3	0.672	0.102
10^{-1}	1	100	0.1	360	0.067 20	0.010 2
10^{-1}	0.01	1	0.001	3.6	6.720×10^{-4}	0.102×10^{-3}
1	10	1 000	1	3 600	0.672 0	0.102
2.778×10^{-4}	2.778×10^{-3}	0.277 8	2.778×10^{-4}	1	$1.866\,7 \times 10^{-4}$	0.283×10^{-4}
1.488 1	14.881	1 488.1	1.488 1	5 357	1	0.151 9
9.81	98.1	9 810	9.81	0.353×10^5	6.59	1

注：1 泊＝1（克/厘米・秒）＝1（达因・秒/厘米²）

（10）运动粘度

米²/秒 (m²/s)	（斯托克斯 St）（泡） 厘米²/秒(cm²/s)	米²/时 (m²/h)	英尺²/秒 (in²/s)	英尺²/时 (in²/h)
1	10^4	3.6×10^3	10.76	38 750
10^{-4}	1	0.360	1.076×10^{-3}	3.875
2.778×10^{-4}	2.778	1	2.990×10^{-3}	10.76
9.29×10^{-2}	929.0	334.5	1	3 600
$0.258\,1\times10^{-4}$	0.258 1	0.092 9	2.778×10^{-4}	1

（11）能量（功）

焦耳 (J)	千克(力)·米 kg·m	千瓦·时 kW·h	英制马力·时 HP·h	千瓦 kW	英热单位 Btu	英尺·磅 ft·lb
1	0.102	2.778×10^7	3.725×10^{-7}	2.39×10^{-4}	9.485×10^{-4}	0.737 7
9.806 7	1	2.724×10^{-6}	3.653×10^{-6}	2.342×10^{-3}	9.296×10^{-3}	7.233
3.6×10^6	3.671×10^5	1	1.341 0	860.0	3 413	2.655×10^6
2.685×10^6	273.8×10^3	0.745 7	1	641.33	2 544	1.981×10^6
$4.186\,8\times10^3$	426.9	$1.162\,2\times10^{-3}$	$1.557\,6\times10^{-3}$	1	3.968	3 087
1.055×10^3	107.58	2.930×10^{-4}	3.926×10^{-4}	0.252 0	1	778.1
1.355 8	0.138 3	$0.376\,6\times10^{-6}$	$0.505\,1\times10^{-6}$	3.239×10^{-4}	1.285×10^{-3}	1

　　注：1尔格(erg)＝1达因·厘米(dyn·cm)＝10^{-7}焦耳；1Chu＝1.8英热单位(Btu)；Chu(或 PCU)为摄氏
　　　热单位(或称磅卡)

（12）功率

瓦 (W)	千瓦 (kW)	千克(力)·米/秒 (kg·m/s)	英尺·磅/秒 (ft·lb/s)	英制马力 (HP)	千卡/秒 (kcal/s)	英热单位/秒 (Btu/s)
1	10^{-3}	0.101 97	0.735 56	1.341×10^{-3}	$0.238\,9\times10^{-3}$	$0.948\,6\times10^{-3}$
10^3	1	101.97	735.56	1.341 0	0.238 9	0.948 6
9.806 7	0.009 806 7	1	7.233 14	0.013 15	0.002 342	0.009 293
1.355 8	0.001 355 8	0.138 25	1	0.001 818 2	0.000 328 9	0.001 285 1
745.69	0.745 69	76.037 5	550	1	0.178 03	0.706 75
4 186	4.186 0	426.85	3 087.44	5.613 5	1	3.968 3
1 055	1.055 0	107.58	778.168	1.414 8	0.251 996	1

（13）热容（比热）

焦耳/克·℃ J/(g·℃)	千卡/千克·℃ kcal/(kg·℃)	热英单位/磅·℉ Btu/(lb·℉)	摄氏热单位/磅·℃ Chu/(lb·℃)
1	0.238 9	0.238 9	0.238 9
4.186	1	1	1

（14）导热系数

瓦特/(米·开尔文) W/(m·K)	焦耳/(厘米·秒℃) J/(cm·s℃)	卡/(厘米·秒℃) cal/(cm·s℃)	千卡/(米·时) kcal/(m·h℃)	热英单位/(英尺·时·℉) Btu/(ft·h·℉)
1	10^{-2}	2.389×10^{-3}	0.86	0.577 9
10^2	1	0.238 9	86.00	57.79
418.6	4.186	1	360	241.9
1.163	0.011 63	0.002 778	1	0.672 0
1.73	0.017 30	0.004 134	1.488	1

(15) 传热系数

瓦特/米² 开尔文 W/(m² · K)	千卡/米² · 时 · ℃ kcal/(m² · h · ℃)	卡/厘米² · 秒 · ℃ cal/(cm² · s · ℃)	英热单位/英尺² · 时 · ℉ Btu/(ft² · h · ℉)
1	0.86	2.389×10^{-5}	0.176
1.163	1	2.778×10^{-5}	0.204 8
4.186×10^4	3.6×10^4	1	7 374
5.678	4.882	$1.356\ 2 \times 10^{-4}$	1

注:1(英热单位/英尺² · 时 · ℉) = 1(Chu/英尺² · 时 · ℃)

(16) 扩散系数

米²/秒 (m²/s)	厘米²/秒 (cm²/s)	米²/时 (m²/h)	英尺²/时 (ft²/h)	英寸²/秒 (in²/s)
1	10^4	3 600	3.875×10^4	1 550
10^{-4}	1	0.360	3.875	0.155 0
2.778×10^{-4}	2.778	1	10.764	0.430 6
$0.258\ 1 \times 10^{-4}$	0.258 1	0.092 90	1	0.040
6.452×10^{-4}	6.452	2.323	25.000	1

(17) 表面张力

牛顿/米 (N/m)	达因/厘米 (dyn/cm)	克/厘米 (g/cm)	千克(力)/米 (kg/m)	磅/英尺 (lb/ft)
1	10^3	1.02	0.102	6.854×10^{-2}
10^{-3}	1	0.001 020	1.020×10^{-4}	6.854×10^{-5}
0.980 7	980.7	1	0.1	0.067 20
9.807	9 807	10	1	0.672 0
14.592	14 592	14.88	1.488	1

(18)

摄氏度（℃）	华氏度（℉）	兰金度[①]（°R）	开尔文（K）
℃	$\frac{9}{5}$℃ + 32	$\frac{9}{5}$℃ + 491.67	℃ + 273.15
$\frac{5}{9}$(℉ − 32)	℉	℉ + 459.67	$\frac{5}{9}$(℉ + 459.67)
$\frac{5}{9}$(°R − 491.67)	°R − 459.67	°R	$\frac{5}{9}$°R
K − 273.15	$\frac{9}{5}$K − 459.67	$\frac{9}{5}$K	K

① 原文为 Rankine

附录 2　图例

附表 2—1　流程图中化工设备图例

设备名称	代号	图　　　　　　　　　　　　　　　　例
压缩机	C	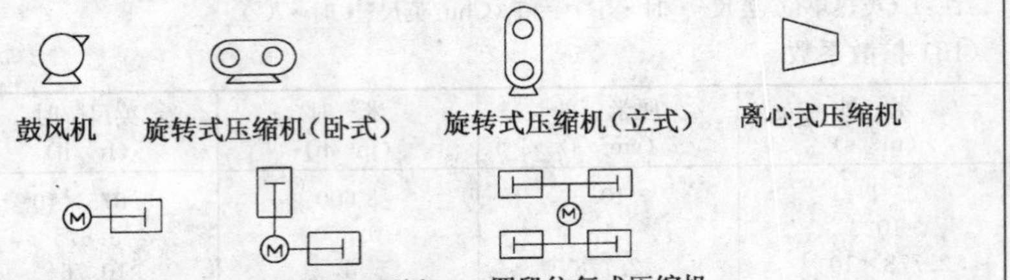 鼓风机　旋转式压缩机（卧式）　旋转式压缩机（立式）　离心式压缩机 往复式压缩机　　二段往复式压缩机　　四段往复式压缩机
换热器	E	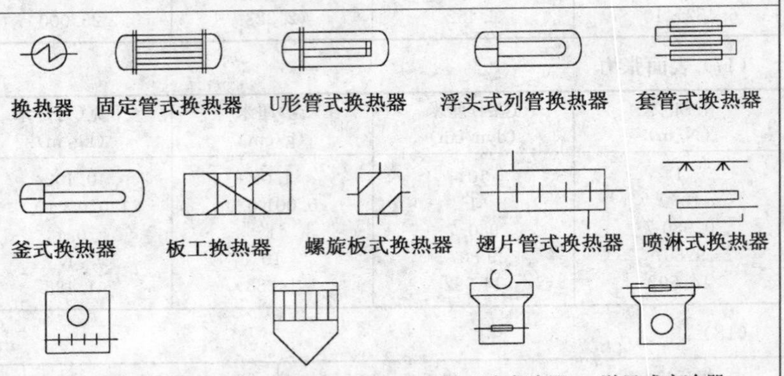 换热器　固定管式换热器　U形管式换热器　浮头式列管换热器　套管式换热器 釜式换热器　　板工换热器　　螺旋板式换热器　　翅片管式换热器　　喷淋式换热器 带风扇翅片管换热器　列管式（薄膜）蒸发器　抽吸式空冷器　送风式空冷器
工业炉	F	 箱式炉　　　圆筒炉　　　圆筒炉
烟囱	M	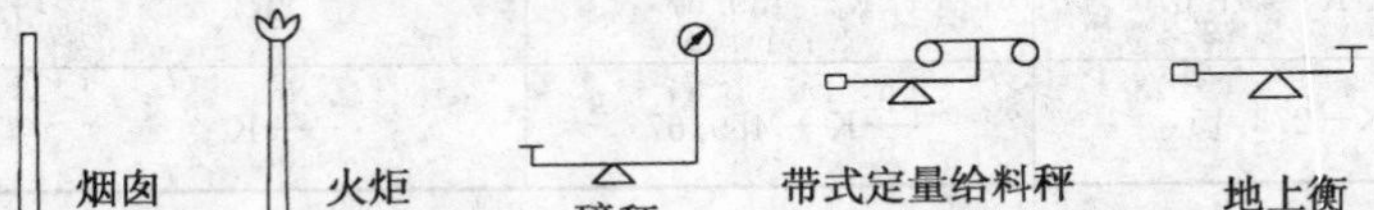 烟囱　　火炬　　　磅秤　　带式定量给料秤　　　地上衡
泵	P	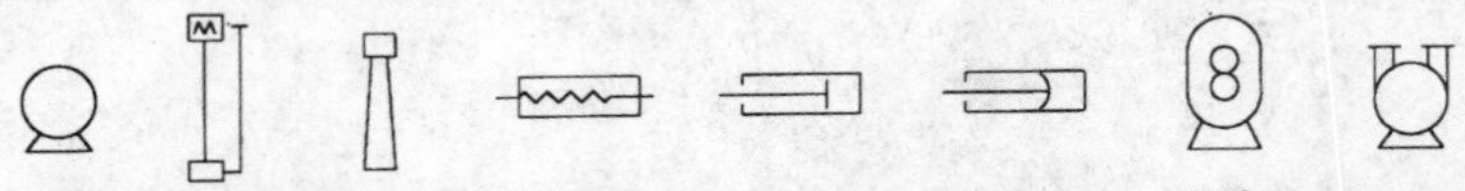 离心泵　液下泵　喷射泵　　螺杆泵　　活塞泵　　隔膜泵　　齿轮泵　旋涡泵
反应器	R	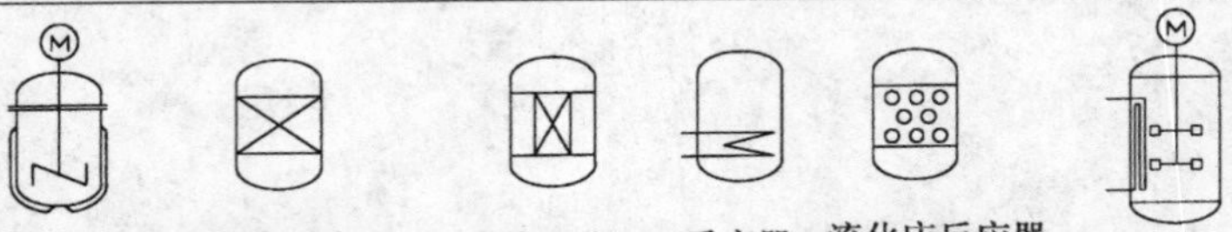 釜式反应器　固定床反应器　固定床反应器　反应器　流化床反应器 带盘管搅拌反应器

续表

设备名称	代号	图 例
分离机	S	 板框压滤机　旋转式过滤机　离心机　卧式刮刀离心机　螺杆压力机 填料粉沫分离器　丝网除沫分离器　旋风分离器　袋式除尘器　挤压机 干式电除尘器　湿式电除尘器　带滤筒式过陆器
运输机械	W	斗式提升机　手推车　手拉葫芦（带小车）　单梁起重机（手动）　电动葫芦　单梁起重机 带式输送机　刮板输送机　吊钩桥式起重机　旋转式起重机 悬壁式起重机
贮槽	V	立式贮槽　卧式贮槽　卧式贮槽　立式锥形贮槽　立式平底锥形贮槽　贮槽
塔	T	填料塔　板式塔　喷淋塔　填料塔

附表 2—2　流程图中管道及其附件图例

序号	图　例	名　称	序号	图　例	名　称
1		喷 淋 管	24		T型过滤器
2		主要物料管道	25		阻 火 器
3		辅助物料管道	26		多 孔 管
4		设备管道附件 阀门及尺寸线	27		焊接管帽
5		物料流向箭头	28		软管活接头
6		蒸汽伴热管道	29		管端平管接头
7		套 管	30		管端活接头
8		固体物料线或不 可见主要物料管道	31		管 堵
9		电伴热管道	32		管道法兰
10		螺纹焊接式连接	33		盲 板
11		法兰式连接	34		盲通两用板
12		不可见辅助物料管道	35		扩大管段节流装置
13		软 管	36		消音器
14		翅 片 管	37		疏 水 器
15		取 样 口	38		爆 破 板
16		原 有 管 道	39		敞口排水斗
17		波 浪 线	40		水 表
18		断 裂 线	41		管 座
19		双 线 管 道	42		视 镜
20		引 出 线	43		膨 胀 节
21		连 接 符 号	44		锥形过滤器
22		同心异径管	45		Y型过滤器
23		偏心异径管	46		放 空 管

附表 2—3　流程图中常用阀门图例

序号	图例	名称	序号	图例	名称
1		闸　阀	16		插板阀
2		截止阀	17		弹簧式安全阀
3		止回阀	18		重锤式安全阀
4		直通旋塞	19		高压截止阀
5		三通旋塞	20		高压节流阀
6		四通旋塞	21		高压止回阀
7		隔膜阀	22		阀门带法兰盖
8		蝶　阀	23		阀门带堵头
9		角式截止阀	24		集中安装阀门
10		角式节流阀	25		集中安装阀门
11		球　阀	26		底　阀
12		节流阀	27		平面阀
13		减压阀	28		浮球阀
14		放料阀	29		高压球阀
15		柱塞阀	30		针型阀

附表 2—4　流程图中仪表、调节及执行机构图例

序号	图例	名称	序号	图例	名称
1		就地安装仪表	13		带弹簧的气动薄膜执行机构
2		嵌在管道中	14		无弹簧的气动薄膜执行机构
3		集中仪表盘安装仪表	15		电动机执行机构
4		就地仪表盘面安装仪表	16		电磁执行机构
5		集中仪表盘后安装仪表	17		活塞执行机构
6		就地仪表盘后安装仪表	18		带气动阀门定位器的气动薄膜执行机构
7		集散控制系统数据采集	19		能源中断时直通阀开启
8		孔板	20		能源中断时直通阀关闭
9		文氏里管及喷嘴	21		带人工复位的执行机构
10		转子流量计	22		带远程复位装置的执行机构
11		过程连接或机械连接线	23		能源中断时：三通阀 流体流动方向A—C
12		气动信号线 电动信号线	24		能源中断时：四能阀 流体流动方向A—C和D—B

附表 2—5 管道布置图中管道图例

名称	连接形式	螺纹与焊接	法 兰	
			双 线	单 线
90°弯头	俯视	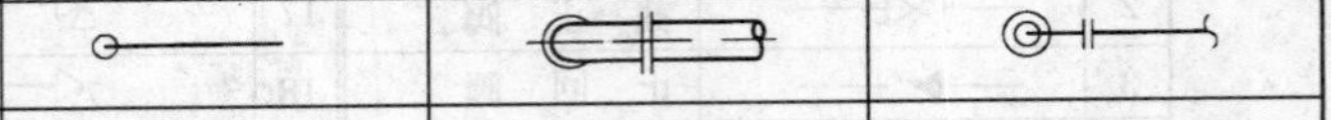		
	主视	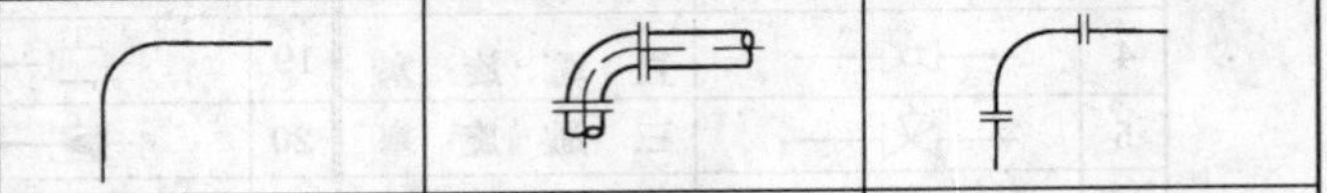		
	仰视	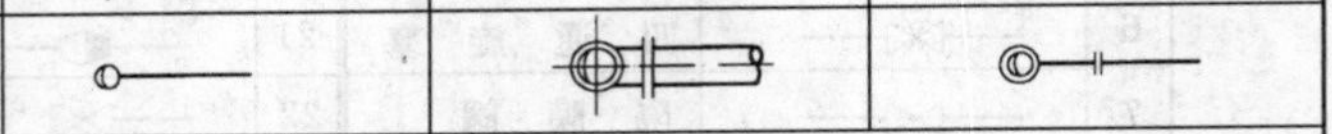		
	轴侧图	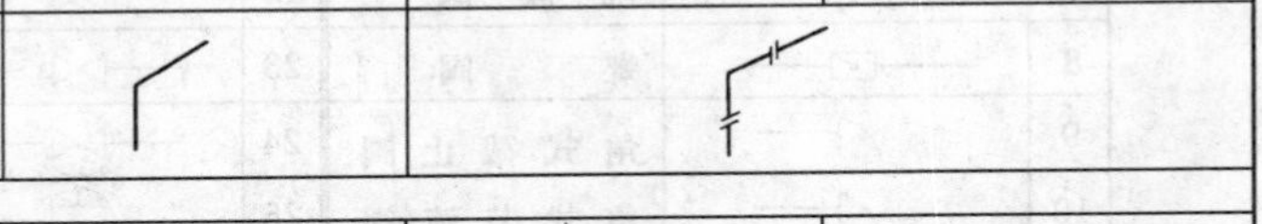		
45°弯头	俯视	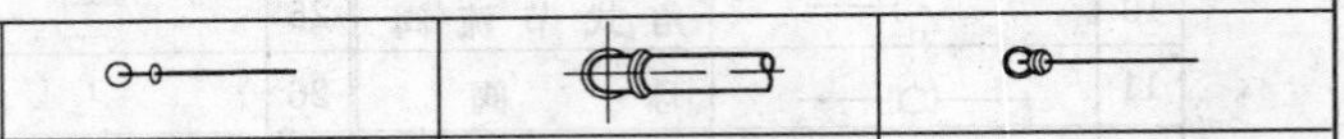		
	主视			
	仰视	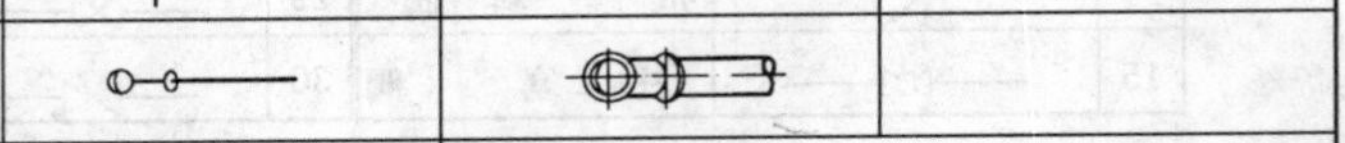		
	轴侧图	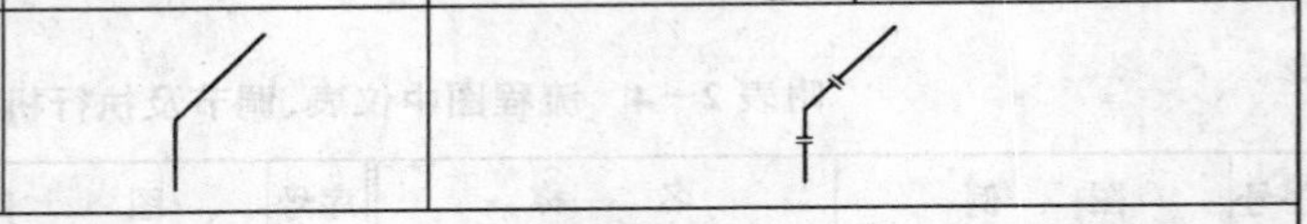		
三通	俯视	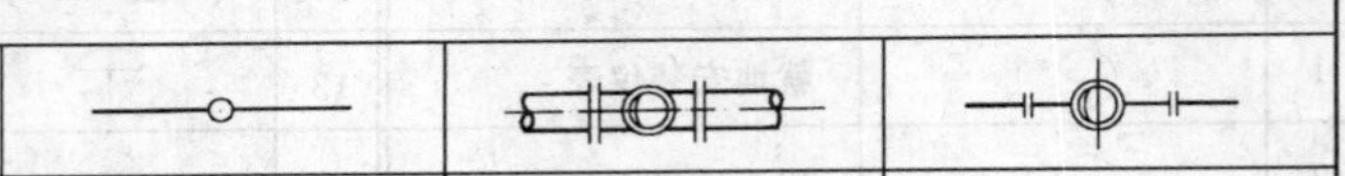		
	主视	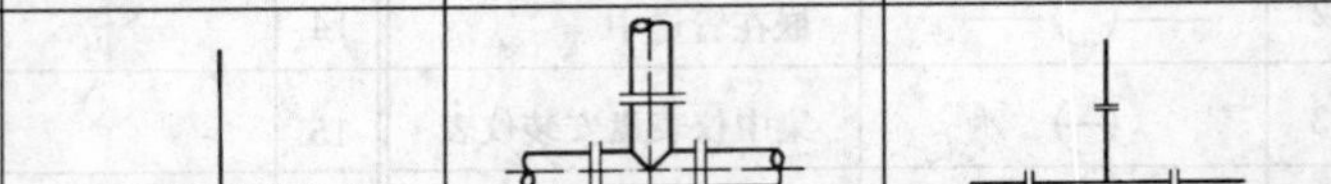		
	仰视			
	轴侧图	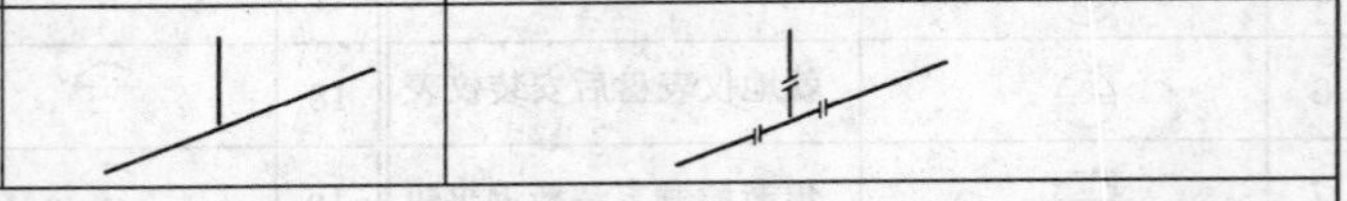		
45°斜接管	俯视	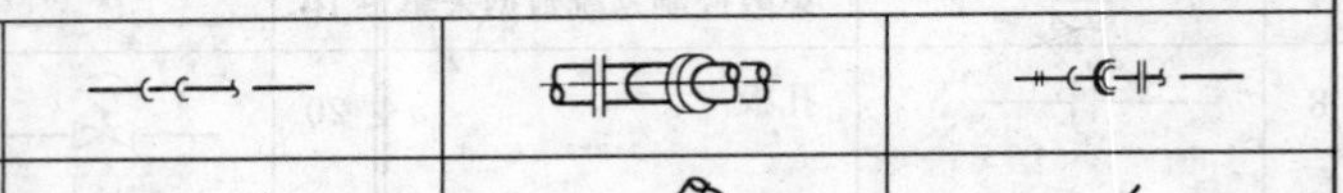		
	主视			
	仰视	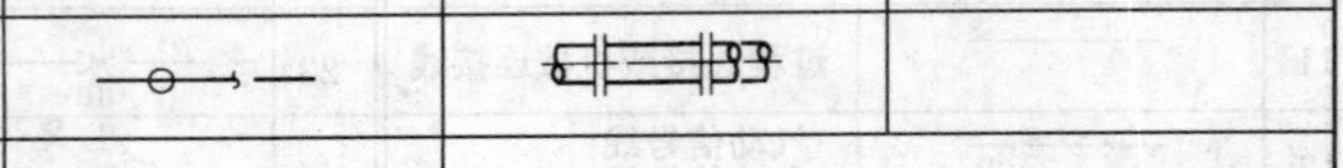		
	轴侧图	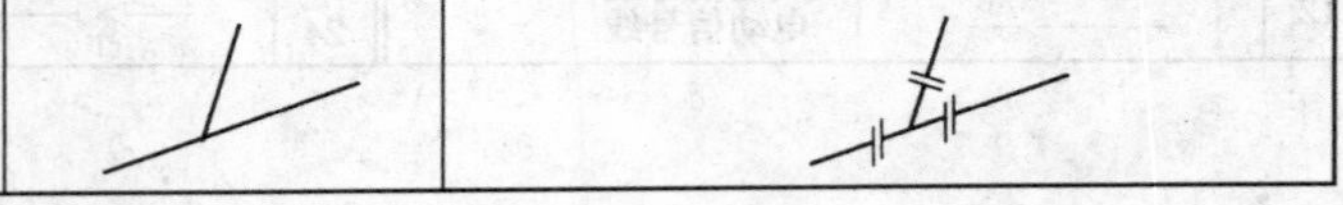		

续表

名称	连接形式	螺纹与焊接	法 兰	
			双 线	单 线
四 通	俯视 仰视			
	主视			
	轴侧图			
同心异径管	俯视 仰视 侧视			
	轴侧图			
偏心异径管	俯视 仰视 主视			
	轴侧图			
焊制弯头	俯视			
	主视			
	仰视			
	轴侧图			
180°弯头	俯视			
	主视			
	仰视			
	轴侧图			

附表 2—6　管道布置图中阀门图例

序号	名称	主视	俯视	仰视	左（右）视	轴侧图
1	闸阀	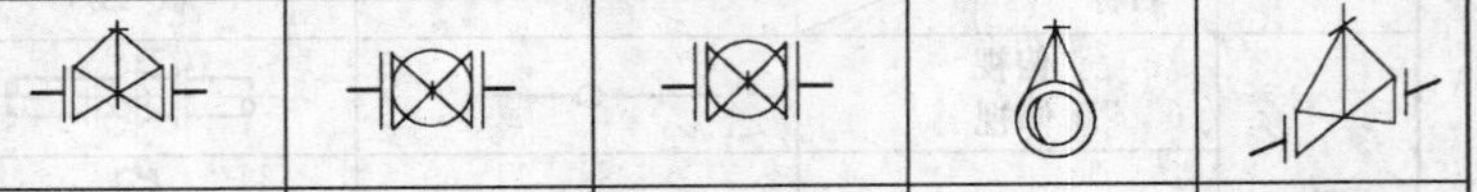				
2	截止阀	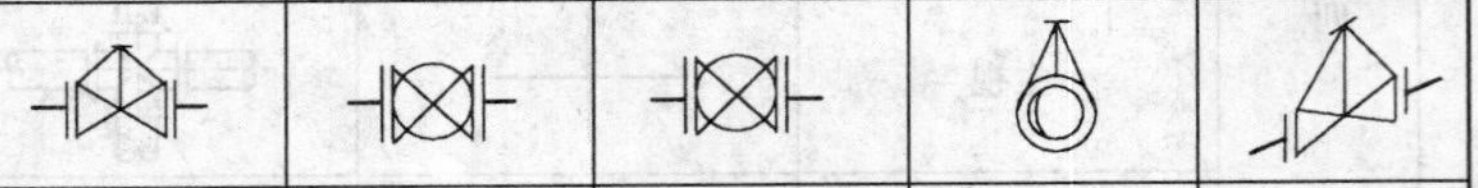				
3	止逆阀					
4	旋塞阀	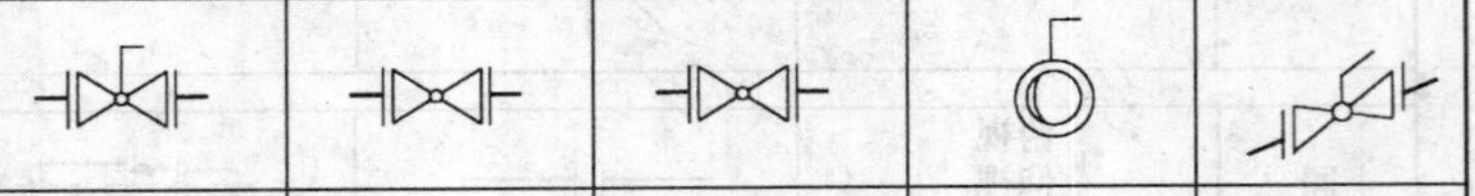				
5	隔膜阀	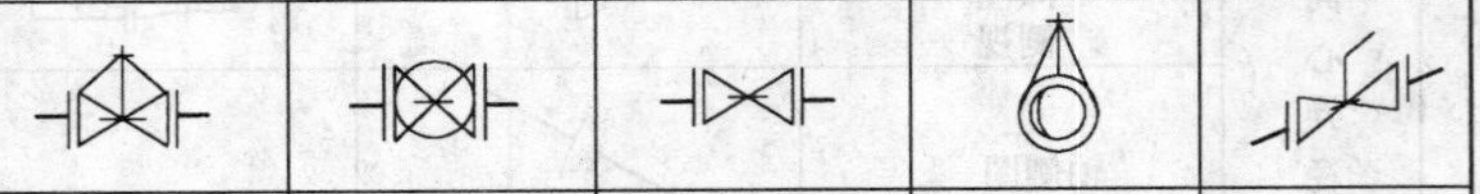				
6	蝶阀	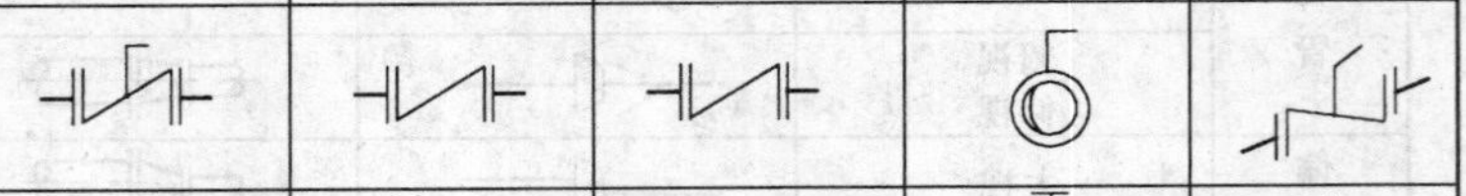				
7	角阀					
8	球阀					
9	节流阀	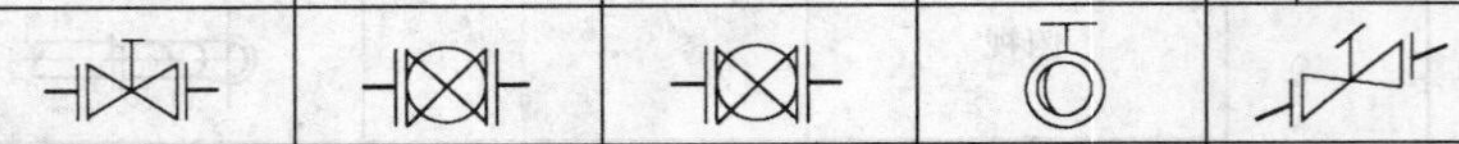				
10	放料阀	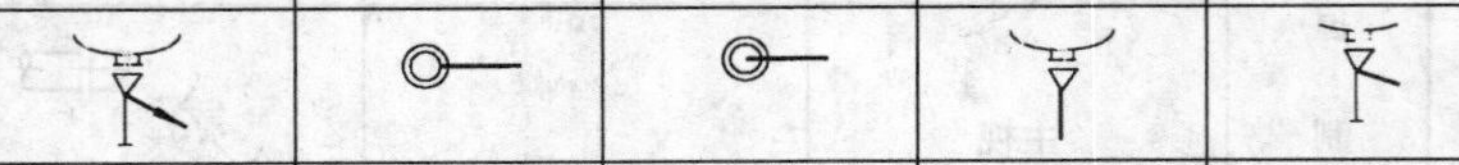				
11	Y型阀	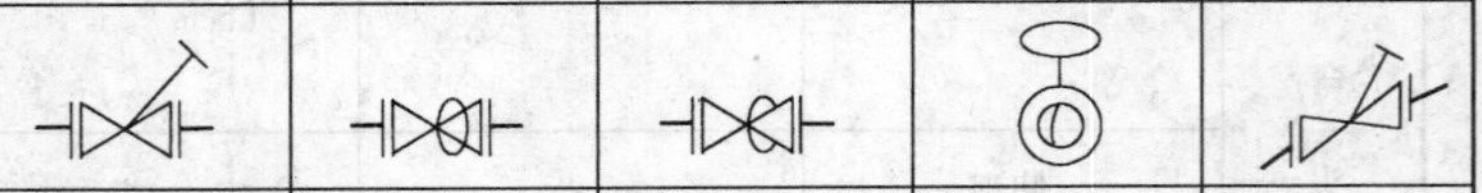				
12	三通旋塞	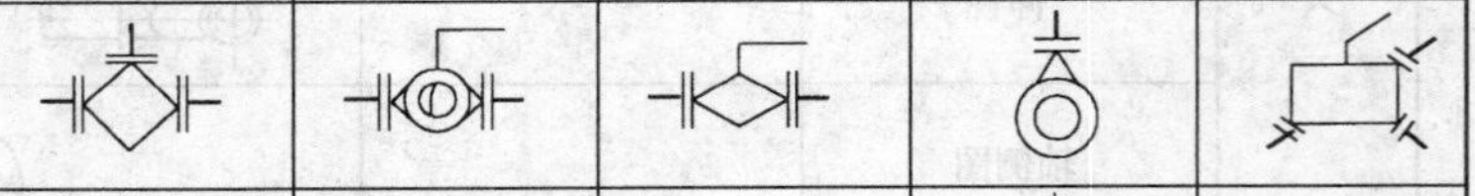				
13	安全阀	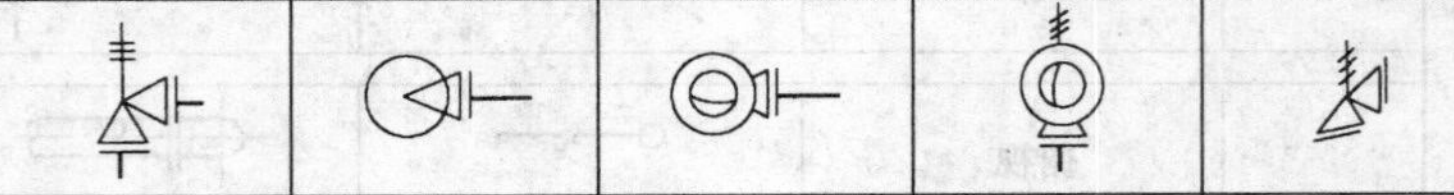				
14	阻火器					
15	节流装置					
16	漏斗	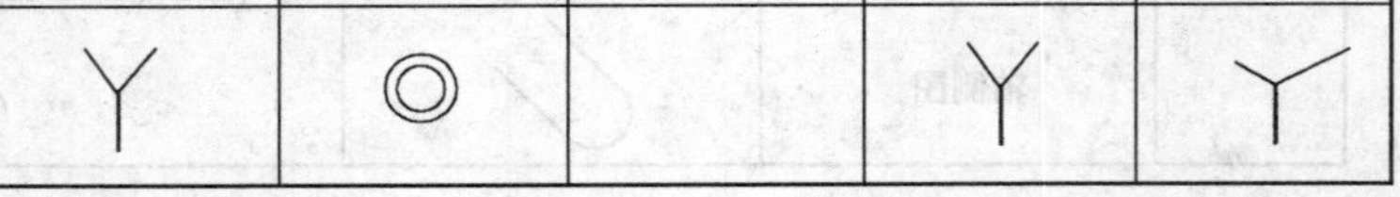				

附表 2—7　设备布置图中建筑图例

序号	图　例	名　　称	序号	图　例	名　　称
1	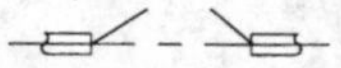	双 扇 门	15		金属栏杆
2	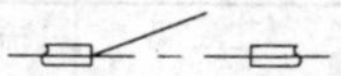	单 扇 门	16	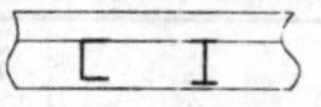	楼板及钢梁
3	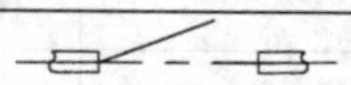	空 门 洞	17		素土地面
4		窗	18		混凝土地面
5	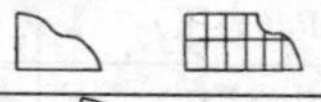	栏　杆	19	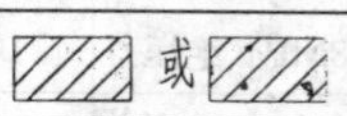 或	钢筋混凝土
6	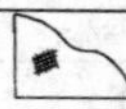	网 纹 板	20	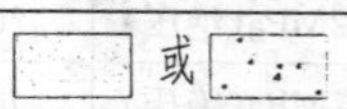 或	网 纹 板
7	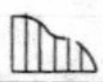	箅 子 板	21	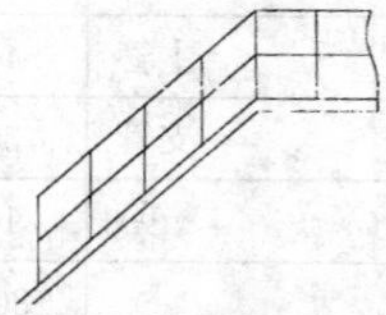	钢梯及平台
8	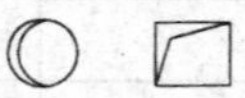	楼板开孔			
9	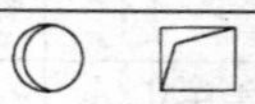	地　坑			
10	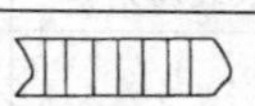	地沟混凝盖板	22	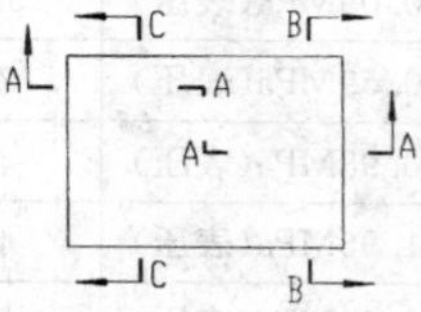	剖视图的剖切位置
11		单 跑 梯			
12	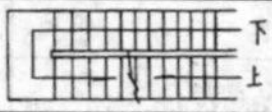	双 跑 梯			
13	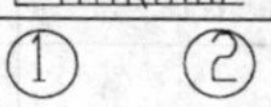	轴线编号			
14	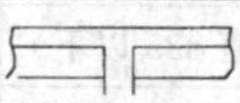	楼板及梁	23	 北	方向标

附录 3   化学工程数据

附表 3—1   常用管道流速

流体名称		流速范围（m/s）	流体名称		流速范围（m/s）
饱和蒸汽	主管	30～40	水及粘度相似液体		
饱和蒸汽	支管	20～30		0.10～0.29MPa（表压）	0.5～2.0
低压蒸汽	＜0.98MPa（绝压）	15～20		≤0.98MPa（表压）	0.5～3.0
中压蒸汽	0.98～3.92MPa（绝压）	20～40		≤7.84MPa（表压）	2.0～3.0
高压蒸汽	3.92～11.77MPa（绝压）	40～60		19.6～29.4MPa（表压）	2.0～3.5
过热蒸汽	主管	40～60	热网循环水,冷却水		0.5～1.0
	支管	35～60	压力回水		0.5～2.0
一般气体（常压）		10～20	无压回水		0.5～1.2
高压乏气		80～100	锅炉给水 ≥0.78MPa（表压）		＞3.0
氧气	0～0.05MPa（表压）	5～10	蒸汽冷凝水		0.5～1.5
	0.05～0.59MPa（表压）	7～8	冷凝水	自流	0.2～0.5
	0.59～0.98MPa（表压）	4～6	过热水		2.0
	0.98～1.96MPa（表压）	4～5	海水,微碱水 ＜0.59MPa（表压）		1.5～2.5
	1.96～2.94MPa（表压）	3～4	油及粘度大的液体		0.5～2.0
氮气	4.9～9.8MPa（绝压）	2～5	粘度 50mPa·s 液体（管道 ø25 以下）		0.5～0.9
氢气		≤8.0	粘度 50mPa·s 液体（管道 ø25～50）		0.7～1.0
压缩空气	0.10～0.20MPa（表压）	10～15	粘度 50mPa·s 液体（管道 ø50～100）		1.0～1.6
压缩气体	（真空）	5～10	粘度 100mPa·s 液体（管道 ø25 以下）		0.3～0.6
	0.10～0.20MPa（表压）	8～12	粘度 100mPa·s 液体（管道 ø25～50）		0.5～0.7
	0.10～0.59MPa（表压）	10～20	粘度 100mPa·s 液体（管道 ø50～100）		0.7～1.0
	0.59～0.98MPa（表压）	10～15	粘度 1000mPa·s 液体（管道 ø25 以下）		0.1～0.2
	0.98～1.96MPa（表压）	8～10	粘度 1000mPa·s 液体（管道 ø25～50）		0.16～0.25
	1.96～2.94MPa（表压）	3～6	粘度 1000mPa·s 液体（管道 ø50～100）		0.25～0.35
	2.94～24.5MPa（表压）	0.5～3.0	粘度 1000mPa·s 液体（管道 ø100～200）		0.35～0.55
煤气		8～10	离心泵	吸入口	1.0～2.0
半水煤气	0.10～0.15MPa（绝压）	10～15		排出口	1.5～2.5
烟道气	烟道内	3.0～6.0	往复式真空泵	吸入口	13～16
	管道内	3.0～4.0	油封式真空泵	吸入口	10～13
工业烟囱（自然通风）		2.0～8.0	空气压缩机	吸入口	＜10～15
车间通风换气	主管	4.5～15		排出口	15～20
	支管	2.0～8.0	通风机	吸入口	10～15

续表

流体名称		流速范围 （m/s）	流体名称		流速范围 （m/s）
风管距风机	最远处	1.0～4.0	通风机	排出口	15～20
	最近处	8～12	齿轮泵	吸入口	<1.0
废气	低压	20～30		排出口	1.0～2.0
	高压	80～100	往复泵（水类液体）	吸入口	0.7～1.0
化工设备排气管		20～25		排出口	1.0～2.0
自来水　主管	0.29MPa（表压）	1.5～3.5	旋风分离器	入气	15～25
支管	0.29MPa（表压）	1.0～1.5		出气	4.0～15
易燃易爆液体		<1	工业供水	0.78MPa（表压）	1.5～3.5

注：表 3-1 数据摘自《化工管路手册》下册，第 1～3 页；《化工工艺设计手册》上册：第 301～302 页。

附表 3-2　管件和阀件的局部阻力系数 ζ 值

管件及阀件名称	ζ 值										
标准弯头	45°，ζ=0.35					90°，ζ=0.75					
90°方形弯头	1.3										
180°回弯头	1.5										
活接头	0.04										
突然增大	$\frac{A_1}{A_2}$	0	0.1	0.2	0.3	0.4	0.5	0.6	0.7	0.8	0.9	1.0
	ζ	1	0.81	0.64	0.49	0.36	0.25	0.16	0.09	0.04	0.01	0
突然缩小	$\frac{A_1}{A_2}$	0	0.1	0.2	0.3	0.4	0.5	0.6	0.7	0.8	0.9	1.0
	ζ	0.5	0.47	0.45	0.38	0.34	0.30	0.25	0.20	0.15	0.09	0
入口管 （管→容器）	ζ=1										
出口管 （容器→管）	ζ=0.5　　ζ=0.25　　ζ=0.04　　ζ=0.56　　ζ=3～1.3　　ζ=0.5+0.5cosθ 　　　　　　　　　　　　　　　　　　　　　　　　　　-0.2cos²θ										
标准三通管	ζ=0.4　　ζ=1.5 当弯头用　　ζ=1.3 当弯头用　　ζ=1										
闸阀	全开		3/4 开		1/2 开			1/4 开			
	ζ=0.17		ζ=0.9		ζ=4.5			ζ=24			

管件及阀件名称	ζ 值								
标准截止阀（球心阀）	全开 ζ=6.4				1/2 开 ζ=9.5				
蝶阀	α	5°	10°	20°	30°	40°	45°	50°	60°	70°
	ζ	0.24	0.52	1.54	3.91	10.8	18.7	30.6	118	751
旋塞阀	θ	5°		10°		20°		40°		60°
	ζ	0.05		0.29		1.560		17.3		206
角阀（90°）	5								
止回阀	旋启式 ζ=2				球形式 ζ=70				
底阀	1.5								
滤水器（或滤水网）	2								
水表（盘形）	7								

注：1. 管件、阀门的规格结构形式很多，加工精度不一，因此上表中的 ζ 值变化范围也很大，但可供计算用。

　　2. 为管道截面积，α 或 θ 为蝶阀或旋塞阀的开启角度，全开时为 0°，全关时为 90°。

附表 3—3　列管换热器的总传热系数 K 推荐值

壳　　侧	管　　侧	总传热系数范围 W/(m²·℃)	包括在 K 中的总污垢热阻 (m²·℃)/W
液体—液体介质			
稀释沥青	水	57～110	0.0018
乙醇胺（单乙醇胺或二乙醇胺）10%—25%	水或二乙醇胺或单乙醇胺	800～1 100	0.00054
软化水	水	1 700～2 800	0.00018
燃料油	水	85～140	0.0012
燃料油	油	57～85	0.0014
汽油	水	340～570	0.00054
重油	重油	57～230	0.00070
重油	水	85～280	0.00088
富氢重整油	富氢重整油	510～880	0.00035
煤油或瓦斯油	水	140～280	0.00088
煤油或瓦斯油	油	110～200	0.00088
煤油或喷气发动机燃料	三氯乙烯	230～280	0.00026
夹套水	水	1 300～1 700	0.00035
润滑油（低粘度）	水	140～280	0.00035
润滑油（高粘度）	水	230～460	0.00054
润滑油	油	60～110	0.0011
石脑油	水	280～400	0.00088
石脑油	油	140～200	0.00088

续表

壳　侧	管　侧	总传热系数范围 W/(m²·℃)	包括在 K 中的总污垢热阻 (m²·℃)/W
有机溶剂	水	280~850	0.00054
有机溶剂	盐水	200~510	0.00054
有机溶剂	有机溶液	110~340	0.00035
妥尔油衍生物,植物油	水	110~280	0.00070
水	烧碱溶液 10%—30%	570~1 420	0.00054
水	水	1 100~1 420	0.00054
蜡馏出液	水	85~140	0.00088
蜡馏出液	油	74~130	0.00088
冷凝蒸汽-液体介质			
酒精蒸汽	水	570~1 100	0.00035
沥青(232℃)	导热姆蒸汽	230~340	0.0011
导热姆蒸汽	妥尔油及其衍生物	340~460	0.00070
导热姆蒸汽	导热姆液	460~680	0.00026
煤气厂焦油	水蒸气	230~280	0.00097
高沸点烃类(真空)	水	110~280	0.00054
低沸点烃类(大气压)	水	460~1 100	0.00054
烃类蒸汽(分凝器)	油	140~230	0.00070
冷凝蒸汽-液体介质			
有机蒸汽	水	570~1 100	0.00054
不凝性气体含量高的有机蒸汽(大气压)	水或盐水	110~340	0.00054
不凝性气体含量低的有机蒸汽(真空)	水或盐水	280~680	0.00054
煤油	水	170~370	0.00070
煤油	油	110~170	0.00088
石脑油	水	280~430	0.00088
石脑油	油	110~170	0.00088
稳压器的回流蒸汽	水	460~680	0.00054
水蒸气	饮用水	2 300~5 700	0.00088
水蒸气	6 号燃料油	85~140	0.00097
水蒸气	2 号燃料油	340~510	0.00044
二氧化硫	水	850~1 100	0.00054
妥尔油衍生物,植物油(蒸汽)		110~280	0.00070
水	芳香族蒸汽共沸物	230~460	0.00088

壳　　侧	管　　侧	总传热系数范围 W/(m²·℃)	包括在 K 中的总污垢热阻 (m²·℃)/W
气体-液体介质			
空气,N₂ 等(压缩)	水或压缩	230～460	0.00088
空气,N₂ 等(大气压)	水或压缩	57～280	0.00088
水或压缩	空气,N₂ 等(压缩)	110～230	0.00088
水或压缩	空气,N₂ 等(大气压)	30～110	0.00088
水	含天然气混合物的氢气	460～710	0.00054
汽化器			
无水氨	水蒸气冷凝	850～1 700	0.00026
氯气	水蒸气冷凝	850～1 700	0.00026
氯气	传热用轻油	230～340	0.00026
丙烷,丁烷等	水蒸气冷凝	1 100～1 700	0.00026
水	水蒸气冷凝	1 420～2 300	0.00026

附表 3—4　空气冷却器的总传热系数 K 推荐值(以光管为基准)

冷凝	K W/(m²·℃)	液体冷却	K W/(m²·℃)	气体冷却	操作压力 kPa(表压)	压降 kPa	K W/(m²·℃)
氨	625	机器夹套水	710	空气或烟道气	345	0.7～3.5	57
氟利昂—12	400	柴油	140		690	13.8	110
汽油	460	轻瓦斯油	370		690	34	170
轻碳氢化合物	510	轻碳氢化合物	480	碳氢化合物气体	241	7	200
轻石脑油	430	轻石脑油	400		862	21	200
重石脑油	370	重整炉液流	400		6 900	34	460
重整反应器废汽	400	残油	85	氨反应器流体	—	—	480
低压蒸汽	770	焦油	40				
塔顶蒸汽	370						

附表 3—5　一些搅拌锅夹套传热系数(实测值)

过　程	材　料	物　料	载热体	K(W/m²·K)
冷却精制	钢	粗硝基甲酸,5%NaOH	冷却水	326
冷却结晶	钢	硝基甲酸,钾盐,水	冷却水	164
冷却还原	钢	盐酸,硝基卡因,铁粉,水	冷却水	151

续表

过　程	材　料	物　　料	载热体	$K(W/m^2 \cdot K)$
冷却缩合	钢	二溴乙烷,双腈	冷却水	163
冷却反应	搪玻璃	对硝基甲苯,硫酸,水	冷却水	187
冷却盐析	搪玻璃	普鲁卡因 NaCl	冷却水	135
冷却盐析	搪玻璃	普鲁卡因 NaCl	盐水	171
冷却结晶	搪玻璃	溴化钾溶液	盐水	199
加热反应	搪玻璃	对硝基甲苯,硫酸,水	水蒸气冷凝	249
加热溶解	搪玻璃	普鲁卡因粗品	水蒸气冷凝	240
加热精制	搪玻璃	溴化钾溶液	水蒸气冷凝	352
沸腾蒸发	搪玻璃	溴化钾溶液	水蒸气冷凝	170
沸腾蒸发	搪玻璃	溴化钾溶液	水蒸气冷凝	298
沸腾蒸发	铸铁	二溴乙烷	水蒸气冷凝	523
沸腾蒸发	钢	二乙胺	水蒸气冷凝	233
加热精制	钢	粗硝基甲酸,5%NaOH	水蒸气冷凝	1 454
加热中和	钢	硝基甲酸,钾盐,水	水蒸气冷凝	93
加热反应	钢	二溴乙烷,硝基甲酸	水蒸气冷凝	442
加热缩合	钢	二溴乙烷,双脂	水蒸气冷凝	159
加热还原	钢	盐酸,硝基卡因,铁粉,水	水蒸气冷凝	1 256

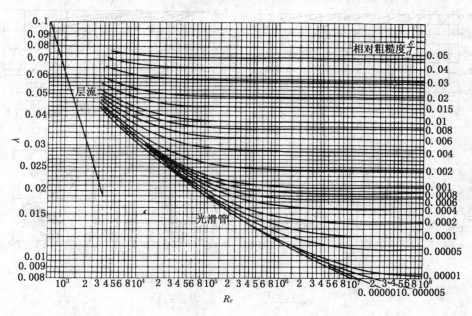

附图 3—1　摩擦因子 λ 与 Re 及相对粗糙度 $\dfrac{\varepsilon}{d}$ 的关系

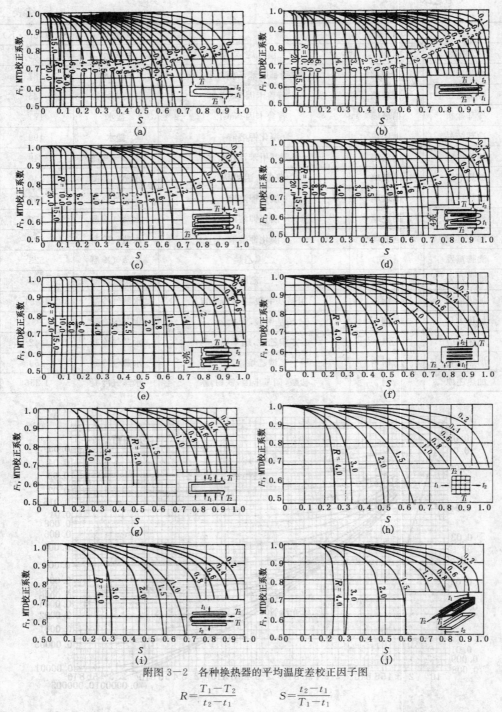

附图 3-2　各种换热器的平均温度差校正因子图

$$R=\frac{T_1-T_2}{t_2-t_1} \qquad S=\frac{t_2-t_1}{T_1-t_1}$$

(a)一壳程，2. 4. 6 等管程；(b) 二壳程，4. 8. 12 等管程；(c) 三壳程，6. 12. 18 等管程；(d)四壳程，8. 16. 24 等管程；(e)六壳程，12. 24. 36 等管程；(f)错流，一壳程，一个或几个平行管排；(g)错流，二壳程，二管排，多于二程的，用 $F_T=1.0$；(h)错流，一壳程，一管程，两种流体都不混合；(i)错流（淋降式），带 U 形弯管连接的二水平管程（可调节长度型）；(j)错流（淋降式），带两圈的螺旋盘管

附录4　允许排放的有害物质的最高浓度

附表4—1　废水中第一类物质最高允许排放浓度(GB8978—1996)

污染物名称	最高允许浓度(mg/L)	污染物名称	最高允许浓度(mg/L)
总汞	0.05	总镍	1.0
总镉	0.1	苯并(a)芘	0.00003
总铬	1.5	总铍	0.005
六价铬	0.5	总银	0.5
总砷	0.5	总α放射性	1Bq/L
总铅	1.0	总β放射性	10Bq/L

附表4—2　废水中第二类物质最高允许排放浓度(GB8978—1996)

（1998年1月1日后建设的单位）　　　　　　　　　　　　　　mg/L

污染物名称	适用范围	一级标准	二级标准	三级标准
pH	一切排污单位	6～9	6～9	6～9
色度(稀释倍数)	一切排污单位	50	80	—
悬浮物(SS)	采矿、选矿、选煤工业	70	300	—
	脉金选矿	70	400	—
	边远地区砂金选矿	70	800	—
	城镇二级污水处理厂	20	30	
	其他排污单位	70	150	400
五日生物需氧量(BOD₅)	甘蔗制糖、苎麻脱胶、湿法纤维板、染料、洗毛工业	20	60	600
	甜菜制糖、酒精、味精、皮革、化纤浆粕工业	20	100	600
	城镇二级污水处理厂	20	30	—
	其他排污单位	20	30	300
化学需氧量(COD)	甜菜制糖、合成脂肪酸、湿法纤维板、染料、洗毛、有机磷农药工业	100	200	1 000
	酒精、味精、医药原料药、生物制药、苎麻脱胶、皮革、化纤浆粕工业	100	300	1 000
	石油化工(包括石油炼制)	60	120	500
	城镇二级污水处理厂	60	120	—
	其他排污单位	100	150	500
石油类	一切排污单位	5	10	20

污染物名称	适用范围	一级标准	二级标准	三级标准
动植物油	一切排污单位	10	15	100
挥发酚	一切排污单位	0.5	0.5	2.0
总氰化合物	一切排污单位	0.5	0.5	1.0
硫化物	一切排污单位	1.0	1.0	1.0
氨氮	医用原料药、染料、石油化工工业	15	50	—
	其他排污单位	15	25	—
氟化物	黄磷工业	10	15	20
	低氟地区（水体含氟量小于 0.5mg/L）	10	20	30
	其他污染单位	10	10	20
磷酸盐（以磷计）	一切排污单位	0.5	1.0	—
甲醛	一切排污单位	1.0	2.0	5.0
苯胺类	一切排污单位	1.0	2.0	5.0
硝基苯类	一切排污单位	2.0	3.0	5.0
阴离子表面活性剂（LAS）	一切排污单位	5.0	10	20
总铜	一切排污单位	0.5	1.0	2.0
总锌	一切排污单位	2.0	5.0	5.0
总锰	合成脂肪酸工业	2.0	5.0	5.0
	其他污染单位	2.0	2.0	5.0
彩色显影剂	电影洗片	1.0	2.0	3.0
显影剂及氧化物总量	电影洗片	3.0	3.0	6.0
元素磷	一切排污单位	0.1	0.1	0.3
有机磷农药（以磷计）	一切排污单位	—	0.5	0.5
乐果	一切排污单位	—	1.0	2.0
对硫磷	一切排污单位	—	1.0	2.0
甲基对硫磷	一切排污单位	—	1.0	2.0
马拉硫磷	一切排污单位	—	5.0	10
五氯酚及五氯酚钠（以五氯酚计）	一切排污单位	5.0	8.0	10
可吸附有机卤化物（AOX）（以 Cl 计）	一切排污单位	1.0	5.0	8.0
三氯甲烷	一切排污单位	0.3	0.6	1.0
四氯化碳	一切排污单位	0.03	0.06	0.5
三氯乙烯	一切排污单位	0.3	0.6	1.0
四氯乙烯	一切排污单位	0.1	0.2	0.5
苯	一切排污单位	0.1	0.2	0.5

续表

污染物名称	适用范围	一级标准	二级标准	三级标准
甲苯	一切排污单位	0.1	0.2	0.5
乙苯	一切排污单位	0.4	0.6	1.0
邻一二甲苯	一切排污单位	0.4	0.6	1.0
对一二甲苯	一切排污单位	0.4	0.6	1.0
间一二甲苯	一切排污单位	0.4	0.6	1.0
氯苯	一切排污单位	0.2	0.4	1.0
邻一二氯苯	一切排污单位	0.4	0.6	1.0
对一二氯苯	一切排污单位	0.4	0.6	1.0
对一硝基氯苯	一切排污单位	0.5	1.0	5.0
2,4一二硝基氯苯	一切排污单位	0.5	1.0	5.0
苯酚	一切排污单位	0.3	0.4	1.0
间一甲酚	一切排污单位	0.1	0.2	0.5
2,4一二氯酚	一切排污单位	0.6	0.8	1.0
2,4,6一三氯酚	一切排污单位	0.6	0.8	1.0
邻苯二甲酸二丁酯	一切排污单位	0.2	0.4	2.0
邻苯二甲酸二辛酯	一切排污单位	0.3	0.6	2.0
丙烯腈	一切排污单位	2.0	5.0	5.0
总硒	一切排污单位	0.1	0.2	0.5

附表 4—3　新污染源大气污染物排放限值(GB16297—1996)

污染物名称	最高允许排放浓度 mg/m³	最高允许排放速率,kg/h			无组织排放监控浓度限值	
		排气筒高度,m	二级	三级	监控点	浓度 mg/m³
二氧化硫	960（硫、二氧化硫、硫酸和其他含硫化合物生产）550（硫、二氧化硫、硫酸和其他含硫化合物使用）	15 20 30 40 50 60 70 80 90 100	2.6 4.3 15 25 39 55 77 110 130 170	3.5 6.6 22 38 58 83 120 160 200 270	周界外浓度最高点①	0.4
氮氧化物	1 400（硝酸、氮肥和火炸药生产）240（硝酸使用和其他）	15 20 30 40 50 60 70 80 90 100	0.77 1.3 4.4 7.5 12 16 23 31 40 52	1.2 2.0 6.6 11 18 25 35 47 61 78	周界外浓度最高点	0.12

污染物名称	最高允许排放浓度 mg/m³	最高允许排放速率,kg/h			无组织排放监控浓度限值	
		排气筒高度,m	二级	三级	监控点	浓度 mg/m³
颗粒物	18 (碳黑尘、染料尘)	15 20 30 40	0.51 0.85 3.4 5.8	0.74 0.3 5.0 8.5	周界外浓度最高点	肉眼不可见
	60② (玻璃棉尘、石英粉尘、矿渣棉尘)	15 20 30 40	1.9 3.1 12 21	2.6 4.5 18 31	周界外浓度最高点	1.0
	120 (其他)	15 20 30 40 50 60	3.5 5.9 23 39 60 85	5.0 8.5 34 59 94 130	周界外浓度最高点	1.0
氯化氢	100	15 20 30 40 50 60 70 80	0.26 0.43 1.4 2.6 3.8 5.4 7.7 10	0.39 0.65 2.2 3.8 5.9 8.3 12 16	周界外浓度最高点	0.2
铬酸雾	0.07	15 20 30 40 50 60	0.008 0.013 0.043 0.076 0.12 0.16	0.012 0.020 0.066 0.12 0.18 0.25	周界外浓度最高点	0.0060
硫酸雾	430 (火炸药厂) 45 (其他)	15 20 30 40 50 60 70 80	1.5 2.6 8.8 15 23 33 46 63	2.4 3.9 13 23 35 50 70 95	周界外浓度最高点	1.2
氟化物	90 (普钙工业) 9.0 (其他)	15 20 30 40 50 60 70 80	0.10 0.17 0.59 1.0 1.5 2.2 3.1 4.2	0.15 0.26 0.88 1.5 2.3 3.3 4.7 6.3	周界外浓度最高点	20μg/m³
氯气③	65	25 30 40 50 60 70 80	0.52 0.87 2.9 5.0 7.7 11 15	0.78 0.3 4.4 7.6 12 17 23	周界外浓度最高点	0.40
铅及其化合物	0.70	15 20 30 40 50 60 70 80 90 100	0.004 0.006 0.027 0.047 0.072 0.10 0.15 0.20 0.26 0.33	0.006 0.009 0.041 0.071 0.11 0.15 0.22 0.30 0.40 0.51	周界外浓度最高点	0.0060

续表

污染物名称	最高允许排放浓度 mg/m³	最高允许排放速率,kg/h			无组织排放监控浓度限值	
		排气筒高度,m	二级	三级	监控点	浓度 mg/m³
汞及其化合物	0.012	15 20 30 40 50 60	1.5×10^{-3} 2.6×10^{-3} 7.8×10^{-3} 15×10^{-3} 23×10^{-3} 33×10^{-3}	2.4×10^{-3} 3.9×10^{-3} 13×10^{-3} 23×10^{-3} 35×10^{-3} 50×10^{-3}	周界外浓度最高点	0.0012
镉及其化合物	0.85	15 20 30 40 50 60 70 80	0.050 0.090 0.29 0.50 0.77 1.1 1.5 2.1	0.080 0.13 0.44 0.77 1.20 1.70 2.3 3.2	周界外浓度最高点	0.040
铍及其化合物	0.012	15 20 30 40 50 60 70 80	1.1×10^{-3} 1.8×10^{-3} 6.2×10^{-3} 11×10^{-3} 16×10^{-3} 23×10^{-3} 33×10^{-3} 44×10^{-3}	1.7×10^{-3} 2.8×10^{-3} 9.4×10^{-3} 16×10^{-3} 25×10^{-3} 35×10^{-3} 50×10^{-3} 67×10^{-3}	周界外浓度最高点	0.0008
镍及其化合物	4.3	15 20 30 40 50 60 70 80	0.15 0.26 0.88 1.5 2.3 3.3 4.6 6.3	0.24 0.34 1.3 2.3 3.5 5.0 7.0 10	周界外浓度最高点	0.040
锡及其化合物	8.5	15 20 30 40 50 60 70 80	0.31 0.52 1.8 3.0 4.6 6.6 9.3 13	0.47 0.79 2.7 4.6 7.0 10 14 19	周界外浓度最高点	0.24
苯	12	15 20 30 40	0.50 0.90 2.9 5.6	0.80 1.3 4.4 7.6	周界外浓度最高点	0.40
甲苯	40	15 20 30 40	3.1 5.2 18 30	4.7 7.9 27 46	周界外浓度最高点	2.4
二甲苯	70	15 20 30 40	1.0 1.7 5.9 10	1.5 2.6 8.8 15	周界外浓度最高点	1.2
酚类	100	15 20 30 40 50 60	0.10 0.17 0.58 1.0 1.5 2.2	0.15 0.26 0.88 1.5 2.3 3.3	周界外浓度最高点	0.08

污染物名称	最高允许排放浓度 mg/m³	最高允许排放速率，kg/h			无组织排放监控浓度限值	
		排气筒高度，m	二级	三级	监控点	浓度 mg/m³
甲醛	25	15 20 30 40 50 60	0.26 0.43 1.4 2.6 3.8 5.4	0.39 0.65 2.2 3.8 5.9 8.3	周界外 浓度最 高点	0.20
乙醛	125	15 20 30 40 50 60	0.050 0.090 0.29 0.50 0.77 1.1	0.080 0.13 0.44 0.77 1.2 1.6	周界外 浓度最 高点	0.040
丙烯腈	22	15 20 30 40 50 60	0.77 1.3 4.4 7.5 12 16	1.2 2.0 6.6 11 18 25	周界外 浓度最 高点	0.60
丙烯醛	16	15 20 30 40 50 60	0.52 0.87 2.9 5.0 7.7 11	0.78 1.3 4.4 7.6 12 17	周界外 浓度最 高点	0.40
氰化氢①	1.9	25 30 40 50 60 70 80	0.15 0.26 0.88 1.5 2.3 3.3 4.6	0.24 0.39 1.3 2.3 3.5 5.0 7.0	周界外 浓度最 高点	0.024
甲醇	190	15 20 30 40 50 60	5.1 8.6 29 50 77 100	7.8 13 44 70 120 170	周界外 浓度最 高点	12
苯胺类	20	15 20 30 40 50 60	0.52 0.87 2.9 5.0 7.7 11	0.78 1.3 4.4 7.6 12 17	周界外 浓度最 高点	0.40
氯苯类	60	15 20 30 40 50 60 70 80 90 100	0.52 0.87 2.5 4.3 6.6 9.3 13 18 23 29	0.78 1.3 3.8 6.5 9.9 14 20 27 35 44	周界外 浓度最 高点	0.40
硝基苯类	16	15 20 30 40 50 60	0.050 0.090 0.29 0.50 0.77 1.1	0.080 0.13 0.44 0.77 1.2 1.7	周界外 浓度最 高点	0.040

续表

污染物名称	最高允许排放浓度 mg/m³	最高允许排放速率,kg/h			无组织排放监控浓度限值	
		排气筒高度,m	二级	三级	监控点	浓度 mg/m³
氯乙烯	36	15 20 30 40 50 60	0.77 1.3 4.4 7.5 12 16	1.2 2.0 6.6 11 18 25	周界外浓度最高点	0.60
苯并(a)芘	0.30×10^{-3} (沥青及碳素制品生产和加工)	15 20 30 40 50 60	0.050×10^{-3} 0.085×10^{-3} 0.29×10^{-3} 0.50×10^{-3} 0.77×10^{-3} 1.1×10^{-3}	0.080×10^{-3} 0.13×10^{-3} 0.43×10^{-3} 0.76×10^{-3} 1.2×10^{-3} 1.7×10^{-3}	周界外浓度最高点	0.008 $\mu g/m^3$
光气⑤	3.0	25 30 40 50	0.10 0.17 0.59 1.0	0.15 0.26 0.88 1.5	周界外浓度最高点	0.080
沥青烟	140 (吹制沥青) 40 (熔炼沥青) 75 (建筑搅拌)	15 20 30 40 50 60 70 80	0.18 0.30 1.3 2.3 3.6 5.6 7.4 10	0.27 0.45 2.0 3.5 5.4 7.5 11 15	生产设备不得有明显的无组织排放现象存在	
石棉尘	1根(纤维)/cm³ 或 10mg/m³	15 20 30 40 50	0.55 0.93 3.6 6.2 9.4	0.83 1.4 5.4 9.3 14	生产设备不得有明显的无组织排放现象存在	
非甲烷总烃	120 (使用溶剂汽油或其他混合烃类物质)	15 20 30 40	10 17 53 100	16 27 83 150	周界外浓度最高点	4.0

① 周界外浓度最高点一般应设置于无组织排放源下风向的单位周界外 10m 范围内,若预计无组织排放的最大落地浓度点越出 10m 范围,可将监控点移至该预计浓度最高点。

② 均指含游离二氧化硅超过 10% 以上的各种尘。

③ 排放氯气的排气筒高度不得低于 25m。

④ 排放氰化氢的排气筒高度不得低于 25m。

⑤ 排放光气的排气筒高度不得低于 25m。

附录 5　毕业设计说明书

1　总论

1.1　概述

说明所设计的产品的性能、用途和在国民经济中或对人民生活的重要性;该产品的市场需求;简述该产品的生产方法、商品规格及特点。

1.2　文献综述

设计中,首先查阅文献,通过文献查阅的内容,简述有关该产品的生产方法、试验概况,国内外生产现状和发展趋势等。

1.3　设计任务的依据或项目来源

1.4　设计范围、装置组成及建设规模

1.5　结合设计地区情况,说明设计产品所需的主要原材料规格、来源以及水电汽的供应情况。

2　生产方案和生产流程确定

简述设计选定的生产方法的依据和特点,绘出流程框图。

3　生产流程简述

叙述生产过程,写出化学反应方程式,说明其工艺操作条件,如温度、压力、流量及物料配比等;说明原料、产品的贮存方式及其特殊要求,如涉及安全、环保的注意事项;说明流程中的控制方案以及流程中对生产的开停车、安全、事故等情况的处理方法。

4　工艺计算书

工艺计算部分包括:物料衡算、热量衡算,必要时加上有效能衡算,其要求如下:

(1) 计算基准;

(2) 已知条件;

(3) 物性数据;

(4) 列出计算公式,并进行计算;

(5) 有条件时,可利用计算机计算。用计算机计算时要列出数学模型及所用变量的含义,计算程序清单和程序使用说明;计算结果汇总于物料衡算表和热量衡算表中。

(6) 原材料、动力消耗定额及消耗量。

根据物料衡算和热量衡算结果,换算为单位产品(吨)的消耗量(及消耗定额)和单位时间(小时和年)的消耗量。列入附表 5—1 和附表 5—2。

附表 5—1　原材料消耗定额及消耗量表

序号	原料名称	单位	规格	成品消耗定额（单耗 t/t）	每小时消耗量(t)	每年消耗量(t)	备注

附表 5-2　动力(水、电、汽、气)消耗定额及消耗量表

序号	动力名称	单位	规格	成品消耗定额(单耗/t)	每小时消耗量	每年消耗量	使用情况

5　主要设备的工艺计算和设备选型

　　根据设计任务工作量的大小,要选定 1~2 个主要设备(非定型设备)进行工艺计算。例如主要反应器的工艺尺寸,催化剂的装填量;塔设备的直径、高度和填料的装量或塔板数目和结构尺寸以及流体流动阻力等。

　　其他设备都作为辅助设备要根据生产能力,按物料衡算结果进行选型。如泵、压缩机、换热器和槽罐等。对所选设备结果列出设备一览表,见附表 5-3。

附表 5-3　设备一览表

序号	设备位号	设备名称及规格	型号	材质	操作参数		单位	数量	重量	来源	备注
					温度	压力					

6　车间布置

　　说明车间厂房的设计思想、厂房面积、层高、层数、门窗等;说明车间内设备布置的设计思想,平面、立面布置情况等。

7　非工艺专业要求

7.1　公用工程

　　装置的仪表配置、自控方案选定情况;用电量(kWh)、电压情况;给水、排水的水量水压、来源与去向等;运输、装卸、贮存、消防、采暖、通风等。

7.2　环境保护及安全卫生

7.3　节能

8　技术经济

　　(1)装置投资估算

　　(2)产品成本估算

　　(3)综合计算经济指标

附表 5-4　技术经济指标表

序号	指标名称	单位	数量	单价	消耗量	单位成本	备注
1	设计规模	t/a					
2	原材料消耗						
3	动力消耗 水 电 汽						
4	工资及福利						

续表

序号	指标名称	单位	数量	单价	消耗量	单位成本	备注
5	总投资						
6	折旧费						
7	维修费						
8	管理费等						
9	副产品回收费						
10	产品成本						

9　参考文献

10　附工程图纸

除文字说明书外,毕业设计应包括下列图纸:

(1) 带控制点的工艺流程图;

(2) 车间设备平面与立面布置图;

(3) 主要设备装配图;

(4) 主要车间的管道布置图。

参 考 文 献

1 国家医药管理局上海医药设计院. 化工工艺设计手册. 第二版,上下册,北京:化学工业出版社,1996

2 江寿建. 化工厂公用设施设计手册. 北京:化学工业出版社,2000

3 时 均等. 化学工程手册. 北京:化学工业出版社,1996

4 丁 浩等. 化工工艺设计(修订本). 上海科学技术出版社,1989

5 张德姜. 石油化工装置工艺管道安装设计手册(修订本)第一篇 设计与计算. 北京:中国石化出版社,2000

6 倪进方. 化工过程设计. 北京:化学工业出版社,1999

7 赵国方. 化工工艺设计概论. 北京:原子能出版社,1990

8 左识之. 精细化工反应器及车间工艺设计. 上海:华东理工大学出版社,1996

9 张富禄. 化工设计. 北京:徐氏基金会出版社,1989

10 陆德民. 石油化工自动控制设计手册. 北京:化学工业出版社

11 吴志泉等. 化工工艺计算,物料、能量和㶲衡算. 上海:华东理工大学出版社,1992

12 Coulson J M and J F Richardson. Chemical Engineering Vol6. Oxford:Pergamon Press, 1983

13 Reclaitis G V and D R Schnelder. Introduction to Material and Energy Balances. New York:John Wiley & Sons, 1983

14 陈敏恒等. 化工原理,上下册. 北京:化学工业出版社,1985

15 玛克斯·皮特斯等. 化工厂的设计和经济学. 北京:化学工业出版社,1988

16 (日)桐荣良三. 干燥装置手册. 秦霁先等译. 上海:上海科学技术出版社,1983

17 肖文德,吴志泉. 二氧化硫脱除与回收. 北京:化学工业出版社,2001

18 桥本建治. 化工反应装置选定、设计、实例. 台湾:复汉出版社,1984

19 袁渭康,朱开宏. 化学反应工程分析. 上海:华东理工大学出版社,1995

20 (日)尾花英朗. 热交换器设计手册,上下册. 北京:石油化工出版社,1981

21 左景伊,左 禹. 腐蚀数据与选材手册. 北京:化学工业出版社,1995

22 大连理工大学,青岛化工学院,南京化工学院合编,贺匡国主编. 化工容器及设备简明设计手册. 北京:化学工业出版社,1995

23 化学工业部设备设计技术中心站. 化工设备零部件,第一卷,金属材料 上下册;第二卷,化工设备零部件;第三卷,化工设备标准系列. 1996

24 国家医药管理局上海医药设计院. 各专业施工图校审提要. JSG33—93

25 (日)玉置明善等. 化工装置工程手册. 北京:兵器工业出版社,1995

26 (日)平田光穗等. 实用化工节能技术. 梁源修等译. 北京:化学工业出版社,1988

27 骆赞椿,徐 汛. 化工节能热力学. 北京:烃加工出版社,1990

28 张成芳. 合成氨工艺与节能. 上海:华东理工大学出版社,1988

29 W. D. Seider et al. Process Design Principles, Synthesis, Analysis and Evaluation. New York:John Wiley & Sons, 1999

30 陈声宗主编. 化工设计. 北京:化学工业出版社,2001

31 董大勤,袁凤隐. 压力容器与化工设备实用手册. 北京:化学工业出版社,2000

32 冯 霄,李勤凌. 化工节能原理与技术. 北京:化学工业出版社,1998

33 陆德民主编,张振基、黄步余副主编. 石油化工自动控制设计手册. 北京:化学工业出版社,2000

34 化学工程师手册编辑委员会. 化学工程师手册. 北京:机械工业出版社,2000

图书在版编目(CIP)数据

化工设计/娄爱娟等编著. —上海:华东理工大学出版社,2002.8(2021.1重印)
ISBN 978 - 7 - 5628 - 1255 - 5

Ⅰ. 化… Ⅱ. 娄… Ⅲ. 化工过程-设计 Ⅳ. TQ02

中国版本图书馆 CIP 数据核字(2002)第 033533 号

化 工 设 计

娄爱娟 吴志泉 吴叙美 编著

出版	华东理工大学出版社有限公司	开本	787mm×1092mm 1/16
社址	上海市梅陇路 130 号	印张	22 插页 3
邮编	200237	字数	515 千字
电话	(021)64250306	版次	2002 年 8 月第 1 版
网址	www. ecustpress. cn	印次	2021 年 1 月第 15 次
印刷	上海崇明裕安印刷厂		

ISBN 978 - 7 - 5628 - 1255 - 5/O · 61   定价:33.00 元